―― 3次の行列式 ――
$$\begin{vmatrix} a_1 & b_1 & c_1 \\ a_2 & b_2 & c_2 \\ a_3 & b_3 & c_3 \end{vmatrix} = a_1b_2c_3 + a_2b_3c_1 + a_3b_1c_2 \\ - c_1b_2a_3 - c_2b_3a_1 - c_3b_1a_2$$
―― サラスの公式 ――

―― クラメールの公式 ――
$$\begin{cases} a_1x + b_1y + c_1z = d_1 \\ a_2x + b_2y + c_2z = d_2 \\ a_3x + b_3y + c_3z = d_3 \end{cases} \quad A = \begin{pmatrix} a_1 & b_1 & c_1 \\ a_2 & b_2 & c_2 \\ a_3 & b_3 & c_3 \end{pmatrix}$$

$|A| \neq 0$ のときのみ解はただ1組存在し
$$x = \frac{|A_x|}{|A|}, \quad y = \frac{|A_y|}{|A|}, \quad z = \frac{|A_z|}{|A|}$$

ただし
$$A_x = \begin{pmatrix} d_1 & b_1 & c_1 \\ d_2 & b_2 & c_2 \\ d_3 & b_3 & c_3 \end{pmatrix},$$
$$A_y = \begin{pmatrix} a_1 & d_1 & c_1 \\ a_2 & d_2 & c_2 \\ a_3 & d_3 & c_3 \end{pmatrix},$$
$$A_z = \begin{pmatrix} a_1 & b_1 & d_1 \\ a_2 & b_2 & d_2 \\ a_3 & b_3 & d_3 \end{pmatrix}$$

❸ 行列の演算

―― 和, 差, 定数倍 ――
- $A + B$ は 対応する成分どうしを加える
- $A - B$ は 対応する成分どうしを引く
- kA は A のすべての成分を k 倍する

A, B は同じ型の行列

―― 和に関する性質 ――
- $(A+B)+C = A+(B+C)$ （結合法則）
- $A+B = B+A$ （交換法則）

―― 定数倍に関する性質 ――
- $(a+b)A = aA + bA$ （分配法則）
- $a(A+B) = aA + aB$ （分配法則）
- $(ab)A = a(bA)$ （結合法則）

―― ゼロ行列 O ――
成分がすべて0
である行列

―― ゼロ行列の性質 ――
- $A + O = O + A = A$
- $A - A = A + (-A) = O$

―― 積 ――
A の列数 $= B$ の行数
のときのみ積 AB は定義され
AB の (i, j) 成分
$= (A$ の第 i 行$)$ と $(B$ の第 j 列$)$ の積和

―― 積和 ――
$$(a_1 \ a_2 \ \cdots \ a_m) \ \text{と} \ \begin{pmatrix} b_1 \\ b_2 \\ \vdots \\ b_m \end{pmatrix} \ \text{の積和}$$
$$= a_1b_1 + a_2b_2 + \cdots + a_mb_m$$

―― 警告! ――
$AB \neq BA$

―― 積に関する性質 ――
- $(AB)C = A(BC)$ （結合法則）
- $A(B+C) = AB + AC$ （分配法則）
- $(A+B)C = AC + BC$ （分配法則）

―― 正方行列 ――
"行数＝列数" の行列

―― 2次の単位行列 ――
$$E = \begin{pmatrix} 1 & 0 \\ 0 & 1 \end{pmatrix}$$

―― 3次の単位行列 ――
$$E = \begin{pmatrix} 1 & 0 & 0 \\ 0 & 1 & 0 \\ 0 & 0 & 1 \end{pmatrix}$$

$AE = EA = A$

―― 逆行列 ――
A の逆行列 A^{-1} とは
$AX = XA = E$
をみたす行列 X のこと。

―― 2次の正方行列の逆行列 ――
$$A = \begin{pmatrix} a & b \\ c & d \end{pmatrix}, \ |A| \neq 0$$
$$A^{-1} = \frac{1}{|A|} \begin{pmatrix} d & -b \\ -c & a \end{pmatrix}$$

―― 掃き出し法で A^{-1} を求める ――
$(A | E) \to (E | A^{-1})$

$(AB)^{-1} = B^{-1}A^{-1}$

―― 警告! ――
$(AB)^{-1} \neq A^{-1}B^{-1}$

大学新入生のための
線形代数入門

石村 園子 著

共立出版

まえがき

　2014年，今までに経験したことのない大雨とスーパー台風にみまわれ，2011年の大震災以来，あらためて自然の力を思い知らされました。命を落とされた方々には心より哀悼の意を表します。運良く残った我々は，残され生かされている自分たちの時間を有意義に使う使命を負っているように感じます。

　社会が目まぐるしく変化する中，ゆとり教育や学力低下の問題を受け，政府は小中高の学習指導要領改訂を行いました。学習時間も指導内容も増えましたが，この新指導要領下で勉強した生徒たちが初めて大学生になるのが，2015年の4月です。高校数学の科目に関しては，
　　　数学 I，数学 II，数学 III，数学 A，数学 B，数学活用
となりました。科目数は減りましたが内容は増えています。しかし，旧数学 C に含まれていた「行列」に関する単元はなくなってしまいましたので，大学生になり「線形代数」を学ぶ際，「ベクトル」の知識以外は予備知識が全くない状態になっています。

　そこで本書は，かつての数学 C に含まれていた「行列」の内容を含みながら線形代数の勉強を始められる入門書として企画されました。行列，行列式は一般の場合は避けて3次までにとどめ，その範囲で学習できる線形空間，線形写像，行列の対角化まで取り扱っています。また他の姉妹書* 同様，練習問題の章を設け，解答もなるべく飛躍のないように付けてありますので，有効に利用して理解の助けにしてください。さらに線形代数の一般論を学びたい学生にとっては，容易により抽象的な内容へ入っていけることでしょう。

---

*）『大学新入生のための数学入門（増補版）』
　『大学新入生のための微分積分入門』

科学技術は日々進歩していますが，人類の心は一向に変わっていないのではないでしょうか．有史以来，現在もなお世界のあちこちで争いが続いています．日本も戦後 70 年，何とか平和に発展してきましたが，気を許すといつまた戦争に巻き込まれるかわかりません．日本は教育のおかげでここまで発展してきましたが，戦渦で勉強できず，将来の希望が持てない子供たちのことを思い，学生の皆さん，大学で今勉強できる幸運をしっかりとかみしめ，将来の夢への第一歩を踏み出してください．

最後に，本書の執筆を勧めてくださいました共立出版株式会社取締役の寿日出男氏に心よりお礼を申し上げます．同氏は今回も，大学の先生方のご要望や学生の様子などの教育現場を鋭く分析し，著者への適切なアドバイスをくださいました．また，いつもながら締め切りに追われ，著者と印刷所の間に挟まってストレスの多い編集の仕事をしてくださっている頼りになる吉村修司さん，そして共立出版の他の多くの皆様にも心よりお礼申し上げます．

本書の練習問題の解答チェックは石村友二郎に手伝ってもらいました．またイラストは，今年初めに訪れたアフリカで感銘を受けた野生動物にちなんで，石村多賀子に描いてもらいました．

2014 年　二百十日

石村園子

もくじ

❶ 連立1次方程式と行列 …………………………1

〈1〉 連立1次方程式 …………………2
例題1.1 ［2元連立1次方程式］

〈2〉 連立1次方程式と行列 ……………4
例題1.2 ［連立1次方程式と行列1］
例題1.3 ［連立1次方程式と行列2］

〈3〉 行基本変形 …………………8
例題1.4 ［行基本変形1］
例題1.5 ［行基本変形2］
例題1.6 ［行変形による解法1］
例題1.7 ［行変形による解法2］
例題1.8 ［行変形による解法3］

〈4〉 掃き出し法 …………………16
例題1.9 ［掃き出し法1］
例題1.10 ［掃き出し法2］

〈5〉 行列の階数 …………………20
例題1.11 ［行列の階数と解1］
例題1.12 ［行列の階数と解2］
例題1.13 ［行列の階数と解3］
例題1.14 ［行列の階数と解4］

❷ 連立1次方程式と行列式 …………………………29

〈1〉 2次の行列式 …………………30
例題2.1 ［2次の行列式］

〈2〉 3次の行列式 …………………34
例題2.2 ［3次の行列式］

　　　　〈3〉　クラメールの公式‥‥‥‥‥‥‥‥‥‥‥38
　　　　　　　例題 2.3［クラメールの公式 1］
　　　　　　　例題 2.4［クラメールの公式 2］
　　　　　　　例題 2.5［クラメールの公式 3］
　　　　とくとく情報［4 次以上の行列式］‥‥‥‥44

❸　行列の演算 ‥‥‥‥‥‥‥‥‥‥‥‥‥‥‥‥45

　　　　〈1〉　行列の和，差，定数倍‥‥‥‥‥‥‥‥46
　　　　　　　例題 3.1［行列の和，差，定数倍 1］
　　　　　　　例題 3.2［行列の和，差，定数倍 2］
　　　　〈2〉　行列の積‥‥‥‥‥‥‥‥‥‥‥‥‥‥50
　　　　　　　例題 3.3［行列の積 1］
　　　　　　　例題 3.4［行列の積 2］
　　　　　　　例題 3.5［行列の積と行列式］
　　　　〈3〉　正方行列と逆行列‥‥‥‥‥‥‥‥‥‥56
　　　　　　　例題 3.6［2 次の正方行列の逆行列 1］
　　　　　　　例題 3.7［2 次の正方行列の逆行列 2］
　　　　　　　例題 3.8［3 次の正方行列の逆行列］
　　　　　　　例題 3.9［逆行列を使った連立 1 次方程式の解 1］
　　　　　　　例題 3.10［逆行列を使った連立 1 次方程式の解 2］
　　　　　　　例題 3.11［行列の積と逆行列］

❹　ベクトル空間 ‥‥‥‥‥‥‥‥‥‥‥‥‥‥‥69

　　　　〈1〉　平面ベクトルと空間ベクトル‥‥‥‥‥70
　　　　　　　例題 4.1［ベクトルと長さ］
　　　　　　　例題 4.2［ベクトルの和，差，定数倍］
　　　　　　　例題 4.3［ベクトルの計算］
　　　　　　　例題 4.4［平面ベクトルの成分表示］
　　　　　　　例題 4.5［平面ベクトルの成分と大きさ］
　　　　　　　例題 4.6［平面ベクトルの内積となす角］
　　　　　　　例題 4.7［平面における垂直な単位ベクトル］
　　　　　　　例題 4.8［空間ベクトルの成分表示と大きさ］
　　　　　　　例題 4.9［空間ベクトルの内積となす角］
　　　　　　　例題 4.10［空間における垂直な単位ベクトル］
　　　　〈2〉　ベクトル空間‥‥‥‥‥‥‥‥‥‥‥‥80

〈3〉 線形結合 ····················· 82
　　例題 4.11 ［線形結合 1］
　　例題 4.12 ［線形結合 2］
　　例題 4.13 ［線形結合 3］
　　例題 4.14 ［線形結合 4］
　　例題 4.15 ［線形結合 5］
　　例題 4.16 ［線形結合 6］
〈4〉 線形独立，線形従属 ············· 89
　　例題 4.17 ［線形独立，線形従属 1］
　　例題 4.18 ［線形独立，線形従属 2］
とくとく情報 ［連立 1 次方程式の解がつくる
　　　　　　　　ベクトル空間］ ············· 94

❺ 線形写像と行列 ························ 95

〈1〉 写像 ························ 96
　　例題 5.1 ［R^2 の写像］
　　例題 5.2 ［R^3 の写像］
〈2〉 線形写像 ···················· 99
　　例題 5.3 ［線形写像 1］
　　例題 5.4 ［線形写像 2］
　　例題 5.5 ［線形写像 3］
　　例題 5.6 ［線形写像 4］
　　例題 5.7 ［平面上の点の移動］
　　例題 5.8 ［平面上の図形の移動］
　　例題 5.9 ［平面上の点の回転移動］
〈3〉 合成写像 ··················· 108
　　例題 5.10 ［合成写像 1］
　　例題 5.11 ［合成写像 2］
〈4〉 逆写像 ···················· 111
　　例題 5.12 ［逆写像 1］
　　例題 5.13 ［逆写像 2］
〈5〉 固有値と固有ベクトル ·········· 114
　　例題 5.14 ［固有値］
　　例題 5.15 ［固有ベクトル］
とくとく情報 ［加法定理も線形写像で］ ········ 118

〈6〉 対角化 ……………………………………119
　　例題 5.16 ［行列の対角化 1］
　　例題 5.17 ［行列の対角化 2］
　　例題 5.18 ［対称行列の対角化］
　　例題 5.19 ［対角化の応用 1］
　　例題 5.20 ［対角化の応用 2］

❻ 練習問題 ……………………………………135

1. 連立 1 次方程式と行列 …………………136
2. 連立 1 次方程式と行列式 ………………139
3. 行列の演算 …………………………………140
4. ベクトル空間 ………………………………142
5. 線形写像と行列 ……………………………147

❼ 問題の解答 ……………………………………153

さくいん ………………………………………………227

① 連立1次方程式と行列

$\begin{cases} 2x+3y=5 \\ 3x-4y=-1 \end{cases}$

$\begin{cases} 2x+y+z=2 \\ x-y-3z=0 \\ 2x+2y-z=1 \end{cases}$

$\begin{pmatrix} 2 & 3 \\ 3 & -4 \end{pmatrix}$

掃き出し法

$\begin{pmatrix} 2 & 3 & 5 \\ 3 & -4 & -1 \end{pmatrix}$

$\begin{pmatrix} 2 & 1 & 1 & 2 \\ 1 & -1 & -3 & 0 \\ 2 & 2 & -1 & 1 \end{pmatrix}$

行基本変形

階数

自由度

「連立1次方程式と行列の ふか〜い関係を 勉強していきましょう。」

「行列って何かしら？ 楽しみだわ。」

〈1〉 連立1次方程式

例題 1.1 [2元連立1次方程式]

次の連立1次方程式を解いてみましょう。

(1) $\begin{cases} x+y=2 & ① \\ 3x-2y=1 & ② \end{cases}$ (2) $\begin{cases} x-2y=0 & ① \\ 3x-6y=0 & ② \end{cases}$

(3) $\begin{cases} x-2y=0 & ① \\ 3x-6y=-6 & ② \end{cases}$

> 方程式において，これから値を求めようとする文字を未知数といいます。未知数の数により
> 　2元連立1次方程式
> 　3元連立1次方程式
> 　　⋮
> などといいます。

解 各式に，上のように番号をつけておきます。係数をよくながめてどの未知数をはじめに消去するか方針をたてましょう。

(1) たとえば y を消去する方針で解くと $2×①+②$ を計算して

$$\begin{array}{rl} 2\times① & 2x+2y=4 \\ +)\ \ ② & 3x-2y=1 \\ \hline & 5x\ \ \ \ \ \ \ =5 \longrightarrow x=1 \end{array}$$

①へ代入して　$1+y=2$, 　$y=2-1=1$

以上より　$x=1,\ y=1$

・ちょっと解説・

(1)の①と②の式は

$$\begin{cases} y=-x+2 \\ y=\dfrac{3}{2}x-\dfrac{1}{2} \end{cases}$$

と変形され，(1)の解はこれらを式にもつ2直線の共有点の座標を表しています。

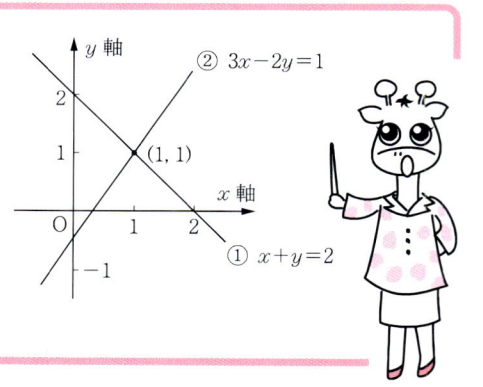

> 「⇔」は同値な変形を示します。つまり，矢印のどっち方向にも変形可能な変形です。

(2) ①と②の式をよく見てみると，$\dfrac{1}{3}×②$ は①の式と同じです。つまり，

$\begin{cases} x-2y=0 & ① \\ 3x-6y=0 & ② \end{cases} \Longleftrightarrow \begin{cases} x-2y=0 & ① \\ x-2y=0 & ②' \end{cases} \Longleftrightarrow x-2y=0\ \ ①$

見かけは2つの式からなる連立1次方程式ですが，本質的には1つの式です。2つの未知数があるのに式が1つしかありません。したがって，①より

　　$x=2y$ 　③

という関係をもつ x, y の値の組ならすべて解になります。そこで

$y=t$（t は任意の実数）とおくと③へ代入して
$$x=2t$$
となります。これより解の組は無数にあり，
$$x=2t, \quad y=t \quad (t \text{ は任意の実数})$$
と表すことができます。

> **・ちょっと解説・**
>
> ①と②の表す直線は同じなので，2直線の共有点は無数にあることを示しています。
>
> ① $x-2y=0$
> ② $3x-6y=0$

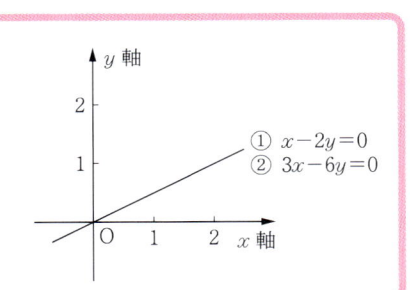

（3） ②の式を $\dfrac{1}{3}$ 倍すると
$$x-2y=-2$$
この式の左辺は①の左辺と同じなので
$$0=-2$$
となります。これは矛盾した式です。このことは①,②の両方の式を同時に満たす x,y の組は存在しないことを意味しています。つまり

　　　解なし

です。　　　　　　　　　　　　　　　　　　　　　　　　　　　（解終）

> **・ちょっと解説・**
>
> ①と②は
> $$y=\frac{1}{2}x$$
> $$y=\frac{1}{2}x+1$$
> と変形されるので，これらの表す2直線は平行で共有点は存在しません。
>
> ② $3x-6y=-6$
> ① $x-2y=0$

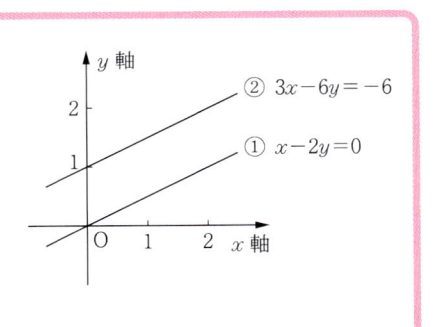

連立1次方程式ってみんな解があると思っていましたわ！

問題 1.1（解答は p.154）

次の連立1次方程式を解いてください。

(1) $\begin{cases} 3x+2y=-2 & ① \\ 6x+5y=-6 & ② \end{cases}$

(2) $\begin{cases} 6x+4y=0 & ① \\ 9x+6y=0 & ② \end{cases}$

(3) $\begin{cases} 2x-6y=1 & ① \\ -x+3y=2 & ② \end{cases}$

〈2〉 連立1次方程式と行列

次の2つの連立1次方程式を比べてください。

① $\begin{cases} 2x+ y=-3 \\ 3x-2y= 4 \end{cases}$ ② $\begin{cases} 2a+ b=-3 \\ 3a-2b= 4 \end{cases}$

これらは，未知数を表わす文字は異なりますが，全く同じ係数をもっています。ですから，両方は同じ解をもちます。

このように，連立1次方程式の本質は係数で決まり，係数こそ重要な情報なのです。

そこで係数だけを取り出し，カッコでくくって並べてみましょう。

$$\begin{pmatrix} 2 & 1 & -3 \\ 3 & -2 & 4 \end{pmatrix}$$

[ ] を使う場合もあります。 ◯

"行列"は英語で"matrix" ◯

これが**行列**です。この数字のかたまりで1つの情報を表わしています。

　　行 とは 横に並んだ数字のこと
　　列 とは 縦に並んだ数字のこと

を意味し，上から順に

$$\begin{pmatrix} 2 & 1 & -3 \\ 3 & -2 & 4 \end{pmatrix} \begin{matrix} \leftarrow 第1行 \\ \leftarrow 第2行 \end{matrix}$$

左から順に

$$\begin{pmatrix} 2 & 1 & -3 \\ 3 & -2 & 4 \end{pmatrix}$$
　↑　↑　↑
第1列 第2列 第3列

"(2,3)型の行列"ともいい ◯
ます。

と名前がついています。行数と列数により行列の型が決まり，上の行列は **2行3列の行列**とよばれます。

また行列の各数字を**成分**といい，第何行と第何列の交差点に位置するかにより

　　　（行番号，列番号）成分

とよばれます。たとえば

$$\begin{pmatrix} 2 & 1 & -3 \\ 3 & -2 & 4 \end{pmatrix} \leftarrow 第1行$$

(1,2)成分
↑
第2列

となります。

"マトリックス"という言葉はよく聞きますわ。

行列は $A, B, \cdots$ などおもに英大文字を使って表します。

2つの行列 A, B があったとき,

　　行の数も列の数も同じ

　　数字の並びも全く同じ

ときに限り, 行列として"等しい"と定義し ● 行列の相等
$$A = B$$
とかきます。

前頁の連立1次方程式の係数からなる**係数行列**は

　①は $A = \begin{pmatrix} 2 & 1 & -3 \\ 3 & -2 & 4 \end{pmatrix}$

　②は $B = \begin{pmatrix} 2 & 1 & -3 \\ 3 & -2 & 4 \end{pmatrix}$

です。

　　A も B も 2 行 3 列の行列

　　数字の並びも全く同じ

なので,
$$A = B$$
です。

今までのことを一般的に文字を使って書き表しておきましょう。

行列とは, m 行 n 列 (m, n は自然数)に並んだ数字または文字の配列

$$A = \begin{pmatrix} a_{11} & a_{12} & \cdots & a_{1n} \\ \vdots & \vdots & & \vdots \\ a_{m1} & a_{m2} & \cdots & a_{mn} \end{pmatrix}$$

のことで, おもに $A, B, C, \cdots$ などの英大文字を使って表します。

上記の行列 A は m 行 n 列の行列です。

また各行, 各列と成分は次のようによばれます。

$$A = \begin{pmatrix} a_{11} & \cdots & a_{1j} & \cdots & a_{1n} \\ \vdots & & \vdots & & \vdots \\ a_{i1} & \cdots & a_{ij} & \cdots & a_{in} \\ \vdots & & \vdots & & \vdots \\ a_{m1} & \cdots & a_{mj} & \cdots & a_{mn} \end{pmatrix}$$

第 i 行
第 j 列
(i, j) 成分

● (i, j) 成分

a_{ij}
行番号　列番号

これから扱う連立1次方程式は, 左頁上の①, ②のように, 未知数を含んだ項は左辺に, 定数項は右辺にかくこととしておきます。

例題 1.2 [連立1次方程式と行列 1]

$$\begin{cases} x-4y+6z=-3 \\ 2x-5y+5z=\ \ 3 \\ \ \ \ \ -6y+4z=-1 \end{cases}$$

(1) 上記の連立1次方程式から係数を取り出して係数行列 A をつくってみましょう。

(2) A は何行何列の行列ですか。

(3) A の第2行と第4列を囲ってみましょう。

(4) A の $(2,4)$ 成分を求めてみましょう。

(5) A の $(3,1)$ 成分を求めてみましょう。

(6) 「-1」は何成分ですか。

解 (1) 第3式の x の係数に注意して，係数を取り出して並べると

$$A=\begin{pmatrix} 1 & -4 & 6 & -3 \\ 2 & -5 & 5 & 3 \\ 0 & -6 & 4 & -1 \end{pmatrix}$$

(2) 行の数は3，列の数は4なので

3行4列 の行列

(3) 第2行と第4列は次の通り。

$$\begin{pmatrix} 1 & -4 & 6 & 3 \\ 2 & -5 & 5 & 3 \\ 0 & -6 & 4 & -1 \end{pmatrix} \leftarrow 第2行, \quad \begin{pmatrix} 1 & -4 & 6 & -3 \\ 2 & -5 & 5 & 3 \\ 0 & -6 & 4 & -1 \end{pmatrix}$$
第4列 ↑

(4) $(2,4)$ 成分 = 第2行と第4列の交差点に位置する成分
$= 3$

(5) $(3,1)$ 成分 = 第3行と第1列の交差点に位置する成分
$= 0$

(6) -1 = 第3行と第4列の交差点に位置する成分
$= (3,4)$ 成分 (解終)

> 行列って，数字が長方形や正方形に並んでいるだけですね。むずかしくないですわ。

問題 1.2 (解答は p.154)

$$\begin{cases} 3x+2y-4z=7 \\ x+2y\ \ \ \ \ \ =5 \\ 2x-\ y+5z=8 \end{cases}$$

(1) 左の連立1次方程式から係数を取り出して係数行列 B をつくってください。

(2) B は何行何列の行列ですか。

(3) B の第2行と第1列を囲ってください。

(4) B の $(2,1)$ 成分を求めてください。

(5) B の $(3,3)$ 成分を求めてください。

(6) 「0」は何成分ですか。

例題 1.3 [連立 1 次方程式と行列 2]

次の行列 A, B はそれぞれ連立 1 次方程式の係数行列で,最後の列は定数項を表しています。行列 A, B よりそれぞれもとの連立 1 次方程式をつくってみましょう。

(1) $A = \begin{pmatrix} 1 & 2 & -5 \\ 3 & -4 & 6 \end{pmatrix}$ (2) $B = \begin{pmatrix} 2 & 3 & 0 & -2 \\ 0 & 5 & -1 & 0 \\ 3 & 0 & 2 & 1 \end{pmatrix}$

解 連立 1 次方程式の未知数の文字は何でもかまいません。

(1) 最後の列は定数項を表しているので,未知数の数は 2 個。それらを x, y とし,行列を見ながら方程式をつくると

$$\begin{cases} 1 \cdot x + 2 \cdot y = -5 \\ 3 \cdot x - 4 \cdot y = 6 \end{cases} \text{より} \begin{cases} x + 2y = -5 \\ 3x - 4y = 6 \end{cases}$$

(2) 最後の列は定数項なので,未知数の数は 3 個。それらを x, y, z とし,行列を見ながら方程式をつくると

$$\begin{cases} 2 \cdot x + 3 \cdot y + 0 \cdot z = -2 \\ 0 \cdot x + 5 \cdot y - 1 \cdot z = 0 \\ 3 \cdot x + 0 \cdot y + 2 \cdot z = 1 \end{cases}$$

より

$$\begin{cases} 2x + 3y = -2 \\ 5y - z = 0 \\ 3x + 2z = 1 \end{cases}$$

(解終)

> 最後の列は方程式の右辺の定数項ですね。

> 係数「0」に気をつけましょう。

問題 1.3 (解答は p.154)

次の行列 C, D はそれぞれ連立 1 次方程式の係数行列で,最後の列は定数項を表しています。もとの連立 1 次方程式をつくってください。

(1) $C = \begin{pmatrix} 3 & -1 & 4 \\ 5 & 2 & 1 \end{pmatrix}$ (2) $D = \begin{pmatrix} 0 & 3 & -1 & 7 \\ 1 & 0 & 6 & 8 \\ 2 & 4 & 0 & -3 \end{pmatrix}$

〈3〉 行基本変形

ここでは連立 1 次方程式を行列を使って解くことを考えてみましょう。

はじめに，連立 1 次方程式の解を求める過程を，**同値な式の変形**ととらえてみます。ここでいう"同値な式の変形"とは，逆の方向にももどれる変形のことです。たとえば

$$\begin{cases} 2x+y=3 & ① \\ 3x-y=7 & ② \end{cases} \xrightarrow[\times]{①+②} 5x=10 \quad ③$$

のように，左側の式の組から y を消去するために ①+② という計算を行って ③ を出しますが，③ から ① や ② は導けません。つまりこの変形は同値な式の変形ではありません。次のように，どちらかの式を残しておくと同値な式の変形となります。

$$\begin{cases} 2x+y=3 & ① \\ 3x-y=7 & ② \end{cases} \xrightleftharpoons[②'-①']{①+②} \begin{cases} 2x+y=3 & ①' \\ 5x=10 & ②'=①+② \end{cases}$$

この"同値な式の変形"（ $\rightleftharpoons$ で示す）により上の連立 1 次方程式を解いてみましょう。（式番号は，常に第 1 式を ①，第 2 式を ② で表示しておきます。）

$$ⓐ \begin{cases} 2x+y=3 & ① \\ 3x-y=7 & ② \end{cases} \xrightleftharpoons[②-①]{②+①} ⓑ \begin{cases} 2x+y=3 & ① \\ 5x=10 & ② \end{cases}$$

$$\xrightleftharpoons[②\times 5]{②\times \frac{1}{5}} ⓒ \begin{cases} 2x+y=3 & ① \\ x=2 & ② \end{cases}$$

$$\xrightleftharpoons[②\times \frac{1}{2}]{②\times 2} ⓓ \begin{cases} 2x+y=3 & ① \\ 2x=4 & ② \end{cases}$$

$$\xrightleftharpoons[①+②]{①-②} ⓔ \begin{cases} y=-1 & ① \\ 2x=4 & ② \end{cases}$$

$$\xrightleftharpoons[②\times 2]{②\times \frac{1}{2}} ⓕ \begin{cases} y=-1 & ① \\ x=2 & ② \end{cases}$$

$$\xrightleftharpoons[入れかえ]{入れかえ} ⓖ \begin{cases} x=2 \\ y=-1 \end{cases}$$

ここで使われている変形は

    I．ある式を k 倍（$k \neq 0$）する

    II'．ある式に他の式を加えたり引いたりする

    III．式を入れかえる

の 3 つです。しかし上記の変形の途中，ⓒ で x の値がせっかく求まっているのに $2x$ を消去するために ⓓ, ⓔ ではそれを 2 倍していて少

> "同値な式の変形"なんて，今まであまり意識してこなかったですわ。

し効率が悪くなっています。そこでII′の代わりにIとIIを同時に行う

　　II．ある式に他の式をk倍して加える

という変形を使います。

連立1次方程式の同値な式の変形をまとめておきましょう。

---**連立1次方程式の同値な式の変形**---
　I．ある式をk倍（$k\neq 0$）する。
　II．ある式に他の式をk倍して加える。
　III．式を入れかえる。

上の同値な式の変形を使って改めて解くと，

$$\begin{cases}2x+y=3 & ①\\ 3x-y=7 & ②\end{cases} \xrightleftharpoons[\text{II．②+①×(-1)}]{\text{II．②+①×1}} \begin{cases}2x+y=3 & ①\\ 5x=10 & ②\end{cases}$$

$$\xrightleftharpoons[\text{I．②×5}]{\text{I．②×}\frac{1}{5}} \begin{cases}2x+y=3 & ①\\ x=2 & ②\end{cases}$$

$$\xrightleftharpoons[\text{II．①+②×2}]{\text{II．①+②×(-2)}} \begin{cases}y=-1 & ①\\ x=2 & ②\end{cases}$$

$$\xrightleftharpoons[\text{III．入れかえ}]{\text{III．入れかえ}} \begin{cases}x=2 & ①\\ y=-1 & ②\end{cases}$$

となり，先ほどよりすっきりしました。

この変形を行列を使って表してみましょう。係数だけをとり出して（　）でくくればよいだけです。一番右の列は定数項なので|を入れて区別しておくことにします。

$$\begin{pmatrix}2 & 1 & \vert & 3\\ 3 & -1 & \vert & 7\end{pmatrix} \rightleftharpoons \begin{pmatrix}2 & 1 & \vert & 3\\ 5 & 0 & \vert & 10\end{pmatrix}$$

$$\rightleftharpoons \begin{pmatrix}2 & 1 & \vert & 3\\ 1 & 0 & \vert & 2\end{pmatrix} \rightleftharpoons \begin{pmatrix}0 & 1 & \vert & -1\\ 1 & 0 & \vert & 2\end{pmatrix}$$

$$\rightleftharpoons \begin{pmatrix}1 & 0 & \vert & 2\\ 0 & 1 & \vert & -1\end{pmatrix}$$

これが行列を使った連立1次方程式の解法です。

使った同値な式の変形を行列の言葉に直しておきましょう。この3つの変形を**行列の行基本変形**といいます。

---**行列の行基本変形**---
　I．ある行をk倍（$k\neq 0$）する。
　II．ある行に他の行をk倍して加える。
　III．行を入れかえる。

|を入れて右辺が定数項であることをはっきりとさせます。

◯ 行ごとに変形です。
行ごとの変形は式の変形を意味しています。

例題 1.4 [行基本変形 1]

次の行列に (1), (2), (3) の行基本変形を順に続けて行ってみましょう。

$$\begin{pmatrix} -2 & 1 & 3 \\ 6 & -4 & 0 \end{pmatrix}$$

(1) 第2行を $\frac{1}{2}$ 倍する（変形 I）。

(2) 第2行に第1行を2倍して加える（変形 II）。

(3) 第1行と第2行を入れかえる（変形 III）。

・ちょっと解説・

行基本変形は略して次のように表記することとします。

I．ⓘ × k　　… 第 i 行を k 倍 ($k \neq 0$) する。

II．ⓘ + ⓙ × k　… 第 i 行に第 j 行を k 倍して加える。

III．ⓘ ↔ ⓙ　　… 第 i 行と第 j 行を入れかえる。

また、変形前の行列と変形後の行列は異なった行列なので「→」を使って変形していきます。「＝」は行列として等しいことを意味しているので、行基本変形には使えません。

ⓘ, ⓙ は行番号を表します。

解 行列を順に続けて変形していきましょう。

$$\begin{pmatrix} -2 & 1 & 3 \\ 6 & -4 & 0 \end{pmatrix}$$

$$\xrightarrow{(1)\ ②\times\frac{1}{2}} \begin{pmatrix} -2 & 1 & 3 \\ 6\times\frac{1}{2} & -4\times\frac{1}{2} & 0\times\frac{1}{2} \end{pmatrix} = \begin{pmatrix} -2 & 1 & 3 \\ 3 & -2 & 0 \end{pmatrix}$$

$$\xrightarrow{(2)\ ②+①\times 2} \begin{pmatrix} -2 & 1 & 3 \\ 3+(-2)\times 2 & -2+1\times 2 & 0+3\times 2 \end{pmatrix}$$

$$= \begin{pmatrix} -2 & 1 & 3 \\ -1 & 0 & 6 \end{pmatrix}$$

$$\xrightarrow{(3)\ ①\leftrightarrow②} \begin{pmatrix} -1 & 0 & 6 \\ -2 & 1 & 3 \end{pmatrix}$$

（解終）

(2) の変形 II がむずかしいですわ〜！

問題 1.4（解答は p. 154）

次の行列に (1), (2), (3) の行基本変形を順に続けて行ってください。また、変形の → の上には、どのような変形を行ったかを記しておいてください。

$$\begin{pmatrix} 3 & 9 & -3 \\ -4 & -5 & 1 \end{pmatrix}$$

(1) 第1行を $\frac{1}{3}$ 倍する（変形 I）。

(2) 第2行に第1行を4倍して加える（変形 II）。

(3) 第1行と第2行を入れかえる（変形 III）。

例題 1.5 [行基本変形 2]

次の行列に（1）〜（3）の行変形を順に続けて行ってみましょう。

$$\begin{pmatrix} 0 & -2 & 4 & 2 \\ 1 & 0 & -1 & 2 \\ -2 & 1 & 1 & 0 \end{pmatrix}$$

（1） 第1行と第2行を入れかえる（変形Ⅲ）。

（2） 第2行を $\left(-\dfrac{1}{2}\right)$ 倍する（変形Ⅰ）。

（3） 第3行に第1行を2倍して加える（変形Ⅱ）。

解 成分が多いので，ゆっくり変形していきましょう。

$$\begin{pmatrix} 0 & -2 & 4 & 2 \\ 1 & 0 & -1 & 2 \\ -2 & 1 & 1 & 0 \end{pmatrix} \xrightarrow{(1)\ ①\leftrightarrow②} \begin{pmatrix} 1 & 0 & -1 & 2 \\ 0 & -2 & 4 & 2 \\ -2 & 1 & 1 & 0 \end{pmatrix}$$

――― 行基本変形 ―――
Ⅰ． $①\times k$ $(k\ne 0)$
Ⅱ． $①+②\times k$
Ⅲ． $①\leftrightarrow②$

$$\xrightarrow{(2)\ ②\times\left(-\frac{1}{2}\right)} \begin{pmatrix} 1 & 0 & -1 & 2 \\ 0\times\left(-\dfrac{1}{2}\right) & -2\times\left(-\dfrac{1}{2}\right) & 4\times\left(-\dfrac{1}{2}\right) & 2\times\left(-\dfrac{1}{2}\right) \\ -2 & 1 & 1 & 0 \end{pmatrix}$$

$$= \begin{pmatrix} 1 & 0 & -1 & 2 \\ 0 & 1 & -2 & -1 \\ -2 & 1 & 1 & 0 \end{pmatrix}$$

$$\xrightarrow{(3)\ ③+①\times 2} \begin{pmatrix} 1 & 0 & -1 & 2 \\ 0 & 1 & -2 & -1 \\ -2+1\times 2 & 1+0\times 2 & 1+(-1)\times 2 & 0+2\times 2 \end{pmatrix}$$

$$= \begin{pmatrix} 1 & 0 & -1 & 2 \\ 0 & 1 & -2 & -1 \\ 0 & 1 & -1 & 4 \end{pmatrix}$$

（解終）

> 暗算でできるところはどんどん省いてください。

問題 1.5 （解答は p.155）

次の行列に（1）〜（4）の行変形を順に続けて行ってください。

$$\begin{pmatrix} 3 & 6 & -3 & 0 \\ -2 & 1 & 2 & 1 \\ -2 & 4 & -2 & 2 \end{pmatrix}$$

（1） 第1行を $\dfrac{1}{3}$ 倍する（変形Ⅰ）。

（2） 第3行を $\dfrac{1}{2}$ 倍する（変形Ⅰ）。

（3） 第2行に第1行を2倍して加える（変形Ⅱ）。

（4） 第3行に第1行を (-1) 倍して加える（変形Ⅱ）。

（5） 第1行と第3行を入れかえる（変形Ⅲ）。

例題 1.6 [行変形による解法 1]

次の連立 1 次方程式の係数行列 M を次の順に続けて変形することにより解を求めてみましょう。

$$\begin{cases} 2x - y = 0 \\ x + 2y = 5 \end{cases} \quad \begin{array}{ll} (1) & ①+②\times(-2) \\ (3) & ②+①\times(-2) \end{array} \quad \begin{array}{ll} (2) & ①\times\left(-\dfrac{1}{5}\right) \\ (4) & ①\leftrightarrow② \end{array}$$

解がただ 1 組だけ存在する ➡ 例です。

解 はじめに，連立 1 次方程式の係数を取り出して係数行列 M を求めます。わかりやすくするために，右辺の定数項の数字はその前に | を書いておくことにします。

$$M = \begin{pmatrix} 2 & -1 & | & 0 \\ 1 & 2 & | & 5 \end{pmatrix}$$

この行列に順次（1）～（4）の変形を行うと

$$M \xrightarrow{(1) \ ①+②\times(-2)}$$

$$\begin{pmatrix} 2+1\times(-2) & -1+2\times(-2) & | & 0+5\times(-2) \\ 1 & 2 & | & 5 \end{pmatrix}$$

$$= \begin{pmatrix} 0 & -5 & | & -10 \\ 1 & 2 & | & 5 \end{pmatrix}$$

$$\xrightarrow{(2) \ ①\times\left(-\frac{1}{5}\right)}$$

$$\begin{pmatrix} 0\times\left(-\dfrac{1}{5}\right) & -5\times\left(-\dfrac{1}{5}\right) & | & -10\times\left(-\dfrac{1}{5}\right) \\ 1 & 2 & | & 5 \end{pmatrix}$$

$$= \begin{pmatrix} 0 & 1 & | & 2 \\ 1 & 2 & | & 5 \end{pmatrix}$$

$$\xrightarrow{(3) \ ②+①\times(-2)} \begin{pmatrix} 0 & 1 & 2 \\ 1+0\times(-2) & 2+1\times(-2) & 5+2\times(-2) \end{pmatrix}$$

$$= \begin{pmatrix} 0 & 1 & | & 2 \\ 1 & 0 & | & 1 \end{pmatrix}$$

$$\xrightarrow{(4) \ ①\leftrightarrow②} \begin{pmatrix} 1 & 0 & | & 1 \\ 0 & 1 & | & 2 \end{pmatrix}$$

行列 M を $\begin{pmatrix} 1 & 0 & | & \alpha \\ 0 & 1 & | & \beta \end{pmatrix}$ の形になるように変形すると解けるのですね。

変形の最後に得られた行列を再び連立 1 次方程式にもどすと

$$\begin{cases} 1\cdot x + 0\cdot y = 1 \\ 0\cdot x + 1\cdot y = 2 \end{cases} \quad \text{つまり} \quad \begin{cases} x = 1 \\ y = 2 \end{cases}$$

以上より $x=1, \ y=2$ （解終）

■ **表を使った行列の変形（表変形）**

　行基本変形の中で，もっとも計算しづらいのは"変形Ⅱ"でしょう。やり方を覚えるまで何回か練習してください。

　変形を暗算でできるようになったら，変形過程を表形式にするとすっきりします。左頁の変形を表形式で書いてみます。

係数行列		行基本変形
2　−1	0	
1　　2	5	
0　−5	−10	①+②×(−2)
1　　2	5	
0　　1	2	①×$\left(-\dfrac{1}{5}\right)$
1　　2	5	
0　　1	2	
1　　0	1	②+①×(−2)
1　　0	1	①↔②
0　　1	2	

―― 行基本変形 ――
　Ⅰ．⑦×k　　(k≠0)
　Ⅱ．⑦+⑦×k
　Ⅲ．⑦↔⑦

最後の行列が

1　0	α
0　1	β

の形になったら解が求まります。

○ $\begin{pmatrix} 1 & 0 \\ 0 & 1 \end{pmatrix}$ は**単位行列**とよばれる特別な行列です。

> 問題1.6の変形を
> 表でも書いてみましょう。

問題 1.6（解答は p.155）
次の連立1次方程式の係数行列 M を次の順に続けて変形することにより解を求めてください。

$$\begin{cases} 3x+5y=1 \\ x+2y=1 \end{cases}$$

（1）①+②×(−3)　　（2）①×(−1)
（3）②+①×(−2)　　（4）①↔②

解がただ1組だけ存在する ➡ 例です。

例題 1.7 [行変形による解法 2]

行基本変形を暗算で順に行いながら，次の連立1次方程式を解いてみましょう。

$$\begin{cases} 4x+3y=6 \\ 3x+4y=1 \end{cases}$$

(1) ①+②×(−1)
(2) ②+①×(−3)
(3) ②×$\frac{1}{7}$
(4) ①+②×1

―― 行基本変形 ――
Ⅰ. ⓘ×k　(k≠0)
Ⅱ. ⓘ+ⓙ×k
Ⅲ. ⓘ↔ⓙ

解 係数行列を M とすると

$$M = \begin{pmatrix} 4 & 3 & | & 6 \\ 3 & 4 & | & 1 \end{pmatrix}$$

$$M \xrightarrow{(1)\ ①+②\times(-1)} \begin{pmatrix} 1 & -1 & | & 5 \\ 3 & 4 & | & 1 \end{pmatrix}$$

$$\xrightarrow{(2)\ ②+①\times(-3)} \begin{pmatrix} 1 & -1 & | & 5 \\ 0 & 7 & | & -14 \end{pmatrix}$$

$$\xrightarrow{(3)\ ②\times\frac{1}{7}} \begin{pmatrix} 1 & -1 & | & 5 \\ 0 & 1 & | & -2 \end{pmatrix}$$

$$\xrightarrow{(4)\ ①+②\times1} \begin{pmatrix} 1 & 0 & | & 3 \\ 0 & 1 & | & -2 \end{pmatrix}$$

最後の結果より

$$x=3, \quad y=-2 \quad (\text{解終})$$

表変形

M			変形
4	3	6	
3	4	1	
1	−1	5	①+②×(−1)
3	4	1	
1	−1	5	②+①×(−3)
0	7	−14	
1	−1	5	②×$\frac{1}{7}$
0	1	−2	
1	0	3	①+②×1
0	1	−2	

問題 1.7 (解答は p.156)

行基本変形を暗算で順に行いながら，次の連立1次方程式を解いてください。

$$\begin{cases} 3x-y=-6 \\ 5x+2y=1 \end{cases}$$

(1) ②+①×2
(2) ②×$\frac{1}{11}$
(3) ①+②×(−3)
(4) ①×(−1)
(5) ①↔②

例題 1.8 [行変形による解法 3]

行変形を暗算で順に行いながら，次の連立 1 次方程式を解いてみましょう。

$$\begin{cases} x+2y=1 & (1)\ ③+①\times(-1) & (2)\ ①+②\times(-2) \\ y-z=1 & (3)\ ③+②\times 2 & (4)\ ③\times(-1) \\ x+z=1 & (5)\ ①+③\times(-2) & (6)\ ②+③\times 1 \end{cases}$$

○ 3 元連立 1 次方程式
解がただ 1 組だけ存在する例です。

解 はじめに係数行列 M をかき出しましょう。係数が 0 の所に気をつけて

$$\begin{cases} x+2y=1 \\ y-z=1 \\ x+z=1 \end{cases} \text{より} \quad M=\begin{pmatrix} 1 & 2 & 0 & | & 1 \\ 0 & 1 & -1 & | & 1 \\ 1 & 0 & 1 & | & 1 \end{pmatrix}$$

順に変形して

$$M \xrightarrow[③+①\times(-1)]{(1)} \begin{pmatrix} 1 & 2 & 0 & | & 1 \\ 0 & 1 & -1 & | & 1 \\ 0 & -2 & 1 & | & 0 \end{pmatrix}$$

$$\xrightarrow[①+②\times(-2)]{(2)} \begin{pmatrix} 1 & 0 & 2 & | & -1 \\ 0 & 1 & -1 & | & 1 \\ 0 & -2 & 1 & | & 0 \end{pmatrix}$$

$$\xrightarrow[③+②\times 2]{(3)} \begin{pmatrix} 1 & 0 & 2 & | & -1 \\ 0 & 1 & -1 & | & 1 \\ 0 & 0 & -1 & | & 2 \end{pmatrix} \xrightarrow[③\times(-1)]{(4)} \begin{pmatrix} 1 & 0 & 2 & | & -1 \\ 0 & 1 & -1 & | & 1 \\ 0 & 0 & 1 & | & -2 \end{pmatrix}$$

$$\xrightarrow[①+③\times(-2)]{(5)} \begin{pmatrix} 1 & 0 & 0 & | & 3 \\ 0 & 1 & -1 & | & 1 \\ 0 & 0 & 1 & | & -2 \end{pmatrix} \xrightarrow[②+③\times 1]{(6)} \begin{pmatrix} 1 & 0 & 0 & | & 3 \\ 0 & 1 & 0 & | & -1 \\ 0 & 0 & 1 & | & -2 \end{pmatrix}$$

これより

$$x=3,\quad y=-1,\quad z=-2 \qquad \text{(解終)}$$

数字が多くなって大変になってきましたわ。

表変形でもよいですよ。

問題 1.8 （解答は p.156）

行変形を暗算で行いながら，次の連立 1 次方程式を解いてください。

$$\begin{cases} x+2y=-2 & (1)\ ②+①\times(-1) & (2)\ ②\leftrightarrow③ & (3)\ ①+②\times(-2) \\ x+z=4 & (4)\ ③+②\times 2 & (5)\ ③\times(-1) & (6)\ ①+③\times(-2) \\ y-z=-2 & (7)\ ②+③\times 1 \end{cases}$$

〈4〉 掃き出し法

連立1次方程式を係数行列に行基本変形を行って解いてきましたが、行きあたりばったりに変形してもなかなかうまく解まで到達できません。そこで、前の例題でも用いた方法を改めて紹介しましょう。

たとえば、x, y を未知数とする2元連立1次方程式

$$\begin{cases} 2x - y = 0 \\ x + 2y = 5 \end{cases}$$

は、最終的に

$$\begin{cases} x = 1 \\ y = 2 \end{cases} \quad \text{かき直して} \quad \begin{cases} 1 \cdot x + 0 \cdot y = 1 \\ 0 \cdot x + 1 \cdot y = 2 \end{cases}$$

となれば解けたことになります。これを係数行列で表わすと

$$\begin{pmatrix} 2 & -1 & | & 0 \\ 1 & 2 & | & 5 \end{pmatrix} \xrightarrow{\text{行基本変形}} \begin{pmatrix} 1 & 0 & | & 1 \\ 0 & 1 & | & 2 \end{pmatrix}$$

となるので、係数行列をこのように変形すればよいことがわかります。右側の行列が変形の最終目標です。解が存在すれば必ずこの形になります。変形して成分に「1」や「0」をつくる方法はいろいろありますが、せっかく作った1や0が次の変形で他の数になってしまっては目標に到達できません。それを避けるために、次の㋐〜㋔の順に1や0をつくっていくと効率良く変形目標に到達できます。

変形目標 ➡
$$\begin{pmatrix} 1 & 0 & | & \alpha \\ 0 & 1 & | & \beta \end{pmatrix}$$

$$\begin{pmatrix} ㋐ & ㋒ & | & \alpha_0 \\ ㋑ & ㋒ & | & \beta_0 \end{pmatrix}$$

手順㋐：㋐に「1」をつくる。
手順㋑：㋐につくった「1」を使って㋑に「0」をつくる。
手順㋒：㋒に「1」をつくる。
手順㋓：㋒につくった「1」を使って㋓に「0」をつくる。

「1」を使ってその列の他の成分を「0」にするので、この方法は

掃き出し法 または **ガウスの消去法**

とよばれています。ただし、いくら効率が良いといっても、手計算の場合ですと数が大きくなったり、分数が出てきてしまったりと計算が大変になってしまうので、適宜変形を加えたり、変形順序を変えたりしてください。

掃き出し方をマスターするために、しばらくは

・未知数の数と式の本数が同じ
・解がただ1組だけ存在する

という連立1次方程式だけを扱いましょう。

> お掃除みたいですわ。

⟨4⟩ 掃き出し法

例題 1.9 [掃き出し法 1]

$\begin{cases} x+2y=0 \\ 3x-y=7 \end{cases}$　左の連立 1 次方程式を掃き出し法で解いてみましょう。

[解] はじめに係数行列 M と変形目標を書いておきましょう。

$$M = \begin{pmatrix} 1 & 2 & | & 0 \\ 3 & -1 & | & 7 \end{pmatrix} \longrightarrow \begin{pmatrix} 1 & 0 & | & \alpha \\ 0 & 1 & | & \beta \end{pmatrix} \quad \text{◁ 目標}$$

目標に向って M に行基本変形を行っていきます。

$$M = \begin{pmatrix} ① & 2 & | & 0 \\ 3 & -1 & | & 7 \end{pmatrix} \quad \triangleleft \text{⑦は「1」になっているのでこのままでOK。}$$

$$\xrightarrow[②+①\times(-3)]{\text{①を「0」にする}} \begin{pmatrix} 1 & 2 & | & 0 \\ 0 & -7 & | & 7 \end{pmatrix} \quad \triangleleft \text{①が「0」になった。}$$

$$\xrightarrow[②\times\left(-\frac{1}{7}\right)]{\text{⑦を「1」にする}} \begin{pmatrix} 1 & 2 & | & 0 \\ 0 & ① & | & -1 \end{pmatrix} \quad \triangleleft \text{⑦が「1」になった。}$$

$$\xrightarrow[①+②\times(-2)]{\text{①を「0」にする}} \begin{pmatrix} 1 & 0 & | & 2 \\ 0 & 1 & | & -1 \end{pmatrix} \quad \triangleleft \text{①が「0」になり目標達成！}$$

これより

$$x=2, \quad y=-1 \qquad \text{(解終)}$$

行基本形
I. $⟨i⟩ \times k \quad (k \neq 0)$
II. $⟨i⟩ + ⟨j⟩ \times k$
III. $⟨i⟩ \leftrightarrow ⟨j⟩$

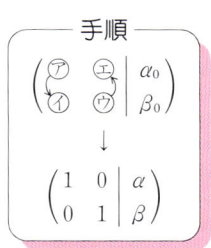

手順

$$\begin{pmatrix} ⑦ & ① & | & \alpha_0 \\ ① & ⑦ & | & \beta_0 \end{pmatrix}$$
$$\downarrow$$
$$\begin{pmatrix} 1 & 0 & | & \alpha \\ 0 & 1 & | & \beta \end{pmatrix}$$

表変形

M			変形	
①	2	0		⑦
3	−1	7		
1	2	0	$②+①\times(-3)$	①
0	−7	7		
1	2	0	$②\times\left(-\frac{1}{7}\right)$	⑦
0	①	−1		
1	0	2	$①+②\times(-2)$	①
0	1	−1		

「→ の変形」, 「表変形」どちらでもいいですよ。

問題 1.9 (解答は p.156)

次の連立 1 次方程式を掃き出し法で解いてください。

(1) $\begin{cases} 3x+4y=0 \\ x+2y=-2 \end{cases}$　　(2) $\begin{cases} 5x-y=1 \\ 4x-3y=-8 \end{cases}$

次は3つの未知数をもつ3元連立1次方程式の掃き出し法について説明しましょう。

たとえば x, y, z を未知数とする連立1次方程式

$$\begin{cases} 2x+ y-2z=1 \\ x+2y+ z=3 \\ x-3y-3z=0 \end{cases}$$

は，最終的に

$$\begin{cases} x \quad\quad\quad = 3 \\ \quad y \quad\quad =-1 \\ \quad\quad\quad z= 2 \end{cases}$$

となれば解けたことになります。これをかき直すと

$$\begin{cases} 1\cdot x+0\cdot y+0\cdot z= 3 \\ 0\cdot x+1\cdot y+0\cdot z=-1 \\ 0\cdot x+0\cdot y+1\cdot z= 2 \end{cases}$$

となります。このことを係数行列で表わすと

$$\begin{pmatrix} 2 & 1 & -2 & | & 1 \\ 1 & 2 & 1 & | & 3 \\ 1 & -3 & -3 & | & 0 \end{pmatrix} \xrightarrow{\text{行基本変形}} \begin{pmatrix} 1 & 0 & 0 & | & 3 \\ 0 & 1 & 0 & | & -1 \\ 0 & 0 & 1 & | & 2 \end{pmatrix}$$

と変形すればよいことがわかります。右側の行列が最終目標です。最終目標に到達するには2元連立1次方程式のときと同様に，

掃き出し法　　または　　ガウスの消去法

とよばれる次の手順で変形していくと効率良くできます。

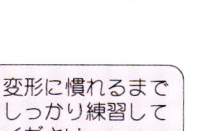

変形目標　→

$$\begin{pmatrix} 1 & 0 & 0 & | & \alpha \\ 0 & 1 & 0 & | & \beta \\ 0 & 0 & 1 & | & \gamma \end{pmatrix}$$

$$\begin{pmatrix} ⑦ & ⑦ & ⑦ & | & \alpha_0 \\ ⑦ & ⑦ & ⑦ & | & \beta_0 \\ ⑦ & ⑦ & ⑦ & | & \gamma_0 \end{pmatrix}$$

手順⑦　：⑦に「1」をつくる。
手順④⑦：⑦につくった「1」を使って④，⑦を「0」にする。
手順①　：①に「1」をつくる。
手順⑦⑦：①につくった「1」を使って⑦，⑦を「0」にする。
手順⑦　：⑦に「1」をつくる。
手順⑦⑦：⑦につくった「1」を使って⑦，⑦を「0」にする。

変形に慣れるまでしっかり練習してください。

この手順も計算の流れを示しているだけですので，手計算では行列の成分をみながら適宜変形を加えたり，変形順序を変えたりしてください。

たくさんの変形があって大変そうですわ。

例題 1.10 [掃き出し法 2]

$$\begin{cases} 2x + y - 2z = 1 \\ x + 2y + z = 3 \\ x - 3y - 3z = 0 \end{cases}$$

左の連立1次方程式を掃き出し法で解いてみましょう。

行基本変形
- I. $(i) \times k \quad (k \neq 0)$
- II. $(i) + (j) \times k$
- III. $(i) \leftrightarrow (j)$

手順

$$\begin{pmatrix} ⑦ & ⑦ & ⑦ & \alpha_0 \\ ⑦ & ⑦ & ⑦ & \beta_0 \\ ⑦ & ⑦ & ⑦ & \gamma_0 \end{pmatrix} \to \begin{pmatrix} 1 & 0 & 0 & \alpha \\ 0 & 1 & 0 & \beta \\ 0 & 0 & 1 & \gamma \end{pmatrix}$$

解 係数行列 M と変形目標を書いておきましょう。

$$M = \begin{pmatrix} 2 & 1 & -2 & 1 \\ 1 & 2 & 1 & 3 \\ 1 & -3 & -3 & 0 \end{pmatrix} \xrightarrow{\text{行基本変形}} \begin{pmatrix} 1 & 0 & 0 & \alpha \\ 0 & 1 & 0 & \beta \\ 0 & 0 & 1 & \gamma \end{pmatrix} \quad \lhd \text{目標}$$

目標に向って M に行基本変形を行っていきます。

$M \xrightarrow[①↔②]{⑦\text{に「1」をつくる}} \begin{pmatrix} 1 & 2 & 1 & 3 \\ 2 & 1 & -2 & 1 \\ 1 & -3 & -3 & 0 \end{pmatrix}$ ⊲ ⑦に「1」ができた

$\xrightarrow[\substack{②+①\times(-2) \\ ③+①\times(-1)}]{⑦\text{を使って}④,⑦\text{を「0」にする}} \begin{pmatrix} 1 & 2 & 1 & 3 \\ 0 & -3 & -4 & -5 \\ 0 & -5 & -4 & -3 \end{pmatrix}$ ⊲ 第1列完成!

$\xrightarrow[②+③\times(-1)]{④\text{に「1」をつくるために}} \begin{pmatrix} 1 & 2 & 1 & 3 \\ 0 & 2 & 0 & -2 \\ 0 & -5 & -4 & -3 \end{pmatrix}$

$\xrightarrow[②\times\frac{1}{2}]{④\text{に「1」をつくる}} \begin{pmatrix} 1 & 2 & 1 & 3 \\ 0 & 1 & 0 & -1 \\ 0 & -5 & -4 & -3 \end{pmatrix}$ ⊲ ④に「1」ができた

$\xrightarrow[\substack{①+②\times(-2) \\ ③+②\times 5}]{④\text{を使って}⑦,⑦\text{を「0」にする}} \begin{pmatrix} 1 & 0 & 1 & 5 \\ 0 & 1 & 0 & -1 \\ 0 & 0 & -4 & -8 \end{pmatrix}$ ⊲ 第2列完成!

$\xrightarrow[③\times\left(-\frac{1}{4}\right)]{⑦\text{に「1」をつくる}} \begin{pmatrix} 1 & 0 & 1 & 5 \\ 0 & 1 & 0 & -1 \\ 0 & 0 & 1 & 2 \end{pmatrix}$ ⊲ ⑦に「1」ができた / ⑦はすでに「0」になっている

$\xrightarrow[①+③\times(-1)]{⑦\text{を使って}⑦\text{を「0」にする}} \begin{pmatrix} 1 & 0 & 0 & 3 \\ 0 & 1 & 0 & -1 \\ 0 & 0 & 1 & 2 \end{pmatrix}$ ⊲ 目標達成!

これより

$$x = 3, \quad y = -1, \quad z = 2$$

(解終)

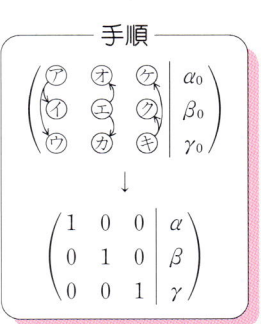

表変形

2	1	-2	1
1	2	1	3
1	-3	-3	0
①	2	1	3
2	1	-2	1
1	-3	-3	0
1	2	1	3
0	-3	-4	-5
0	-5	-4	-3
1	2	1	3
0	2	0	-2
0	-5	-4	-3
1	2	1	3
0	①	0	-1
0	-5	-4	-3
1	0	1	5
0	1	0	-1
0	0	-4	-8
1	0	1	5
0	1	0	-1
0	0	①	2
1	0	0	3
0	1	0	-1
0	0	1	2

問題 1.10 (解答は p.157)

次の連立1次方程式を掃き出し法で解いてください。

(1) $\begin{cases} x + 2y + z = 0 \\ -3x - 4y + 5z = 4 \\ 2x - 2y - 5z = 5 \end{cases}$

(2) $\begin{cases} 3x + 2y + 4z = 7 \\ x + 2y = 5 \\ 2x + y + 5z = 8 \end{cases}$

〈5〉 行列の階数

今まで,掃き出し法により解をただ1組だけもつ連立1次方程式を解いてきましたが,連立1次方程式には

・解がただ1組だけ存在する
・解が無数組存在する
・解は存在しない

の3種類があります。

連立1次方程式の何が,解を決定づけているのでしょうか？

連立1次方程式がもっている本質的な情報は係数ですので,3種類の連立1次方程式の係数行列を取り出して調べてみましょう。

ここで,連立1次方程式の係数のうち,左辺の未知数の係数からなる部分と右辺の定数項の部分とを分けて表記しておきます。

左辺の未知数の係数を並べた行列を A
右辺の定数項を並べた行列を B

とおくと,全体の係数行列 M は

$$M = (A \mid B)$$

と表すことができます。

> p.2〜3,例題1.1,問題1.1 参照。

> B は縦ベクトルともみなせます。

Case 1.

はじめは解がただ1組だけ存在する場合です。

次の連立1次方程式を表形式の掃き出し法で解いてみます。

$$\begin{cases} x + 2y = 0 \\ 3x - y = 7 \end{cases}$$

$$A = \begin{pmatrix} 1 & 2 \\ 3 & -1 \end{pmatrix}$$

$$B = \begin{pmatrix} 0 \\ 7 \end{pmatrix}$$

$$M = \begin{pmatrix} 1 & 2 & \mid & 0 \\ 3 & -1 & \mid & 7 \end{pmatrix}$$

	A		B	変形
	1	2	0	
	3	−1	7	
	1	2	0	
	0	−7	7	②+①×(−3)
	1	2	0	
	0	1	−1	②×$\left(-\frac{1}{7}\right)$
(*1)	1	0	2	①+②×(−2)
	0	1	−1	

変形の最後は目標に到達し,(*1) より

$$\begin{cases} x = 2 \\ y = -1 \end{cases}$$

のただ1組の解が得られます。

> 変形目標は
> $\begin{pmatrix} 1 & 0 & \mid & \alpha \\ 0 & 1 & \mid & \beta \end{pmatrix}$
> でしたわ。

Case 2.

次の連立1次方程式を Case 1. と同様に解いてみます。

$$\begin{cases} x - 2y = 1 \\ 3x - 6y = 3 \end{cases}$$

$$A = \begin{pmatrix} 1 & -2 \\ 3 & -6 \end{pmatrix}$$

$$B = \begin{pmatrix} 1 \\ 3 \end{pmatrix}$$

$$M = \begin{pmatrix} 1 & -2 & | & 1 \\ 3 & -6 & | & 3 \end{pmatrix}$$

	A		B	変形
	1	-2	1	
	3	-6	3	
(*2)	1	-2	1	
	0	0	0	②+①×(−3)

- 努力目標 -

$$\begin{pmatrix} 1 & 0 & | & \alpha \\ 0 & 1 & | & \beta \end{pmatrix}$$

↑

最終的にこの形にならない場合もあるので,「努力目標」としておきます。

変形の最終結果 (*2) はもうこれ以上目標に近づかせることはできません。(*2) を式にもどすと

$$\begin{cases} 1 \cdot x - 2 \cdot y = 1 \\ 0 \cdot x + 0 \cdot y = 0 \end{cases}$$

となりますが,第2式は

$$0 = 0$$

という自明な式となってしまい,第1式の

$$x - 2y = 1 \quad ①$$

の1本の式しか残らないことになります。このことは,もともとあった2本の式のうち

　　本質的な式は1本だけ

で,他の式はその式から導けるということを意味しています。一方,未知数が x と y の2個あるので,どうしたらよいでしょう。

両方の未知数 x と y の値を確定させるためには,Case 1.のように,変形で消えてしまわない本質的な式が2本必要です。しかし今,本質的な式が1本しかないので,1本不足してしまっています。ですから不足分の式の本数の未知数の数(今の場合は1個)だけ,こちらが値を与えなければ解は出てきません。たとえば x, y のうち,y のほうに値を与え,

$$y = t \quad (t \text{ は任意の実数})$$

とおくと,上記の①式に代入して

$$x - 2t = 1 \quad \text{より} \quad x = 2t + 1$$

つまり

$$\begin{cases} x = 2t + 1 \\ y = t \end{cases} \quad (t: 任意実数)$$

という,無数組の解が求まります。

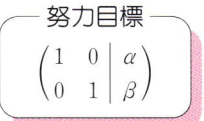

● 全部の未知数の値を決定するのに不足している式の数
＝未知数の数
　　−本質的な式の本数
＝2−1
＝1

t はどんな数でもいいので,無数組の解となります。

Case 3.

最後に次の連立1次方程式を解いてみましょう。

$$\begin{cases} x-2y=0 \\ 3x-6y=1 \end{cases}$$

$$A=\begin{pmatrix} 1 & -2 \\ 3 & -6 \end{pmatrix}$$

$$B=\begin{pmatrix} 0 \\ 1 \end{pmatrix}$$

$$M=\left(\begin{array}{cc|c} 1 & -2 & 0 \\ 3 & -6 & 1 \end{array}\right)$$

努力目標
$$\left(\begin{array}{cc|c} 1 & 0 & \alpha \\ 0 & 1 & \beta \end{array}\right)$$

	A		B	変形
	1	-2	0	
	3	-6	1	
(*3)	1	-2	0	
	0	0	1	②+①×(−3)

変形の最後の結果 (*3) を式に直すと

$$\begin{cases} 1\cdot x-2y=0 \\ 0\cdot x+0\cdot y=1 \end{cases} \quad \text{つまり} \quad \begin{cases} x-2y=0 \\ 0=1 \end{cases}$$

となります。この第2式は矛盾した式です。このことは，はじめの連立1次方程式には

　　　解は存在しない

ということを意味しています。

変形結果の (*3) をもう一度みてください。第2行において

　　　式の左辺の係数を表す数は全部 0
　　　式の右辺の定数項を表す数は 0 ではない

というところに矛盾が生じています。

簡単な2元連立1次方程式を使って，係数と解との関係を調べてきましたが，これらのことを未知数の数や式の本数がもっと多い一般の場合にも拡張するために，ここで新しい数学用語を導入しましょう。

> 行列において，ある行までは行番号が増すに従い左端から連続して並ぶ 0 の数が増え，その行より下は成分がすべて 0 である行列を **階段行列** といいます。

たとえば，次の行列が階段行列です。

「0」が階段状に並んでいるのが階段行列ですね。

$$\begin{pmatrix} 1 & 2 & 3 \\ 0 & 4 & 5 \end{pmatrix} \quad \begin{pmatrix} 1 & 2 & 3 \\ 0 & 4 & 5 \\ 0 & 0 & 6 \end{pmatrix}$$

$$\begin{pmatrix} 0 & 1 & 2 & 3 \\ 0 & 0 & 4 & 5 \\ 0 & 0 & 0 & 0 \end{pmatrix} \quad \begin{pmatrix} 0 & 0 & 2 \\ 0 & 0 & 0 \\ 0 & 0 & 0 \end{pmatrix}$$

この階段行列を使って，行列ではとても重要な用語を定義しましょう。

> 行列 A を行基本変形により階段行列へと変形したとき，0 でない成分が残っている行の数を行列 A の**階数**といい，$\text{rank}\,A$ で表します。

○ $\text{rank}\,A$
"ランク A" とよみます。

どの行列も行基本変形により必ず階段行列に直すことができます。また，本書では証明しませんが，変形のやり方により異なった階段行列になっても，0 でない成分の残っている行の数は行列によりただ 1 つに定まることがわかっています。

```
─── 行基本変形 ───
 Ⅰ．ⓘ×k   (k≠0)
 Ⅱ．ⓘ+ⱼ×k
 Ⅲ．ⓘ↔ⱼ
```

"階段行列" と "階数" の考え方を使って，先ほどの 3 つの連立 1 次方程式を見直してみましょう。

Case 1.【解がただ 1 組の場合】
$$M=(A\mid B)=\begin{pmatrix} 1 & 2 & \mid & 0 \\ 3 & -1 & \mid & 7 \end{pmatrix}$$
$\xrightarrow{\text{行基本変形}} \begin{pmatrix} 1 & 0 & \mid & 2 \\ 0 & 1 & \mid & -1 \end{pmatrix}$ ← 2 行残っている

変形結果より，行列 A と全体の行列 M ともにすべての成分が 0 である行は存在しないので，行列の階数は次のようになります。

$\text{rank}\,A=2, \quad \text{rank}\,M=2$

○ 本質的な式の本数はもとの式の本数と同じで，解はただ 1 組。

Case 2.【解が無数組ある場合】
$$M=(A\mid B)=\begin{pmatrix} 1 & -2 & \mid & 1 \\ 3 & -6 & \mid & 3 \end{pmatrix} \xrightarrow{\text{行基本変形}} \begin{pmatrix} 1 & -2 & \mid & 1 \\ 0 & 0 & \mid & 0 \end{pmatrix}$$
← 1 行残っている

A と M の変形結果より，第 2 行の成分はすべて 0 になったので

$\text{rank}\,A=1, \quad \text{rank}\,M=1$

です。

○ 本質的な式の本数はもとの式の本数より少ない。解は無数組ある。

Case 3.【解が存在しない場合】
$$M=(A\mid B)=\begin{pmatrix} 1 & -2 & \mid & 0 \\ 3 & -6 & \mid & 1 \end{pmatrix} \xrightarrow{\text{行基本変形}} \begin{pmatrix} 1 & -2 & \mid & 0 \\ 0 & 0 & \mid & 1 \end{pmatrix}$$
A は 1 行残っている
M は 2 行残っている

今度は，A と M の変形結果が異なります。A の部分の変形結果は第 2 行がすべて 0 ですが，全体の M でみるとすべての成分が 0 である行は存在しません。ゆえに階数は次のようになります。

$\text{rank}\,A=1, \quad \text{rank}\,M=2$

○ 式に矛盾が生じ，解は存在しない。

このように連立 1 次方程式の解の種類は

左辺の係数からなる行列 A
全体の係数からなる行列 M

の階数で決まります。また，Case 1. と Case 2. はともに解がありますが，解の個数が異なります。この違いは全未知数の値を決定するのに不足している本質的な式の数により生じ，その不足分は未知数の数と A または M の階数（＝本質的な式の数）との差となります。本質的な式の不足分により決定できない未知数にはこちらから値を与えないといけません。与える値はどんな値でもよいので，任意の値をとる未知数の数を**自由度**と名前をつけます。つまり

$$\text{自由度} = \text{任意の値をとる未知数の数}$$
$$= \text{未知数の数} - \text{rank } A$$

です。Case 1. の場合は

自由度 $= 2 - 2 = 0$

なので，任意の値をとる未知数はなく，すべての未知数は方程式より値が決定されてしまうことを意味しています。

> Case 3. の場合はもとの連立 1 次方程式は矛盾を含んで解は存在しないので，自由度も考えません。

以上のことは未知数の数が n 個，式の数が m 本の一般の連立 1 次方程式にも成り立つので，次にまとめておきましょう。

A：左辺の係数からなる行列
B：右辺の定数項からなる行列
$M = (A \mid B)$：全体の係数からなる行列
$r = \text{rank } A$

としておきます。

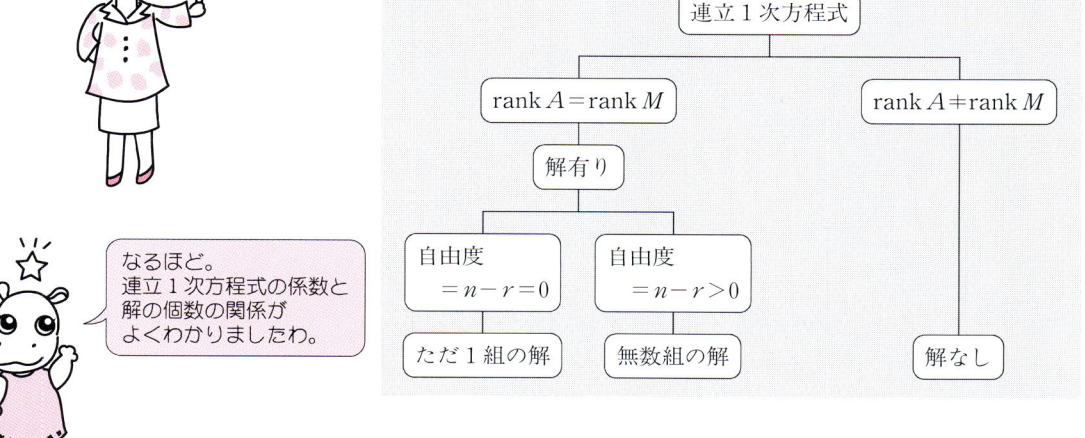

> $m > n$, $m = n$, $m < n$ のどの場合も含みます。

> 連立 1 次方程式の係数行列と解の関係をまとめておきます。

> なるほど。連立 1 次方程式の係数と解の個数の関係がよくわかりましたわ。

```
                  連立 1 次方程式
                  ／          ＼
          rank A = rank M    rank A ≠ rank M
               │
             解有り
            ／    ＼
      自由度        自由度
    = n - r = 0   = n - r > 0
        │            │              │
   ただ 1 組の解   無数組の解        解なし
```

例題 1.11 [行列の階数と解 1]

左の連立1次方程式について
$$\begin{cases} x+2y=0 \\ y+z=0 \\ x+y-z=0 \end{cases}$$

(1) 行列 M を階段行列に直し，$\operatorname{rank} A$ と $\operatorname{rank} M$ を求めてみましょう。

(2) 解が存在すれば求めてみましょう。

○ $A=$ 左辺の係数行列
$M=$ 全体の係数行列

解 (1) はじめに M をかき出し，連立1次方程式を掃き出し法で求めたように，努力目標に向って行基本変形を行います。

$$M = \begin{pmatrix} \textcircled{1} & 2 & 0 & | & 0 \\ 0 & 1 & 1 & | & 0 \\ 1 & 1 & -1 & | & 0 \end{pmatrix} \xrightarrow{\textcircled{3}+\textcircled{1}\times(-1)} \begin{pmatrix} 1 & 2 & 0 & | & 0 \\ 0 & \textcircled{1} & 1 & | & 0 \\ 0 & -1 & -1 & | & 0 \end{pmatrix}$$

$$\xrightarrow[\textcircled{3}+\textcircled{2}\times 1]{\textcircled{1}+\textcircled{2}\times(-2)} \begin{pmatrix} 1 & 0 & -2 & | & 0 \\ 0 & 1 & 1 & | & 0 \\ 0 & 0 & 0 & | & 0 \end{pmatrix} \text{\textasteriskcentered}$$

これで階段行列になりました。これより

$$\operatorname{rank} A = 2, \quad \operatorname{rank} M = 2$$

(2) $\operatorname{rank} A = \operatorname{rank} M$ なので解は存在します。
自由度を求めておくと

$$\text{自由度} = 3-2 = 1$$

(1)の変形結果※を式に直して

$$\begin{cases} x-2z=0 \\ y+z=0 \end{cases}$$

努力目標
$$\begin{pmatrix} 1 & 0 & 0 & | & \alpha \\ 0 & 1 & 0 & | & \beta \\ 0 & 0 & 1 & | & \gamma \end{pmatrix}$$

○ 階段行列（p.22）

○ 変形のやり方により成分の異なった階段行列が得られても，階数は同じになるはずです。

自由度
自由度
$= $ 未知数の数 $- \operatorname{rank} A$
$= $ 任意の値をとる未知数の数

表変形

M				変形
A		B		
①	2	0	0	
0	1	1	0	
1	1	−1	0	
1	2	0	0	
0	①	1	0	
0	−1	−1	0	③+①×(−1)
※ 1	0	−2	0	①+②×(−2)
0	1	1	0	
0	0	0	0	③+②×1

自由度 $=1$ なので，x, y, z のうち1つを t（任意実数）とおきます。

$z=t$ とおくと 第1式より $x=2t$，第2式より $y=-t$

以上より次の無数組の解が求まります。

$$\begin{cases} x = 2t \\ y = -t \quad (t\text{ は任意の実数}) \\ z = t \end{cases}$$

（解終）

○ ■ $x=t$ とおくと
$y=-\dfrac{1}{2}t, \ z=\dfrac{1}{2}t$

■ $y=t$ とおくと
$x=-2t, \ z=-t$

問題 1.11（解答は p.158）

$$\begin{cases} x+y+3z=1 \\ x+2z=0 \\ y+z=1 \end{cases}$$

左の連立1次方程式について

(1) 行列 M を階段行列に直し，$\operatorname{rank} A$ と $\operatorname{rank} M$ を求めてください。

(2) 解が存在すれば求めてください。

例題 1.12 [行列の階数と解 2]

左の連立1次方程式について

$$\begin{cases} x+y+z=2 \\ x+2y+z=4 \\ 2x+2y+z=3 \end{cases}$$

(1) 行列 M を階段行列に直し、rank A と rank M を求めてみましょう。

(2) 解が存在すれば求めてみましょう。

努力目標

$$\begin{pmatrix} 1 & 0 & 0 & | & \alpha \\ 0 & 1 & 0 & | & \beta \\ 0 & 0 & 1 & | & \gamma \end{pmatrix}$$

解 (1) 全体の係数行列 M をかき出し、努力目標に向って変形していきます。

$$M=\begin{pmatrix} 1 & 1 & 1 & | & 2 \\ 1 & 2 & 1 & | & 4 \\ 2 & 2 & 1 & | & 3 \end{pmatrix} \xrightarrow[③+①\times(-2)]{②+①\times(-1)} \begin{pmatrix} 1 & 1 & 1 & | & 2 \\ 0 & 1 & 0 & | & 2 \\ 0 & 0 & -1 & | & -1 \end{pmatrix}$$

← もっと 0 をつくってもよい。

これは階段行列なので、rank が求まります。

$$\text{rank } A=3, \quad \text{rank } M=3$$

(2) rank A = rank M なので解が存在します。

自由度を求めると

$$\text{自由度}=3-3=0$$

つまり任意な値をとる未知数はなく、解はただ1組となります。(1) の結果からさらに目標に向って掃き出していくと

← はじめからここまで変形して rank A と rank M を求めても OK です。

$$\begin{pmatrix} 1 & 1 & 1 & | & 2 \\ 0 & 1 & 0 & | & 2 \\ 0 & 0 & -1 & | & -1 \end{pmatrix} \xrightarrow{①+②\times(-1)} \begin{pmatrix} 1 & 0 & 1 & | & 0 \\ 0 & 1 & 0 & | & 2 \\ 0 & 0 & -1 & | & -1 \end{pmatrix}$$

$$\xrightarrow{③\times(-1)} \begin{pmatrix} 1 & 0 & 1 & | & 0 \\ 0 & 1 & 0 & | & 2 \\ 0 & 0 & 1 & | & 1 \end{pmatrix} \xrightarrow{①+③\times(-1)} \begin{pmatrix} 1 & 0 & 0 & | & -1 \\ 0 & 1 & 0 & | & 2 \\ 0 & 0 & 1 & | & 1 \end{pmatrix}$$

努力目標に到達すれば「解は1組だけ」ということですね。

これで A のほうが努力目標に達しました。これより次の解が求まります。

$$\begin{cases} x=-1 \\ y=2 \\ z=1 \end{cases}$$

(解終)

問題 1.12 (解答は p.158)

$$\begin{cases} x+y+z=1 \\ x+y+2z=-1 \\ x+2y+2z=-1 \end{cases}$$

左の連立1次方程式について

(1) 行列 M を階段行列に直し、rank A と rank M を求めてください。

(2) 解が存在すれば求めてください。

例題 1.13 [行列の階数と解 3]

$\begin{cases} x+y+z=1 \\ 2x+3y+z=3 \\ x+3y-z=2 \end{cases}$

左の連立 1 次方程式について
（1） 行列 M を階段行列に直し，$\operatorname{rank} A$ と $\operatorname{rank} M$ を求めてみましょう。
（2） 解が存在すれば求めてみましょう。

【解】（1） 全体の係数行列 M をかき出し，努力目標に向って変形していきます。

$$M = \begin{pmatrix} 1 & 1 & 1 & | & 1 \\ 2 & 3 & 1 & | & 3 \\ 1 & 3 & -1 & | & 2 \end{pmatrix} \xrightarrow[③+①×(-1)]{②+①×(-2)} \begin{pmatrix} 1 & 1 & 1 & | & 1 \\ 0 & 1 & -1 & | & 1 \\ 0 & 2 & -2 & | & 1 \end{pmatrix}$$

$$\xrightarrow[③+②×(-2)]{①+②×(-1)} \begin{pmatrix} 1 & 0 & 2 & | & 0 \\ 0 & 1 & -1 & | & 1 \\ 0 & 0 & 0 & | & -1 \end{pmatrix}$$

努力目標

$\begin{pmatrix} 1 & 0 & 0 & | & \alpha \\ 0 & 1 & 0 & | & \beta \\ 0 & 0 & 1 & | & \gamma \end{pmatrix}$

これで階段行列になりました。最後の結果より

$\operatorname{rank} A = 2, \ \operatorname{rank} M = 3$

（2） $\operatorname{rank} A \neq \operatorname{rank} M$ なので **解は存在しません。** （解終）

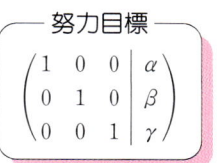

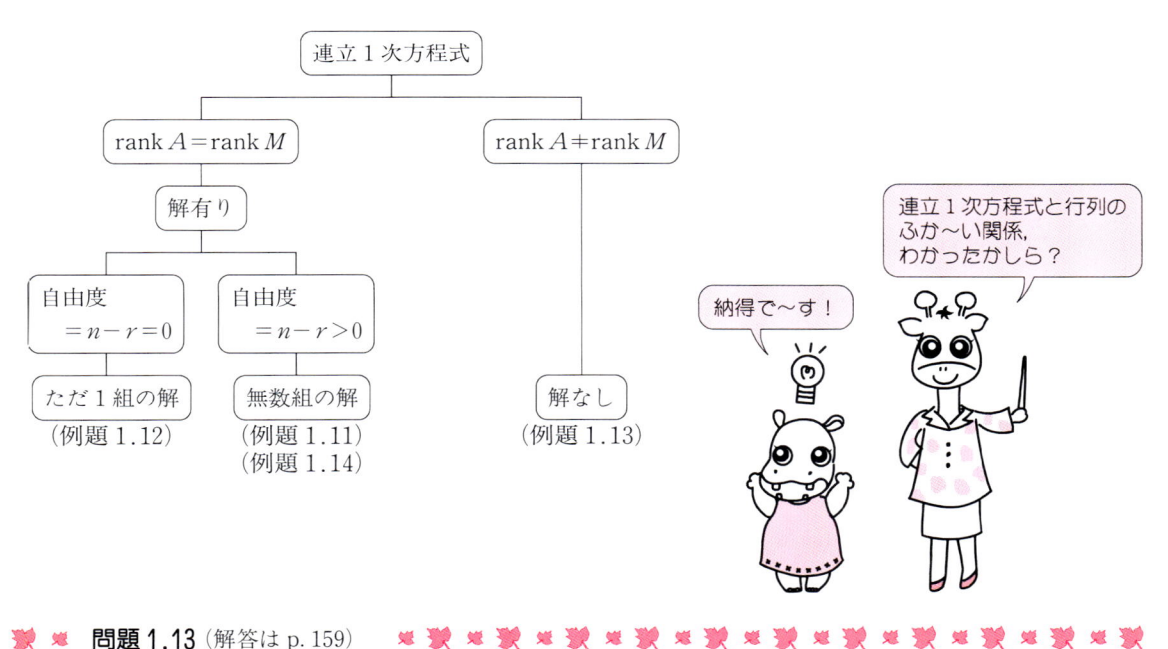

```
                    連立 1 次方程式
                   /              \
          rank A = rank M       rank A ≠ rank M
                |
              解有り
              /    \
         自由度      自由度
         =n-r=0    =n-r>0
           |          |
        ただ1組の解  無数組の解       解なし
        (例題1.12)  (例題1.11)     (例題1.13)
                   (例題1.14)
```

連立 1 次方程式と行列の ふか〜い関係，わかったかしら？

納得で〜す！

問題 1.13 （解答は p.159）

$\begin{cases} x-y-z=1 \\ x-2y-3z=2 \\ 2x-3y-4z=0 \end{cases}$

左の連立 1 次方程式について
（1） 行列 M を階段行列に直し，$\operatorname{rank} A$ と $\operatorname{rank} M$ を求めてください。
（2） 解が存在すれば求めてください。

28   1．連立1次方程式と行列

> 未知数の数より式の数の方が少ない連立1次方程式もあるのですね。今まで見たことありませんでしたわ。

努力目標

$$\begin{pmatrix} 1 & 0 & 0 \\ 0 & 1 & 0 \end{pmatrix}\begin{matrix} \alpha \\ \beta \end{matrix}$$

$$\begin{pmatrix} 1 & 0 & 0 \\ 0 & 0 & 1 \end{pmatrix}\begin{matrix} \alpha \\ \beta \end{matrix}$$

$$\begin{pmatrix} 0 & 1 & 0 \\ 0 & 0 & 1 \end{pmatrix}\begin{matrix} \alpha \\ \beta \end{matrix}$$

例題 1.14 ［行列の階数と解 4］

左の連立1次方程式について

$$\begin{cases} x - y - 4z = 0 \\ 2x - 2y - 8z = 0 \end{cases}$$

(1) 行列 M を階段行列に直し，$\mathrm{rank}\,A$ と $\mathrm{rank}\,M$ を求めてみましょう。

(2) 解があれば求めてみましょう。

［解］ これは，未知数の数が3つで，式は2本の連立1次方程式です。

(1) 全体の係数行列 M を取り出して変形していくと

$$M = \begin{pmatrix} ① & -1 & -4 & | & 0 \\ 2 & -2 & -8 & | & 0 \end{pmatrix} \xrightarrow{②+①\times(-2)} \begin{pmatrix} 1 & -1 & -4 & | & 0 \\ 0 & 0 & 0 & | & 0 \end{pmatrix}^{\circledast}$$

0以外の数字が残っている行はたった1つの階段行列となりました。
これより

$$\mathrm{rank}\,A = 1, \quad \mathrm{rank}\,M = 1$$

(2) $\mathrm{rank}\,A = \mathrm{rank}\,M$ より解が存在します。
自由度を求めると

$$\text{自由度} = 3 - 1 = 2$$

x, y, z の未知数のうち，2つに値を与えなければいけません。
(1)の変形結果 $\circledast$ を式に直すと

$$x - y - 4z = 0$$

y と z に任意に値を与え，

$$y = t_1, \quad z = t_2 \quad (t_1, t_2 \text{ は任意の実数})$$

とおき，上記の式に代入すると

$$x - t_1 - 4t_2 = 0 \quad \text{より} \quad x = t_1 + 4t_2$$

これより次の解が求まります。

$$\begin{cases} x = t_1 + 4t_2 \\ y = t_1 \\ z = t_2 \end{cases} \quad (t_1, t_2 : \text{任意実数})$$

（解終）

■ $x = t_1, y = t_2$ とおくと ➡
$z = \dfrac{1}{4}(t_1 - t_2)$

■ $x = t_1, z = t_2$ とおくと
$y = t_1 - 4t_2$

> 自由度 = 未知数の数 − $\mathrm{rank}\,A$
> = 任意の値をとる未知数の数

問題 1.14 （解答は p.159）

左の連立1次方程式について

$$\begin{cases} 3x + 6y - 3z = 3 \\ -x - 2y + z = -1 \end{cases}$$

(1) 行列 M を階段行列に直し，$\mathrm{rank}\,A$ と $\mathrm{rank}\,M$ を求めてください。

(2) 解があれば求めてください。

② 連立1次方程式と行列式

$$\begin{cases} 2x+3y=5 \\ 3x-4y=-1 \end{cases} \qquad \begin{cases} 2x+y+z=2 \\ x-y-3z=0 \\ 2x+2y-z=1 \end{cases}$$

$$\begin{vmatrix} 2 & 1 \\ 3 & -4 \end{vmatrix}$$

サラスの公式

$$\begin{vmatrix} 2 & 1 & 1 \\ 1 & -1 & -3 \\ 2 & 2 & -1 \end{vmatrix}$$

$|A_x|$

$|A_y|$

クラメールの公式

$|A|$

> 今度は，連立1次方程式と行列式のふか〜い関係を勉強します。

> 行列と行列式って違うのですか？

〈1〉 2次の行列式

2つの未知数 x, y と2本の式をもつ2元連立1次方程式について再び考えてみましょう。

$$\begin{cases} ax + by = e & \cdots ① \\ cx + dy = f & \cdots ② \end{cases}$$

係数 $a, b, \cdots, f$ はすべて定数です。

この方程式を消去法で解いてみます。

はじめに y を消去する方針で解き始めると，

$$\begin{array}{rl} ① \times d & adx + bdy = ed \\ -)\ ② \times b & bcx + bdy = bf \\ \hline & (ad - bc)x = ed - bf \quad ③ \end{array}$$

これより

$$x = \frac{ed - bf}{ad - bc} \quad ④$$

となります。これを①へ代入して y を求めると

$$a \times \frac{ed - bf}{ad - bc} + by = e$$

$$by = e - \frac{a(ed - bf)}{ad - bc}$$

$$= \frac{e(ad - bc) - a(ed - bf)}{ad - bc}$$

$$= \frac{ade - bce - ade + abf}{ad - bc}$$

$$= \frac{abf - bce}{ad - bc}$$

$$\therefore\ by = \frac{b(af - ce)}{ad - bc} \quad ⑤$$

$$y = \frac{af - ce}{ad - bc} \quad ⑥$$

これより

$$x = \frac{ed - bf}{ad - bc}, \quad y = \frac{af - ce}{ad - bc}$$

と求まりました。

えっ！ 本当にこれで正解？？

どこがおかしいでしょう？

係数 $a, b, \cdots, f$ の値に気をつけながら，もう一度式を目で追って，間違いがないか確認してみてください。

> えっ！
> どこかおかしいのですか？

そう，計算途中の
 ③から④を導くところ
 ⑤から⑥を導くところ
です。ともに x と y を求めるために係数で両辺を割っています。でも係数は具体的な数値ではないので，要注意です。

③から④式が導けるのは
$$ad - bc \neq 0$$
のときだけです。そしてこのときだけ解 x, y が
$$x = \frac{ed - bf}{ad - bc}, \quad y = \frac{af - ce}{ad - bc} \quad ⑦$$
とただ1組決定します。

では，
$$ad - bc = 0$$
のとき，どうなるでしょう。この場合を調べると，それぞれの係数の値により
 解が無数組存在　または　解は存在しない
となってしまいます。

このように2元連立1次方程式の左辺の未知数の係数からなる式
$$ad - bc$$
は，解の種類に影響を与えるため，とても重要な式なのです。

そこで，係数行列と関連付け，この値を行列
$$\begin{pmatrix} a & b \\ c & d \end{pmatrix}$$

の**行列式**
$$\begin{vmatrix} a & b \\ c & d \end{vmatrix}$$
の値といいます。つまり
$$\begin{vmatrix} a & b \\ c & d \end{vmatrix} = ad - bc$$
です。
$$A = \begin{pmatrix} a & b \\ c & d \end{pmatrix}$$
と行列が A で表現されているときは，A の行列式の値は
$$|A| = ad - bc$$
とかきます。

また，A のように2行2列の行列の行列式 $|A|$ を**2次の行列式**といいます。

○ $ad - bc \neq 0$ の条件のもと，$b = 0$ のとき，$ad \neq 0$。これより $a \neq 0$ かつ $d \neq 0$ となり，
$$x = \frac{e}{a}$$
です。②へ代入することにより
$$dy = \frac{af - ce}{a}$$
$$y = \frac{af - ce}{ad}$$
が導けます。
この解は⑦の解に含まれています。

○ 2行2列の行列を
 2次の正方行列
といいます。

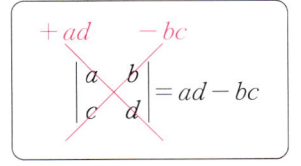

○ 行列式は英語で
 "determinant"

せっかく2元連立1次方程式について調べてきたので，結果を行列式を使って定理にまとめておきましょう。

・定理　クラメールの公式（2元連立1次方程式の場合）・

2元連立1次方程式
$$\begin{cases} ax+by=e \\ cx+dy=f \end{cases}$$
は，$ad-bc \neq 0$ のときのみただ1組の解をもち，その解は

$$x = \frac{\begin{vmatrix} e & b \\ f & d \end{vmatrix}}{\begin{vmatrix} a & b \\ c & d \end{vmatrix}}, \quad y = \frac{\begin{vmatrix} a & e \\ c & f \end{vmatrix}}{\begin{vmatrix} a & b \\ c & d \end{vmatrix}}$$

です。

$$\begin{cases} x = \dfrac{ed-bf}{ad-bc} \\ y = \dfrac{af-ec}{ad-bc} \end{cases}$$

x, y の行列式をよく見てください。

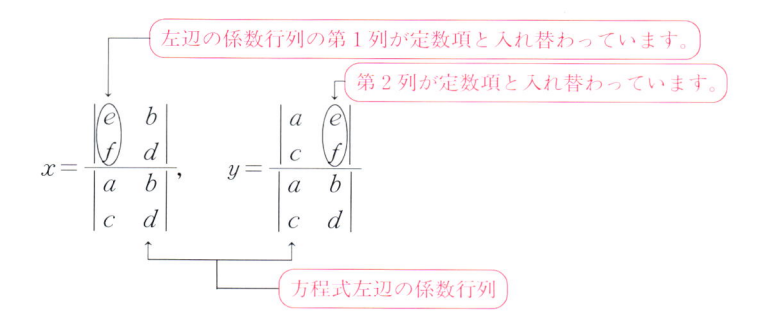

> 左辺の係数行列の第1列が定数項と入れ替わっています。
> 第2列が定数項と入れ替わっています。

$$x = \frac{\begin{vmatrix} \boxed{e} & b \\ \boxed{f} & d \end{vmatrix}}{\begin{vmatrix} a & b \\ c & d \end{vmatrix}}, \quad y = \frac{\begin{vmatrix} a & \boxed{e} \\ c & \boxed{f} \end{vmatrix}}{\begin{vmatrix} a & b \\ c & d \end{vmatrix}}$$

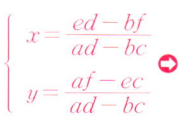

> 方程式左辺の係数行列

> なるほど，x を求める式の分子は x の係数の部分，y を求める式の分子は y の係数の部分が定数項に入れ替わっているのですね。

この解の式はクラメールの公式とよばれ，3次の行列式の後にも出てきますので，そのときまた改めて紹介しましょう。

・ミニミニ数学史 — 行列・

"行列"の概念は，"行列式"の概念よりも新しく，変換（⑤ 線形写像と行列 参照）を表す方法として，ドイツ人のアイゼンシュタイン（1823-1852）やアイルランド人のハミルトン（1805-1865）により着想されました。この考えを「変換がなす代数学」として発展させたのは，共にケンブリッジ出身のケイリー（1821-1895）とシルヴェスター（1814-1897）です。"行列"という名前もシルヴェスターの考案です。1858年にケイリーは行列を1つの文字で表す表記法を導入し，後の抽象的な代数的考察の発展にも大きく寄与しました。

例題 2.1 [2次の行列式]

■ 次の2次の行列式の値を求めてみましょう。

(1) $\begin{vmatrix} 1 & 2 \\ 3 & 4 \end{vmatrix}$ (2) $\begin{vmatrix} -3 & 2 \\ 4 & -1 \end{vmatrix}$

■ 次の連立1次方程式をクラメールの公式を用いて解いてみましょう。

(3) $\begin{cases} x+2y=1 \\ 3x+4y=1 \end{cases}$

---- 2次の行列式 ----
$\begin{vmatrix} a & b \\ c & d \end{vmatrix} = ad - bc$

[解] 慣れるまで，式をよく見ながらゆっくり計算しましょう。

(1) $\begin{vmatrix} 1 & 2 \\ 3 & 4 \end{vmatrix} = 1 \cdot 4 - 2 \cdot 3 = 4 - 6 = -2$

(2) $\begin{vmatrix} -3 & 2 \\ 4 & -1 \end{vmatrix} = (-3) \cdot (-1) - 2 \cdot 4 = 3 - 8 = -5$

(3) 左辺の係数行列の行列式は（1）と同じなので

$$x = \frac{\begin{vmatrix} 1 & 2 \\ 1 & 4 \end{vmatrix}}{\begin{vmatrix} 1 & 2 \\ 3 & 4 \end{vmatrix}} = \frac{1 \cdot 4 - 2 \cdot 1}{-2} = \frac{4-2}{-2} = \frac{2}{-2} = -1$$

（定数項）

$$y = \frac{\begin{vmatrix} 1 & 1 \\ 3 & 1 \end{vmatrix}}{\begin{vmatrix} 1 & 2 \\ 3 & 4 \end{vmatrix}} = \frac{1 \cdot 1 - 1 \cdot 3}{-2} = \frac{1-3}{-2} = \frac{-2}{-2} = 1$$

（定数項）

以上より

$x = -1, \ y = 1$ （解終）

> わりと簡単に連立1次方程式の解が求まりますわ。

問題 2.1 （解答は p.159）

■ 次の2次の行列式の値を求めてください。

(1) $\begin{vmatrix} 2 & 3 \\ 1 & 4 \end{vmatrix}$ (2) $\begin{vmatrix} 3 & -2 \\ -6 & 4 \end{vmatrix}$ (3) $\begin{vmatrix} 5 & 4 \\ 0 & -5 \end{vmatrix}$

■ 次の連立1次方程式をクラメールの公式を用いて解いてください。

(4) $\begin{cases} 2x+3y=1 \\ x+4y=-2 \end{cases}$

⟨2⟩ 3次の行列式

今度は次の3つの未知数 x, y, z と 3 本の式をもつ 3 元連立 1 次方程式についてみてみましょう。

$$\begin{cases} a_1 x + b_1 y + c_1 z = d_1 & ① \\ a_2 x + b_2 y + c_2 z = d_2 & ② \\ a_3 x + b_3 y + c_3 z = d_3 & ③ \end{cases}$$

少し大変ですが，これを消去法で解いてみます。

①,②および②,③より，はじめに z を消去する方針で計算を始めます。

$$\begin{array}{rl} ① \times c_2 & a_1 c_2 x + b_1 c_2 y + c_1 c_2 z = c_2 d_1 \\ -)\ ② \times c_1 & a_2 c_1 x + b_2 c_1 y + c_1 c_2 z = c_1 d_2 \\ \hline & (a_1 c_2 - a_2 c_1) x + (b_1 c_2 - b_2 c_1) y = c_2 d_1 - c_1 d_2 \quad ④ \end{array}$$

$$\begin{array}{rl} ② \times c_3 & a_2 c_3 x + b_2 c_3 y + c_2 c_3 z = c_3 d_2 \\ -)\ ③ \times c_2 & a_3 c_2 x + b_3 c_2 y + c_2 c_3 z = c_2 d_3 \\ \hline & (a_2 c_3 - a_3 c_2) x + (b_2 c_3 - b_3 c_2) y = c_3 d_2 - c_2 d_3 \quad ⑤ \end{array}$$

④,⑤を連立させて x と y を求めますが，各式に現われている係数にちょっと注目してみましょう。よく見ると次のように 2 次の行列式となっているので記号をおきかえてみます。

$$a_1 c_2 - a_2 c_1 = \begin{vmatrix} a_1 & c_1 \\ a_2 & c_2 \end{vmatrix} = A_1, \qquad b_1 c_2 - b_2 c_1 = \begin{vmatrix} b_1 & c_1 \\ b_2 & c_2 \end{vmatrix} = B_1$$

$$a_2 c_3 - a_3 c_2 = \begin{vmatrix} a_2 & c_2 \\ a_3 & c_3 \end{vmatrix} = A_2, \qquad b_2 c_3 - b_3 c_2 = \begin{vmatrix} b_2 & c_2 \\ b_3 & c_3 \end{vmatrix} = B_2$$

$$c_2 d_1 - c_1 d_2 = -(c_1 d_2 - c_2 d_1) = -\begin{vmatrix} c_1 & d_1 \\ c_2 & d_2 \end{vmatrix} = -C_1$$

$$c_3 d_2 - c_2 d_3 = -(c_2 d_3 - c_3 d_2) = -\begin{vmatrix} c_2 & d_2 \\ c_3 & d_3 \end{vmatrix} = -C_2$$

すると④,⑤は

$$\begin{cases} A_1 x + B_1 y = -C_1 & ④' \\ A_2 x + B_2 y = -C_2 & ⑤' \end{cases}$$

となりました。これは x, y を 2 つの未知数とする 2 本の式からなる連立 1 次方程式ですので，⟨1⟩で勉強したように，左辺の係数からなる 2 次の行列式

$$\begin{vmatrix} A_1 & B_1 \\ A_2 & B_2 \end{vmatrix}$$

の値により，解の種類が異なりました。そこで，この行列式をもう少し計算してみましょう。

2次の行列式

$$\begin{vmatrix} a & b \\ c & d \end{vmatrix} = ad - bc$$

大変な計算になりそうですわ。

$$\begin{vmatrix} A_1 & B_1 \\ A_2 & B_2 \end{vmatrix} = A_1 B_2 - B_1 A_2$$

$$= \begin{vmatrix} a_1 & c_1 \\ a_2 & c_2 \end{vmatrix} \cdot \begin{vmatrix} b_2 & c_2 \\ b_3 & c_3 \end{vmatrix} - \begin{vmatrix} a_2 & c_2 \\ a_3 & c_3 \end{vmatrix} \cdot \begin{vmatrix} b_1 & c_1 \\ b_2 & c_2 \end{vmatrix}$$

$$= (a_1 c_2 - a_2 c_1)(b_2 c_3 - b_3 c_2) - (a_2 c_3 - a_3 c_2)(b_1 c_2 - b_2 c_1)$$

$$= a_1 b_2 c_2 c_3 - a_1 b_3 c_2^2 - a_2 b_2 c_1 c_3 + a_2 b_3 c_1 c_2$$
$$\quad - (a_2 b_1 c_2 c_3 - a_2 b_2 c_1 c_3 - a_3 b_1 c_2^2 + a_3 b_2 c_1 c_2)$$

$$= a_1 b_2 c_2 c_3 - a_1 b_3 c_2^2 + a_2 b_3 c_1 c_2 - a_2 b_1 c_2 c_3 + a_3 b_1 c_2^2 - a_3 b_2 c_1 c_2$$

c_2 でくくって

$$= c_2 (a_1 b_2 c_3 - a_1 b_3 c_2 + a_2 b_3 c_1 - a_2 b_1 c_3 + a_3 b_1 c_2 - a_3 b_2 c_1)$$

＋の項と－の項をまとめて

$$= c_2 (a_1 b_2 c_3 + a_2 b_3 c_1 + a_3 b_1 c_2 - a_1 b_3 c_2 - a_2 b_1 c_3 - a_3 b_2 c_1)$$

となりました。この（　）の中の値がもとの連立 1 次方程式の解の種類を決定する重要な値となります。

そこで，この値をもとの方程式の係数行列と関連づけ，行列

$$\begin{pmatrix} a_1 & b_1 & c_1 \\ a_2 & b_2 & c_2 \\ a_3 & b_3 & c_3 \end{pmatrix}$$

の**行列式**

$$\begin{vmatrix} a_1 & b_1 & c_1 \\ a_2 & b_2 & c_2 \\ a_3 & b_3 & c_3 \end{vmatrix}$$

の値といいます。つまり，

$$\begin{vmatrix} a_1 & b_1 & c_1 \\ a_2 & b_2 & c_2 \\ a_3 & b_3 & c_3 \end{vmatrix} = a_1 b_2 c_3 + a_2 b_3 c_1 + a_3 b_1 c_2 \\ - a_1 b_3 c_2 - a_2 b_1 c_3 - a_3 b_2 c_1$$

です。

$$A = \begin{pmatrix} a_1 & b_1 & c_1 \\ a_2 & b_2 & c_2 \\ a_3 & b_3 & c_3 \end{pmatrix}$$

と行列が A で表現されているときは，A の行列式の値は

$$|A| = a_1 b_2 c_3 + a_2 b_3 c_1 + a_3 b_1 c_2 \\ - a_1 b_3 c_2 - a_2 b_1 c_3 - a_3 b_2 c_1$$

とかきます。ちょっと複雑な式ですが，よくよく各項を見てみると

　　　　すべての項で a, b, c の積

　　　　小さい添字は 1, 2, 3 の並べ替え

となっていて，次頁のような規則で式が出来上がっています。

サラスの公式

という名前もついているので，しっかり覚えてください。

○ 3 行 3 列の行列を
　　3 次の正方行列
　といいます。

○ **3 次の行列式**
　といいます。

36 　2．連立1次方程式と行列式

・サラスの公式・

$$\begin{vmatrix} a_1 & b_1 & c_1 \\ a_2 & b_2 & c_2 \\ a_3 & b_3 & c_3 \end{vmatrix} = a_1b_2c_3 + a_2b_3c_1 + a_3b_1c_2 \\ - a_1b_3c_2 - a_2b_1c_3 - a_3b_2c_1$$

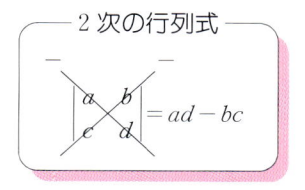

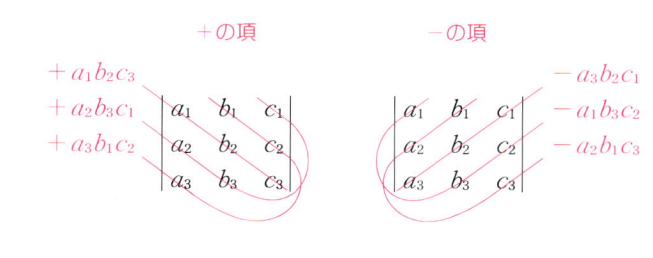

―2次の行列式―

$\begin{vmatrix} a & b \\ c & d \end{vmatrix} = ad - bc$

＋の項
$+ a_1b_2c_3$
$+ a_2b_3c_1$
$+ a_3b_1c_2$

―の項
$- a_3b_2c_1$
$- a_1b_3c_2$
$- a_2b_1c_3$

ずいぶんと複雑そうな式だけど，規則がわかれば，すぐ計算できそうですわ。

　実際の計算では，どの順で3つの数を取って積をつくるのか，自分流をつくってください。たとえば

　　＋の項は第1列を下へ下って　　$+ a_1b_2c_3 + a_2b_3c_1 + a_3b_1c_2$
　　－の項は第3列を下へ下って　　$- c_1b_2a_3 - c_2b_3a_1 - c_3b_1a_2$

などです。

　3次の行列式も斜めに成分をとって積をつくるので，2次の行列式と計算のやり方が似ていますが，右下のような4次以上の行列式では，このようなやり方はもはや使えないので気をつけてください。本書では扱いませんが，4次以上の行列式の値は，3次や2次の行列式に次数をおとして求めます。

たとえば　➡
「やさしく学べる線形代数」
などで勉強してください。

$\begin{vmatrix} 0 & 2 & -5 & 4 \\ -1 & -2 & 0 & 4 \\ 1 & -3 & -1 & 2 \\ 2 & 1 & -3 & 4 \end{vmatrix}$

4次の行列式

・ミニミニ数学史 ― 行列式・

　意外にも"行列式"の概念は，ヨーロッパよりも早く日本で着想されました。

　日本の代表的な和算家である関孝和（1642?-1708）が1683年に「解伏題之法」という書物の中に書いたのが最初です。彼は連立方程式で問題を解く過程で行列式の概念を得ていました。

　ヨーロッパでは1693年に微分積分でおなじみのライプニッツ（1646-1716）がロピタル（1661-1704）に送った手紙の中に，連立1次方程式の解法として行列式の前身といえる式が書かれていました。しかしこのことが公表されたのは1850年だったので，行列式の概念は半世紀以上のちにマクローリン（1698-1746）やクラメール（1704-1752）により再発見されるまで眠ったままでした。

　"行列式"という名前は，ガウス（1777-1855）が多少異なる意味で使っていたのをコーシー（1789-1857）が採用したものです。

例題 2.2 [3 次の行列式]

次の 3 次の行列の行列式の値を求めてみましょう。

(1) $A = \begin{pmatrix} 1 & -2 & -3 \\ -4 & 5 & 6 \\ 7 & -8 & 9 \end{pmatrix}$ (2) $B = \begin{pmatrix} -6 & 3 & 0 \\ 5 & 0 & 2 \\ 0 & 4 & -1 \end{pmatrix}$

解 サラスの公式を覚えるまではゆっくり計算していきましょう。

(1) ＋の項は第 1 列，－の項は第 3 列を下って積をつくっていきます。

$$|A| = \begin{vmatrix} 1 & -2 & -3 \\ -4 & 5 & 6 \\ 7 & -8 & 9 \end{vmatrix}$$
$$= 1 \cdot 5 \cdot 9 + (-4) \cdot (-8) \cdot (-3) + 7 \cdot (-2) \cdot 6$$
$$\quad - (-3) \cdot 5 \cdot 7 - 6 \cdot (-8) \cdot 1 - 9 \cdot (-2) \cdot (-4)$$

計算して

$$= 45 - 96 - 84 + 105 + 48 - 72$$
$$= -54$$

(2) 同様に積をつくっていくと

$$|B| = \begin{vmatrix} -6 & 3 & 0 \\ 5 & 0 & 2 \\ 0 & 4 & -1 \end{vmatrix}$$
$$= (-6) \cdot 0 \cdot (-1) + 5 \cdot 4 \cdot 0 + 0 \cdot 3 \cdot 2$$
$$\quad - 0 \cdot 0 \cdot 0 - 2 \cdot 4 \cdot (-6) - (-1) \cdot 3 \cdot 5$$
$$= 0 + 0 + 0 - 0 + 48 + 15$$
$$= 63 \qquad (解終)$$

「0」があると計算がずいぶん楽ですわ。

自分流の公式の覚え方をつくってくださいね。

問題 2.2 (解答は p.159)

次の行列の行列式の値を求めてください。

(1) $C = \begin{pmatrix} 1 & 3 & 2 \\ 2 & -2 & 3 \\ -3 & 1 & -1 \end{pmatrix}$ (2) $D = \begin{pmatrix} -4 & 7 & -2 \\ 0 & 5 & 0 \\ 3 & 4 & 1 \end{pmatrix}$

〈3〉 クラメールの公式

〈2〉ではまだ3元連立1次方程式

$$\begin{cases} a_1x+b_1y+c_1z=d_1 & ① \\ a_2x+b_2y+c_2z=d_2 & ② \\ a_3x+b_3y+c_3z=d_3 & ③ \end{cases}$$

を解いている途中でした。p.34の④′,⑤′からまた進めてみましょう。

$$\begin{cases} A_1x+B_1y=-C_1 & ④' \\ A_2x+B_2y=-C_2 & ⑤' \end{cases}$$

$A_1=a_1c_2-a_2c_1$ ➡
$A_2=a_2c_3-a_3c_2$
$B_1=b_1c_2-b_2c_1$
$B_2=b_2c_3-b_3c_2$
$C_1=c_1d_2-c_2d_1$
$C_2=c_2d_3-c_3d_2$

2元連立1次方程式（p.31）のところで調べたように，この方程式がただ1組の解をもつ条件は，左辺の係数行列の行列式について

$$\begin{vmatrix} A_1 & B_1 \\ A_2 & B_2 \end{vmatrix}=A_1B_2-B_1A_2\neq 0$$

でした。$A_1B_2-A_2B_1$については，〈2〉(p.35) で求めてあったように，3次の行列式を使って

$$A_1B_2-B_1A_2$$
$$=c_2(a_1b_2c_3+a_2b_3c_1+a_3b_1c_2-a_1b_3c_2-a_2b_1c_3-a_3b_2c_1)$$
$$=c_2\begin{vmatrix} a_1 & b_1 & c_1 \\ a_2 & b_2 & c_2 \\ a_3 & b_3 & c_3 \end{vmatrix}$$

2元連立1次方程式のときのクラメールの公式（p.32）を使うと，$c_2\neq 0$ と仮定すれば

$$\begin{vmatrix} a_1 & b_1 & c_1 \\ a_2 & b_2 & c_2 \\ a_3 & b_3 & c_3 \end{vmatrix}\neq 0$$

のとき，x, y はただ1組存在して

$$x=\frac{\begin{vmatrix} -C_1 & B_1 \\ -C_2 & B_2 \end{vmatrix}}{\begin{vmatrix} A_1 & B_1 \\ A_2 & B_2 \end{vmatrix}}, \quad y=\frac{\begin{vmatrix} A_1 & -C_1 \\ A_2 & -C_2 \end{vmatrix}}{\begin{vmatrix} A_1 & B_1 \\ A_2 & B_2 \end{vmatrix}}$$

でした。

x の分子を計算していきましょう。

x の分子 $=-C_1B_2-B_1(-C_2)=B_1C_2-B_2C_1$
$=(b_1c_2-b_2c_1)(c_2d_3-c_3d_2)-(b_2c_3-b_3c_2)(c_1d_2-c_2d_1)$
$=b_1c_2{}^2d_3-b_1c_2c_3d_2-b_2c_1c_2d_3+b_2c_1c_3d_2$
$\quad -(b_2c_1c_3d_2-b_2c_2c_3d_1-b_3c_1c_2d_2+b_3c_2{}^2d_1)$
$=b_1c_2{}^2d_3-b_1c_2c_3d_2-b_2c_1c_2d_3+b_2c_2c_3d_1+b_3c_1c_2d_2-b_3c_2{}^2d_1$
$=c_2(b_1c_2d_3-b_1c_3d_2-b_2c_1d_3+b_2c_3d_1+b_3c_1d_2-b_3c_2d_1)$

$$= c_2(b_1c_2d_3 + b_2c_3d_1 + b_3c_1d_2 - b_1c_3d_2 - b_2c_1d_3 - b_3c_2d_1)$$

もう少し変形してから3次の行列式に直すと

$$= c_2(d_1b_2c_3 + d_2b_3c_1 + d_3b_1c_2 - d_1b_3c_2 - d_2b_1c_3 - d_3b_2c_1)$$

$$= c_2 \begin{vmatrix} d_1 & b_1 & c_1 \\ d_2 & b_2 & c_2 \\ d_3 & b_3 & c_3 \end{vmatrix}$$

となるので

$$\begin{vmatrix} a_1 & b_1 & c_1 \\ a_2 & b_2 & c_2 \\ a_3 & b_3 & c_3 \end{vmatrix} \neq 0 \text{ のとき,} \quad x = \frac{\begin{vmatrix} d_1 & b_1 & c_1 \\ d_2 & b_2 & c_2 \\ d_3 & b_3 & c_3 \end{vmatrix}}{\begin{vmatrix} a_1 & b_1 & c_1 \\ a_2 & b_2 & c_2 \\ a_3 & b_3 & c_3 \end{vmatrix}}$$

● 行列式の第2列,第3列をもとの連立1次方程式の係数の並びに合わせてあります。

分子の成分は分母の第1列が d_1, d_2, d_3 に入れ替わっています。

となりました。

上記条件のもと,同様に④′,⑤′より x を消去していくと

$$y = \frac{\begin{vmatrix} a_1 & d_1 & c_1 \\ a_2 & d_2 & c_2 \\ a_3 & d_3 & c_3 \end{vmatrix}}{\begin{vmatrix} a_1 & b_1 & c_1 \\ a_2 & b_2 & c_2 \\ a_3 & b_3 & c_3 \end{vmatrix}}$$

となります。上で求まった x, y の値を②へ代入すると

$$z = \frac{\begin{vmatrix} a_1 & b_1 & d_1 \\ a_2 & b_2 & d_2 \\ a_3 & b_3 & d_3 \end{vmatrix}}{\begin{vmatrix} a_1 & b_1 & c_1 \\ a_2 & b_2 & c_2 \\ a_3 & b_3 & c_3 \end{vmatrix}}$$

と求まります。

②式の z の係数 c_2 についてですが,①,②,③の z の係数 c_1, c_2, c_3 のうち,0でないものが1つでもあれば,その式を②にしておけば $c_2 \neq 0$ とできます。また,$c_1 = c_2 = c_3 = 0$ ならば z の項は連立方程式から消えてしまい,z の値は何でも良いということになり,無数組の解をもつことになります。さらにこのとき,左辺のつくる係数行列の行列式の値は

$$\begin{vmatrix} a_1 & b_1 & c_1 \\ a_2 & b_2 & c_2 \\ a_3 & b_3 & c_3 \end{vmatrix} = \begin{vmatrix} a_1 & b_1 & 0 \\ a_2 & b_2 & 0 \\ a_3 & b_3 & 0 \end{vmatrix}$$

$$= a_1b_2 \cdot 0 + a_2b_3 \cdot 0 + a_3b_1 \cdot 0 - a_1b_3 \cdot 0 - a_2b_1 \cdot 0 - a_3b_2 \cdot 0 = 0$$

となります。これらのことより,3元連立1次方程式の解についてのクラメールの公式が導けました。

2. 連立1次方程式と行列式

・定理　クラメールの公式（3元連立1次方程式の場合）・

3元連立1次方程式

$$\begin{cases} a_1x + b_1y + c_1z = d_1 \\ a_2x + b_2y + c_2z = d_2 \\ a_3x + b_3y + c_3z = d_3 \end{cases}$$

は，左辺の係数行列を

$$A = \begin{pmatrix} a_1 & b_1 & c_1 \\ a_2 & b_2 & c_2 \\ a_3 & b_3 & c_3 \end{pmatrix}$$

とおくとき，$|A| \neq 0$ のときのみただ1組の解をもち，その解は

$$x = \frac{|A_x|}{|A|}, \quad y = \frac{|A_y|}{|A|}, \quad z = \frac{|A_z|}{|A|}$$

です。

ただし

$$A_x = \begin{pmatrix} d_1 & b_1 & c_1 \\ d_2 & b_2 & c_2 \\ d_3 & b_3 & c_3 \end{pmatrix}, \quad A_y = \begin{pmatrix} a_1 & d_1 & c_1 \\ a_2 & d_2 & c_2 \\ a_3 & d_3 & c_3 \end{pmatrix},$$

$$A_z = \begin{pmatrix} a_1 & b_1 & d_1 \\ a_2 & b_2 & d_2 \\ a_3 & b_3 & d_3 \end{pmatrix}$$

とします。

> クラメールの公式を使えば，行列式の計算だけで解が求まるのですね。

2元連立1次方程式の場合のクラメールの公式を p.32 で導きました。下に3元の場合と同じ形式で書き直しておきます。解がただ1組のときの条件や解を求める行列式のつくり方も形式的に全く同じになっています。

クラメールの公式（2元連立1次方程式の場合）

$$\begin{cases} ax + by = e \\ cx + dy = f \end{cases} \quad A = \begin{pmatrix} a & b \\ c & d \end{pmatrix}$$

$|A| \neq 0$ のときのみ解はただ1組存在し

$$x = \frac{|A_x|}{|A|}, \quad y = \frac{|A_y|}{|A|}$$

ただし

$$A_x = \begin{pmatrix} e & b \\ f & d \end{pmatrix}, \quad A_y = \begin{pmatrix} a & e \\ c & f \end{pmatrix}$$

> 2元連立1次方程式の場合も書き直しておきます。

一般に未知数の数が n 個，式の数が n 本である n 元連立1次方程式についても，全く同様の定理が成立しています。

例題 2.3 [クラメールの公式 1]

クラメールの公式を用いて，次の2元連立1次方程式を解いてみましょう。

(1) $\begin{cases} x - y = -1 \\ x + 3y = 2 \end{cases}$ (2) $\begin{cases} x + 2y = 3 \\ 2x + 6y = 7 \end{cases}$

⇒ クラメールの公式に慣れるため，もう一度2元連立1次方程式を解いてみましょう。

解 はじめに左辺の係数行列 A について $|A| \neq 0$ を確認しておきましょう。

(1) $|A| = \begin{vmatrix} 1 & -1 \\ 1 & 3 \end{vmatrix} = 1 \cdot 3 - (-1) \cdot 1 = 3 + 1 = 4 \neq 0$

$|A_x|, |A_y|$ を求めておくと

$|A_x| = \begin{vmatrix} -1 & -1 \\ 2 & 3 \end{vmatrix} = -1 \cdot 3 - (-1) \cdot 2 = -3 + 2 = -1$

x の係数を定数項とおきかえます。

y の係数を定数項とおきかえます。

$|A_y| = \begin{vmatrix} 1 & -1 \\ 1 & 2 \end{vmatrix} = 1 \cdot 2 - (-1) \cdot 1 = 2 + 1 = 3$

クラメールの公式へ代入して

$x = \dfrac{|A_x|}{|A|} = \dfrac{-1}{4}, \quad y = \dfrac{|A_y|}{|A|} = \dfrac{3}{4}$

∴ $x = -\dfrac{1}{4}, \quad y = \dfrac{3}{4}$

(2) $|A| = \begin{vmatrix} 1 & 2 \\ 2 & 6 \end{vmatrix} = 1 \cdot 6 - 2 \cdot 2 = 6 - 4 = 2 \neq 0$

$|A_x| = \begin{vmatrix} 3 & 2 \\ 7 & 6 \end{vmatrix} = 3 \cdot 6 - 2 \cdot 7 = 18 - 14 = 4$

$|A_y| = \begin{vmatrix} 1 & 3 \\ 2 & 7 \end{vmatrix} = 1 \cdot 7 - 3 \cdot 2 = 7 - 6 = 1$

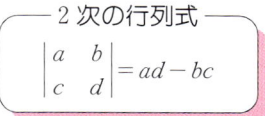

∴ $x = \dfrac{|A_x|}{|A|} = \dfrac{4}{2} = 2, \quad y = \dfrac{|A_y|}{|A|} = \dfrac{1}{2}$

これより $x = 2, \quad y = \dfrac{1}{2}$ (解終)

---2次の行列式---
$\begin{vmatrix} a & b \\ c & d \end{vmatrix} = ad - bc$

復習ですね。

問題 2.3 （解答は p.160）

クラメールの公式を用いて，次の2元連立1次方程式を解いてください。

(1) $\begin{cases} x + 2y = 5 \\ 3x + 4y = 2 \end{cases}$ (2) $\begin{cases} 5x - 3y = 2 \\ 3x - 2y = -1 \end{cases}$

例題 2.4 [クラメールの公式 2]

左の連立 1 次方程式について

$$\begin{cases} x-y+z=1 \\ x+y+z=2 \\ x+y-z=3 \end{cases}$$

(1) 左辺の係数行列 A を求めてみましょう。
(2) $|A|$ の値を求め，$|A|\neq 0$ であることを示してみましょう。
(3) クラメールの公式を用いて，y の値を求めてみましょう。

解 (1) 左辺の各係数を並べて

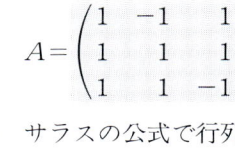

$$A = \begin{pmatrix} 1 & -1 & 1 \\ 1 & 1 & 1 \\ 1 & 1 & -1 \end{pmatrix}$$

(2) サラスの公式で行列式の値を求めると

$$|A| = \begin{vmatrix} 1 & -1 & 1 \\ 1 & 1 & 1 \\ 1 & 1 & -1 \end{vmatrix} = 1 \cdot 1 \cdot (-1) + 1 \cdot 1 \cdot 1 + 1 \cdot (-1) \cdot 1 \\ -1 \cdot 1 \cdot 1 - 1 \cdot 1 \cdot 1 - (-1) \cdot (-1) \cdot 1$$

$$= -1 + 1 - 1 - 1 - 1 - 1 = -4$$

これより $|A| \neq 0$ となります。

(3) y の値を求めたいので，A の第 2 列（y の係数）を右辺の定数項におきかえて A_y をつくり，行列式 $|A_y|$ の値を求めると

（y の係数を定数項でおきかえます。）

$$|A_y| = \begin{vmatrix} 1 & 1 & 1 \\ 1 & 2 & 1 \\ 1 & 3 & -1 \end{vmatrix} = 1 \cdot 2 \cdot (-1) + 1 \cdot 3 \cdot 1 + 1 \cdot 1 \cdot 1 \\ -1 \cdot 2 \cdot 1 - 1 \cdot 3 \cdot 1 - (-1) \cdot 1 \cdot 1$$

$$= -2 + 3 + 1 - 2 - 3 + 1 = -2$$

ゆえに (2) の結果と合わせて

$$y = \frac{|A_y|}{|A|} = \frac{-2}{-4} = \frac{1}{2} \quad \text{(解終)}$$

― サラスの公式 ―

$$\begin{vmatrix} a_1 & b_1 & c_1 \\ a_2 & b_2 & c_2 \\ a_3 & b_3 & c_3 \end{vmatrix} = a_1 b_2 c_3 + a_2 b_3 c_1 + a_3 b_1 c_2 \\ - c_1 b_2 a_3 - c_2 b_3 a_1 - c_3 b_1 a_2$$

あっ，サラスの公式を忘れてましたわ！

問題 2.4（解答は p.160）

$$\begin{cases} x-y-z=7 \\ 2x+y-z=2 \\ 3x-y+2z=0 \end{cases}$$

左の連立 1 次方程式について

(1) 左辺の係数行列 A を求めてください。
(2) $|A|$ の値を求めてください。
(3) クラメールの公式を用いて，z の値を求めてください。

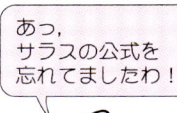

例題 2.5 [クラメールの公式 3]

$$\begin{cases} 2x+y-2z=1 \\ x+2y+z=3 \\ x-3y-3z=0 \end{cases}$$

クラメールの公式を用いて，左の連立1次方程式を解いてみましょう。

解 左辺の係数行列 A についてサラスの公式で $|A|$ を求めると

$$|A|=\begin{vmatrix} 2 & 1 & -2 \\ 1 & 2 & 1 \\ 1 & -3 & -3 \end{vmatrix} = 2\cdot 2\cdot(-3)+1\cdot(-3)\cdot(-2)+1\cdot 1\cdot 1$$
$$-(-2)\cdot 2\cdot 1-1\cdot(-3)\cdot 2-(-3)\cdot 1\cdot 1$$
$$=-12+6+1+4+6+3=8$$

$|A|\neq 0$ なので解はただ1組存在します。

$|A_x|, |A_y|, |A_z|$ を求めておくと

$$|A_x|=\begin{vmatrix} 1 & 1 & -2 \\ 3 & 2 & 1 \\ 0 & -3 & -3 \end{vmatrix}$$

（x の係数を定数項におきかえます。）

$$=1\cdot 2\cdot(-3)+3\cdot(-3)\cdot(-2)+0\cdot 1\cdot 1$$
$$-(-2)\cdot 2\cdot 0-1\cdot(-3)\cdot 1-(-3)\cdot 1\cdot 3$$
$$=-6+18+0-0+3+9=24$$

$$|A_y|=\begin{vmatrix} 2 & 1 & -2 \\ 1 & 3 & 1 \\ 1 & 0 & -3 \end{vmatrix}$$

（y の係数を定数項におきかえます。）

$$=2\cdot 3\cdot(-3)+1\cdot 0\cdot(-2)+1\cdot 1\cdot 1$$
$$-(-2)\cdot 3\cdot 1-1\cdot 0\cdot 2-(-3)\cdot 1\cdot 1$$
$$=-18+0+1+6-0+3=-8$$

$$|A_z|=\begin{vmatrix} 2 & 1 & 1 \\ 1 & 2 & 3 \\ 1 & -3 & 0 \end{vmatrix}$$

（z の係数を定数項におきかえます。）

$$=2\cdot 2\cdot 0+1\cdot(-3)\cdot 1+1\cdot 1\cdot 3-1\cdot 2\cdot 1-3\cdot(-3)\cdot 2-0\cdot 1\cdot 1$$
$$=0-3+3-2+18-0=16$$

これらより

$$x=\frac{|A_x|}{|A|}=\frac{24}{8}=3, \quad y=\frac{|A_y|}{|A|}=\frac{-8}{8}=-1, \quad z=\frac{|A_z|}{|A|}=\frac{16}{8}=2$$

$$\therefore \quad x=3, \; y=-1, \; z=2$$

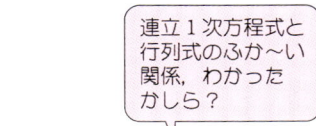

問題 2.5 （解答は p.160）

$$\begin{cases} x+2y+z=0 \\ -3x-4y+5z=2 \\ 2x-2y-5z=-6 \end{cases}$$

左の連立1次方程式をクラメールの公式を使って解いてください。

とくとく情報［4次以上の行列式］

4次以上の行列式の値が求められるようになるにはかなりの準備が必要なので，ここでは定義だけを簡単に紹介しておきましょう。

n次正方行列の第i行（第何行でもよい）に注目してn次の行列式を次の式で定義します。

$$\begin{vmatrix} a_{11} & \cdots & a_{1j} & \cdots & a_{1n} \\ \vdots & & \vdots & & \vdots \\ a_{i1} & \cdots & a_{ij} & \cdots & a_{in} \\ \vdots & & \vdots & & \vdots \\ a_{n1} & \cdots & a_{nj} & \cdots & a_{nn} \end{vmatrix} \stackrel{\text{定義}}{=} a_{i1}\tilde{a}_{i1} + a_{i2}\tilde{a}_{i2} + \cdots + a_{in}\tilde{a}_{in}$$

ただし，$\tilde{a}_{ij}$は(i, j)余因子とよばれ，もとのn次行列式から第i行と第j列を取り除き，符号$(-1)^{i+j}$をつけた$(n-1)$次の行列式です。

$$\tilde{a}_{ij} = (-1)^{i+j} \begin{vmatrix} a_{11} & \cdots & a_{1j} & \cdots & a_{1n} \\ \vdots & & \vdots & & \vdots \\ a_{i1} & \cdots & a_{ij} & \cdots & a_{in} \\ \vdots & & \vdots & & \vdots \\ a_{n1} & \cdots & a_{nj} & \cdots & a_{nn} \end{vmatrix}$$

（第i行を取り除く／第j列を取り除く）

ここで紹介してある定義や性質はすべて"列"について言いかえることができます。

つまり，n次の行列式は$(n-1)$次の行列式を使って値を求めるので，最終的には2次や3次の行列式にまで変形して値を求めることになります。また，本書では扱わなかった行列式の性質も次に示しておきましょう。行列の行基本変形と比較してみてください。

■ $k \begin{vmatrix} \vdots & & \vdots \\ a_{i1} & \cdots & a_{in} \\ \vdots & & \vdots \end{vmatrix} = \begin{vmatrix} \vdots & & \vdots \\ ka_{i1} & \cdots & ka_{in} \\ \vdots & & \vdots \end{vmatrix}$ （1つの行の成分だけk倍されます。）

■ $\begin{vmatrix} \vdots & & \vdots \\ a_{i1} & \cdots & a_{in} \\ \vdots & & \vdots \\ a_{j1} & \cdots & a_{jn} \\ \vdots & & \vdots \end{vmatrix} \stackrel{ⓘ \leftrightarrow ⓙ}{=} - \begin{vmatrix} \vdots & & \vdots \\ a_{j1} & \cdots & a_{jn} \\ \vdots & & \vdots \\ a_{i1} & \cdots & a_{in} \\ \vdots & & \vdots \end{vmatrix}$ （2つの行を入れかえると(-1)だけ符号がずれます。）

■ $\begin{vmatrix} \vdots & & \vdots \\ a_{i1} & \cdots & a_{in} \\ \vdots & & \vdots \\ a_{j1} & \cdots & a_{jn} \\ \vdots & & \vdots \end{vmatrix} \stackrel{ⓘ + ⓙ \times k}{=} \begin{vmatrix} \vdots & & \vdots \\ a_{i1}+ka_{j1} & \cdots & a_{in}+ka_{jn} \\ \vdots & & \vdots \\ a_{j1} & \cdots & a_{jn} \\ \vdots & & \vdots \end{vmatrix}$ （行列の行基本変形IIと同じです。）

③ 行列の演算

$A+B$　　　A^{-1}　　　AB

$2A$　　$A-B$　　　$-A$

ゼロ行列

単位行列　　$AA^{-1}=A^{-1}A=E$

逆行列

$A+O=O+A=A$

行列どうしの計算を考えます。

$+, -, \times, \div$ができるのですか？

〈1〉 行列の和, 差, 定数倍

いままで連立1次方程式の右辺の定数項を扱う際に, ベクトル

$$\begin{pmatrix} 1 \\ -2 \\ 3 \end{pmatrix}$$

が出てきました。このベクトルも3行1列に並んだ数の配列とみなせば行列の1つです。

ベクトルについては ➡ ④ ベクトル空間 で詳しく勉強します。

ベクトルでは

$$\vec{a} = \begin{pmatrix} 1 \\ -2 \\ 3 \end{pmatrix}, \quad \vec{b} = \begin{pmatrix} -3 \\ 1 \\ 2 \end{pmatrix}$$

について, 和, 差と定数倍は次のように計算しました。

成分どうし加える ➡

$$\vec{a} + \vec{b} = \begin{pmatrix} 1 \\ -2 \\ 3 \end{pmatrix} + \begin{pmatrix} -3 \\ 1 \\ 2 \end{pmatrix} = \begin{pmatrix} 1-3 \\ -2+1 \\ 3+2 \end{pmatrix} = \begin{pmatrix} -2 \\ -1 \\ 5 \end{pmatrix}$$

成分どうし引く ➡

$$\vec{a} - \vec{b} = \begin{pmatrix} 1 \\ -2 \\ 3 \end{pmatrix} - \begin{pmatrix} -3 \\ 1 \\ 2 \end{pmatrix} = \begin{pmatrix} 1-(-3) \\ -2-1 \\ 3-2 \end{pmatrix} = \begin{pmatrix} 4 \\ -3 \\ 1 \end{pmatrix}$$

成分すべてを3倍する ➡

$$3\vec{a} = 3\begin{pmatrix} 1 \\ -2 \\ 3 \end{pmatrix} = \begin{pmatrix} 3\cdot 1 \\ 3\cdot(-2) \\ 3\cdot 3 \end{pmatrix} = \begin{pmatrix} 3 \\ -6 \\ 9 \end{pmatrix}$$

この考え方を行列にも拡張しましょう。

つまり, 同じ行数と列数をもつ行列 A, B について, 和, 差, 定数倍を次のように定めます。

> $A+B$ は 対応する成分どうしを加える
> $A-B$ は 対応する成分どうしを引く
> kA は A のすべての成分を k 倍する

たとえば,

$$A = \begin{pmatrix} -1 & 2 & -3 \\ 6 & -5 & 4 \end{pmatrix}, \quad B = \begin{pmatrix} 3 & -2 & 1 \\ 4 & -5 & -6 \end{pmatrix}$$

とするとき,

$$A+B = \begin{pmatrix} -1+3 & 2+(-2) & -3+1 \\ 6+4 & -5+(-5) & 4+(-6) \end{pmatrix} = \begin{pmatrix} 2 & 0 & -2 \\ 10 & -10 & -2 \end{pmatrix}$$

$$A-B = \begin{pmatrix} -1-3 & 2-(-2) & -3-1 \\ 6-4 & -5-(-5) & 4-(-6) \end{pmatrix} = \begin{pmatrix} -4 & 4 & -4 \\ 2 & 0 & 10 \end{pmatrix}$$

$$3A = \begin{pmatrix} 3\cdot(-1) & 3\cdot 2 & 3\cdot(-3) \\ 3\cdot 6 & 3\cdot(-5) & 3\cdot 4 \end{pmatrix} = \begin{pmatrix} -3 & 6 & -9 \\ 18 & -15 & 12 \end{pmatrix}$$

となります。

行列もベクトルと同じように計算するのですね。

このように定義すると，同じ行数と列数をもつ行列どうしは，次の性質をもちます。

―― 和に関する性質 ――
- $(A+B)+C = A+(B+C)$　　（結合法則）
- $A+B = B+A$　　（交換法則）

―― 定数倍に関する性質 ――
- $(a+b)A = aA+bA$　　（分配法則）
- $a(A+B) = aA+aB$　　（分配法則）
- $(ab)A = a(bA)$　　（結合法則）

a, b は定数

特に成分がすべて 0 である行列

$$O = \begin{pmatrix} 0 & \cdots & 0 \\ \vdots & & \vdots \\ 0 & \cdots & 0 \end{pmatrix}$$

を**ゼロ行列**といいます。行と列の数をはっきりさせたいときは

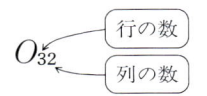

O_{32}　←行の数　←列の数

などとかくことにします。

たとえば

$$O_{22} = \begin{pmatrix} 0 & 0 \\ 0 & 0 \end{pmatrix}, \quad O_{32} = \begin{pmatrix} 0 & 0 \\ 0 & 0 \\ 0 & 0 \end{pmatrix}$$

となります。

○ O_{22}：2行2列のゼロ行列
O_{32}：3行2列のゼロ行列

また，$-1 \cdot A$ は A の成分を全部 (-1) 倍するので

　$-1 \cdot A$ を $-A$ とかく

ことにすると，すぐに確かめられるように，次の性質をもちます。

―― ゼロ行列の性質 ――
- $A + O = O + A = A$
- $A - A = A + (-A) = O$

このように，

　　ゼロ行列 O は 数 0
　　行列 A に対する $-A$ は 数 a に対する $-a$

と同じ性質をもっています。

和，差，定数倍については，行列も数と同じ性質をもっています。

例題 3.1 [行列の和, 差, 定数倍 1]

次の行列の計算をしてみましょう。

(1) $\begin{pmatrix} 2 & -1 \\ 0 & 3 \end{pmatrix} + \begin{pmatrix} -4 & 4 \\ 2 & 1 \end{pmatrix}$

(2) $\begin{pmatrix} 1 & 2 & -3 \\ 4 & -5 & 6 \end{pmatrix} - \begin{pmatrix} -6 & 5 & -4 \\ 3 & 2 & -1 \end{pmatrix}$

(3) $2\begin{pmatrix} 3 & 0 \\ 2 & 1 \\ -3 & 2 \end{pmatrix}$

(4) $(-1 \ \ 4) - 3(3 \ \ -1)$

解 (1) 同じ位置にある成分どうしを加えて

$$\begin{pmatrix} 2 & -1 \\ 0 & 3 \end{pmatrix} + \begin{pmatrix} -4 & 4 \\ 2 & 1 \end{pmatrix} = \begin{pmatrix} 2-4 & -1+4 \\ 0+2 & 3+1 \end{pmatrix} = \begin{pmatrix} -2 & 3 \\ 2 & 4 \end{pmatrix}$$

(2) 同じ位置にある成分どうしを引いて

$$\begin{pmatrix} 1 & 2 & -3 \\ 4 & -5 & 6 \end{pmatrix} - \begin{pmatrix} -6 & 5 & -4 \\ 3 & 2 & -1 \end{pmatrix}$$
$$= \begin{pmatrix} 1-(-6) & 2-5 & -3-(-4) \\ 4-3 & -5-2 & 6-(-1) \end{pmatrix}$$
$$= \begin{pmatrix} 7 & -3 & 1 \\ 1 & -7 & 7 \end{pmatrix}$$

(3) すべての成分を 2 倍して

$$2\begin{pmatrix} 3 & 0 \\ 2 & 1 \\ -3 & 2 \end{pmatrix} = \begin{pmatrix} 2\cdot 3 & 2\cdot 0 \\ 2\cdot 2 & 2\cdot 1 \\ 2\cdot(-3) & 2\cdot 2 \end{pmatrix} = \begin{pmatrix} 6 & 0 \\ 4 & 2 \\ -6 & 4 \end{pmatrix}$$

(4) 横ベクトルの形の行列です。第 2 項の行列は先に 3 倍しておきましょう。

$$(-1 \ \ 4) - 3(3 \ \ -1) = (-1 \ \ 4) - (3\cdot 3 \ \ 3\cdot(-1))$$
$$= (-1 \ \ 4) - (9 \ \ -3) = (-1-9 \ \ 4-(-3))$$
$$= (-10 \ \ 7) \qquad (\text{解終})$$

> ここまでの計算は簡単ですわ。

問題 3.1 (解答は p.161)

次の行列の計算をしてください。

(1) $\begin{pmatrix} -2 & 4 \\ 1 & 0 \\ -1 & 3 \end{pmatrix} + \begin{pmatrix} 3 & 0 \\ -2 & 1 \\ 4 & -3 \end{pmatrix}$

(2) $\begin{pmatrix} 4 & 6 \\ 1 & -2 \end{pmatrix} - \begin{pmatrix} 2 & 5 \\ -3 & 0 \end{pmatrix}$

(3) $3\begin{pmatrix} 0 & -2 & 1 \\ 5 & -1 & 4 \end{pmatrix} - 2\begin{pmatrix} 3 & 4 & -2 \\ 0 & -2 & 1 \end{pmatrix}$

例題 3.2 [行列の和, 差, 定数倍 2]

$A = \begin{pmatrix} -6 & 0 & -2 \\ 2 & 1 & 3 \end{pmatrix}$ とします。

O_{23} を 2 行 3 列のゼロ行列とするとき, 次の式をみたす行列 X を求めてみましょう。

$$2A + 3X = O_{23}$$

解 行列のいろいろな性質を使って X を求めていきます。
$X = \cdots$ としたいので実数のときと同じ考え方で変形します。

$$2A + 3X = O_{23}$$

両辺に左より $-2A$ を加えて変形していきます。

$-2A + (2A + 3X) = -2A + O_{23}$ 〔結合法則〕〔ゼロ行列の性質〕
$(-2A + 2A) + 3X = -2A$
$(-2 + 2)A + 3X = -2A$ 〔分配法則〕
$0A + 3X = -2A$
$O_{23} + 3X = -2A$ 〔ゼロ行列の性質〕
$3X = -2A$

両辺を 3 で割って成分を計算すると

$$X = -\frac{2}{3}A = -\frac{2}{3}\begin{pmatrix} -6 & 0 & -2 \\ 2 & 1 & 3 \end{pmatrix}$$

$$= \begin{pmatrix} -\frac{2}{3}\cdot(-6) & -\frac{2}{3}\cdot 0 & -\frac{2}{3}\cdot(-2) \\ -\frac{2}{3}\cdot 2 & -\frac{2}{3}\cdot 1 & -\frac{2}{3}\cdot 3 \end{pmatrix}$$

$$\therefore \quad X = \begin{pmatrix} 4 & 0 & \frac{4}{3} \\ -\frac{4}{3} & -\frac{2}{3} & -2 \end{pmatrix}$$

(解終)

――― 定数倍に関する性質 ―――
- $(a+b)A = aA + bA$ (分配法則)
- $a(A+B) = aA + aB$ (分配法則)
- $(ab)A = a(bA)$ (結合法則)

――― 和に関する性質 ―――
- $(A+B) + C = A + (B+C)$ (結合法則)
- $A + B = B + A$ (交換法則)

――― ゼロ行列の性質 ―――
- $A + O = O + A = A$
- $A - A = A + (-A) = O$

> $0A$ は A の成分を全部 0 倍するのでゼロ行列となります。

問題 3.2 (解答は p.161)

$B = \begin{pmatrix} 1 & -4 \\ -2 & 5 \\ 3 & -6 \end{pmatrix}$

O_{32} を 3 行 2 列のゼロ行列とするとき, 左の行列 B について

$$2Y - 3B = O_{32}$$

となる行列 Y を求めてください (式の変形にはどの性質を使ったか, 記しておきましょう)。

〈2〉 行列の積

連立 1 次方程式

$$\begin{cases} 2x-3y=8 \\ 4x+5y=3 \end{cases} ①$$

の左辺の係数行列は,

$$\begin{pmatrix} 2 & -3 \\ 4 & 5 \end{pmatrix}$$

でした。ここで未知数である x, y を縦ベクトル

$$\begin{pmatrix} x \\ y \end{pmatrix}$$

で表してみると，上の連立方程式を解くということは，解となる縦ベクトル

$$\begin{pmatrix} x \\ y \end{pmatrix}$$

を求めることになります。

　連立 1 次方程式は係数が重要な情報なので，①を行列とベクトルを使って

$$\begin{pmatrix} 2 & -3 \\ 4 & 5 \end{pmatrix}\begin{pmatrix} x \\ y \end{pmatrix}=\begin{pmatrix} 8 \\ 3 \end{pmatrix} ②$$

と表してみます。すると,

$$A=\begin{pmatrix} 2 & -3 \\ 4 & 5 \end{pmatrix}, \vec{x}=\begin{pmatrix} x \\ y \end{pmatrix}, \vec{b}=\begin{pmatrix} 8 \\ 3 \end{pmatrix}$$

とおけば①は

$$A\vec{x}=\vec{b}$$

と，あたかも 1 次方程式のように書くことができます。
　①と②の左辺が等しくなるには

$$\begin{pmatrix} 2 & -3 \\ 4 & 5 \end{pmatrix}\begin{pmatrix} x \\ y \end{pmatrix}=\begin{pmatrix} 2x-3y \\ 4x+5y \end{pmatrix}$$

が成立していなくてはいけません。これが行列の積です。
①の第 1 式は

$$(2 \quad -3) \text{ と } \begin{pmatrix} x \\ y \end{pmatrix} \text{ の積 } = 2x-3y$$

①の第 2 式は

$$(4 \quad 5) \text{ と } \begin{pmatrix} x \\ y \end{pmatrix} \text{ の積 } = 4x+5y$$

ベクトルの内積と似ていますね。
　これを一般化して次のように行列 A と B の積 AB を定義します。

ベクトルの内積
$$\vec{a}=(a_1, a_2)$$
$$\vec{b}=(b_1, b_2)$$
のとき
$$\vec{a}\cdot\vec{b}=a_1b_1+a_2b_2$$

いよいよ
かけ算ですね。

はじめに A と B の行数と列数ですが

$$\underset{l\text{行}m\text{列}}{A} \times \underset{m\text{行}n\text{列}}{B} = \underset{l\text{行}n\text{列}}{AB}$$

のように

　　A の列数＝B の行数

でないと行列の積は定義されません。

そして積 AB の (i, j) 成分 c_{ij} は

　　A の第 i 行　と　B の第 j 列

を使って，ベクトルの内積と同じように順に成分どうしの積をつくって加えていきます。記号でかくと次のようになります。

$$\overset{A}{\begin{pmatrix} \vdots \\ a_1 & a_2 & \cdots & a_m \\ \vdots \end{pmatrix}} \overset{B}{\begin{pmatrix} & b_1 & \\ \cdots & b_2 & \cdots \\ & \vdots & \\ & b_m & \end{pmatrix}} = \overset{AB}{\begin{pmatrix} \vdots \\ \cdots & c_{ij} & \cdots \\ \vdots \end{pmatrix}}$$

A の第 i 行　　B の第 j 列　　AB の (i, j) 成分

$$c_{ij} = a_1 b_1 + a_2 b_2 + \cdots + a_m b_m$$

◯ "積和" ということにします。

> 和や差と同じようにはいかないのね。

たとえば

$$A = \begin{pmatrix} 1 & 2 \\ 3 & 4 \end{pmatrix}, \quad B = \begin{pmatrix} 5 & 6 & 7 \\ 8 & 9 & 10 \end{pmatrix}$$

のとき，

　　A の列数＝B の行数＝2

なので，積 AB は定義され，AB は 2 行 3 列の行列になります。

$$\underset{2\text{行}2\text{列}}{A} \quad \underset{2\text{行}3\text{列}}{B} = \underset{2\text{行}3\text{列}}{AB}$$

そして

$$AB = \begin{pmatrix} 1 & 2 \\ 3 & 4 \end{pmatrix} \begin{pmatrix} 5 & 6 & 7 \\ 8 & 9 & 10 \end{pmatrix}$$

$$= \begin{pmatrix} (1,1)\text{成分} & (1,2)\text{成分} & (1,3)\text{成分} \\ (2,1)\text{成分} & (2,2)\text{成分} & (2,3)\text{成分} \end{pmatrix}$$

AB の $(1, 2)$ 成分＝（A の第 1 行）と（B の第 2 列）の積和

$$= (1 \ \ 2) \ \text{と} \ \begin{pmatrix} 6 \\ 9 \end{pmatrix} \ \text{の積和}$$

$$= 1 \cdot 6 + 2 \cdot 9 = 6 + 18$$

$$= 24$$

のように AB の各成分を求めていきます。例題と問題で練習していきましょう。

◯ ベクトルについては
　　$\vec{a} \times \vec{b}$
は"外積"を意味するので，行列の積は
　　AB
と，間に何もいれずに表記します。
（外積については本書では扱いません。）

例題 3.3 [行列の積 1]

$A = \begin{pmatrix} -1 & 2 \\ 2 & 1 \\ 1 & -1 \end{pmatrix}$, $B = \begin{pmatrix} 4 & 0 \\ -3 & 1 \end{pmatrix}$ について，積 AB を求めてみましょう。

解 はじめに積が定義されることを確認しておきましょう。

$$\underbrace{A}_{3\,行\,2\,列} \times \underbrace{B}_{2\,行\,2\,列} = \underbrace{AB}_{3\,行\,2\,列}$$

(同じ)

これより積 AB は定義され，結果は 3 行 2 列の行列となります。そこで

$$AB = \begin{pmatrix} -1 & 2 \\ 2 & 1 \\ 1 & -1 \end{pmatrix} \begin{pmatrix} 4 & 0 \\ -3 & 1 \end{pmatrix} = \begin{pmatrix} (1,1)\text{成分} & (1,2)\text{成分} \\ (2,1)\text{成分} & (2,2)\text{成分} \\ (3,1)\text{成分} & (3,2)\text{成分} \end{pmatrix}$$

> (i, j) 成分
> ＝（第 i 行）と（第 j 列）
> の交差点

とおいておくと

$$AB \text{ の } (i, j) \text{ 成分} = (A \text{ の第 } i \text{ 行}) \text{ と } (B \text{ の第 } j \text{ 列}) \text{ の積和}$$

なので，各成分を計算すると

$(1,1)$ 成分 $= (-1 \ \ 2)$ と $\begin{pmatrix} 4 \\ -3 \end{pmatrix}$ との積和 $= -1 \cdot 4 + 2 \cdot (-3) = -10$

$(2,1)$ 成分 $= (2 \ \ 1)$ と $\begin{pmatrix} 4 \\ -3 \end{pmatrix}$ との積和 $= 2 \cdot 4 + 1 \cdot (-3) = 5$

$(3,1)$ 成分 $= (1 \ \ -1)$ と $\begin{pmatrix} 4 \\ -3 \end{pmatrix}$ との積和 $= 1 \cdot 4 + (-1) \cdot (-3) = 7$

$(1,2)$ 成分 $= (-1 \ \ 2)$ と $\begin{pmatrix} 0 \\ 1 \end{pmatrix}$ との積和 $= -1 \cdot 0 + 2 \cdot 1 = 2$

$(2,2)$ 成分 $= (2 \ \ 1)$ と $\begin{pmatrix} 0 \\ 1 \end{pmatrix}$ との積和 $= 2 \cdot 0 + 1 \cdot 1 = 1$

$(3,2)$ 成分 $= (1 \ \ -1)$ と $\begin{pmatrix} 0 \\ 1 \end{pmatrix}$ との積和 $= 1 \cdot 0 + (-1) \cdot 1 = -1$

> 内積の総当たりということですね。

これらより

$$AB = \begin{pmatrix} -10 & 2 \\ 5 & 1 \\ 7 & -1 \end{pmatrix}$$

（解終）

問題 3.3（解答は p. 161）

次の行列 C と D について，積 CD が定義されれば，その積を求めてください。

$C = \begin{pmatrix} 6 & 1 \\ 0 & -5 \end{pmatrix}$, $D = \begin{pmatrix} 8 & -1 & 5 \\ -7 & 3 & 0 \end{pmatrix}$

例題 3.4 [行列の積 2]

次の行列の積を計算してみましょう。

(1) $\begin{pmatrix} 4 & -1 \\ -3 & 2 \end{pmatrix} \begin{pmatrix} -2 & 0 \\ 1 & 1 \end{pmatrix}$ (2) $\begin{pmatrix} 1 & 6 \\ -4 & 3 \\ 5 & -1 \end{pmatrix} \begin{pmatrix} -2 & 3 \\ 1 & 4 \end{pmatrix}$

[解] 行列の積に慣れるため，もう少し積の練習をしましょう。

(1) 結果は何行何列になるかを確認すると

2 行 2 列 × 2 行 2 列 = 2 行 2 列

となります。各成分を計算して

$\begin{pmatrix} 4 & -1 \\ -3 & 2 \end{pmatrix} \begin{pmatrix} -2 & 0 \\ 1 & 1 \end{pmatrix}$
$= \begin{pmatrix} 4\cdot(-2)+(-1)\cdot 1 & 4\cdot 0+(-1)\cdot 1 \\ (-3)\cdot(-2)+2\cdot 1 & (-3)\cdot 0+2\cdot 1 \end{pmatrix}$
$= \begin{pmatrix} -8-1 & 0-1 \\ 6+2 & 0+2 \end{pmatrix} = \begin{pmatrix} -9 & -1 \\ 8 & 2 \end{pmatrix}$

○ 各成分の計算は，何と何をかけたのかがわかるように書いておきます。慣れたらとばしてください。

(2) 何行何列になるかを確認すると

3 行 2 列 × 2 行 2 列 = 3 行 2 列

となります。各成分を計算して

$\begin{pmatrix} 1 & 6 \\ -4 & 3 \\ 5 & -1 \end{pmatrix} \begin{pmatrix} -2 & 3 \\ 1 & 4 \end{pmatrix}$
$= \begin{pmatrix} 1\cdot(-2)+6\cdot 1 & 1\cdot 3+6\cdot 4 \\ (-4)\cdot(-2)+3\cdot 1 & (-4)\cdot 3+3\cdot 4 \\ 5\cdot(-2)+(-1)\cdot 1 & 5\cdot 3+(-1)\cdot 4 \end{pmatrix}$
$= \begin{pmatrix} -2+6 & 3+24 \\ 8+3 & -12+12 \\ -10-1 & 15-4 \end{pmatrix} = \begin{pmatrix} 4 & 27 \\ 11 & 0 \\ -11 & 11 \end{pmatrix}$

(解終)

しっかり練習してください。

問題 3.4（解答は p.162）

次の行列の積を計算をしてください。

(1) $\begin{pmatrix} 0 & 5 \\ 4 & -3 \end{pmatrix} \begin{pmatrix} 7 & -2 \\ 3 & -6 \end{pmatrix}$ (2) $\begin{pmatrix} 5 & 2 \\ 0 & -1 \\ 3 & 4 \end{pmatrix} \begin{pmatrix} -1 & 2 & -3 \\ 3 & -2 & 1 \end{pmatrix}$

(3) $\begin{pmatrix} -3 & 4 \\ 5 & 0 \end{pmatrix} \begin{pmatrix} 2 \\ 7 \end{pmatrix}$ (4) $\begin{pmatrix} 3 & -2 \end{pmatrix} \begin{pmatrix} -1 & 2 & -3 \\ 3 & -2 & 1 \end{pmatrix}$

行列の積は数と同じように次の性質をもちます。

> **積に関する性質**
> - $(AB)C = A(BC)$　　（結合法則）
> - $A(B+C) = AB + AC$　（分配法則）
> - $(A+B)C = AC + BC$　（分配法則）

> **定数倍に関する性質**
> $(aA)B = A(aB)$
> $ = a(AB)$

→ 積が定義されている行列についての性質です。

しかし，数の積と異なった性質ももっています。

1つ目は，交換法則
$$AB = BA$$
が一般的には成り立ちません。たとえば
$$A = \begin{pmatrix} 0 & 1 \\ 0 & 1 \end{pmatrix}, \quad B = \begin{pmatrix} 1 & 0 \\ 1 & 0 \end{pmatrix}$$
とおくと
$$AB = \begin{pmatrix} 0 & 1 \\ 0 & 1 \end{pmatrix}\begin{pmatrix} 1 & 0 \\ 1 & 0 \end{pmatrix} = \begin{pmatrix} 0\cdot1+1\cdot1 & 0\cdot0+1\cdot0 \\ 0\cdot1+1\cdot1 & 0\cdot0+1\cdot0 \end{pmatrix} = \begin{pmatrix} 1 & 0 \\ 1 & 0 \end{pmatrix}$$
$$BA = \begin{pmatrix} 1 & 0 \\ 1 & 0 \end{pmatrix}\begin{pmatrix} 0 & 1 \\ 0 & 1 \end{pmatrix} = \begin{pmatrix} 1\cdot0+0\cdot0 & 1\cdot1+0\cdot1 \\ 1\cdot0+0\cdot0 & 1\cdot1+0\cdot1 \end{pmatrix} = \begin{pmatrix} 0 & 1 \\ 0 & 1 \end{pmatrix}$$
となり
$$AB \neq BA$$
です。

← もちろん
$AB = BA$
となる行列もあります。

2つ目は，積がゼロ行列
$$AB = O$$
になっても A または B がゼロ行列とは限りません。たとえば
$$A = \begin{pmatrix} 0 & 1 \\ 0 & 1 \end{pmatrix}, \quad B = \begin{pmatrix} 1 & 1 \\ 0 & 0 \end{pmatrix}$$
とすると，$A \neq O$，$B \neq O$ ですが
$$AB = \begin{pmatrix} 0 & 1 \\ 0 & 1 \end{pmatrix}\begin{pmatrix} 1 & 1 \\ 0 & 0 \end{pmatrix} = \begin{pmatrix} 0\cdot1+1\cdot0 & 0\cdot1+1\cdot0 \\ 0\cdot1+1\cdot0 & 0\cdot1+1\cdot0 \end{pmatrix}$$
$$ = \begin{pmatrix} 0 & 0 \\ 0 & 0 \end{pmatrix} = O$$

← ゼロ行列 O は成分がすべて 0 である行列です。

です。このような行列 A, B を**ゼロ因子**といいます。

← 数と同様
$AO = O$
$OB = O$
は成り立ちます。

また，"行列の積"と"行列式の積"の関係について，次のきれいな性質があります。

> 正方行列 A, B について
> $$|AB| = |A||B|$$

← 正方行列とは行数と列数が同じ行列です。

具体的な例で計算してみましょう。

例題 3.5 [行列の積と行列式]

$A = \begin{pmatrix} 8 & -1 \\ 3 & 6 \end{pmatrix}$, $B = \begin{pmatrix} -2 & 5 \\ -4 & 7 \end{pmatrix}$ について

(1) AB と BA を求めてみましょう。
(2) $|A|$, $|B|$ の値を求めてみましょう。
(3) $|AB|$ と $|A||B|$ の値を求め，等しいことを確認してみましょう。

解 (1) A, B とも 2 行 2 列の正方行列なので AB, BA とも 2 行 2 列の正方行列になります。順に計算すると

$$AB = \begin{pmatrix} 8 & -1 \\ 3 & 6 \end{pmatrix}\begin{pmatrix} -2 & 5 \\ -4 & 7 \end{pmatrix}$$
$$= \begin{pmatrix} 8 \cdot (-2) + (-1) \cdot (-4) & 8 \cdot 5 + (-1) \cdot 7 \\ 3 \cdot (-2) + 6 \cdot (-4) & 3 \cdot 5 + 6 \cdot 7 \end{pmatrix}$$
$$= \begin{pmatrix} -16 + 4 & 40 - 7 \\ -6 - 24 & 15 + 42 \end{pmatrix} = \begin{pmatrix} -12 & 33 \\ -30 & 57 \end{pmatrix}$$

$$BA = \begin{pmatrix} -2 & 5 \\ -4 & 7 \end{pmatrix}\begin{pmatrix} 8 & -1 \\ 3 & 6 \end{pmatrix} = \begin{pmatrix} -2 \cdot 8 + 5 \cdot 3 & -2 \cdot (-1) + 5 \cdot 6 \\ -4 \cdot 8 + 7 \cdot 3 & -4 \cdot (-1) + 7 \cdot 6 \end{pmatrix}$$
$$= \begin{pmatrix} -16 + 15 & 2 + 30 \\ -32 + 21 & 4 + 42 \end{pmatrix} = \begin{pmatrix} -1 & 32 \\ -11 & 46 \end{pmatrix}$$

(2) 行列式の計算です。

$$|A| = \begin{vmatrix} 8 & -1 \\ 3 & 6 \end{vmatrix} = 8 \cdot 6 - (-1) \cdot 3 = 48 + 3 = 51$$

$$|B| = \begin{vmatrix} -2 & 5 \\ -4 & 7 \end{vmatrix} = (-2) \cdot 7 - 5 \cdot (-4) = -14 + 20 = 6$$

(3) $|AB|$ は "行列 AB の行列式の値" なので，(1) の結果を使って

$$|AB| = \begin{vmatrix} -12 & 33 \\ -30 & 57 \end{vmatrix} = -12 \cdot 57 - 33 \cdot (-30) = -684 + 990 = 306$$

$|A||B|$ は $|A|$ と $|B|$ の積なので，(2) の結果を使って

$$|A||B| = 51 \cdot 6 = 306$$

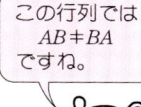

∴ $|AB| = |A||B|$ （解終）

――― 2 次の行列式 ―――

$\begin{vmatrix} a & b \\ c & d \end{vmatrix} = ad - bc$

この行列では $AB \neq BA$ ですね。

一般的に $AB \neq BA$ でも $|AB| = |BA|$ は成立します。確かめてみてください。

問題 3.5 （解答は p.162）

$A = \begin{pmatrix} -6 & 2 \\ 4 & -8 \end{pmatrix}$, $B = \begin{pmatrix} 1 & 3 \\ -7 & 5 \end{pmatrix}$ について

(1) AB と BA を求めてください。
(2) $|A|$, $|B|$ の値を求めてください。
(3) $|AB|$ と $|A||B|$ の値を求め，等しいことを確認してください。

〈3〉 正方行列と逆行列

〈2〉では行列の積を計算しましたが，今度は商にあたるものを考えてみましょう。

2つの行列 A と B の積 AB は

　　A が　l 行 m 列　の行列
　　B が　m 行 n 列　の行列

のときのみ定義されました。このように行列の行と列の数が異なると，積が定義されない場合が出てくるので，行と列の数が同じ行列だけを考えてみましょう。

一般に，行と列の数が同じ行列を **正方行列** といいます。行と列の数により

$$\begin{pmatrix} a & b \\ c & d \end{pmatrix}$$ は2次の(正方)行列

$$\begin{pmatrix} a_1 & b_1 & c_1 \\ a_2 & b_2 & c_2 \\ a_3 & b_3 & c_3 \end{pmatrix}$$ は3次の(正方)行列

といいます。

> 行列式のところにも出てきました。

実数の中では，1次方程式

$$3x = 1$$

の解は

$$x = \frac{1}{3}$$

> $\frac{1}{3}$ は 3^{-1} とも表記しました。

です。$\frac{1}{3}$ は1の逆数とよばれました。

同じことを正方行列の中で考えてみましょう。

> 0だけには逆数は存在しなかったですわ。

> ある集合の中で，演算 $*$ が自由にできるとき，演算 $*$ について閉じているといいます。

――― 実数の集合 ―――
- 自由に $a+b$ が計算できる。
- 自由に $a-b$ が計算できる。
- 自由に ab が計算できる。
- $b \neq 0$ ならば
  自由に $\frac{a}{b}$ が計算できる。

――― 2次の正方行列の集合 ―――
- 自由に $A+B$ が計算できる。
- 自由に $A-B$ が計算できる。
- 自由に AB が計算できる。
- $B \neq O$ ならば
  自由に $\frac{A}{B}$ が計算できる？？？

■ 2 次の正方行列の逆行列

A を 2 次の正方行列

$$A = \begin{pmatrix} a & b \\ c & d \end{pmatrix}$$

とします。E を 2 次の単位行列とするとき，

$$AX = XA = E$$

となる 2 次の正方行列 X を考えてみましょう。

行列の場合，$A \neq O$ であってもこのような行列 X が必ず存在するとは限りません。もし，このような行列 X が存在するなら，このとき X を A の**逆行列**といい，A^{-1} で表します。つまり，

$$AA^{-1} = A^{-1}A = E$$

です。また，A が逆行列 A^{-1} をもつとき，A を**正則行列**とよびます。

それでは具体的に

$$A = \begin{pmatrix} a & b \\ c & d \end{pmatrix}, \quad X = \begin{pmatrix} w & x \\ y & z \end{pmatrix}$$

とし，A がどのような行列のときに正則行列となり，逆行列 A^{-1} が存在するのかを調べていきましょう。

$$AX = E$$

のほうの式に代入して

$$\begin{pmatrix} a & b \\ c & d \end{pmatrix} \begin{pmatrix} w & x \\ y & z \end{pmatrix} = \begin{pmatrix} 1 & 0 \\ 0 & 1 \end{pmatrix}$$

左辺の積を計算して

$$\begin{pmatrix} aw+by & ax+bz \\ cw+dy & cx+dz \end{pmatrix} = \begin{pmatrix} 1 & 0 \\ 0 & 1 \end{pmatrix}$$

両辺を比較することにより，次の連立 1 次方程式が得られます。

① $\begin{cases} aw+by=1 \\ cw+dy=0 \end{cases}$ ② $\begin{cases} ax+bz=0 \\ cx+dz=1 \end{cases}$

クラメールの公式を使うと，①は $|A| \neq 0$ のときのみ 1 組の解をもち

$$w = \frac{\begin{vmatrix} 1 & b \\ 0 & d \end{vmatrix}}{\begin{vmatrix} a & b \\ c & d \end{vmatrix}} = \frac{1 \cdot d - b \cdot 0}{ad-bc} = \frac{d}{ad-bc}$$

$$y = \frac{\begin{vmatrix} a & 1 \\ c & 0 \end{vmatrix}}{\begin{vmatrix} a & b \\ c & d \end{vmatrix}} = \frac{a \cdot 0 - 1 \cdot c}{ad-bc} = \frac{-c}{ad-bc}$$

○ 2 次の単位行列
$E = \begin{pmatrix} 1 & 0 \\ 0 & 1 \end{pmatrix}$

○ A^{-1} は
A インヴァース
とよみます。

> A の逆行列 A^{-1} は $\frac{1}{A}$ とはかかないので注意してください。

○ 行列の相等

○ クラメールの公式
（2 元連立 1 次方程式の場合）
（p. 32 または p. 40）

> 分子の行列式は求めたい未知数の係数を定数項におきかえるのでしたね。

同様に②も $|A|\neq 0$ のときのみ1組の解をもち，

$$x=\frac{\begin{vmatrix} 0 & b \\ 1 & d \end{vmatrix}}{\begin{vmatrix} a & b \\ c & d \end{vmatrix}}=\frac{0\cdot d-b\cdot 1}{ad-bc}=\frac{-b}{ad-bc}$$

$$z=\frac{\begin{vmatrix} a & 0 \\ c & 1 \end{vmatrix}}{\begin{vmatrix} a & b \\ c & d \end{vmatrix}}=\frac{a\cdot 1-0\cdot c}{ad-bc}=\frac{a}{ad-bc}$$

> **2次の行列式**
> $\begin{vmatrix} a & b \\ c & d \end{vmatrix}=ad-bc$

となります。

もう片方の式

$XA=E$

を使っても同じ結果が得られます。

これより，$|A|\neq 0$ のとき

$AX=XA=E$

となる X が存在し

$$X=\begin{pmatrix} \dfrac{d}{ad-bc} & \dfrac{-b}{ad-bc} \\ \dfrac{-c}{ad-bc} & \dfrac{a}{ad-bc} \end{pmatrix}=\frac{1}{ad-bc}\begin{pmatrix} d & -b \\ -c & a \end{pmatrix}$$

つまり $|A|\neq 0$ のときのみ A は正則行列で，逆行列 A^{-1} が存在し

$$A^{-1}=\frac{1}{|A|}\begin{pmatrix} d & -b \\ -c & a \end{pmatrix}$$

となります。

> **・定理　2次の正方行列の逆行列・**
> $A=\begin{pmatrix} a & b \\ c & d \end{pmatrix}$ は $|A|\neq 0$ のとき，逆行列 A^{-1} が存在し
> $$A^{-1}=\frac{1}{|A|}\begin{pmatrix} d & -b \\ -c & a \end{pmatrix}$$

> A に逆行列が存在しないということは，どんな行列 X をもってきても
> $AX=XA=E$
> となることはない
> ということです。

> 逆行列が存在しない行列って，たくさんあるっていうことですか？

> **警告！**
> $A^{-1}\neq \dfrac{1}{A}$

例題 3.6 [2次の正方行列の逆行列 1]

次の行列に逆行列が存在すれば求めてみましょう。

(1) $A = \begin{pmatrix} 2 & 1 \\ 1 & 3 \end{pmatrix}$ (2) $B = \begin{pmatrix} -2 & 1 \\ 6 & -3 \end{pmatrix}$

―― 逆行列 ――
A の逆行列 A^{-1} とは
$AX = XA = E$
をみたす行列 X のこと。

解 はじめに行列式の値を求めて，逆行列が存在するかどうかを調べましょう。

(1) $|A| = \begin{vmatrix} 2 & 1 \\ 1 & 3 \end{vmatrix} = 2 \cdot 3 - 1 \cdot 1 = 6 - 1 = 5$

$|A| \neq 0$ より逆行列 A^{-1} が存在します。左頁の定理の式に代入して

$A^{-1} = \dfrac{1}{|A|}\begin{pmatrix} d & -b \\ -c & a \end{pmatrix} = \dfrac{1}{5}\begin{pmatrix} 3 & -1 \\ -1 & 2 \end{pmatrix}$

○ $\dfrac{1}{5}$ を行列の中へ入れても OK です。

(2) $|B| = \begin{vmatrix} -2 & 1 \\ 6 & -3 \end{vmatrix} = (-2) \cdot (-3) - 1 \cdot 6 = 6 - 6 = 0$

$|B| = 0$ なので逆行列 B^{-1} は存在しません。　　　　(解終)

$AA^{-1} = E$, $A^{-1}A = E$ を確認してみますね。

$AA^{-1} = \begin{pmatrix} 2 & 1 \\ 1 & 3 \end{pmatrix}\left\{\dfrac{1}{5}\begin{pmatrix} 3 & -1 \\ -1 & 2 \end{pmatrix}\right\} = \dfrac{1}{5}\begin{pmatrix} 2 & 1 \\ 1 & 3 \end{pmatrix}\begin{pmatrix} 3 & -1 \\ -1 & 2 \end{pmatrix}$

$= \dfrac{1}{5}\begin{pmatrix} 2 \cdot 3 + 1 \cdot (-1) & 2 \cdot (-1) + 1 \cdot 2 \\ 1 \cdot 3 + 3 \cdot (-1) & 1 \cdot (-1) + 3 \cdot 2 \end{pmatrix}$

$= \dfrac{1}{5}\begin{pmatrix} 6-1 & -2+2 \\ 3-3 & -1+6 \end{pmatrix} = \dfrac{1}{5}\begin{pmatrix} 5 & 0 \\ 0 & 5 \end{pmatrix} = \begin{pmatrix} 1 & 0 \\ 0 & 1 \end{pmatrix} = E$

$A^{-1}A = \dfrac{1}{5}\begin{pmatrix} 3 & -1 \\ -1 & 2 \end{pmatrix}\begin{pmatrix} 2 & 1 \\ 1 & 3 \end{pmatrix}$

$= \dfrac{1}{5}\begin{pmatrix} 3 \cdot 2 + (-1) \cdot 1 & 3 \cdot 1 + (-1) \cdot 3 \\ (-1) \cdot 2 + 2 \cdot 1 & (-1) \cdot 1 + 2 \cdot 3 \end{pmatrix}$

$= \dfrac{1}{5}\begin{pmatrix} 6-1 & 3-3 \\ -2+2 & -1+6 \end{pmatrix} = \dfrac{1}{5}\begin{pmatrix} 5 & 0 \\ 0 & 5 \end{pmatrix} = \begin{pmatrix} 1 & 0 \\ 0 & 1 \end{pmatrix} = E$

本当に単位行列 E になりましたわ！

○ $\dfrac{1}{5}$ は定数。

―― 行列の定数倍 ――
$k\begin{pmatrix} a & b \\ c & d \end{pmatrix} = \begin{pmatrix} ka & kb \\ kc & kd \end{pmatrix}$

問題 3.6 (解答は p.162)

次の行列に逆行列が存在すれば求めてください。また，逆行列ともとの行列の積を計算して単位行列となることを確認してください。

(1) $A = \begin{pmatrix} 4 & -2 \\ 6 & -3 \end{pmatrix}$ (2) $B = \begin{pmatrix} 4 & -3 \\ 3 & -3 \end{pmatrix}$

60 　3．行列の演算

---**2 次行列の逆行列**---

$A = \begin{pmatrix} a & b \\ c & d \end{pmatrix}$ について

$|A| \neq 0$ のとき

$A^{-1} = \dfrac{1}{|A|} \begin{pmatrix} d & -b \\ -c & a \end{pmatrix}$

---

2 次の行列の逆行列の公式はとても便利ですが，2 次の行列にだけしか通用しません。3 次以上の行列の逆行列にも適用できるように，次の掃き出し法による逆行列の求め方を紹介しておきましょう。

$$A = \begin{pmatrix} a & b \\ c & d \end{pmatrix}, \quad X = \begin{pmatrix} w & x \\ y & z \end{pmatrix}$$

とおいたとき，

$$AX = E$$

の式に代入して次の連立 1 次方程式が得られました（p.57）。

① $\begin{cases} aw + by = 1 \\ cw + dy = 0 \end{cases}$　　② $\begin{cases} ax + bz = 0 \\ cx + dz = 1 \end{cases}$

この 2 組の連立 1 次方程式をよく見てください。左辺の係数は全く同じで右辺の定数項だけ異なっています。それぞれ解を 1 組しかもたない場合には掃き出し法により

①は $\begin{pmatrix} a & b & | & 1 \\ c & d & | & 0 \end{pmatrix} \xrightarrow{\text{掃き出し法}} \begin{pmatrix} 1 & 0 & | & p \\ 0 & 1 & | & q \end{pmatrix}$

②は $\begin{pmatrix} a & b & | & 0 \\ c & d & | & 1 \end{pmatrix} \xrightarrow{\text{掃き出し法}} \begin{pmatrix} 1 & 0 & | & r \\ 0 & 1 & | & s \end{pmatrix}$

として解きました。両方は同じ行基本変形で解が求まるので，これらを一緒にして

$\begin{pmatrix} a & b & | & 1 & 0 \\ c & d & | & 0 & 1 \end{pmatrix} \xrightarrow{\text{掃き出し法}} \begin{pmatrix} 1 & 0 & | & p & r \\ 0 & 1 & | & q & s \end{pmatrix}$

　　　　　　↑　└②の右辺　　　　　↑　└②の解
　　　　　①の右辺　　　　　　　　①の解

として求めてしまいます。

　求まった p, q は①の解，r, s は②の解なので

$$w = p, \quad x = r$$
$$y = q, \quad z = s$$

となり，

$$X = \begin{pmatrix} p & r \\ q & s \end{pmatrix}$$

となります。この X は A の逆行列 A^{-1} のことなので

$E = \begin{pmatrix} 1 & 0 \\ 0 & 1 \end{pmatrix}$ ➡　　$(A | E) \xrightarrow{\text{掃き出し法}} (E | A^{-1})$

のように求められることになります。

　具体的に例題で求めてみましょう。

---**掃き出し法**---

目標　　基本手順

$\begin{pmatrix} 1 & 0 \\ 0 & 1 \end{pmatrix}$ $\begin{pmatrix} ㋐ & ㋓ \\ ㋑ & ㋒ \end{pmatrix}$

---**行基本変形**---

Ⅰ．$ⓘ \times k$　$(k \neq 0)$

Ⅱ．$ⓘ + ⓙ \times k$

Ⅲ．$ⓘ \leftrightarrow ⓙ$

〈3〉 正方行列と逆行列　61

例題 3.7 [2 次の正方行列の逆行列 2]

次の行列の逆行列を掃き出し法で求めてみましょう。

$$A = \begin{pmatrix} 2 & 1 \\ 1 & 3 \end{pmatrix}$$

―― 逆行列の求め方 ――
$(A \mid E) \xrightarrow{\text{掃き出し法}} (E \mid A^{-1})$

解 はじめに $(A \mid E)$ をつくります。

$$(A \mid E) = \begin{pmatrix} 2 & 1 & \vline & 1 & 0 \\ 1 & 3 & \vline & 0 & 1 \end{pmatrix}$$

これを左側が E になるまで掃き出し法で変形していきます。

$$\xrightarrow{① \leftrightarrow ②} \begin{pmatrix} 1 & 3 & \vline & 0 & 1 \\ 2 & 1 & \vline & 1 & 0 \end{pmatrix}$$

$$\xrightarrow{②+①\times(-2)} \begin{pmatrix} 1 & 3 & \vline & 0 & 1 \\ 0 & -5 & \vline & 1 & -2 \end{pmatrix}$$

$$\xrightarrow{②\times\left(-\frac{1}{5}\right)} \begin{pmatrix} 1 & 3 & \vline & 0 & 1 \\ 0 & 1 & \vline & -\frac{1}{5} & \frac{2}{5} \end{pmatrix}$$

$$\xrightarrow{①+②\times(-3)} \begin{pmatrix} 1 & 0 & \vline & \frac{3}{5} & 1+\frac{(-6)}{5} \\ 0 & 1 & \vline & -\frac{1}{5} & \frac{2}{5} \end{pmatrix}$$

$$= \begin{pmatrix} 1 & 0 & \vline & \frac{3}{5} & -\frac{1}{5} \\ 0 & 1 & \vline & -\frac{1}{5} & \frac{2}{5} \end{pmatrix} = (E \mid A^{-1})$$

これより

$$A^{-1} = \begin{pmatrix} \frac{3}{5} & -\frac{1}{5} \\ -\frac{1}{5} & \frac{2}{5} \end{pmatrix}$$

$$= \frac{1}{5} \begin{pmatrix} 3 & -1 \\ -1 & 2 \end{pmatrix}$$

（解終）

表計算

A		E	
2	1	1	0
1	3	0	1
①	3	0	1
2	1	1	0
1	3	0	1
0	-5	1	-2
1	3	0	1
0	①	$-\frac{1}{5}$	$\frac{2}{5}$
1	0	$\frac{3}{5}$	$-\frac{1}{5}$
0	1	$-\frac{1}{5}$	$\frac{2}{5}$
E		A^{-1}	

―― 行列の定数倍 ――
$$k\begin{pmatrix} a & b \\ c & d \end{pmatrix} = \begin{pmatrix} ka & kb \\ kc & kd \end{pmatrix}$$

行単位で変形でしたね。

問題 3.7 （解答は p.163）

次の行列の逆行列を掃き出し法で求めてください。

(1) $A = \begin{pmatrix} 2 & 1 \\ 1 & 0 \end{pmatrix}$　　(2) $B = \begin{pmatrix} 4 & -3 \\ 3 & -3 \end{pmatrix}$

■3次の正方行列の逆行列

今度は 3 次の正方行列の逆行列を考えてみましょう。

A を 3 次の正方行列，E を 3 次の単位行列とするとき

$$AX = XA = E$$

をみたす 3 次の正方行列 X が存在すれば，X を A の**逆行列**といい，A^{-1} で表します。また，A に逆行列 A^{-1} が存在するとき A を**正則行列**といいます。

3次の単位行列 ➡
$$E = \begin{pmatrix} 1 & 0 & 0 \\ 0 & 1 & 0 \\ 0 & 0 & 1 \end{pmatrix}$$

具体的に調べていきましょう。

$$A = \begin{pmatrix} a_1 & b_1 & c_1 \\ a_2 & b_2 & c_2 \\ a_3 & b_3 & c_3 \end{pmatrix}, \quad X = \begin{pmatrix} x_1 & x_2 & x_3 \\ y_1 & y_2 & y_3 \\ z_1 & z_2 & z_3 \end{pmatrix}$$

として $AX = E$ に代入すると

$$\begin{pmatrix} a_1 & b_1 & c_1 \\ a_2 & b_2 & c_2 \\ a_3 & b_3 & c_3 \end{pmatrix} \begin{pmatrix} x_1 & x_2 & x_3 \\ y_1 & y_2 & y_3 \\ z_1 & z_2 & z_3 \end{pmatrix} = \begin{pmatrix} 1 & 0 & 0 \\ 0 & 1 & 0 \\ 0 & 0 & 1 \end{pmatrix}$$

左辺の積を求め，右辺と比較することにより，次の 3 つの連立方程式が得られます。

① $\begin{cases} a_1 x_1 + b_1 y_1 + c_1 z_1 = 1 \\ a_2 x_1 + b_2 y_1 + c_2 z_1 = 0 \\ a_3 x_1 + b_3 y_1 + c_3 z_1 = 0 \end{cases}$

② $\begin{cases} a_1 x_2 + b_1 y_2 + c_1 z_2 = 0 \\ a_2 x_2 + b_2 y_2 + c_2 z_2 = 1 \\ a_3 x_2 + b_3 y_2 + c_3 z_2 = 0 \end{cases}$

③ $\begin{cases} a_1 x_3 + b_1 y_3 + c_1 z_3 = 0 \\ a_2 x_3 + b_2 y_3 + c_2 z_3 = 0 \\ a_3 x_3 + b_3 y_3 + c_3 z_3 = 1 \end{cases}$

> 3つの連立 1 次方程式を一度に解くということです。

各組の左辺の係数をよく見るとすべて同じ，右辺の定数項のみ異なっています。これらの連立 1 次方程式は左辺の係数行列 A について，$|A| \neq 0$ のときのみただ 1 組の解が存在しました（p.40）。$|A| \neq 0$ のとき，これらを掃き出し法で同時に解いて A^{-1} を求めます。

$$\begin{pmatrix} a_1 & b_1 & c_1 & | & 1 & 0 & 0 \\ a_2 & b_2 & c_2 & | & 0 & 1 & 0 \\ a_3 & b_3 & c_3 & | & 0 & 0 & 1 \end{pmatrix} \xrightarrow{\text{掃き出し法}} \begin{pmatrix} 1 & 0 & 0 & | & p_1 & p_2 & p_3 \\ 0 & 1 & 0 & | & q_1 & q_2 & q_3 \\ 0 & 0 & 1 & | & r_1 & r_2 & r_3 \end{pmatrix}$$

↑①の右辺 　　　　　　　　　↑①の解
　↑②の右辺 　　　　　　　　　↑②の解
　　↑③の右辺 　　　　　　　　　↑③の解

つまり

$$(A \mid E) \xrightarrow{\text{掃き出し法}} (E \mid A^{-1})$$

で A^{-1} が求まります。例題で具体的に求めてみましょう。

例題 3.8 [3次の正方行列の逆行列]

次の行列の逆行列を掃き出し法で求めてみましょう。

$$A = \begin{pmatrix} 1 & 1 & 0 \\ 1 & 0 & 1 \\ 0 & 1 & 1 \end{pmatrix}$$

掃き出し法

目標 $\begin{pmatrix} 1 & 0 & 0 \\ 0 & 1 & 0 \\ 0 & 0 & 1 \end{pmatrix}$

基本手順 $\begin{pmatrix} ㋐ & ㋔ & ㋗ \\ ㋑ & ㋓ & ㋘ \\ ㋒ & ㋕ & ㋖ \end{pmatrix}$

解 $(A \mid E) \xrightarrow{\text{掃き出し法}} (E \mid A^{-1})$ で求めます。

$$\begin{pmatrix} ① & 1 & 0 & | & 1 & 0 & 0 \\ 1 & 0 & 1 & | & 0 & 1 & 0 \\ 0 & 1 & 1 & | & 0 & 0 & 1 \end{pmatrix} \xrightarrow{②+①×(-1)} \begin{pmatrix} 1 & 1 & 0 & | & 1 & 0 & 0 \\ 0 & -1 & 1 & | & -1 & 1 & 0 \\ 0 & 1 & 1 & | & 0 & 0 & 1 \end{pmatrix}$$

$$\xrightarrow{②×(-1)} \begin{pmatrix} 1 & 1 & 0 & | & 1 & 0 & 0 \\ 0 & ① & -1 & | & 1 & -1 & 0 \\ 0 & 1 & 1 & | & 0 & 0 & 1 \end{pmatrix}$$

$$\xrightarrow[③+②×(-1)]{①+②×(-1)} \begin{pmatrix} 1 & 0 & 1 & | & 0 & 1 & 0 \\ 0 & 1 & -1 & | & 1 & -1 & 0 \\ 0 & 0 & 2 & | & -1 & 1 & 1 \end{pmatrix}$$

$$\xrightarrow{③×\frac{1}{2}} \begin{pmatrix} 1 & 0 & 1 & | & 0 & 1 & 0 \\ 0 & 1 & -1 & | & 1 & -1 & 0 \\ 0 & 0 & ① & | & -\frac{1}{2} & \frac{1}{2} & \frac{1}{2} \end{pmatrix}$$

$$\xrightarrow[②+③×1]{①+③×(-1)} \begin{pmatrix} 1 & 0 & 0 & | & \frac{1}{2} & \frac{1}{2} & -\frac{1}{2} \\ 0 & 1 & 0 & | & \frac{1}{2} & -\frac{1}{2} & \frac{1}{2} \\ 0 & 0 & 1 & | & -\frac{1}{2} & \frac{1}{2} & \frac{1}{2} \end{pmatrix}$$

$$= (E \mid A^{-1})$$

これより

$$A^{-1} = \begin{pmatrix} \frac{1}{2} & \frac{1}{2} & -\frac{1}{2} \\ \frac{1}{2} & -\frac{1}{2} & \frac{1}{2} \\ -\frac{1}{2} & \frac{1}{2} & \frac{1}{2} \end{pmatrix} = \frac{1}{2}\begin{pmatrix} 1 & 1 & -1 \\ 1 & -1 & 1 \\ -1 & 1 & 1 \end{pmatrix}$$

(解終)

	A			E		
①	1	0	1	0	0
1	0	1	0	1	0
0	1	1	0	0	1
1	1	0	1	0	0
0	-1	1	-1	1	0
0	1	1	0	0	1
1	1	0	1	0	0
0	①	-1	1	-1	0
0	1	1	0	0	1
1	0	1	0	1	0
0	1	-1	1	-1	0
0	0	2	-1	1	1
1	0	1	0	1	0
0	1	-1	1	-1	0
0	0	1	$-\frac{1}{2}$	$\frac{1}{2}$	$\frac{1}{2}$
1	0	0	$\frac{1}{2}$	$\frac{1}{2}$	$-\frac{1}{2}$
0	1	0	$\frac{1}{2}$	$-\frac{1}{2}$	$\frac{1}{2}$
0	0	1	$-\frac{1}{2}$	$\frac{1}{2}$	$\frac{1}{2}$
	E			A^{-1}		

問題 3.8 (解答は p.163)

次の行列の逆行列を掃き出し法で求めてください。

(1) $A = \begin{pmatrix} 0 & 1 & 1 \\ 1 & 0 & -1 \\ -1 & 1 & 0 \end{pmatrix}$ (2) $B = \begin{pmatrix} 1 & 2 & 1 \\ 2 & 7 & 4 \\ 2 & 2 & 1 \end{pmatrix}$

一般的に A を n 次の正方行列とし，A には逆行列 A^{-1} が存在するとき，次の性質が成立します．

$$AA^{-1}=A^{-1}A=E$$

ただし，E は n 次の単位行列です．

行列の積の逆行列については

$$(AB)^{-1}=B^{-1}A^{-1}$$

となるので注意が必要です．このことは後で例題で確認しましょう．

最後に逆行列を利用して，連立1次方程式を解いてみましょう．

2元連立1次方程式

$$\begin{cases} ax+by=e \\ cx+dy=f \end{cases}$$

は，

$$A=\begin{pmatrix} a & b \\ c & d \end{pmatrix}, \quad X=\begin{pmatrix} x \\ y \end{pmatrix}, \quad B=\begin{pmatrix} e \\ f \end{pmatrix}$$

とおくと

$$AX=B$$

と表すことができました．X が求めたい行列（ベクトル）です．A に逆行列 A^{-1} が存在するとき，つまり $|A| \neq 0$ のとき，この両辺に左より A^{-1} をかけて

$$A^{-1}(AX)=A^{-1}B$$

結合法則と逆行列，単位行列の性質を使って

$$(A^{-1}A)X=A^{-1}B$$
$$EX=A^{-1}B$$
$$X=A^{-1}B$$

このように，行列を使うと，実数と同じように表現することができます．

3元連立1次方程式の場合も全く同じです．例題で具体的に求めてみましょう．

―― 結合法則 ――
$(AB)C=A(BC)$

―― 単位行列 ――
$AE=EA=A$

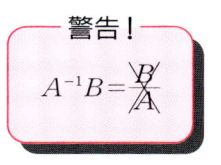

―― 警告！――
一般的に
$AB \neq BA$

―― 警告！――
$A^{-1}B \neq \dfrac{B}{A}$

行列の積は順序に気をつけてください．

$AX=B$ に右から A^{-1} をかけてみると $(AX)A^{-1}=BA^{-1}$ これから変形すると…？

例題 3.9 [逆行列を使った連立 1 次方程式の解 1]

次の連立 1 次方程式を逆行列を使って解いてみましょう。

$$\begin{cases} 2x+3y=-1 \\ x+2y=-2 \end{cases}$$

解 はじめに連立 1 次方程式を行列を使って書き直すと

$$\begin{pmatrix} 2 & 3 \\ 1 & 2 \end{pmatrix}\begin{pmatrix} x \\ y \end{pmatrix}=\begin{pmatrix} -1 \\ -2 \end{pmatrix}$$

となります。ここで

$$A=\begin{pmatrix} 2 & 3 \\ 1 & 2 \end{pmatrix}, \quad X=\begin{pmatrix} x \\ y \end{pmatrix}, \quad B=\begin{pmatrix} -1 \\ -2 \end{pmatrix}$$

とおくと、方程式は

$$AX=B \quad ①$$

と表されます。$|A|$ の値を調べると

$$|A|=\begin{vmatrix} 2 & 3 \\ 1 & 2 \end{vmatrix}=2\cdot 2-3\cdot 1=4-3=1$$

$|A|\neq 0$ より A^{-1} が存在するので、①に左から A^{-1} をかけて

$$A^{-1}(AX)=A^{-1}B$$
$$(A^{-1}A)X=A^{-1}B$$
$$EX=A^{-1}B$$
$$X=A^{-1}B$$

A^{-1} を公式(掃き出し法でもよい)で求めると

$$A^{-1}=\frac{1}{1}\begin{pmatrix} 2 & -3 \\ -1 & 2 \end{pmatrix}$$
$$=\begin{pmatrix} 2 & -3 \\ -1 & 2 \end{pmatrix}$$

となるので

$$X=A^{-1}B=\begin{pmatrix} 2 & -3 \\ -1 & 2 \end{pmatrix}\begin{pmatrix} -1 \\ -2 \end{pmatrix}$$
$$=\begin{pmatrix} 2\cdot(-1)+(-3)\cdot(-2) \\ (-1)\cdot(-1)+2\cdot(-2) \end{pmatrix}=\begin{pmatrix} -2+6 \\ 1-4 \end{pmatrix}=\begin{pmatrix} 4 \\ -3 \end{pmatrix}$$

$$\therefore \begin{cases} x=4 \\ y=-3 \end{cases}$$

(解終)

掃き出し法で A^{-1} を求めると

A		E		変形
2	3	1	0	
1	2	0	1	
① 1	2	0	1	①↔②
② 2	3	1	0	
1	2	0	1	
0	−1	1	−2	②+①×(−2)
1	2	0	1	
0	① 1	−1	2	②×(−1)
1	0	2	−3	①+②×(−2)
0	1	−1	2	
E		A^{-1}		

$$\begin{vmatrix} a & b \\ c & d \end{vmatrix}=ad-bc$$

警告!
$$X \neq BA^{-1}$$

── 2 次行列の逆行列 ──
$A=\begin{pmatrix} a & b \\ c & d \end{pmatrix}$ について
$|A|\neq 0$ のとき
$$A^{-1}=\frac{1}{|A|}\begin{pmatrix} d & -b \\ -c & a \end{pmatrix}$$

問題 3.9 (解答は p.164)

$$\begin{cases} x+2y=3 \\ 2x+3y=2 \end{cases}$$

左の連立 1 次方程式を逆行列を使って解いてください。

例題 3.10［逆行列を使った連立 1 次方程式の解 2］

次の連立 1 次方程式を逆行列を使って解いてみましょう。

$$\begin{cases} y+z=-1 \\ x+z=8 \\ x+y=1 \end{cases}$$

解 連立 1 次方程式を行列を使って表すと

$$\begin{pmatrix} 0 & 1 & 1 \\ 1 & 0 & 1 \\ 1 & 1 & 0 \end{pmatrix} \begin{pmatrix} x \\ y \\ z \end{pmatrix} = \begin{pmatrix} -1 \\ 8 \\ 1 \end{pmatrix}$$

となり，

$$A=\begin{pmatrix} 0 & 1 & 1 \\ 1 & 0 & 1 \\ 1 & 1 & 0 \end{pmatrix}, \quad X=\begin{pmatrix} x \\ y \\ z \end{pmatrix}, \quad B=\begin{pmatrix} -1 \\ 8 \\ 1 \end{pmatrix}$$

とおくと方程式は

$$AX=B \quad ①$$

と表せます。ここで

$$|A|=\begin{vmatrix} 0 & 1 & 1 \\ 1 & 0 & 1 \\ 1 & 1 & 0 \end{vmatrix} = 0\cdot0\cdot0+1\cdot1\cdot1+1\cdot1\cdot1 \\ -1\cdot0\cdot1-1\cdot1\cdot0-0\cdot1\cdot1$$

$$=0+1+1-0-0-0=2$$

となり，$|A|\neq 0$ なので A^{-1} が存在します。

そこで①の左から A^{-1} をかけると

$$A^{-1}(AX)=A^{-1}B$$
$$(A^{-1}A)X=A^{-1}B$$
$$EX=A^{-1}B$$
$$X=A^{-1}B \quad ②$$

$(A|E) \to (E|A^{-1})$ A^{-1} を掃き出し法で求めると，次頁の表計算より

$$A^{-1}=\begin{pmatrix} -\dfrac{1}{2} & \dfrac{1}{2} & \dfrac{1}{2} \\ \dfrac{1}{2} & -\dfrac{1}{2} & \dfrac{1}{2} \\ \dfrac{1}{2} & \dfrac{1}{2} & -\dfrac{1}{2} \end{pmatrix} = \dfrac{1}{2}\begin{pmatrix} -1 & 1 & 1 \\ 1 & -1 & 1 \\ 1 & 1 & -1 \end{pmatrix}$$

サラスの公式

$$\begin{vmatrix} a_1 & b_1 & c_1 \\ a_2 & b_2 & c_2 \\ a_3 & b_3 & c_3 \end{vmatrix} = a_1b_2c_3+a_2b_3c_1+a_3b_1c_2 \\ -c_1b_2a_3-c_2b_3a_1-c_3b_1a_2$$

②へ代入して
$$X = A^{-1}B$$
$$= \frac{1}{2}\begin{pmatrix} -1 & 1 & 1 \\ 1 & -1 & 1 \\ 1 & 1 & -1 \end{pmatrix}\begin{pmatrix} -1 \\ 8 \\ 1 \end{pmatrix}$$
$$= \frac{1}{2}\begin{pmatrix} (-1)\cdot(-1)+1\cdot 8+1\cdot 1 \\ 1\cdot(-1)+(-1)\cdot 8+1\cdot 1 \\ 1\cdot(-1)+1\cdot 8+(-1)\cdot 1 \end{pmatrix}$$
$$= \frac{1}{2}\begin{pmatrix} 1+8+1 \\ -1-8+1 \\ -1+8-1 \end{pmatrix}$$
$$= \frac{1}{2}\begin{pmatrix} 10 \\ -8 \\ 6 \end{pmatrix} = \begin{pmatrix} \frac{1}{2}\cdot 10 \\ \frac{1}{2}\cdot(-8) \\ \frac{1}{2}\cdot 6 \end{pmatrix} = \begin{pmatrix} 5 \\ -4 \\ 3 \end{pmatrix}$$

$$\therefore \begin{cases} x = 5 \\ y = -4 \\ z = 3 \end{cases}$$

(解終)

A			E			変形
0	1	1	1	0	0	
1	0	1	0	1	0	
1	1	0	0	0	1	
①	0	1	0	1	0	②↔①
0	1	1	1	0	0	
1	1	0	0	0	1	
1	0	1	0	1	0	
0	①	1	1	0	0	
0	1	-1	0	-1	1	③+①×(-1)
1	0	1	0	1	0	
0	1	1	1	0	0	
0	0	-2	-1	-1	1	③+②×(-1)
1	0	1	0	1	0	
0	1	1	1	0	0	
0	0	①	1/2	1/2	-1/2	③×(-1/2)
1	0	0	-1/2	1/2	1/2	①+③×(-1)
0	1	0	1/2	-1/2	1/2	②+③×(-1)
0	0	1	1/2	1/2	-1/2	
E			A^{-1}			

― 行基本変形 ―
I. ⓘ×k （k≠0）
II. ⓘ+ⓙ×k
III. ⓘ↔ⓙ

+，-，定数倍は実数やベクトルと同じように計算できますが，×，÷には注意が必要で～す。

行列の計算はマスターできたかしら？

問題 3.10（解答は p.164）

次の連立1次方程式を逆行列を利用して解いてください。
$$\begin{cases} x - y = 4 \\ x - z = 5 \\ y + z = -3 \end{cases}$$

$$\begin{vmatrix} a & b \\ c & d \end{vmatrix} = ad - bc$$

2次行列の逆行列

$A = \begin{pmatrix} a & b \\ c & d \end{pmatrix}$ について

$|A| \neq 0$ のとき

$A^{-1} = \dfrac{1}{|A|} \begin{pmatrix} d & -b \\ -c & a \end{pmatrix}$

例題 3.11 [行列の積と逆行列]

$A = \begin{pmatrix} -2 & 1 \\ -1 & 3 \end{pmatrix}$, $B = \begin{pmatrix} 4 & 3 \\ 2 & 1 \end{pmatrix}$ について

(1) AB および $(AB)^{-1}$ を求めてみましょう。

(2) A^{-1}, B^{-1} を求めてみましょう。

(3) $A^{-1}B^{-1}$ および $B^{-1}A^{-1}$ を求めてみましょう。

解 (1) $AB = \begin{pmatrix} -2 & 1 \\ -1 & 3 \end{pmatrix}\begin{pmatrix} 4 & 3 \\ 2 & 1 \end{pmatrix} = \begin{pmatrix} -2\cdot 4 + 1\cdot 2 & -2\cdot 3 + 1\cdot 1 \\ -1\cdot 4 + 3\cdot 2 & -1\cdot 3 + 3\cdot 1 \end{pmatrix}$

$= \begin{pmatrix} -8+2 & -6+1 \\ -4+6 & -3+3 \end{pmatrix} = \begin{pmatrix} -6 & -5 \\ 2 & 0 \end{pmatrix}$

$|AB| = -6\cdot 0 - (-5)\cdot 2 = 0 + 10 = 10 \neq 0$

$(AB)^{-1} = (AB)$ の逆行列

$= \dfrac{1}{10} \begin{pmatrix} 0 & -(-5) \\ -2 & -6 \end{pmatrix} = \dfrac{1}{10} \begin{pmatrix} 0 & 5 \\ -2 & -6 \end{pmatrix}$

行列の定数倍

$k \begin{pmatrix} a & b \\ c & d \end{pmatrix} = \begin{pmatrix} ka & kb \\ kc & kd \end{pmatrix}$

(2) $|A| = -2\cdot 3 - 1\cdot(-1) = -6+1 = -5 \neq 0$

$|B| = 4\cdot 1 - 3\cdot 2 = 4-6 = -2 \neq 0$

$A^{-1} = \dfrac{1}{-5} \begin{pmatrix} 3 & -1 \\ -(-1) & -2 \end{pmatrix} = -\dfrac{1}{5} \begin{pmatrix} 3 & -1 \\ 1 & -2 \end{pmatrix} = \dfrac{1}{5} \begin{pmatrix} -3 & 1 \\ -1 & 2 \end{pmatrix}$

$B^{-1} = \dfrac{1}{-2} \begin{pmatrix} 1 & -3 \\ -2 & 4 \end{pmatrix} = \dfrac{1}{2} \begin{pmatrix} -1 & 3 \\ 2 & -4 \end{pmatrix}$

警告!

$(AB)^{-1} \neq A^{-1}B^{-1}$

(3) $A^{-1}B^{-1} = (A \text{の逆行列})(B \text{の逆行列})$

$= \dfrac{1}{5}\begin{pmatrix} -3 & 1 \\ -1 & 2 \end{pmatrix}\left\{\dfrac{1}{2}\begin{pmatrix} -1 & 3 \\ 2 & -4 \end{pmatrix}\right\} = \dfrac{1}{5}\cdot\dfrac{1}{2}\begin{pmatrix} -3 & 1 \\ -1 & 2 \end{pmatrix}\begin{pmatrix} -1 & 3 \\ 2 & -4 \end{pmatrix}$

$= \dfrac{1}{10}\begin{pmatrix} -3\cdot(-1)+1\cdot 2 & -3\cdot 3+1\cdot(-4) \\ -1\cdot(-1)+2\cdot 2 & -1\cdot 3+2\cdot(-4) \end{pmatrix} = \dfrac{1}{10}\begin{pmatrix} 5 & -13 \\ 5 & -11 \end{pmatrix}$

$(AB)^{-1} = B^{-1}A^{-1}$

$B^{-1}A^{-1} = (B \text{の逆行列})(A \text{の逆行列})$

$= \dfrac{1}{2}\begin{pmatrix} -1 & 3 \\ 2 & -4 \end{pmatrix}\left\{\dfrac{1}{5}\begin{pmatrix} -3 & 1 \\ -1 & 2 \end{pmatrix}\right\} = \dfrac{1}{2}\cdot\dfrac{1}{5}\begin{pmatrix} -1 & 3 \\ 2 & -4 \end{pmatrix}\begin{pmatrix} -3 & 1 \\ -1 & 2 \end{pmatrix}$

$= \dfrac{1}{10}\begin{pmatrix} -1\cdot(-3)+3\cdot(-1) & (-1)\cdot 1+3\cdot 2 \\ 2\cdot(-3)+(-4)\cdot(-1) & 2\cdot 1+(-4)\cdot 2 \end{pmatrix} = \dfrac{1}{10}\begin{pmatrix} 0 & 5 \\ -2 & -6 \end{pmatrix}$

(解終)

問題 3.11 (解答は p.165)

$A = \begin{pmatrix} 2 & 1 \\ 3 & 4 \end{pmatrix}$, $B = \begin{pmatrix} 2 & -3 \\ 1 & -4 \end{pmatrix}$

(1) AB および $(AB)^{-1}$ を求めてください。

(2) A^{-1}, B^{-1} を求めてください。

(3) $A^{-1}B^{-1}$ および $B^{-1}A^{-1}$ を求めてください。

④ ベクトル空間

$\vec{a}+\vec{b}$ $\vec{b}$ $\vec{a}+\vec{b}$ $-\vec{a}$
$\vec{a}$

線形空間

$\vec{a}-\vec{b}$ $3\vec{b}$

$\vec{p}=2\vec{a}+3\vec{b}$ $\vec{0}$

線形独立

線形従属 線形結合

$\vec{a}\cdot\vec{b}$

線形関係式

$m\vec{a}+n\vec{b}=\vec{0}$

> ベクトルの間に線形といわれる関係を導入していきます。

> ようやく「線形代数」の勉強ですね。

〈1〉 平面ベクトルと空間ベクトル

ここでは平面ベクトルと空間ベクトルの復習をしましょう。

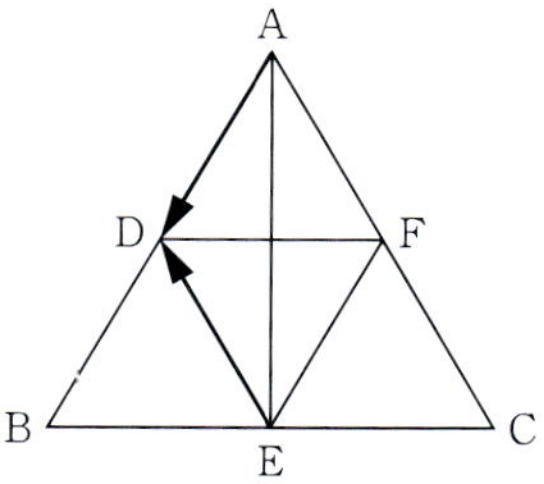

例題 4.1 [ベクトルと長さ]

左図は一辺の長さ1の正三角形で，D, E, F は各辺の中点です。

(1) 次のベクトルと同じベクトルをすべて取り出してみましょう。

 (i) $\overrightarrow{AD}$ (ii) $\overrightarrow{ED}$ (iii) $-\overrightarrow{BE}$

(2) $|\overrightarrow{AE}|$ を求めてみましょう。

解 (1) ベクトルは"向き"と"長さ"が同じであればすべて同じベクトルでした。

(i) $\overrightarrow{AD}$ と平行なベクトルで，向きと長さが同じベクトルは

$\overrightarrow{DB}, \overrightarrow{FE}$

(ii) $\overrightarrow{ED}$ と平行なベクトルで，向きと長さが同じベクトルは

$\overrightarrow{FA}, \overrightarrow{CF}$

(iii) $-\overrightarrow{BE}$ は $\overrightarrow{BE}$ の **逆ベクトル** とよばれるもので，$\overrightarrow{BE}$ と向きが逆で長さは同じベクトルのことです。$\overrightarrow{BE}$ と平行で向きが逆，長さが同じものをさがすと

$\overrightarrow{EB}, \overrightarrow{CE}, \overrightarrow{FD}$

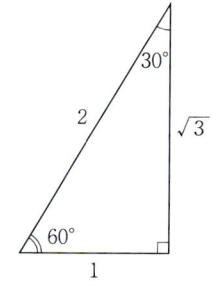

> 絶対値 ➡ ともよばれます。

(2) $|\overrightarrow{AE}|$ は $\overrightarrow{AE}$ の **長さ** のことでした。
△ABE は辺の長さの比が

$1 : 2 : \sqrt{3}$

の直角三角形です。AB=1 なので

$AB : AE = 2 : \sqrt{3}$

$1 : AE = 2 : \sqrt{3}$

$AE = \dfrac{\sqrt{3}}{2}$ これより $|\overrightarrow{AE}| = \dfrac{\sqrt{3}}{2}$ (解終)

問題 4.1 (解答は p.166)

右図の長方形 ABCD において，AD=1，AB=2，M，N はそれぞれ辺 AB，DC の中点です。

(1) 次のベクトルと同じベクトルをすべて取り出してください。

 (i) $\overrightarrow{AD}$ (ii) $\overrightarrow{AM}$ (iii) $-\overrightarrow{DM}$

(2) $|\overrightarrow{AN}|$ を求めてください。

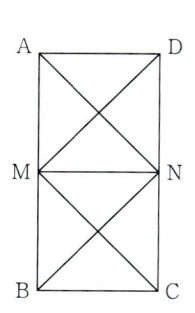

例題 4.2 [ベクトルの和, 差, 定数倍]

右のベクトル $\vec{a}, \vec{b}$ について, 次のベクトルを描いてみましょう。

(1) $\vec{a}+\vec{b}$ (2) $\vec{a}-\vec{b}$ (3) $2\vec{a}$
(4) $-\dfrac{2}{3}\vec{b}$ (5) $2\vec{a}-\dfrac{2}{3}\vec{b}$

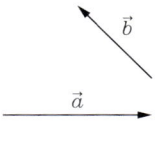

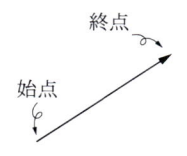

解 (1) ベクトルを平行移動させながら, $\vec{a}$ の終点に $\vec{b}$ の始点をくっつけて矢印をたどって $\vec{a}+\vec{b}$ をつくると, 右図のようになります。

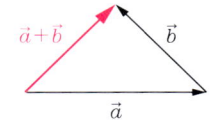

(2) ベクトルの差は
$$\vec{a}-\vec{b}=\vec{a}+(-\vec{b})$$
で定められていることに注意して, はじめに $-\vec{b}$ を描いてから $\vec{a}+(-\vec{b})$ を描くと次のように $\vec{a}-\vec{b}$ が描けます。

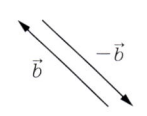

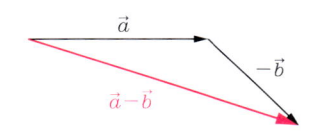

作図の仕方が異なっても"向き"と"長さ"は同じになるはずです。

(3) $\vec{a}$ の長さを 2 倍にすれば出来上がり。

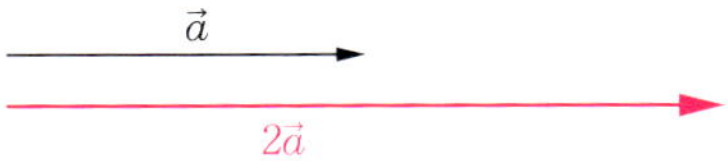

(4) $\vec{b}$ を逆向きにして $-\vec{b}$ をつくり, 長さを $\dfrac{2}{3}$ にすれば出来上がり。

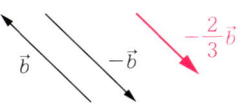

(5) (3)と(4)で描いたベクトルを利用して描きます。
$$2\vec{a}-\dfrac{2}{3}\vec{b}=2\vec{a}+\left(-\dfrac{2}{3}\vec{b}\right)$$
なので, ベクトルを平行移動させて $2\vec{a}$ の終点と $-\dfrac{2}{3}\vec{b}$ の始点をくっつけて矢印をたどると右図のように求まります。 (解終) 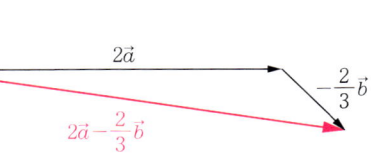

問題 4.2 (解答は p.166)

右のベクトル $\vec{p}, \vec{q}$ について, 次のベクトルを描いてください。

(1) $\vec{p}+\vec{q}$ (2) $\vec{q}-\vec{p}$ (3) $-3\vec{p}$
(4) $\dfrac{1}{2}\vec{q}$ (5) $\dfrac{1}{2}\vec{q}-3\vec{p}$

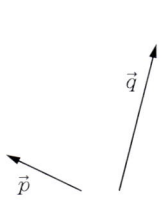

例題 4.3 [ベクトルの計算]

次のベクトルの計算をしてみましょう。

(1)　$2\vec{a} - 3\vec{a} + 5\vec{a}$　　　　(2)　$4\vec{a} + 2\vec{b} - 3\vec{a} + 5\vec{b}$

(3)　$2(\vec{a} - 3\vec{b}) - 2\vec{a} + 6\vec{b}$　　(4)　$3(2\vec{a} + \vec{b}) - (\vec{b} - 3\vec{a})$

> たしか，文字の計算と同じようにできるはずですわ。

解　ベクトルの加法，減法，定数倍の計算には，数と同じような下の囲みの性質をもっているので，文字の計算と同じようにできます。

(1)　与式 $= (2-3+5)\vec{a} = 4\vec{a}$

(2)　与式 $= 4\vec{a} - 3\vec{a} + 2\vec{b} + 5\vec{b} = (4-3)\vec{a} + (2+5)\vec{b}$
$= 1 \cdot \vec{a} + 7 \cdot \vec{b} = \vec{a} + 7\vec{b}$

(3)　与式 $= 2\vec{a} - 6\vec{b} - 2\vec{a} + 6\vec{b} = 2\vec{a} - 2\vec{a} - 6\vec{b} + 6\vec{b}$
$= (2-2)\vec{a} + (-6+6)\vec{b}$
$= 0 \cdot \vec{a} + 0 \cdot \vec{b} = \vec{0} + \vec{0} = \vec{0}$

(4)　与式 $= 6\vec{a} + 3\vec{b} - \vec{b} + 3\vec{a} = 6\vec{a} + 3\vec{a} + 3\vec{b} - \vec{b}$
$= (6+3)\vec{a} + (3-1)\vec{b} = 9\vec{a} + 2\vec{b}$　　（解終）

ゼロベクトル $\vec{0}$
向き：なし
長さ：0

・$\vec{0}$

逆ベクトル $-\vec{a}$
向き：$\vec{a}$ の逆
長さ：$\vec{a}$ と同じ

$\vec{a}$
$-\vec{a}$

ベクトルの加法の性質

(1)　$\vec{a} + \vec{b} = \vec{b} + \vec{a}$　　　　　　　（交換法則）
(2)　$(\vec{a} + \vec{b}) + \vec{c} = \vec{a} + (\vec{b} + \vec{c})$　　（結合法則）
(3)　$\vec{a} + \vec{0} = \vec{a}$　　　　　　　　　（$\vec{0}$：ゼロベクトル）
(4)　$\vec{a} + (-\vec{a}) = \vec{0}$　　　　　　　（$-\vec{a}$：$\vec{a}$ の逆ベクトル）

ベクトルの定数倍の性質

(1)　$m(n\vec{a}) = (mn)\vec{a}$
(2)　$(m+n)\vec{a} = m\vec{a} + n\vec{a}$
(3)　$m(\vec{a} + \vec{b}) = m\vec{a} + m\vec{b}$　　（m, n は実数）
(4)　$1\vec{a} = \vec{a}$
(5)　$(-1)\vec{a} = -\vec{a}$
(6)　$0\vec{a} = \vec{0}$

問題 4.3（解答は p. 166）

次のベクトルの計算をしてください。

(1)　$5\vec{p} + 2\vec{p} - 3\vec{p}$　　　　　(2)　$4\vec{q} - 2\vec{p} + 7\vec{p} - \vec{q}$

(3)　$-3(2\vec{p} + \vec{q}) + \vec{p} + 4\vec{q}$　　(4)　$6(2\vec{p} - \vec{q}) + 4(2\vec{q} + 3\vec{p}) - 2\vec{q}$

例題 4.4［平面ベクトルの成分表示］

座標平面上に 3 点 $A(2,3)$, $B(-5,2)$, $C(3,-2)$ があります。
次のベクトルの成分を列ベクトルで表してみましょう。

(1) $\overrightarrow{OA}$　　(2) $\overrightarrow{BC}$　　(3) $2\overrightarrow{OA}$
(4) $\overrightarrow{OA}+\overrightarrow{BC}$　　(5) $\overrightarrow{OA}-\overrightarrow{BC}$

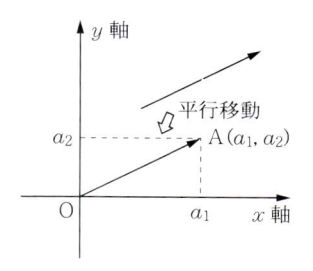

解 これから列ベクトル表示をよく使うので，慣れましょう。成分を横に並べて書いていたのを縦に並べかえるだけです。

(1)と(2)は各成分ごとに"終点－始点"で求まります。

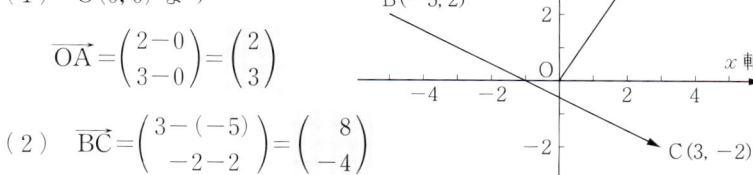

(1) $O(0,0)$ より
$$\overrightarrow{OA} = \begin{pmatrix} 2-0 \\ 3-0 \end{pmatrix} = \begin{pmatrix} 2 \\ 3 \end{pmatrix}$$

(2) $\overrightarrow{BC} = \begin{pmatrix} 3-(-5) \\ -2-2 \end{pmatrix} = \begin{pmatrix} 8 \\ -4 \end{pmatrix}$

(3) $\overrightarrow{OA}$ の各成分を 2 倍して
$$2\overrightarrow{OA} = 2\begin{pmatrix} 2 \\ 3 \end{pmatrix} = \begin{pmatrix} 2\cdot 2 \\ 2\cdot 3 \end{pmatrix} = \begin{pmatrix} 4 \\ 6 \end{pmatrix}$$

(4)と(5)は各成分ごとに計算します。

(4) $\overrightarrow{OA}+\overrightarrow{BC} = \begin{pmatrix} 2 \\ 3 \end{pmatrix} + \begin{pmatrix} 8 \\ -4 \end{pmatrix} = \begin{pmatrix} 2+8 \\ 3-4 \end{pmatrix} = \begin{pmatrix} 10 \\ -1 \end{pmatrix}$

(5) $\overrightarrow{OA}-\overrightarrow{BC} = \begin{pmatrix} 2 \\ 3 \end{pmatrix} - \begin{pmatrix} 8 \\ -4 \end{pmatrix} = \begin{pmatrix} 2-8 \\ 3-(-4) \end{pmatrix} = \begin{pmatrix} -6 \\ 7 \end{pmatrix}$

（解終）

$\overrightarrow{OA} = (a_1, a_2)$ ← 行ベクトル表示
　　　$= \begin{pmatrix} a_1 \\ a_2 \end{pmatrix}$ ← 列ベクトル表示

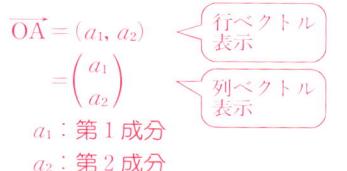

a_1：第 1 成分
a_2：第 2 成分

――― ベクトルの相等 ―――
$\vec{a} = \begin{pmatrix} a_1 \\ a_2 \end{pmatrix}$, $\vec{b} = \begin{pmatrix} b_1 \\ b_2 \end{pmatrix}$ のとき
$\vec{a} = \vec{b} \Leftrightarrow \begin{cases} a_1 = b_1 \\ a_2 = b_2 \end{cases}$

――― ベクトルの成分 ―――
点 $A(a_1, a_2)$，点 $B(b_1, b_2)$ のとき
$\overrightarrow{AB} = \begin{pmatrix} b_1 - a_1 \\ b_2 - a_2 \end{pmatrix}$

――― 平面ベクトルの和，差，定数倍 ―――
$\vec{a} = \begin{pmatrix} a_1 \\ a_2 \end{pmatrix}$, $\vec{b} = \begin{pmatrix} b_1 \\ b_2 \end{pmatrix}$ のとき
$\vec{a} \pm \vec{b} = \begin{pmatrix} a_1 \pm b_1 \\ a_2 \pm b_2 \end{pmatrix}$, $k\vec{a} = \begin{pmatrix} ka_1 \\ ka_2 \end{pmatrix}$
（複号同順）

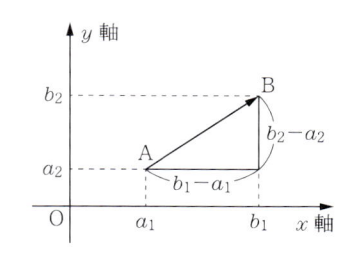

問題 4.4（解答は p.166）

座標平面上に 3 点 $P(-1,4)$, $Q(3,2)$, $R(6,-3)$ があります。次のベクトルの成分表示を列ベクトルで表してください。

(1) $\overrightarrow{OP}$　　(2) $\overrightarrow{QR}$　　(3) $-3\overrightarrow{QR}$　　(4) $\overrightarrow{OP}+\overrightarrow{QR}$　　(5) $\overrightarrow{QR}-\overrightarrow{OP}$

例題 4.5 [平面ベクトルの成分と大きさ]

座標平面上に 3 点 A(2,1), B(0,−2), C(−2,4) があります。

(1) 次のベクトルの列ベクトル成分表示を求めてみましょう。
$$\vec{AB}, \quad \vec{BC}, \quad 3\vec{AB}+\frac{1}{2}\vec{BC}$$

(2) 次のベクトルの大きさを求めてみましょう。
$$|\vec{AB}|, \quad |\vec{BC}|$$

解 (1) 前の例題と同じように求めましょう。

$$\vec{AB} = \begin{pmatrix} 0-2 \\ -2-1 \end{pmatrix} = \begin{pmatrix} -2 \\ -3 \end{pmatrix}$$

$$\vec{BC} = \begin{pmatrix} -2-0 \\ 4-(-2) \end{pmatrix} = \begin{pmatrix} -2 \\ 6 \end{pmatrix}$$

$$3\vec{AB}+\frac{1}{2}\vec{BC} = 3\begin{pmatrix} -2 \\ -3 \end{pmatrix}+\frac{1}{2}\begin{pmatrix} -2 \\ 6 \end{pmatrix}$$

$$= \begin{pmatrix} 3\cdot(-2) \\ 3\cdot(-3) \end{pmatrix}+\begin{pmatrix} \frac{1}{2}\cdot(-2) \\ \frac{1}{2}\cdot 6 \end{pmatrix}$$

$$= \begin{pmatrix} -6 \\ -9 \end{pmatrix}+\begin{pmatrix} -1 \\ 3 \end{pmatrix}$$

$$= \begin{pmatrix} -6-1 \\ -9+3 \end{pmatrix} = \begin{pmatrix} -7 \\ -6 \end{pmatrix}$$

ベクトルの大きさ

$\vec{a}=\begin{pmatrix} a_1 \\ a_2 \end{pmatrix}$ のとき

$|\vec{a}|=\sqrt{a_1{}^2+a_2{}^2}$

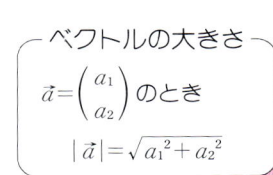

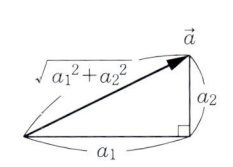

(2) ベクトルの大きさは三平方の定理を使って

$$|\vec{AB}|=\sqrt{(-2)^2+(-3)^2}=\sqrt{4+9}=\sqrt{13}$$

$$|\vec{BC}|=\sqrt{(-2)^2+6^2}=\sqrt{4+36}=\sqrt{40}=2\sqrt{10}$$

(解終)

問題 4.5 (解答は p.166)

座標平面上に 3 点 P(2,−3), Q(−4,5), R(8,0) があります。

(1) 次のベクトルの列ベクトル成分表示を求めてください。
$$\vec{PQ}, \quad \vec{RP}, \quad 2\vec{PQ}-\frac{2}{3}\vec{RP}$$

(2) 次のベクトルの大きさを求めてください。
$$|\vec{PQ}|, \quad |\vec{RP}|$$

例題 4.6 [平面ベクトルの内積となす角]

$\vec{a}=\begin{pmatrix}1\\2\end{pmatrix}$, $\vec{b}=\begin{pmatrix}3\\1\end{pmatrix}$, $\vec{c}=\begin{pmatrix}t\\t+3\end{pmatrix}$ について

(1) $\vec{a}$ と $\vec{b}$ の内積 $\vec{a}\cdot\vec{b}$ を求めてみましょう。
(2) $\vec{a}$ と $\vec{b}$ のなす角 $\theta\,(0°\leqq\theta<180°)$ を求めてみましょう。
(3) $\vec{a}$ と $\vec{c}$ が垂直になるように t の値を定めてみましょう。

解 (1) 内積の定義式に代入して積和をつくると

$$\vec{a}\cdot\vec{b}=1\cdot 3+2\cdot 1=5$$

(2) はじめに $|\vec{a}|$ と $|\vec{b}|$ を求めておくと

$$|\vec{a}|=\sqrt{1^2+2^2}=\sqrt{5}$$
$$|\vec{b}|=\sqrt{3^2+1^2}=\sqrt{10}$$

これと，(1) で求めた内積の値を使うと

$$\cos\theta=\frac{\vec{a}\cdot\vec{b}}{|\vec{a}||\vec{b}|}=\frac{5}{\sqrt{5}\sqrt{10}}=\frac{5}{\sqrt{50}}=\frac{5}{5\sqrt{2}}=\frac{1}{\sqrt{2}}$$

$0°\leqq\theta<180°$ なので

$$\theta=45°$$

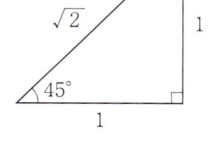

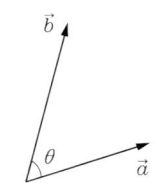

(3) $\vec{a}\perp\vec{c}$ となる条件は $\vec{a}\cdot\vec{c}=0$ なので

$$\vec{a}\cdot\vec{c}=1\cdot t+2\cdot(t+3)=0$$

これより $t+2t+6=0$, $3t+6=0$, $3t=-6$

$$\therefore\quad t=-2 \quad\text{(解終)}$$

内積
$\vec{a}\cdot\vec{b}=a_1b_1+a_2b_2$

なす角 θ
$\cos\theta=\dfrac{\vec{a}\cdot\vec{b}}{|\vec{a}||\vec{b}|}$

大きさ
$|\vec{a}|=\sqrt{a_1{}^2+a_2{}^2}$

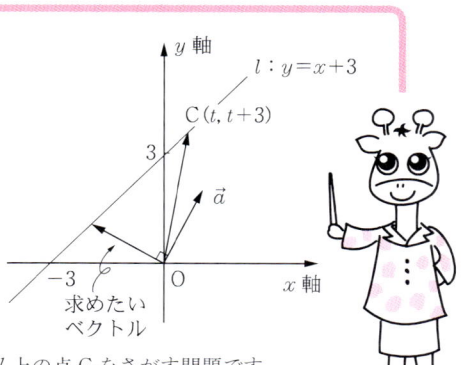

垂直条件
$\vec{a}\neq\vec{0}$, $\vec{b}\neq\vec{0}$ のとき
$\vec{a}\perp\vec{b}\Leftrightarrow\vec{a}\cdot\vec{b}=0$

・ちょっと解説・

例題 4.6 のベクトル $\vec{c}=\begin{pmatrix}t\\t+3\end{pmatrix}$ は始点を原点 O にとると終点は C$(t, t+3)$ です。

$$\begin{cases}x=t\\y=t+3\end{cases}$$

とおいて t を消去すると

$$y=x+3$$

つまり点 C は直線 $l:y=x+3$ 上にあるので，(3) は $\vec{a}\perp\overrightarrow{OC}$ となる l 上の点 C をさがす問題です。

問題 4.6 (解答は p.167)

$\vec{a}=\begin{pmatrix}0\\\sqrt{3}\end{pmatrix}$, $\vec{b}=\begin{pmatrix}\sqrt{3}\\1\end{pmatrix}$, $\vec{c}=\begin{pmatrix}t\\t^2-1\end{pmatrix}$ について

(1) 内積 $\vec{a}\cdot\vec{b}$ を求めてください。
(2) $\vec{a}$ と $\vec{b}$ のなす角 $\theta\,(0°\leqq\theta<180°)$ を求めてください。
(3) $\vec{b}$ と $\vec{c}$ が垂直になるように t の値を求めてください。

例題 4.7 [平面における垂直な単位ベクトル]

$\vec{a} = \begin{pmatrix} -1 \\ 2 \end{pmatrix}$ に垂直な単位ベクトル $\vec{b}$ を求めてみましょう。

単位ベクトル
= 大きさが 1 の
ベクトル

[解] 求めるベクトル $\vec{b}$ を
$$\vec{b} = \begin{pmatrix} b_1 \\ b_2 \end{pmatrix}$$
とおきます。

$\vec{a}$ と $\vec{b}$ は垂直なので次式が成立します。
$$\vec{a} \cdot \vec{b} = 0$$

― 内積 ―
$\vec{a} \cdot \vec{b} = a_1 b_1 + a_2 b_2$

成分を代入して
$$\begin{pmatrix} -1 \\ 2 \end{pmatrix} \cdot \begin{pmatrix} b_1 \\ b_2 \end{pmatrix} = -1 \cdot b_1 + 2 \cdot b_2 = -b_1 + 2b_2 = 0$$

また、$\vec{b}$ は単位ベクトルなので $|\vec{b}|=1$ より
$$|\vec{b}| = \sqrt{b_1^2 + b_2^2} = 1, \quad b_1^2 + b_2^2 = 1$$

― なす角 θ ―
$\cos\theta = \dfrac{\vec{a}\cdot\vec{b}}{|\vec{a}||\vec{b}|}$

これより b_1, b_2 に関する連立方程式
$$\begin{cases} -b_1 + 2b_2 = 0 & \cdots ① \\ b_1^2 + b_2^2 = 1 & \cdots ② \end{cases}$$
が得られます。これを解くと

― 大きさ ―
$|\vec{a}| = \sqrt{a_1^2 + a_2^2}$

①より $b_1 = 2b_2$ $\cdots ③$

②へ代入して $(2b_2)^2 + b_2^2 = 1, \quad 4b_2^2 + b_2^2 = 1, \quad 5b_2^2 = 1$

$$b_2^2 = \frac{1}{5}, \quad b_2 = \pm\frac{1}{\sqrt{5}}$$

③へ代入して $b_1 = 2 \times \left(\pm\dfrac{1}{\sqrt{5}}\right) = \pm\dfrac{2}{\sqrt{5}}$

ゆえに求めるベクトルは 2 つあり、
$$\vec{b} = \begin{pmatrix} \pm\dfrac{2}{\sqrt{5}} \\ \pm\dfrac{1}{\sqrt{5}} \end{pmatrix} \quad (複号同順)$$

(解終)

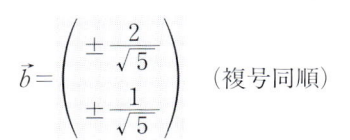

$\vec{b} = \pm\dfrac{1}{\sqrt{5}}\begin{pmatrix} 2 \\ 1 \end{pmatrix}$
でも OK です。

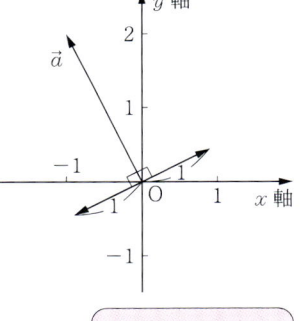

2 つあるのですね。

問題 4.7 (解答は p.167)

$\vec{a} = \begin{pmatrix} 3 \\ 4 \end{pmatrix}$ に垂直な単位ベクトル $\vec{b}$ を求めてください。

例題 4.8 [空間ベクトルの成分表示と大きさ]

座標空間に 3 点 A(3, 0, 3), B(4, −3, 1), C(−2, −1, 4) があり, $\vec{a} = \overrightarrow{OA}$, $\vec{b} = \overrightarrow{BC}$ とおきます.

(1) $\vec{a}, \vec{b}$ および $2\vec{a} + 3\vec{b}$ の列ベクトルによる成分表示を求めてみましょう.

(2) $|\vec{a}|, |\vec{b}|$ を求めてみましょう.

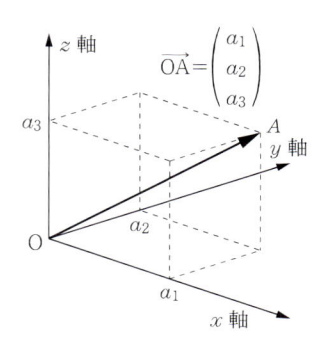

[解] 空間におけるベクトル計算も平面のときと同じようにできます. z 成分 (第 3 成分) が 1 つ増えただけです.

(1) $\vec{a} = \overrightarrow{OA} = \begin{pmatrix} 3-0 \\ 0-0 \\ 3-0 \end{pmatrix} = \begin{pmatrix} 3 \\ 0 \\ 3 \end{pmatrix}$

$\vec{b} = \overrightarrow{BC} = \begin{pmatrix} -2-4 \\ -1-(-3) \\ 4-1 \end{pmatrix} = \begin{pmatrix} -6 \\ 2 \\ 3 \end{pmatrix}$

$2\vec{a} + 3\vec{b} = 2\begin{pmatrix} 3 \\ 0 \\ 3 \end{pmatrix} + 3\begin{pmatrix} -6 \\ 2 \\ 3 \end{pmatrix} = \begin{pmatrix} 2\cdot 3 \\ 2\cdot 0 \\ 2\cdot 3 \end{pmatrix} + \begin{pmatrix} 3\cdot(-6) \\ 3\cdot 2 \\ 3\cdot 3 \end{pmatrix}$

$= \begin{pmatrix} 6 \\ 0 \\ 6 \end{pmatrix} + \begin{pmatrix} -18 \\ 6 \\ 9 \end{pmatrix} = \begin{pmatrix} 6-18 \\ 0+6 \\ 6+9 \end{pmatrix} = \begin{pmatrix} -12 \\ 6 \\ 15 \end{pmatrix}$

(2) $|\vec{a}| = \sqrt{3^2 + 0^2 + 3^2} = \sqrt{9+0+9} = \sqrt{18} = 3\sqrt{2}$

$|\vec{b}| = \sqrt{(-6)^2 + 2^2 + 3^2} = \sqrt{36+4+9} = \sqrt{49} = 7$ (解終)

ベクトルの成分

$A(a_1, a_2, a_3)$, $B(b_1, b_2, b_3)$ のとき

$\overrightarrow{AB} = \begin{pmatrix} b_1 - a_1 \\ b_2 - a_2 \\ b_3 - a_3 \end{pmatrix}$

空間ベクトルの和, 差, 定数倍

$\vec{a} = \begin{pmatrix} a_1 \\ a_2 \\ a_3 \end{pmatrix}$, $\vec{b} = \begin{pmatrix} b_1 \\ b_2 \\ b_3 \end{pmatrix}$ のとき

$\vec{a} \pm \vec{b} = \begin{pmatrix} a_1 \pm b_1 \\ a_2 \pm b_2 \\ a_3 \pm b_3 \end{pmatrix}$, $k\vec{a} = \begin{pmatrix} ka_1 \\ ka_2 \\ ka_3 \end{pmatrix}$

(複号同順)

ベクトルの大きさ

$\vec{a} = \begin{pmatrix} a_1 \\ a_2 \\ a_3 \end{pmatrix}$ のとき

$|\vec{a}| = \sqrt{a_1{}^2 + a_2{}^2 + a_3{}^2}$

問題 4.8 (解答は p.168)

座標空間に 3 点 P(−2, 1, 3), Q(3, −4, 1), R(3, 3, −5) があり, $\vec{p} = \overrightarrow{OP}$, $\vec{q} = \overrightarrow{RQ}$ とおきます.

(1) $\vec{p}, \vec{q}$ および $3\vec{p} - 2\vec{q}$ の列ベクトルによる成分表示を求めてください.

(2) $|\vec{p}|, |\vec{q}|$ を求めてください.

78　4. ベクトル空間

― 内積 ―

$\vec{a} = \begin{pmatrix} a_1 \\ a_2 \\ a_3 \end{pmatrix}, \vec{b} = \begin{pmatrix} b_1 \\ b_2 \\ b_3 \end{pmatrix}$

$\vec{a} \cdot \vec{b} = a_1 b_1 + a_2 b_2 + a_3 b_3$

― ベクトルの大きさ ―

$\vec{a} = \begin{pmatrix} a_1 \\ a_2 \\ a_3 \end{pmatrix}$ のとき

$|\vec{a}| = \sqrt{a_1{}^2 + a_2{}^2 + a_3{}^2}$

― なす角 θ ―

$\cos \theta = \dfrac{\vec{a} \cdot \vec{b}}{|\vec{a}||\vec{b}|}$

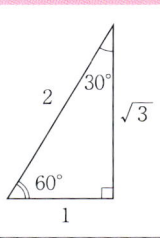

t がいろいろな実数の値をとるとき、$\overrightarrow{OC} = \vec{c}$ とすると、点 $C(t, 1, 1)$ は右図の直線 ℓ 上にあります。

例題 4.9 [空間ベクトルの内積となす角]

空間ベクトル $\vec{a} = \begin{pmatrix} 1 \\ 1 \\ 0 \end{pmatrix}, \vec{b} = \begin{pmatrix} 0 \\ 1 \\ 1 \end{pmatrix}, \vec{c} = \begin{pmatrix} t \\ 1 \\ 1 \end{pmatrix}$ について

（1）$|\vec{a}|, |\vec{b}|$ および内積 $\vec{a} \cdot \vec{b}$ を求めてみましょう。
（2）$\vec{a}, \vec{b}$ のなす角 θ（$0 \leq \theta < 180°$）を求めてみましょう。
（3）$\vec{a}$ と $\vec{c}$ が垂直になるように t の値を定めてみましょう。
（4）$\vec{b}$ と $\vec{c}$ のなす角が $45°$ となるように t の値を定めてみましょう。

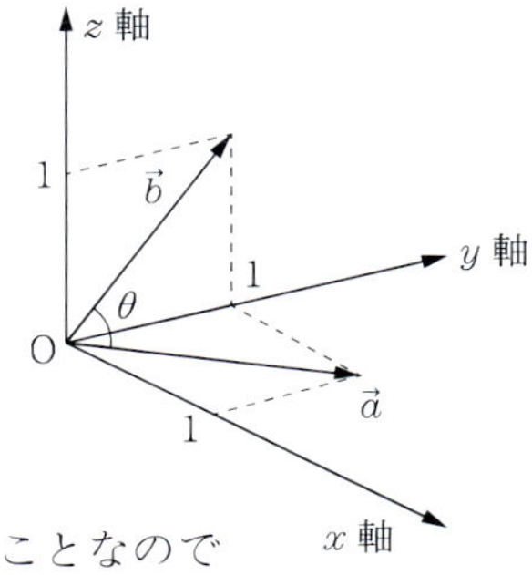

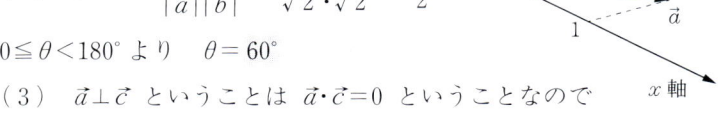

解　（1）$|\vec{a}| = \sqrt{1^2 + 1^2 + 0^2} = \sqrt{2}$

$|\vec{b}| = \sqrt{0^2 + 1^2 + 1^2} = \sqrt{2}$

$\vec{a} \cdot \vec{b} = 1 \cdot 0 + 1 \cdot 1 + 0 \cdot 1 = 1$

（2）$\cos \theta = \dfrac{\vec{a} \cdot \vec{b}}{|\vec{a}||\vec{b}|} = \dfrac{1}{\sqrt{2} \cdot \sqrt{2}} = \dfrac{1}{2}$

$0 \leq \theta < 180°$ より　$\theta = 60°$

（3）$\vec{a} \perp \vec{c}$ ということは $\vec{a} \cdot \vec{c} = 0$ ということなので

$\vec{a} \cdot \vec{c} = 1 \cdot t + 1 \cdot 1 + 0 \cdot 1 = t + 1 = 0$

$\therefore \quad t = -1$

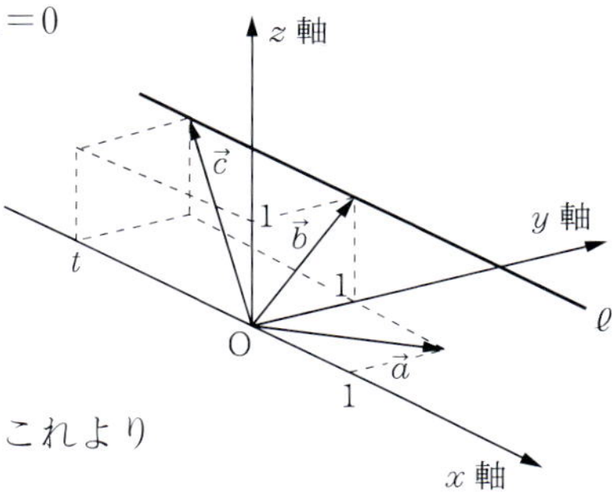

（4）$\vec{b}$ と $\vec{c}$ のなす角 θ が $45°$ なので　$\cos \theta = \dfrac{\vec{b} \cdot \vec{c}}{|\vec{b}||\vec{c}|}$

の関係に代入すると

$\cos 45° = \dfrac{0 \cdot t + 1 \cdot 1 + 1 \cdot 1}{\sqrt{2}\sqrt{t^2 + 1^2 + 1^2}}$　これより

$\dfrac{1}{\sqrt{2}} = \dfrac{2}{\sqrt{2}\sqrt{t^2 + 2}}, \quad \dfrac{2}{\sqrt{t^2 + 2}} = 1, \quad 2 = \sqrt{t^2 + 2}$ ①

$4 = t^2 + 2, \quad t^2 = 2, \quad t = \pm\sqrt{2}$

$t = \pm\sqrt{2}$ ともに①をみたすので、　$t = \pm\sqrt{2}$　（解終）

問題 4.9（解答は p.168）

空間ベクトル $\vec{a} = \begin{pmatrix} 1 \\ 1 \\ 0 \end{pmatrix}, \vec{b} = \begin{pmatrix} 2 \\ 1 \\ -1 \end{pmatrix}, \vec{c} = \begin{pmatrix} -t \\ 1 \\ t \end{pmatrix}$ について

（1）$|\vec{a}|, |\vec{b}|$ および内積 $\vec{a} \cdot \vec{b}$ を求めてください。
（2）$\vec{a}, \vec{b}$ のなす角 θ（$0 \leq \theta < 180°$）を求めてください。
（3）$\vec{b}$ と $\vec{c}$ が垂直になるように t の値を定めてください。
（4）$\vec{a}$ と $\vec{c}$ のなす角が $60°$ となるように t の値を定めてください。

例題 4.10 ［空間における垂直な単位ベクトル］

2つのベクトル $\vec{a} = \begin{pmatrix} 0 \\ 1 \\ 1 \end{pmatrix}$, $\vec{b} = \begin{pmatrix} 2 \\ -1 \\ 1 \end{pmatrix}$ に垂直な単位ベクトル $\vec{c}$ を求めてみましょう。

○ $\vec{a} \perp \vec{b}$ となっています。
○ 単位ベクトル
　＝大きさ1のベクトル

―― 垂直条件 ――
$\vec{a} \neq \vec{0}$, $\vec{b} \neq \vec{0}$ のとき
$\vec{a} \perp \vec{b} \Leftrightarrow \vec{a} \cdot \vec{b} = 0$

解 求めるベクトルを $\vec{c} = \begin{pmatrix} c_1 \\ c_2 \\ c_3 \end{pmatrix}$ とおきます。

$\vec{a}$ と $\vec{b}$ に垂直なので

$$\vec{a} \cdot \vec{c} = \begin{pmatrix} 0 \\ 1 \\ 1 \end{pmatrix} \cdot \begin{pmatrix} c_1 \\ c_2 \\ c_3 \end{pmatrix} = 0 \cdot c_1 + 1 \cdot c_2 + 1 \cdot c_3 = c_2 + c_3 = 0$$

$$\vec{b} \cdot \vec{c} = \begin{pmatrix} 2 \\ -1 \\ 1 \end{pmatrix} \cdot \begin{pmatrix} c_1 \\ c_2 \\ c_3 \end{pmatrix} = 2 \cdot c_1 - 1 \cdot c_2 + 1 \cdot c_3 = 2c_1 - c_2 + c_3 = 0$$

また $|\vec{c}| = 1$ より

$$|\vec{c}| = \sqrt{c_1{}^2 + c_2{}^2 + c_3{}^2} = 1 \quad \therefore \quad c_1{}^2 + c_2{}^2 + c_3{}^2 = 1$$

以上より次の連立方程式が得られます。

$$\begin{cases} c_2 + c_3 = 0 & ① \\ 2c_1 - c_2 + c_3 = 0 & ② \\ c_1{}^2 + c_2{}^2 + c_3{}^2 = 1 & ③ \end{cases}$$

これを解きます。①より $c_3 = -c_2$ ④

②へ代入すると $2c_1 - c_2 + (-c_2) = 0$, $2c_1 - 2c_2 = 0$,

$c_1 - c_2 = 0$, $c_1 = c_2$ ⑤

④と⑤を③へ代入して $c_2{}^2 + c_2{}^2 + (-c_2)^2 = 1$, $c_2{}^2 + c_2{}^2 + c_2{}^2 = 1$,

$3c_2{}^2 = 1$, $c_2{}^2 = \dfrac{1}{3}$, $c_2 = \pm \dfrac{1}{\sqrt{3}}$

④と⑤へ代入して $c_3 = \mp \dfrac{1}{\sqrt{3}}$, $c_1 = \pm \dfrac{1}{\sqrt{3}}$ （複号同順）

ゆえに求めるベクトルは2つあり，$\dfrac{1}{\sqrt{3}}$ をくくって表記すると

$\dfrac{1}{\sqrt{3}} \begin{pmatrix} 1 \\ 1 \\ -1 \end{pmatrix}$ と $\dfrac{1}{\sqrt{3}} \begin{pmatrix} -1 \\ -1 \\ 1 \end{pmatrix}$

（解終）

○ $\pm \dfrac{1}{\sqrt{3}} \begin{pmatrix} 1 \\ 1 \\ -1 \end{pmatrix}$
でもOKです。

空間ベクトルも
平面ベクトルと
全く同じですのね。

問題 4.10 （解答は p.169）

2つのベクトル $\vec{a} = \begin{pmatrix} 1 \\ -1 \\ 0 \end{pmatrix}$, $\vec{b} = \begin{pmatrix} 1 \\ 1 \\ 1 \end{pmatrix}$ に垂直な単位ベクトル $\vec{c}$ を求めてください。

⟨2⟩ ベクトル空間

⟨1⟩で平面ベクトルと空間ベクトルの和，差，定数倍，内積などを復習してきました。ここからはベクトルをもう少し高い視点に立ってながめていきましょう。

そこで

平面上の列ベクトル全体からなる集合を $\boldsymbol{R}^2$

空間内の列ベクトル全体からなる集合を $\boldsymbol{R}^3$

としておきます。$\boldsymbol{R}$ は実数全体の集合を意味しています。集合の記号を使うと次のようになります。

> 実数 ➡ real number

$$\boldsymbol{R}^2 = \left\{ \begin{pmatrix} a_1 \\ a_2 \end{pmatrix} \middle| a_1, a_2 \in \boldsymbol{R} \right\}$$

$$\boldsymbol{R}^3 = \left\{ \begin{pmatrix} a_1 \\ a_2 \\ a_3 \end{pmatrix} \middle| a_1, a_2, a_3 \in \boldsymbol{R} \right\}$$

> $\vec{a}+\vec{b}$ や $k\vec{a}$ が定義されるということは，結果が集合の外にはみ出さないということですね。

$\boldsymbol{R}^2$ のベクトルも $\boldsymbol{R}^3$ のベクトルもそれぞれの集合の中で

加法　$\vec{a}+\vec{b}$

定数倍　$k\vec{a}$

が定義され，次の法則が成り立っていました。

[和の法則]

(1) $\vec{a}+\vec{b}=\vec{b}+\vec{a}$ 　　　　(交換法則)

(2) $(\vec{a}+\vec{b})+\vec{c}=\vec{a}+(\vec{b}+\vec{c})$ 　(結合法則)

(3) どんなベクトル $\vec{a}$ をとっても

$$\vec{a}+\vec{0}=\vec{0}+\vec{a}=\vec{a}$$

が成り立つ**ゼロベクトル** $\vec{0}$ が存在する。

(ゼロベクトルの存在)

> ゼロベクトル $\vec{0}$ は実数における 0 と同じような働きがあります。

(4) どのベクトル $\vec{a}$ についても

$$\vec{a}+\vec{x}=\vec{x}+\vec{a}=\vec{0}$$

となる $\vec{a}$ の**逆ベクトル** $\vec{x}$ が存在する。

(逆ベクトルの存在)

> $\vec{a}$ の逆ベクトルは $-\vec{a}$ と表されます。

[定数倍の法則] (k, l は実数)

(5) $k(\vec{a}+\vec{b})=k\vec{a}+k\vec{b}$ 　(分配法則)

(6) $(k+l)\vec{a}=k\vec{a}+l\vec{a}$ 　　(分配法則)

(7) $(kl)\vec{a}=k(l\vec{a})$ 　　　　(結合法則)

(8) $1\vec{a}=\vec{a}$

"いまさらあたり前のことをどうしてくどくど
説明しているのだろう"

と思う人もいるでしょう。それはいままで皆さんがあまり意識してこなかった"数学的構造"について勉強するためです。

平面列ベクトル全体 $\boldsymbol{R}^2$ や空間列ベクトル全体 $\boldsymbol{R}^3$ においてはベクトルの加法と定数倍が計算できます。これはどういうことかというと，たし算をしても，実数をかけても，その集合からはみ出さないということです。もしはみ出してしまったら加法や定数倍はその集合では意味がなくなってしまいます。そして，それらの演算には左頁の"美しい法則"が成立しています。これも重要です。たとえば，もし交換法則が成立しなかったら $\vec{a}+\vec{b}$ と $\vec{b}+\vec{a}$ は異なるベクトルになり，たし算がとてもややこしくなってしまいます。

このように，一般的な集合でも，加法と定数倍が定義され，左頁の
［和の法則］
［定数倍の法則］
が成立する集合を

ベクトル空間　または　**線形空間**

といいます。

この意味で $\boldsymbol{R}^2$ を 2 次元列ベクトル空間，$\boldsymbol{R}^3$ を 3 次元列ベクトル空間といいます。

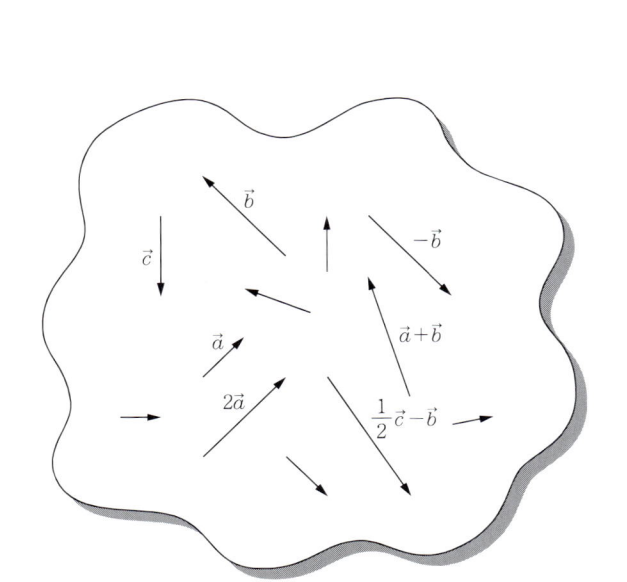

○ 行ベクトルで考えても全く同じです。

「ベクトル空間」または
「線形空間」とは
たし算をしても
実数倍をしても
この空間からはみ出さず，
美しい法則が成立している
空間のことです。

数学的に美しい空間なのですね。

〈3〉 線 形 結 合

ベクトル全体の集合に加法と定数倍の演算を導入したベクトル空間においては，ベクトルどうしの関係が重要になってきます。

R^2 または R^3 のいくつかのベクトル

$$\vec{a}_1, \cdots, \vec{a}_r$$

に対して，実数 $k_1, \cdots, k_r$ を使って

$$k_1\vec{a}_1 + \cdots + k_r\vec{a}_r$$

の形にかき表されるベクトルを，$\vec{a}_1, \cdots, \vec{a}_r$ の

線形結合 または **1次結合**

といいます。

たとえば $\vec{a}$ と $\vec{b}$ について，ベクトル

$$\vec{c} = 3\vec{a} + 2\vec{b}$$

は $\vec{a}$ と $\vec{b}$ の線形結合で，線形結合の結果は下図のように

$\vec{a}$ の3倍と $\vec{b}$ の2倍の和のベクトル

となります。

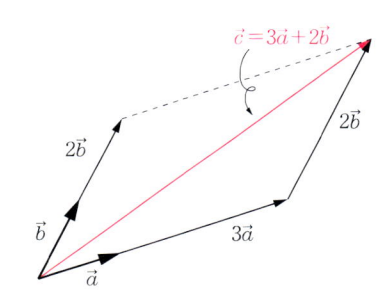

R^2 においては，

$$\vec{e}_1 = \begin{pmatrix} 1 \\ 0 \end{pmatrix}, \quad \vec{e}_2 = \begin{pmatrix} 0 \\ 1 \end{pmatrix}$$

とおくと，任意のベクトル $\vec{a} = \begin{pmatrix} a_1 \\ a_2 \end{pmatrix}$ は $\vec{e}_1, \vec{e}_2$ の線形結合として

$$\vec{a} = a_1\vec{e}_1 + a_2\vec{e}_2$$

と表わせ，$\vec{e}_1, \vec{e}_2$ の係数にそのまま $\vec{a}$ の成分である a_1, a_2 が現われます。そのため，$\vec{e}_1, \vec{e}_2$ を特に R^2 の**基本ベクトル**といいます。

R^3 においても同様に

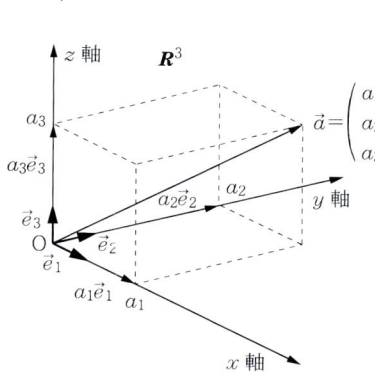

$$\vec{e}_1 = \begin{pmatrix} 1 \\ 0 \\ 0 \end{pmatrix}, \quad \vec{e}_2 = \begin{pmatrix} 0 \\ 1 \\ 0 \end{pmatrix}, \quad \vec{e}_3 = \begin{pmatrix} 0 \\ 0 \\ 1 \end{pmatrix}$$

とおくと，任意のベクトル $\vec{a} = \begin{pmatrix} a_1 \\ a_2 \\ a_3 \end{pmatrix}$ は $\vec{e}_1, \vec{e}_2, \vec{e}_3$ の線形結合として

$$\vec{a} = a_1\vec{e}_1 + a_2\vec{e}_2 + a_3\vec{e}_3$$

と表せるので，$\vec{e}_1, \vec{e}_2, \vec{e}_3$ を R^3 の**基本ベクトル**といいます。

⟨3⟩ 線形結合　83

例題 4.11［線形結合 1］

右のように $\boldsymbol{R}^2$ における 3 つのベクトル $\vec{a},\ \vec{b},\ \vec{c}$ があります。これらのベクトルの線形結合によって表されている次のベクトルを図示してみましょう。

(1) $\vec{p} = 2\vec{a} + \vec{b}$ 　　(2) $\vec{q} = \dfrac{1}{3}\vec{b} - 2\vec{c}$

(3) $\vec{r} = 3\vec{a} - \vec{b} + 2\vec{c}$

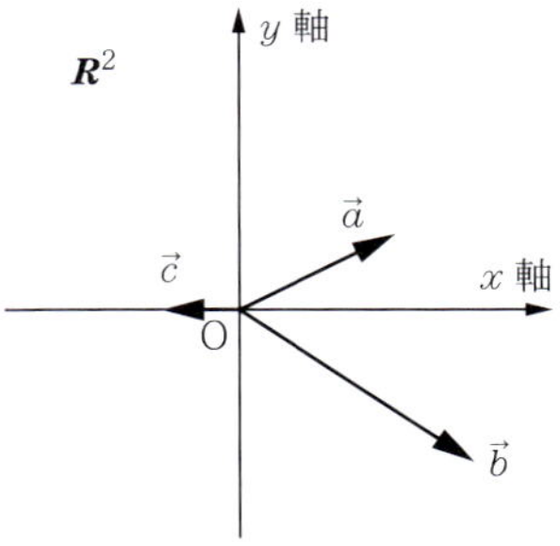

解　(1) $\vec{b}$ は $1\vec{b}$ のことです。$2\vec{a}$ の終点に $\vec{b}$ の始点を合わせて $\vec{p}$ を描くと右図のようになります。

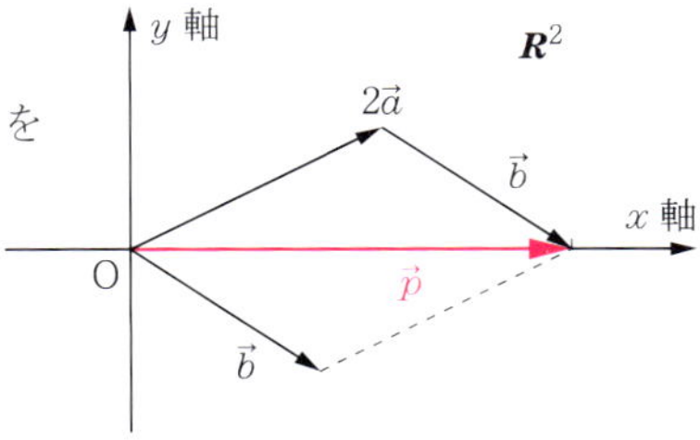

(2) $\vec{q} = \dfrac{1}{3}\vec{b} + (-2\vec{c})$

とかくことができます。

$\dfrac{1}{3}\vec{b}$ の終点と $-2\vec{c}$ の始点を合わせて $\vec{q}$ を描くと右図のようになります。

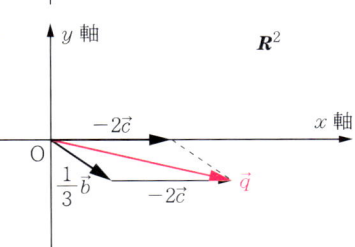

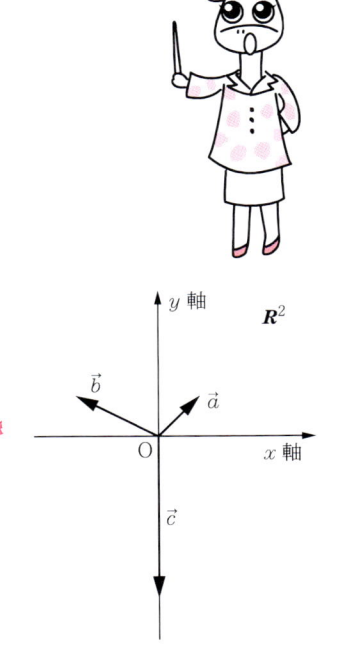

(3) 今度は 3 つのベクトルの線形結合です。

$\vec{r} = (3\vec{a} - \vec{b}) + 2\vec{c} = \{3\vec{a} + (-\vec{b})\} + 2\vec{c}$

として順に描いていきましょう。下図のようになります。

今までのベクトル和・差・定数倍の作図は線形結合をつくっていたのですね。

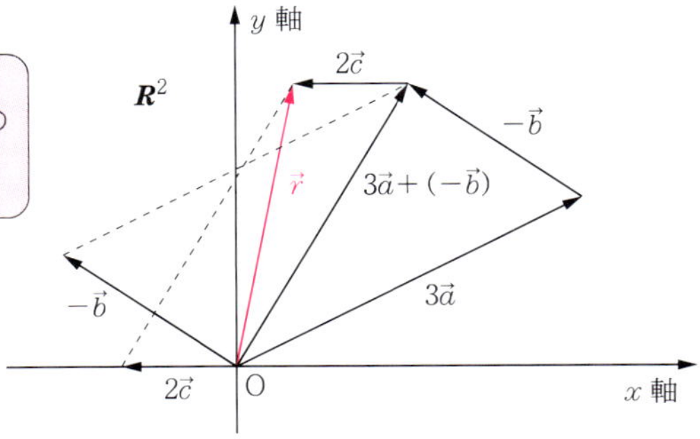

描き方はいろいろありますが最終的には，同じ方向，同じ長さのベクトルが描けるはずですよ。

（解終）

問題 4.11（解答は p.169）

右のように $\boldsymbol{R}^2$ における 3 つのベクトルがあります。これらのベクトルの線形結合によって表されている次のベクトルを図示してください。

(1) $\vec{p} = 3\vec{a} + 2\vec{b}$ 　　(2) $\vec{q} = \vec{b} - \dfrac{1}{4}\vec{c}$

(3) $\vec{r} = -2\vec{a} + \dfrac{1}{2}\vec{b} + \vec{c}$

例題 4.12 [線形結合 2]

（1） $\mathbf{R}^2$ におけるベクトル $\vec{a}=\begin{pmatrix}2\\-1\end{pmatrix}, \vec{b}=\begin{pmatrix}-2\\3\end{pmatrix}$ の線形結合である次のベクトル $\vec{p}$ の成分表示を求めてみましょう。

$$\vec{p}=2\vec{a}-3\vec{b}$$

（2） $\mathbf{R}^3$ におけるベクトル $\vec{a}=\begin{pmatrix}1\\-1\\1\end{pmatrix}, \vec{b}=\begin{pmatrix}2\\0\\-3\end{pmatrix}, \vec{c}=\begin{pmatrix}-4\\2\\2\end{pmatrix}$

の線形結合である次のベクトル $\vec{p}$ の成分表示を求めてみましょう。

$$\vec{p}=2\vec{a}-\vec{b}+\frac{1}{2}\vec{c}$$

解 それぞれ成分を代入して、各成分ごとに計算すればよい。

（1） $\vec{p}=2\vec{a}-3\vec{b}=2\begin{pmatrix}2\\-1\end{pmatrix}-3\begin{pmatrix}-2\\3\end{pmatrix}$

$=\begin{pmatrix}2\cdot 2\\2\cdot(-1)\end{pmatrix}-\begin{pmatrix}3\cdot(-2)\\3\cdot 3\end{pmatrix}=\begin{pmatrix}4\\-2\end{pmatrix}-\begin{pmatrix}-6\\9\end{pmatrix}$

$=\begin{pmatrix}4-(-6)\\-2-9\end{pmatrix}=\begin{pmatrix}10\\-11\end{pmatrix}$

（2） $\vec{p}=2\vec{a}-\vec{b}+\frac{1}{2}\vec{c}=2\begin{pmatrix}1\\-1\\1\end{pmatrix}-\begin{pmatrix}2\\0\\-3\end{pmatrix}+\frac{1}{2}\begin{pmatrix}-4\\2\\2\end{pmatrix}$

$=\begin{pmatrix}2\cdot 1\\2\cdot(-1)\\2\cdot 1\end{pmatrix}-\begin{pmatrix}2\\0\\-3\end{pmatrix}+\begin{pmatrix}\frac{1}{2}\cdot(-4)\\\frac{1}{2}\cdot 2\\\frac{1}{2}\cdot 2\end{pmatrix}$

$=\begin{pmatrix}2\\-2\\2\end{pmatrix}-\begin{pmatrix}2\\0\\-3\end{pmatrix}+\begin{pmatrix}-2\\1\\1\end{pmatrix}=\begin{pmatrix}2-2+(-2)\\-2-0+1\\2-(-3)+1\end{pmatrix}=\begin{pmatrix}-2\\-1\\6\end{pmatrix}$

(解終)

あらっ！今までのベクトルと全然変わらないのですね。

問題 4.12 （解答は p.170）

（1） $\mathbf{R}^2$ におけるベクトル $\vec{a}=\begin{pmatrix}2\\-1\end{pmatrix}, \vec{b}=\begin{pmatrix}3\\6\end{pmatrix}, \vec{c}=\begin{pmatrix}-2\\-1\end{pmatrix}$ の線形結合である次のベクトル $\vec{p}$ の成分表示を求めてください。

$$\vec{p}=-\vec{a}+\frac{1}{3}\vec{b}+2\vec{c}$$

（2） $\mathbf{R}^3$ におけるベクトル $\vec{a}=\begin{pmatrix}5\\-4\\2\end{pmatrix}, \vec{b}=\begin{pmatrix}3\\1\\0\end{pmatrix}$ の線形結合である次のベクトル $\vec{p}$ の成分表示を求めてください。

$$\vec{p}=3\vec{a}-2\vec{b}$$

例題 4.13 [線形結合 3]

R^2 における 3 つのベクトル

$$\vec{a} = \begin{pmatrix} 2 \\ -1 \end{pmatrix}, \quad \vec{b} = \begin{pmatrix} -2 \\ 3 \end{pmatrix}, \quad \vec{c} = \begin{pmatrix} 6 \\ 1 \end{pmatrix}$$

について，$\vec{c}$ を $\vec{a}$ と $\vec{b}$ の線形結合 $\vec{c} = m\vec{a} + n\vec{b}$ の形に表してみましょう。

[解] $\vec{c} = m\vec{a} + n\vec{b}$
の形に表したいので，右辺に成分表示を代入して計算していきます。

$$m\vec{a} + n\vec{b} = m\begin{pmatrix} 2 \\ -1 \end{pmatrix} + n\begin{pmatrix} -2 \\ 3 \end{pmatrix} = \begin{pmatrix} 2m \\ -m \end{pmatrix} + \begin{pmatrix} -2n \\ 3n \end{pmatrix} = \begin{pmatrix} 2m-2n \\ -m+3n \end{pmatrix}$$

となるので，$\vec{c}$ の成分表示より

$$\begin{pmatrix} 6 \\ 1 \end{pmatrix} = \begin{pmatrix} 2m-2n \\ -m+3n \end{pmatrix}$$

となる m, n を求めればよいことになります。
2 つのベクトルが等しいということは，第 1，第 2 成分がそれぞれ等しいということなので，次の連立方程式が得られます。

$$\begin{cases} 6 = 2m-2n \\ 1 = -m+3n \end{cases}$$

左右入れかえて

$$\begin{cases} 2m-2n = 6 & \text{①} \\ -m+3n = 1 & \text{②} \end{cases}$$

係数行列を取り出して掃き出し法で
求めていくと，右の表計算の結果より

$$m = 5, \quad n = 2$$

これより，$\vec{c}$ は次のように $\vec{a}$ と $\vec{b}$ の
線形結合で表されます。

$$\vec{c} = 5\vec{a} + 2\vec{b} \qquad \text{(解終)}$$

ベクトルの相等

$$\begin{pmatrix} a_1 \\ a_2 \end{pmatrix} = \begin{pmatrix} b_1 \\ b_2 \end{pmatrix} \Leftrightarrow \begin{cases} a_1 = b_1 \\ a_2 = b_2 \end{cases}$$

○ 掃き出し法は p.16。

行基本変形

I．$\text{①} \times k \quad (k \neq 0)$
II．$\text{①} + \text{②} \times k$
III．$\text{①} \leftrightarrow \text{②}$

A		B	変形
2	-2	6	
-1	3	1	
1	-1	3	① $\times \frac{1}{2}$
-1	3	1	
1	-1	3	
0	2	4	② $+$ ① $\times 1$
1	-1	3	
0	1	2	② $\times \frac{1}{2}$
1	0	5	① $+$ ② $\times 1$
0	1	2	

問題 4.13 (解答は p.170)

$\vec{a} = \begin{pmatrix} 1 \\ 2 \end{pmatrix}$, $\vec{b} = \begin{pmatrix} -1 \\ 1 \end{pmatrix}$, $\vec{c} = \begin{pmatrix} -1 \\ 7 \end{pmatrix}$ について，$\vec{c}$ を $\vec{a}$ と $\vec{b}$ の線形結合で表してください。

例題 4.14 [線形結合 4]

R^2 の 3 つのベクトル

$$\vec{a} = \begin{pmatrix} 1 \\ -2 \end{pmatrix}, \quad \vec{b} = \begin{pmatrix} -2 \\ 4 \end{pmatrix}, \quad \vec{c} = \begin{pmatrix} 1 \\ 1 \end{pmatrix}$$

について，$\vec{c}$ を $\vec{a}$ と $\vec{b}$ の線形結合 $\vec{c} = m\vec{a} + n\vec{b}$ の形に表すことができないことを示してみましょう。

【解】もし，

$$\vec{c} = m\vec{a} + n\vec{b}$$

と線形結合の形に表されているとすると，右辺に成分表示を代入して

$$m\vec{a} + n\vec{b} = m\begin{pmatrix} 1 \\ -2 \end{pmatrix} + n\begin{pmatrix} -2 \\ 4 \end{pmatrix}$$

$$= \begin{pmatrix} m \\ -2m \end{pmatrix} + \begin{pmatrix} -2n \\ 4n \end{pmatrix} = \begin{pmatrix} m-2n \\ -2m+4n \end{pmatrix}$$

となります。$\vec{c}$ の成分表示より

$$\begin{pmatrix} m-2n \\ -2m+4n \end{pmatrix} = \begin{pmatrix} 1 \\ 1 \end{pmatrix}$$

となる m, n が存在します。
一方，連立 1 次方程式

$$\begin{cases} m - 2n = 1 \\ -2m + 4n = 1 \end{cases}$$

の係数行列を取り出して掃き出し法で解こうとしますが，右の表計算の結果より

$$\operatorname{rank} A = 1, \quad \operatorname{rank}(A|B) = 2$$

となり，上記の連立 1 次方程式は解が存在しません。これは矛盾です。
ゆえに $\vec{c}$ は $\vec{a}$ と $\vec{b}$ の線形結合で表すことはできません。　　　　　　（解終）

連立 1 次方程式の解 ➡ p.24。

A		B	変形
① 1	-2	1	
-2	4	1	
1	-2	1	
0	0	3	②+①×2

$\vec{a}, \vec{b}, \vec{c}$ を図示してみると，$\vec{a}$ と $\vec{b}$ は同じ直線上にあるのですね。

問題 4.14 （解答は p.170）

$\vec{a} = \begin{pmatrix} 4 \\ 6 \end{pmatrix}, \vec{b} = \begin{pmatrix} 2 \\ 3 \end{pmatrix}, \vec{c} = \begin{pmatrix} -3 \\ 0 \end{pmatrix}$ の 3 つのベクトルについて，$\vec{c}$ を $\vec{a}$ と $\vec{b}$ の線形結合 $\vec{c} = m\vec{a} + n\vec{b}$ の形に表せないことを示してください。

例題 4.15 [線形結合 5]

$\boldsymbol{R}^3$ の次の 4 つのベクトル

$$\vec{a} = \begin{pmatrix} 1 \\ 1 \\ 0 \end{pmatrix}, \quad \vec{b} = \begin{pmatrix} 1 \\ 0 \\ 1 \end{pmatrix}, \quad \vec{c} = \begin{pmatrix} 0 \\ 1 \\ 1 \end{pmatrix}, \quad \vec{p} = \begin{pmatrix} 1 \\ 5 \\ 2 \end{pmatrix}$$

について，$\vec{p}$ を $\vec{a}, \vec{b}, \vec{c}$ の線形結合で表してみましょう。

解 $\vec{p} = l\vec{a} + m\vec{b} + n\vec{c}$

と，線形結合で表されているとします。右辺に成分を代入して計算していくと

$l\vec{a} + m\vec{b} + n\vec{c}$

$= l \begin{pmatrix} 1 \\ 1 \\ 0 \end{pmatrix} + m \begin{pmatrix} 1 \\ 0 \\ 1 \end{pmatrix} + n \begin{pmatrix} 0 \\ 1 \\ 1 \end{pmatrix} = \begin{pmatrix} l \\ l \\ 0 \end{pmatrix} + \begin{pmatrix} m \\ 0 \\ m \end{pmatrix} + \begin{pmatrix} 0 \\ n \\ n \end{pmatrix}$

$= \begin{pmatrix} l+m+0 \\ l+0+n \\ 0+m+n \end{pmatrix} = \begin{pmatrix} l+m \\ l+n \\ m+n \end{pmatrix}$

― 行基本変形 ―
I. ⓘ × k (k ≠ 0)
II. ⓘ + ⓙ × k
III. ⓘ ↔ ⓙ

となるので，$\vec{p}$ の成分表示より

$$\begin{pmatrix} l+m \\ l+n \\ m+n \end{pmatrix} = \begin{pmatrix} 1 \\ 5 \\ 2 \end{pmatrix}$$

となる l, m, n を求めればよいことになります。成分どうし比較して

$$\begin{cases} l+m \quad\quad = 1 \\ l \quad\quad +n = 5 \\ \quad\quad m+n = 2 \end{cases}$$

係数行列を取り出して掃き出し法で解くと，右の表計算の結果より

$l = 2, \quad m = -1, \quad n = 3$

これより $\vec{p} = 2\vec{a} - 1\vec{b} + 3\vec{c}$

∴ $\vec{p} = 2\vec{a} - \vec{b} + 3\vec{c}$

と線形結合で表されます。 （解終）

	A			B	変形
①	1	1	0	1	
	1	0	1	5	
	0	1	1	2	
	1	1	0	1	
	0	-1	1	4	② + ① × (-1)
	0	1	1	2	
	1	1	0	1	
	0	①	-1	-4	② × (-1)
	0	1	1	2	
	1	0	1	5	① + ② × (-1)
	0	1	-1	-4	
	0	0	2	6	③ + ② × (-1)
	1	0	1	5	
	0	1	-1	-4	
	0	0	①	3	③ × $\frac{1}{2}$
	1	0	0	2	① + ③ × (-1)
	0	1	0	-1	② + ③ × 1
	0	0	1	3	

問題 4.15（解答は p.170）

$\boldsymbol{R}^3$ の次の 4 つのベクトルについて，$\vec{p}$ を $\vec{a}, \vec{b}, \vec{c}$ の線形結合で表してください。

$$\vec{a} = \begin{pmatrix} 1 \\ 0 \\ 2 \end{pmatrix}, \quad \vec{b} = \begin{pmatrix} 0 \\ 2 \\ 1 \end{pmatrix}, \quad \vec{c} = \begin{pmatrix} 2 \\ 1 \\ 0 \end{pmatrix}, \quad \vec{p} = \begin{pmatrix} -1 \\ 0 \\ 7 \end{pmatrix}$$

例題 4.16 [線形結合 6]

$\boldsymbol{R}^3$ の次の 3 つのベクトル

$$\vec{a}=\begin{pmatrix}1\\1\\0\end{pmatrix}, \quad \vec{b}=\begin{pmatrix}1\\0\\1\end{pmatrix}, \quad \vec{c}=\begin{pmatrix}0\\1\\1\end{pmatrix}$$

について，$\vec{c}$ は $\vec{a}$ と $\vec{b}$ の線形結合では表せないことを示してみましょう。

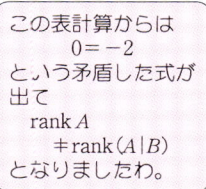

解 もし，
$$\vec{c}=m\vec{a}+n\vec{b}$$
とかけているとすると，右辺に成分を代入して
$$m\vec{a}+n\vec{b}=m\begin{pmatrix}1\\1\\0\end{pmatrix}+n\begin{pmatrix}1\\0\\1\end{pmatrix}=\begin{pmatrix}m\\m\\0\end{pmatrix}+\begin{pmatrix}n\\0\\n\end{pmatrix}=\begin{pmatrix}m+n\\m+0\\0+m\end{pmatrix}=\begin{pmatrix}m+n\\m\\n\end{pmatrix}$$

これが $\vec{c}$ に等しいので
$$\begin{pmatrix}m+n\\m\\n\end{pmatrix}=\begin{pmatrix}0\\1\\1\end{pmatrix}$$

となり，成分を比較すると次の連立 1 次方程式が得られます。
$$\begin{cases}m+n=0 & \text{①}\\ m=1 & \text{②}\\ n=1 & \text{③}\end{cases}$$

すぐにわかるように，②と③を①へ代入すると
$$2=0$$
という矛盾した式が出てきます。

これより①, ②, ③をみたす m, n は存在しないので
$\vec{c}$ は $\vec{a}$ と $\vec{b}$ の線形結合では表せません。 (解終)

―行基本変形―
Ⅰ. ⓘ×k (k≠0)
Ⅱ. ⓘ+ⓙ×k
Ⅲ. ⓘ↔ⓙ

A	B	変形
1 1	0	
1 0	1	
0 1	1	
1 0	1	①↔②
1 1	0	
0 1	1	
1 0	1	
0 1	1	②↔③
1 1	0	
1 0	1	
0 1	1	
0 1	−1	③+①×(−1)
1 0	1	
0 1	1	
0 0	−2	③+②×(−1)

この表計算からは
0 = −2
という矛盾した式が出て
rank A ≠ rank $(A|B)$
となりましたわ。

問題 4.16 (解答は p.171)

$\boldsymbol{R}^3$ の次の 3 つのベクトルについて，$\vec{a}$ は $\vec{b}$ と $\vec{c}$ の線形結合では表せないことを示してください。

$$\vec{a}=\begin{pmatrix}1\\0\\2\end{pmatrix}, \quad \vec{b}=\begin{pmatrix}0\\2\\1\end{pmatrix}, \quad \vec{c}=\begin{pmatrix}2\\1\\0\end{pmatrix}$$

〈4〉 線形独立，線形従属

R^2 または R^3 のベクトル $\vec{a}_1, \cdots, \vec{a}_r$ についての関係式
$$k_1\vec{a}_1 + \cdots + k_r\vec{a}_r = \vec{0} \quad (k_1, \cdots, k_r : 実数)$$
を $\vec{a}_1, \cdots, \vec{a}_r$ の

線形関係式　または　1次関係式

といいます。
たとえば，R^2 の3つのベクトル
$$\vec{a}_1 = \begin{pmatrix} 2 \\ -1 \end{pmatrix}, \quad \vec{a}_2 = \begin{pmatrix} -1 \\ 1 \end{pmatrix}, \quad \vec{a}_3 = \begin{pmatrix} -1 \\ -1 \end{pmatrix}$$
には次の線形関係式が成立します。
$$2\vec{a}_1 + 3\vec{a}_2 - \vec{a}_3 = \vec{0}$$
また，R^3 の2つのベクトル
$$\vec{a}_1 = \begin{pmatrix} 4 \\ -2 \\ 6 \end{pmatrix}, \quad \vec{a}_2 = \begin{pmatrix} 6 \\ -3 \\ 9 \end{pmatrix}$$
には次の線形関係式が成立します。
$$3\vec{a}_1 - 2\vec{a}_2 = \vec{0}$$
一方，どんなベクトル $\vec{a}_1, \cdots, \vec{a}_r$ についても
$$0\vec{a}_1 + 0\vec{a}_2 + \cdots + 0\vec{a}_r = \vec{0}$$
という式が必ず成立します。これを

自明な線形関係式　または　自明な1次関係式

といいます。

R^2 または R^3 のベクトル $\vec{a}_1, \cdots, \vec{a}_r$ が，少なくとも1つは0でない係数 $k_1, \cdots, k_r$ を使って
$$k_1\vec{a}_1 + \cdots + k_r\vec{a}_r = \vec{0}$$
とかけるとき，$\vec{a}_1, \cdots, \vec{a}_r$ は

線形従属である　または　1次従属である

といいます。つまり $\vec{a}_1, \cdots, \vec{a}_r$ の間に線形の関係がある場合です。

◯ $\vec{a}_1, \cdots, \vec{a}_r$ の間に自明な線形関係式以外の線形関係式が存在する場合です。

逆に，ベクトル $\vec{a}_1, \cdots, \vec{a}_r$ の間に
$$k_1\vec{a}_1 + \cdots + k_r\vec{a}_r = \vec{0}$$
という線形関係式が
$$k_1 = k_2 = \cdots = k_r = 0$$
以外には成立しないとき，$\vec{a}_1, \cdots, \vec{a}_r$ は

線形独立である　または　1次独立である

といいます。つまり $\vec{a}_1, \cdots, \vec{a}_r$ の間に線形の関係がない場合です。
例題と問題で具体的にみていきましょう。

◯ $\vec{a}_1, \cdots, \vec{a}_r$ の間には自明な線形関係式しか存在しない場合です。

90　4．ベクトル空間

自明な線形関係式
$$0\vec{a}_1+0\vec{a}_2+\cdots+0\vec{a}_r=\vec{0}$$

$\vec{a}_1,\cdots,\vec{a}_r$ の間には自明な線形関係式以外の線形関係式が存在する．

$\vec{a}_1,\cdots,\vec{a}_r$：線形従属
$\Leftrightarrow k_1\vec{a}_1+\cdots+k_r\vec{a}_r=\vec{0}$
　　（少なくとも1つは $k_i\neq 0$）が成立．

$\vec{a}_1,\cdots,\vec{a}_r$：線形独立
$\Leftrightarrow k_1\vec{a}_1+\cdots+k_r\vec{a}_r=\vec{0}$
　　ならば $k_1=\cdots=k_r=0$

$\vec{a}_1,\cdots,\vec{a}_r$ の間には自明な線形関係式しか存在しない．

p.24
自由度
＝未知数の数−rank A
＝任意の値をとる未知数の数

例題 4.17 ［線形独立，線形従属 1］

$\mathbf{R}^2$ における次の2つのベクトルは，線形独立か線形従属かを調べてみましょう．

（1）$\vec{a}_1=\begin{pmatrix}1\\1\end{pmatrix}$, $\vec{a}_2=\begin{pmatrix}2\\2\end{pmatrix}$　　（2）$\vec{b}_1=\begin{pmatrix}2\\1\end{pmatrix}$, $\vec{b}_2=\begin{pmatrix}0\\2\end{pmatrix}$

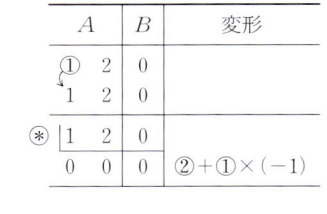

解　（1）　$\vec{a}_1,\vec{a}_2$ の間に自明な線形関係式以外の関係式が存在するかどうかを調べます．
$$k_1\vec{a}_1+k_2\vec{a}_2=\vec{0}　①$$
という関係式が成立しているとすると，成分を代入して
$$k_1\begin{pmatrix}1\\1\end{pmatrix}+k_2\begin{pmatrix}2\\2\end{pmatrix}=\begin{pmatrix}0\\0\end{pmatrix}$$
計算して
$$\begin{pmatrix}k_1\\k_1\end{pmatrix}+\begin{pmatrix}2k_2\\2k_2\end{pmatrix}=\begin{pmatrix}0\\0\end{pmatrix},\quad \begin{pmatrix}k_1+2k_2\\k_1+2k_2\end{pmatrix}=\begin{pmatrix}0\\0\end{pmatrix}$$
これより連立1次方程式
$$\begin{cases}k_1+2k_2=0\\k_1+2k_2=0\end{cases}$$
が得られます．すぐに解けますが，p.20〜で勉強した方法により解いてみましょう．右の掃き出し法の結果より
$$\text{rank}\,A=\text{rank}\,(A\mid B)=1$$
本質的な式は㊛より
$$k_1+2k_2=0$$
の1つだけ．
　　　　自由度＝$2-1=1$
より　$k_2=t$　とおくと
$$k_1+2t=0　より　k_1=-2t$$
これより解の組は無数にあり
$$\begin{cases}k_1=-2t\\k_2=t\end{cases}\quad(t：実数)$$
と表されることがわかります．

	A	B	変形
	2	0	
	1	2	0
㊛	1	2	0
	0	0	0	②＋①×(−1)

ベクトルを描くと，同じ向きをもっていることがわかりますわ．

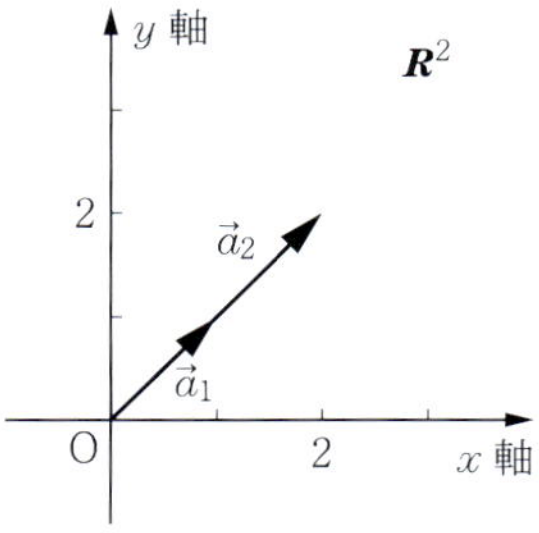

t はどんな実数でもよいので，たとえば $t=1$ とおくと

$$k_1 = -2 \cdot 1 = -2, \quad k_2 = 1$$

これを①へ代入すると，$\vec{a}_1, \vec{a}_2$ には

$$-2\vec{a}_1 + 1\vec{a}_2 = \vec{0}$$

という自明でない線形関係式が成立していることがわかるので，

$\vec{a}_1, \vec{a}_2$ は **線形従属**

です。

（2）$\vec{b}_1, \vec{b}_2$ の間に自明な線形関係式以外の関係式が存在するかどうかを調べます。

$$k_1 \vec{b}_1 + k_2 \vec{b}_2 = \vec{0} \quad ②$$

という関係式が成立しているとすると，成分を代入して

$$k_1 \begin{pmatrix} 2 \\ 1 \end{pmatrix} + k_2 \begin{pmatrix} 0 \\ 2 \end{pmatrix} = \begin{pmatrix} 0 \\ 0 \end{pmatrix}$$

計算して

$$\begin{pmatrix} 2k_1 \\ k_1 \end{pmatrix} + \begin{pmatrix} 0 \\ 2k_2 \end{pmatrix} = \begin{pmatrix} 0 \\ 0 \end{pmatrix}, \quad \begin{pmatrix} 2k_1 \\ k_1 + 2k_2 \end{pmatrix} = \begin{pmatrix} 0 \\ 0 \end{pmatrix}$$

これより連立1次方程式

$$\begin{cases} 2k_1 = 0 \\ k_1 + 2k_2 = 0 \end{cases}$$

が得られます。掃き出し法で解くと右の表計算の結果より，解は

$$\begin{cases} k_1 = 0 \\ k_2 = 0 \end{cases}$$

の1組しかないことがわかります。したがって $\vec{b}_1, \vec{b}_2$ の間には

$$0\vec{b}_1 + 0\vec{b}_2 = \vec{0}$$

という自明な関係しか存在しないことになり，

$\vec{b}_1, \vec{b}_2$ は **線形独立**

となります。

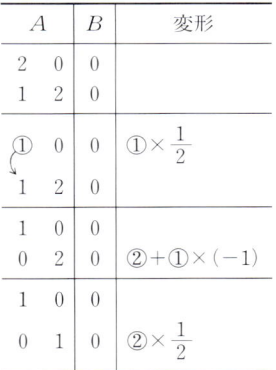

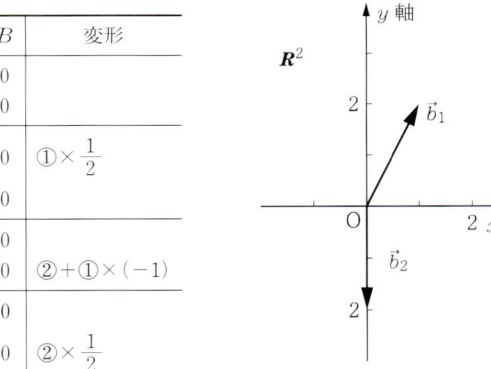

（解終）

―― 自明な線形関係式 ――
$0\vec{a}_1 + 0\vec{a}_2 + \cdots + 0\vec{a}_r = \vec{0}$

	A	B	変形
	2	0	0
	1	2	0
	①	0	0	①$\times \frac{1}{2}$
	1	2	0
	1	0	0
	0	2	0	②+①$\times(-1)$
	1	0	0
	0	1	0	②$\times \frac{1}{2}$

ベクトルを描くとこちらは異なった向きですわ。

問題 4.17（解答は p.171）

R^2 における次の2つのベクトルは，線形独立か線形従属かを調べてください。

（1） $\vec{a}_1 = \begin{pmatrix} 2 \\ -4 \end{pmatrix}$, $\vec{a}_2 = \begin{pmatrix} -3 \\ 6 \end{pmatrix}$ （2） $\vec{b}_1 = \begin{pmatrix} 1 \\ 1 \end{pmatrix}$, $\vec{b}_2 = \begin{pmatrix} -1 \\ 1 \end{pmatrix}$

自明な線形関係式
$$0\vec{a}_1 + 0\vec{a}_2 + \cdots + 0\vec{a}_r = \vec{0}$$

$\vec{a}_1, \cdots, \vec{a}_r$ の間には自明な線形関係式以外の線形関係式が存在する。

$\vec{a}_1, \cdots, \vec{a}_r$：線形従属
$\Leftrightarrow k_1\vec{a}_1 + \cdots + k_r\vec{a}_r = \vec{0}$
（少なくとも1つは $k_i \neq 0$）が成立。

$\vec{a}_1, \cdots, \vec{a}_r$：線形独立
$\Leftrightarrow k_1\vec{a}_1 + \cdots + k_r\vec{a}_r = \vec{0}$
ならば $k_1 = \cdots = k_r = 0$

$\vec{a}_1, \cdots, \vec{a}_r$ の間には自明な線形関係式しか存在しない。

例題 4.18［線形独立，線形従属 2］

$\mathbf{R}^3$ における次の3つのベクトルは，線形独立か線形従属かを調べてみましょう。

(1) $\vec{a}_1 = \begin{pmatrix} 1 \\ 1 \\ 0 \end{pmatrix}$, $\vec{a}_2 = \begin{pmatrix} 1 \\ 0 \\ 1 \end{pmatrix}$, $\vec{a}_3 = \begin{pmatrix} 0 \\ 1 \\ 1 \end{pmatrix}$

(2) $\vec{b}_1 = \begin{pmatrix} 1 \\ -1 \\ 0 \end{pmatrix}$, $\vec{b}_2 = \begin{pmatrix} 1 \\ 0 \\ -1 \end{pmatrix}$, $\vec{b}_3 = \begin{pmatrix} 0 \\ 1 \\ -1 \end{pmatrix}$

解 (1) $\vec{a}_1, \vec{a}_2, \vec{a}_3$ の間に自明な線形関係式以外の線形関係式が存在するかどうかを調べます。

$$k_1\vec{a}_1 + k_2\vec{a}_2 + k_3\vec{a}_3 = \vec{0} \quad ①$$

という関係式が成立しているとします。成分を代入して計算すると

$$k_1 \begin{pmatrix} 1 \\ 1 \\ 0 \end{pmatrix} + k_2 \begin{pmatrix} 1 \\ 0 \\ 1 \end{pmatrix} + k_3 \begin{pmatrix} 0 \\ 1 \\ 1 \end{pmatrix} = \begin{pmatrix} 0 \\ 0 \\ 0 \end{pmatrix}$$

$$\begin{pmatrix} k_1 \\ k_1 \\ 0 \end{pmatrix} + \begin{pmatrix} k_2 \\ 0 \\ k_2 \end{pmatrix} + \begin{pmatrix} 0 \\ k_3 \\ k_3 \end{pmatrix} = \begin{pmatrix} 0 \\ 0 \\ 0 \end{pmatrix}$$

$$\begin{pmatrix} k_1 + k_2 \\ k_1 + k_3 \\ k_2 + k_3 \end{pmatrix} = \begin{pmatrix} 0 \\ 0 \\ 0 \end{pmatrix}$$

これより次の連立1次方程式を得ます。

$$\begin{cases} k_1 + k_2 = 0 \\ k_1 + k_3 = 0 \\ k_2 + k_3 = 0 \end{cases}$$

これを掃き出し法で解くと，右の表計算の結果より

$$k_1 = 0, \quad k_2 = 0, \quad k_3 = 0$$

の1組の解しかもちません。これより $\vec{a}_1, \vec{a}_2, \vec{a}_3$ の間には

$$0\vec{a}_1 + 0\vec{a}_2 + 0\vec{a}_3 = \vec{0}$$

という自明な線形関係式しか成立しないので**線形独立**です。

行基本変形

Ⅰ．$ⓘ \times k$ $(k \neq 0)$
Ⅱ．$ⓘ + ⓙ \times k$
Ⅲ．$ⓘ \leftrightarrow ⓙ$

	A			B	変形
①	1	1	0	0	
	1	0	1	0	
	0	1	1	0	
	1	1	0	0	
	0	−1	1	0	②+①×(−1)
	0	1	1	0	
	1	1	0	0	
	0	①	−1	0	②×(−1)
	0	1	1	0	
	1	0	1	0	①+②×(−1)
	0	1	−1	0	
	0	0	2	0	③+②×(−1)
	1	0	1	0	
	0	1	−1	0	
	0	0	①	0	③×1/2
	1	0	0	0	①+③×(−1)
	0	1	0	0	②+③×1
	0	0	1	0	

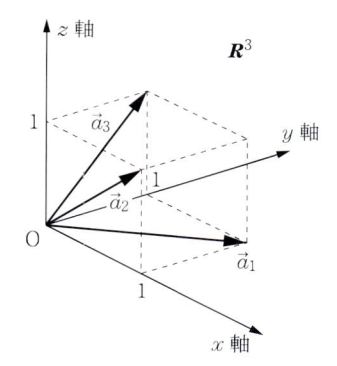

（2）$\vec{b}_1, \vec{b}_2, \vec{b}_3$ の間に自明な線形関係式以外の線形関係式が存在するかどうかを調べます。
$$k_1\vec{b}_1+k_2\vec{b}_2+k_3\vec{b}_3=\vec{0} \quad ②$$
という関係式が成立しているとすると，成分を代入して

$$k_1\begin{pmatrix}1\\-1\\0\end{pmatrix}+k_2\begin{pmatrix}1\\0\\-1\end{pmatrix}+k_3\begin{pmatrix}0\\1\\-1\end{pmatrix}=\begin{pmatrix}0\\0\\0\end{pmatrix}$$

$$\begin{pmatrix}k_1\\-k_1\\0\end{pmatrix}+\begin{pmatrix}k_2\\0\\-k_2\end{pmatrix}+\begin{pmatrix}0\\k_3\\-k_3\end{pmatrix}=\begin{pmatrix}0\\0\\0\end{pmatrix},$$

$$\begin{pmatrix}k_1+k_2\\-k_1\quad+k_3\\-k_2-k_3\end{pmatrix}=\begin{pmatrix}0\\0\\0\end{pmatrix}$$

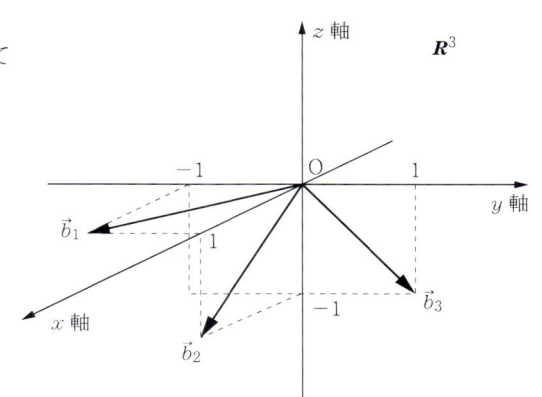

これより次の連立1次方程式が得られます。

$$\begin{cases}k_1+k_2=0\\-k_1\quad+k_3=0\\-k_2-k_3=0\end{cases}$$

これを掃き出し法で解くと，右の表計算の結果より

$\operatorname{rank} A=\operatorname{rank}(A|B)=2$

自由度 $=3-2=1$

㊁より $\begin{cases}k_1-k_3=0 & ③\\ k_2+k_3=0 & ④\end{cases}$

	A		B	変形
①	1	0	0	
	−1	0	1	0	②+①×1
	0	−1	−1	0	
	1	1	0	0	①+②×(−1)
	0	①	1	0	
	0	−1	−1	0	③+②×1
㊁	1	0	−1	0	
	0	1	1	0	
	0	0	0	0	

自由度
 ＝未知数の数−rank A
 ＝任意の値をとる未知数の数

$k_3=t$ とおくと，③，④に代入して

$k_1=k_3=t, \quad k_2=-k_3=-t$

これより $k_1=t, \quad k_2=-t, \quad k_3=t \quad (t：実数)$

ゆえに無数の k_1, k_2, k_3 の解の組が存在することがわかりました。
たとえば，$t=1$ とおくと $k_1=1, \quad k_2=-1, \quad k_3=1$
これを②へ代入すれば，$\vec{b}_1, \vec{b}_2, \vec{b}_3$ の間には

$1\vec{b}_1-1\vec{b}_2+1\vec{b}_3=\vec{0}$ つまり $\vec{b}_1-\vec{b}_2+\vec{b}_3=\vec{0}$

という線形関係式が成立するので，線形従属です。 （解終）

問題 4.18（解答は p.172）

$\boldsymbol{R}^3$ の次の3つのベクトルは線形独立か線形従属かを調べてください。

(1) $\vec{a}_1=\begin{pmatrix}-1\\2\\0\end{pmatrix}, \quad \vec{a}_2=\begin{pmatrix}2\\0\\-1\end{pmatrix}, \quad \vec{a}_3=\begin{pmatrix}0\\1\\-1\end{pmatrix}$

(2) $\vec{b}_1=\begin{pmatrix}1\\-2\\0\end{pmatrix}, \quad \vec{b}_2=\begin{pmatrix}2\\0\\1\end{pmatrix}, \quad \vec{b}_3=\begin{pmatrix}0\\4\\1\end{pmatrix}$

とくとく情報［連立1次方程式の解がつくるベクトル空間］

㊟ $\begin{cases} x+2y=0 \\ y+z=0 \\ x+y-z=0 \end{cases}$ 例題 1.11（p.25）で解いた次の連立1次方程式の解をもう少し詳しく調べてみましょう。

この連立1次方程式は右辺の定数項がすべて 0 です。このような連立1次方程式は同時連立1次方程式とよばれ，必ず自明な解とよばれる解

$$x=0,\ y=0,\ z=0$$

をもっています。

さて，上記の連立1次方程式の解は無数にあり，

$$\begin{cases} x=2t \\ y=-t \\ z=t \end{cases} \quad (t\text{ は任意の実数})$$

と表されるのでした。この解を縦ベクトル表示してみると

$$\begin{pmatrix} x \\ y \\ z \end{pmatrix} = \begin{pmatrix} 2t \\ -t \\ t \end{pmatrix} = t\begin{pmatrix} 2 \\ -1 \\ 1 \end{pmatrix} \quad (t\text{ は任意の実数})$$

となります。つまり

㊟の解ベクトル $\vec{x}=\begin{pmatrix} x \\ y \\ z \end{pmatrix}$ はすべて 1 つのベクトル $\vec{a}=\begin{pmatrix} 2 \\ -1 \\ 1 \end{pmatrix}$ の定数倍

になっていることがわかります。㊟の解をすべて集めた集合を V とおいてみると

$$V=\{\vec{x}\,|\,\vec{x}=t\vec{a},\ t\in\boldsymbol{R}\}$$

とかけます。そして，V のベクトルは p.80 で紹介した

　　　　［和の法則］　と　［定数倍の法則］

をみたしています。このことより，V はベクトル空間（線形空間）であることがわかります。

さらに，V は 3 次元ベクトル空間 $\boldsymbol{R}^3$ に含まれているベクトル空間で，すべてのベクトルは 1 つのベクトル $\vec{a}$ からつくられているので 1 次元のベクトル空間なのです。

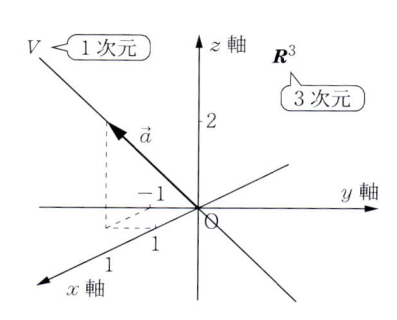

⑤ 線形写像と行列

$f(\vec{x}) = A\vec{x}$ 　　　　$\vec{x} \xrightarrow{f} \vec{x}'$

恒等写像　　　　　　　　　　　合成写像
$\vec{x} \xrightarrow{f} \vec{x}' \xrightarrow{g} \vec{x}''$
$g \circ f$

f^{-1}　　　　　　　$A\vec{v} = \lambda \vec{v}$
逆写像

固有値　$|xE - A| = 0$

$P^{-1}AP = \begin{pmatrix} \lambda_1 & 0 \\ 0 & \lambda_2 \end{pmatrix}$

固有ベクトル

「線形写像と行列のふか〜い関係を勉強します。」

「写像と行列が関係あるのですか？」

〈1〉写 像

2次元列ベクトル空間 $\boldsymbol{R}^2$ 内において

　　　ベクトル $\vec{x}$ にベクトル $\vec{x}'$ を対応させる写像 f

を考えてみましょう。実数のときの写像と同様に，この対応を

$$\vec{x}' = f(\vec{x})$$

などとかきます。

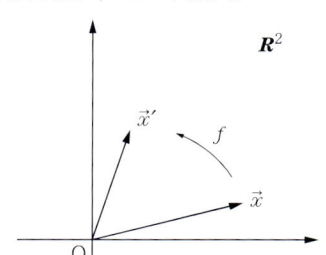

たとえば

$$f(\vec{x}) = 2\vec{x}$$

のとき，

$$\vec{x} = \begin{pmatrix} 2 \\ 1 \end{pmatrix}$$

は，写像 f により

$$\vec{x}' = f(\vec{x}) = 2\vec{x} = 2\begin{pmatrix} 2 \\ 1 \end{pmatrix} = \begin{pmatrix} 4 \\ 2 \end{pmatrix}$$

というベクトルに移されます。

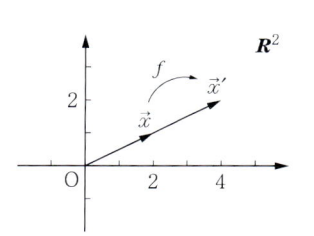

3次元列ベクトル空間 $\boldsymbol{R}^3$ 内においても

　　　ベクトル $\vec{x}$ にベクトル $\vec{x}'$ を
　　　対応させる写像 f

を

$$\vec{x}' = f(\vec{x})$$

とかきます。

特に，$\boldsymbol{R}^2$ 内でも $\boldsymbol{R}^3$ 内でも，同じベクトルに移す写像

$$I(\vec{x}) = \vec{x}$$

を**恒等写像**といいます。

$\boldsymbol{R}^2$ や $\boldsymbol{R}^3$ 内のベクトルは，その空間内の点と1対1に対応しているので，上記のベクトルの写像は点の写像とみなすこともできます。

> 集合 X の要素 x に集合 Y の要素 y を1つ対応させる対応関係 f を
> 　X から Y への**写像** f
> といい，
> 　　　$y = f(x)$
> などとかきます。
> 特に $X = Y$ の場合，写像は**変換**ともよばれます。

> ベクトルの始点を原点 O にとれば終点 (x_1, x_2) と点 $\mathrm{P}(x_1, x_2)$ が1対1に対応します。

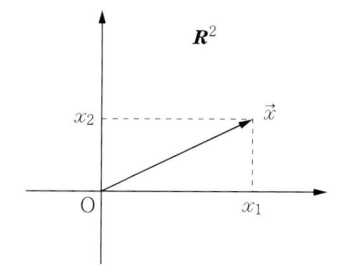

ベクトル　　　　　点
$\vec{x} = \begin{pmatrix} x_1 \\ x_2 \end{pmatrix}$ ⟷ (x_1, x_2)
　　　　1対1

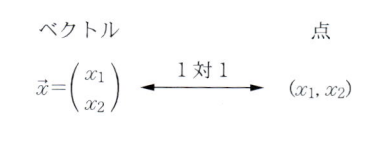

例題 5.1 [R^2 の写像]

R^2 における次の写像により，$\vec{p}=\begin{pmatrix} 1 \\ -2 \end{pmatrix}$ はどのようなベクトルに写像されるかを求めてみましょう。

(1) $f_1(\vec{x})=2\vec{x}$ (2) $f_2(\vec{x})=\vec{x}+\vec{a}, \quad \vec{a}=\begin{pmatrix} 0 \\ 1 \end{pmatrix}$

(3) $f_3(\vec{x})=A\vec{x}, \quad A=\begin{pmatrix} 0 & 1 \\ 1 & 0 \end{pmatrix}$

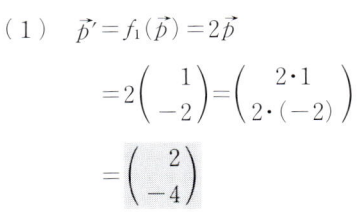

【解】 それぞれの $\vec{p}$ の写像先を $\vec{p}'$ としておきます。

(1) $\vec{p}'=f_1(\vec{p})=2\vec{p}$
$=2\begin{pmatrix} 1 \\ -2 \end{pmatrix}=\begin{pmatrix} 2 \cdot 1 \\ 2 \cdot (-2) \end{pmatrix}$
$=\begin{pmatrix} 2 \\ -4 \end{pmatrix}$

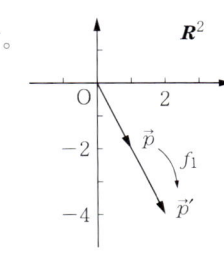

◯(1) ベクトルを2倍する写像

(2) $\vec{p}'=f_2(\vec{p})=\vec{p}+\vec{a}$
$=\begin{pmatrix} 1 \\ -2 \end{pmatrix}+\begin{pmatrix} 0 \\ 1 \end{pmatrix}$
$=\begin{pmatrix} 1+0 \\ -2+1 \end{pmatrix}$
$=\begin{pmatrix} 1 \\ -1 \end{pmatrix}$

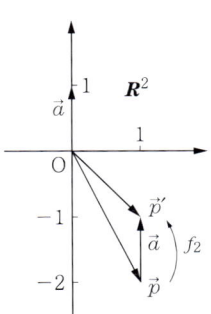

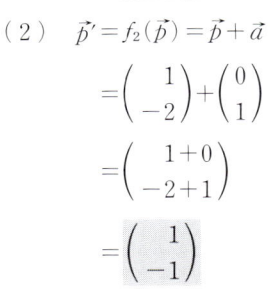

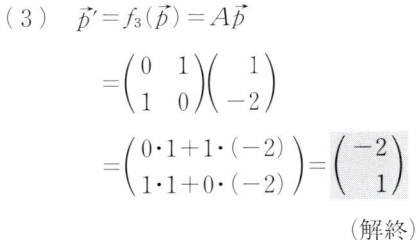

◯(2) ベクトルに $\vec{a}$ を加える写像

(3) $\vec{p}'=f_3(\vec{p})=A\vec{p}$
$=\begin{pmatrix} 0 & 1 \\ 1 & 0 \end{pmatrix}\begin{pmatrix} 1 \\ -2 \end{pmatrix}$
$=\begin{pmatrix} 0 \cdot 1+1 \cdot (-2) \\ 1 \cdot 1+0 \cdot (-2) \end{pmatrix}=\begin{pmatrix} -2 \\ 1 \end{pmatrix}$

(解終)

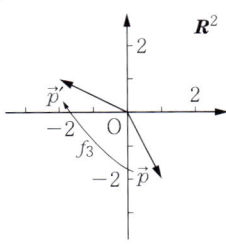

◯行列の積
$\begin{pmatrix} 0 & 1 \\ 1 & 0 \end{pmatrix}\begin{pmatrix} 1 \\ -2 \end{pmatrix}$
2行2列×2行1列＝2行1列

問題 5.1 (解答は p.174)

R^2 における次の写像により $\vec{q}=\begin{pmatrix} 4 \\ 2 \end{pmatrix}$ はどのようなベクトルに写像されるかを求めてください。

(1) $f_1(\vec{x})=\dfrac{3}{2}\vec{x}$ (2) $f_2(\vec{x})=\vec{x}-2\vec{b}, \quad \vec{b}=\begin{pmatrix} 1 \\ 0 \end{pmatrix}$

(3) $f_3(\vec{x})=A\vec{x}, \quad A=\begin{pmatrix} -1 & 0 \\ 0 & -1 \end{pmatrix}$

例題 5.2 [R^3 の写像]

R^3 における次の写像により，$\vec{p}=\begin{pmatrix} 1 \\ 0 \\ -1 \end{pmatrix}$ はどのようなベクトルに写像されるかを求めてみましょう。

(1) $f_1(\vec{x})=2\vec{x}+3\vec{a}, \quad \vec{a}=\begin{pmatrix} -2 \\ 1 \\ 0 \end{pmatrix}$

(2) $f_2(\vec{x})=A\vec{x}, \quad A=\begin{pmatrix} 1 & 1 & 0 \\ 1 & 0 & 1 \\ 0 & 1 & 1 \end{pmatrix}$

解 $\vec{p}$ の写像先を $\vec{p}'$ としておきます。

(1) $\vec{p}'=f_1(\vec{p})=2\vec{p}+3\vec{a}=2\begin{pmatrix} 1 \\ 0 \\ -1 \end{pmatrix}+3\begin{pmatrix} -2 \\ 1 \\ 0 \end{pmatrix}$

$=\begin{pmatrix} 2 \\ 0 \\ -2 \end{pmatrix}+\begin{pmatrix} -6 \\ 3 \\ 0 \end{pmatrix}=\begin{pmatrix} 2-6 \\ 0+3 \\ -2+0 \end{pmatrix}=\begin{pmatrix} -4 \\ 3 \\ -2 \end{pmatrix}$

(2) $\vec{p}'=f_2(\vec{p})=A\vec{p}$

3行3列×3行1列=3行1列 ➡

$=\begin{pmatrix} 1 & 1 & 0 \\ 1 & 0 & 1 \\ 0 & 1 & 1 \end{pmatrix}\begin{pmatrix} 1 \\ 0 \\ -1 \end{pmatrix}=\begin{pmatrix} 1\cdot 1+1\cdot 0+0\cdot(-1) \\ 1\cdot 1+0\cdot 0+1\cdot(-1) \\ 0\cdot 1+1\cdot 0+1\cdot(-1) \end{pmatrix}$

$=\begin{pmatrix} 1 \\ 0 \\ -1 \end{pmatrix}$ （解終）

問題 5.2 （解答は p.174）

R^3 における次の写像により，$\vec{q}=\begin{pmatrix} 3 \\ -2 \\ 1 \end{pmatrix}$ はどのようなベクトルに写像されるかを求めてください。

(1) $f_1(\vec{x})=-3\vec{x}+5\vec{b}, \quad \vec{b}=\begin{pmatrix} 1 \\ -1 \\ 1 \end{pmatrix}$

(2) $f_2(\vec{x})=A\vec{x}, \quad A=\begin{pmatrix} 0 & -1 & 1 \\ 1 & 0 & -1 \\ -1 & 1 & 0 \end{pmatrix}$

〈2〉 線形写像

R^2 内の写像の中で，特に 2 次の正方行列 A を用いて
$$f(\vec{x}) = A\vec{x}$$
と表される写像を **線形写像** といいます。例題 5.1 の (3) のような写像です。

R^3 内の写像では，3 次の正方行列 A を用いて
$$f(\vec{x}) = A\vec{x}$$
と表される写像を **線形写像** といいます。例題 5.2 の (2) のような写像です。

いずれの場合も，行列 A を **線形写像 f の行列** といいます。特に f が恒等写像 I の場合には
$$I(\vec{x}) = \vec{x} = E\vec{x} \quad (E：単位行列)$$
とかけるので，恒等写像も線形写像で，その行列は E（単位行列）です。

線形写像は次の性質をもっているのが特徴です。

> **定理　線形写像の性質**
> （ⅰ）　$f(\vec{x} + \vec{y}) = f(\vec{x}) + f(\vec{y})$
> （ⅱ）　$f(a\vec{x}) = af(\vec{x})$ 　（a：実数）

（ⅰ）の左辺 $f(\vec{x} + \vec{y})$ は
　　はじめにベクトルの和 $\vec{x} + \vec{y}$ をつくってから f で写像する
（ⅰ）の右辺 $f(\vec{x}) + f(\vec{y})$ は
　　はじめに $\vec{x}$ と $\vec{y}$ を別々に写像してから和をつくる
という意味です。加法＋と写像 f の順が逆なのです。
（ⅱ）も同様です。
（ⅱ）の左辺 $f(a\vec{x})$ は
　　はじめに $\vec{x}$ を a 倍し，それから f で写像する
（ⅱ）の右辺 $af(\vec{x})$ は
　　はじめに $\vec{x}$ を f で写像してから，a 倍する
となります。

● 例題 5.1 の (1) も
$$f_1(\vec{x}) = \begin{pmatrix} 2 & 0 \\ 0 & 2 \end{pmatrix} \vec{x}$$
ともかけるので線形写像です。

恒等写像
$I(\vec{x}) = \vec{x}$

● この性質を線形写像の定義とする場合もあります。

定理のような性質を"線形性"といいます。線形性は決してあたりまえの性質ではありません。微分積分に出てくる関数の中で
$$y = ax$$
は線形性をもっていますが
$$y = ax + b \quad (b \neq 0)$$
$$y = \sin x$$
$$y = \log x$$
などは線形性をもっていません。

$\sin(\theta_1 + \theta_2) \neq \sin\theta_1 + \sin\theta_2$
$\sin(a\theta) \neq a\sin\theta$
でしたわ。

例題 5.3 [線形写像 1]

R^2 における線形写像と 2 つのベクトル

$$f(\vec{x})=A\vec{x}, \quad A=\begin{pmatrix} 1 & 2 \\ 2 & 1 \end{pmatrix}; \quad \vec{x}=\begin{pmatrix} 1 \\ 2 \end{pmatrix}, \quad \vec{y}=\begin{pmatrix} -3 \\ 2 \end{pmatrix}$$

について，次のベクトルを求めてみましょう。

(1) $f(\vec{x}+\vec{y})$ 　　(2) $f(\vec{x})+f(\vec{y})$

解　(1)　はじめに $\vec{x}+\vec{y}$ を求めます。

$$\vec{x}+\vec{y}=\begin{pmatrix} 1 \\ 2 \end{pmatrix}+\begin{pmatrix} -3 \\ 2 \end{pmatrix}=\begin{pmatrix} 1-3 \\ 2+2 \end{pmatrix}=\begin{pmatrix} -2 \\ 4 \end{pmatrix}$$

次に f で写像すると

$$f(\vec{x}+\vec{y})=A(\vec{x}+\vec{y})$$
$$=\begin{pmatrix} 1 & 2 \\ 2 & 1 \end{pmatrix}\begin{pmatrix} -2 \\ 4 \end{pmatrix}=\begin{pmatrix} 1\cdot(-2)+2\cdot 4 \\ 2\cdot(-2)+1\cdot 4 \end{pmatrix}=\begin{pmatrix} -2+8 \\ -4+4 \end{pmatrix}=\begin{pmatrix} 6 \\ 0 \end{pmatrix}$$

(2)　はじめに $f(\vec{x})$ と $f(\vec{y})$ を求めます。

$$f(\vec{x})=A\vec{x}=\begin{pmatrix} 1 & 2 \\ 2 & 1 \end{pmatrix}\begin{pmatrix} 1 \\ 2 \end{pmatrix}=\begin{pmatrix} 1\cdot 1+2\cdot 2 \\ 2\cdot 1+1\cdot 2 \end{pmatrix}=\begin{pmatrix} 1+4 \\ 2+2 \end{pmatrix}=\begin{pmatrix} 5 \\ 4 \end{pmatrix}$$

$$f(\vec{y})=A\vec{y}=\begin{pmatrix} 1 & 2 \\ 2 & 1 \end{pmatrix}\begin{pmatrix} -3 \\ 2 \end{pmatrix}=\begin{pmatrix} 1\cdot(-3)+2\cdot 2 \\ 2\cdot(-3)+1\cdot 2 \end{pmatrix}=\begin{pmatrix} -3+4 \\ -6+2 \end{pmatrix}=\begin{pmatrix} 1 \\ -4 \end{pmatrix}$$

次に $f(\vec{x})+f(\vec{y})$ を求めると

$$f(\vec{x})+f(\vec{y})=\begin{pmatrix} 5 \\ 4 \end{pmatrix}+\begin{pmatrix} 1 \\ -4 \end{pmatrix}=\begin{pmatrix} 5+1 \\ 4-4 \end{pmatrix}=\begin{pmatrix} 6 \\ 0 \end{pmatrix}$$ 　　　（解終）

(1) の結果と同じになりました。

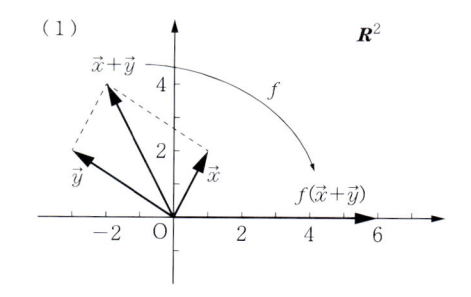

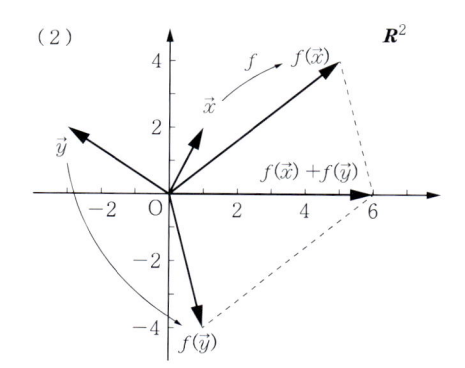

問題 5.3 (解答は p.174)

R^2 における線形写像と 2 つのベクトル

$$f(\vec{x})=B\vec{x}, \quad B=\begin{pmatrix} 2 & -1 \\ -3 & 2 \end{pmatrix}; \quad \vec{x}=\begin{pmatrix} 3 \\ 0 \end{pmatrix}, \quad \vec{y}=\begin{pmatrix} -1 \\ 4 \end{pmatrix}$$

について，次のベクトルを求めてください。

(1) $f(\vec{x}+\vec{y})$ 　　(2) $f(\vec{x})+f(\vec{y})$

例題 5.4 [線形写像 2]

R^2 における線形写像とベクトル

$$f(\vec{x}) = A\vec{x}, \quad A = \begin{pmatrix} 1 & 2 \\ 2 & 1 \end{pmatrix}; \quad \vec{z} = \begin{pmatrix} 3 \\ -4 \end{pmatrix}$$

について，次のベクトルを求めてみましょう。

(1) $f(3\vec{z})$　　(2) $3f(\vec{z})$

解 (1) はじめに $3\vec{z}$ を求めておくと

$$3\vec{z} = 3\begin{pmatrix} 3 \\ -4 \end{pmatrix} = \begin{pmatrix} 3 \cdot 3 \\ 3 \cdot (-4) \end{pmatrix} = \begin{pmatrix} 9 \\ -12 \end{pmatrix}$$

次にこれを f で写像して

$$f(3\vec{z}) = A(3\vec{z})$$
$$= \begin{pmatrix} 1 & 2 \\ 2 & 1 \end{pmatrix}\begin{pmatrix} 9 \\ -12 \end{pmatrix} = \begin{pmatrix} 1 \cdot 9 + 2 \cdot (-12) \\ 2 \cdot 9 + 1 \cdot (-12) \end{pmatrix} = \begin{pmatrix} 9-24 \\ 18-12 \end{pmatrix}$$
$$= \begin{pmatrix} -15 \\ 6 \end{pmatrix}$$

> p.147 の練習問題で線形性の一般的な証明にも挑戦してください。

(2) はじめに $f(\vec{z})$ を求めると

$$f(\vec{z}) = A\vec{z}$$
$$= \begin{pmatrix} 1 & 2 \\ 2 & 1 \end{pmatrix}\begin{pmatrix} 3 \\ -4 \end{pmatrix} = \begin{pmatrix} 1 \cdot 3 + 2 \cdot (-4) \\ 2 \cdot 3 + 1 \cdot (-4) \end{pmatrix} = \begin{pmatrix} 3-8 \\ 6-4 \end{pmatrix} = \begin{pmatrix} -5 \\ 2 \end{pmatrix}$$

これを 3 倍して

$$3f(\vec{z}) = 3\begin{pmatrix} -5 \\ 2 \end{pmatrix} = \begin{pmatrix} -15 \\ 6 \end{pmatrix}$$

（解終）　◯ (1) の結果と同じになりました。

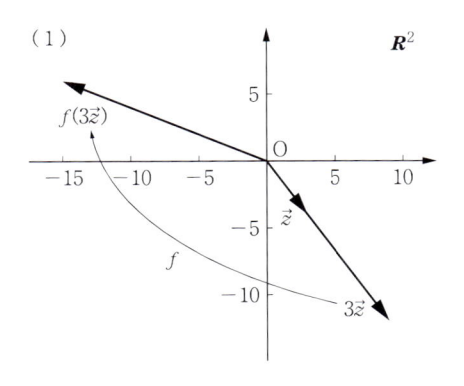

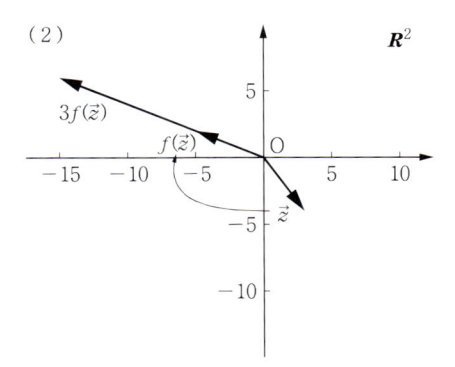

問題 5.4（解答は p.174）

R^2 における線形写像とベクトル

$$f(\vec{x}) = B\vec{x}, \quad B = \begin{pmatrix} 2 & -1 \\ -3 & 2 \end{pmatrix}; \quad z = \begin{pmatrix} 2 \\ -3 \end{pmatrix}$$

について，次のベクトルを求めてください。

(1) $f(-2\vec{z})$　　(2) $-2f(\vec{z})$

例題 5.5 [線形写像 3]

$\boldsymbol{R}^3$ における線形写像と 2 つのベクトル

$$f(\vec{x}) = A\vec{x}, \quad A = \begin{pmatrix} 1 & 1 & 0 \\ 1 & 0 & 1 \\ 0 & 1 & 1 \end{pmatrix} ; \quad \vec{x} = \begin{pmatrix} 1 \\ 2 \\ -1 \end{pmatrix}, \vec{y} = \begin{pmatrix} -3 \\ 1 \\ 2 \end{pmatrix}$$

について，次のベクトルを求めてみましょう。

(1) $f(\vec{x}+\vec{y})$　　(2) $f(\vec{x})+f(\vec{y})$

解 (1) はじめに $\vec{x}+\vec{y}$ をつくると

$$\vec{x}+\vec{y} = \begin{pmatrix} 1 \\ 2 \\ -1 \end{pmatrix} + \begin{pmatrix} -3 \\ 1 \\ 2 \end{pmatrix} = \begin{pmatrix} 1-3 \\ 2+1 \\ -1+2 \end{pmatrix} = \begin{pmatrix} -2 \\ 3 \\ 1 \end{pmatrix}$$

次にこれを f で写像すると

$$\begin{aligned} f(\vec{x}+\vec{y}) &= A(\vec{x}+\vec{y}) \\ &= \begin{pmatrix} 1 & 1 & 0 \\ 1 & 0 & 1 \\ 0 & 1 & 1 \end{pmatrix} \begin{pmatrix} -2 \\ 3 \\ 1 \end{pmatrix} = \begin{pmatrix} 1\cdot(-2)+1\cdot 3+0\cdot 1 \\ 1\cdot(-2)+0\cdot 3+1\cdot 1 \\ 0\cdot(-2)+1\cdot 3+1\cdot 1 \end{pmatrix} = \begin{pmatrix} 1 \\ -1 \\ 4 \end{pmatrix} \end{aligned}$$

(2) $f(\vec{x})$ と $f(\vec{y})$ をそれぞれ求めておくと

$$\begin{aligned} f(\vec{x}) &= A\vec{x} \\ &= \begin{pmatrix} 1 & 1 & 0 \\ 1 & 0 & 1 \\ 0 & 1 & 1 \end{pmatrix} \begin{pmatrix} 1 \\ 2 \\ -1 \end{pmatrix} = \begin{pmatrix} 1\cdot 1+1\cdot 2+0\cdot(-1) \\ 1\cdot 1+0\cdot 2+1\cdot(-1) \\ 0\cdot 1+1\cdot 2+1\cdot(-1) \end{pmatrix} = \begin{pmatrix} 3 \\ 0 \\ 1 \end{pmatrix} \end{aligned}$$

$$\begin{aligned} f(\vec{y}) &= A\vec{y} \\ &= \begin{pmatrix} 1 & 1 & 0 \\ 1 & 0 & 1 \\ 0 & 1 & 1 \end{pmatrix} \begin{pmatrix} -3 \\ 1 \\ 2 \end{pmatrix} = \begin{pmatrix} 1\cdot(-3)+1\cdot 1+0\cdot 2 \\ 1\cdot(-3)+0\cdot 1+1\cdot 2 \\ 0\cdot(-3)+1\cdot 1+1\cdot 2 \end{pmatrix} = \begin{pmatrix} -2 \\ -1 \\ 3 \end{pmatrix} \end{aligned}$$

これらを加えて

$$f(\vec{x})+f(\vec{y}) = \begin{pmatrix} 3 \\ 0 \\ 1 \end{pmatrix} + \begin{pmatrix} -2 \\ -1 \\ 3 \end{pmatrix} = \begin{pmatrix} 3-2 \\ 0-1 \\ 1+3 \end{pmatrix} = \begin{pmatrix} 1 \\ -1 \\ 4 \end{pmatrix} \quad \text{(解終)}$$

(1) の結果と同じになりました。

問題 5.5 (解答は p.175)

$\boldsymbol{R}^3$ における線形写像と 2 つのベクトル

$$f(\vec{x}) = B\vec{x}, \quad B = \begin{pmatrix} 1 & -1 & 2 \\ -1 & 2 & 1 \\ 2 & 1 & -1 \end{pmatrix} ; \quad \vec{x} = \begin{pmatrix} 2 \\ 0 \\ -3 \end{pmatrix}, \vec{y} = \begin{pmatrix} 2 \\ -2 \\ 1 \end{pmatrix}$$

について，次のベクトルを求めてください。

(1) $f(\vec{x}+\vec{y})$　　(2) $f(\vec{x})+f(\vec{y})$

例題 5.6 [線形写像 4]

R^3 における線形写像とベクトル

$$f(\vec{x}) = A\vec{x}, \quad A = \begin{pmatrix} 1 & 1 & 0 \\ 1 & 0 & 1 \\ 0 & 1 & 1 \end{pmatrix} ; \quad \vec{z} = \begin{pmatrix} -4 \\ -2 \\ 3 \end{pmatrix}$$

について，次のベクトルを求めてみましょう。

(1) $f(-2\vec{z})$　　(2) $-2f(\vec{z})$

解 (1) はじめに $-2\vec{z}$ を求めておくと

$$-2\vec{z} = -2\begin{pmatrix} -4 \\ -2 \\ 3 \end{pmatrix} = \begin{pmatrix} -2\cdot(-4) \\ -2\cdot(-2) \\ -2\cdot 3 \end{pmatrix} = \begin{pmatrix} 8 \\ 4 \\ -6 \end{pmatrix}$$

次にこれを f で写像して

$$f(-2\vec{z}) = A(-2\vec{z})$$
$$= \begin{pmatrix} 1 & 1 & 0 \\ 1 & 0 & 1 \\ 0 & 1 & 1 \end{pmatrix}\begin{pmatrix} 8 \\ 4 \\ -6 \end{pmatrix} = \begin{pmatrix} 1\cdot 8+1\cdot 4+0\cdot(-6) \\ 1\cdot 8+0\cdot 4+1\cdot(-6) \\ 0\cdot 8+1\cdot 4+1\cdot(-6) \end{pmatrix}$$
$$= \begin{pmatrix} 8+4+0 \\ 8+0-6 \\ 0+4-6 \end{pmatrix} = \begin{pmatrix} 12 \\ 2 \\ -2 \end{pmatrix}$$

(2) はじめに $f(\vec{z})$ を求めておくと

$$f(\vec{z}) = A\vec{z}$$
$$= \begin{pmatrix} 1 & 1 & 0 \\ 1 & 0 & 1 \\ 0 & 1 & 1 \end{pmatrix}\begin{pmatrix} -4 \\ -2 \\ 3 \end{pmatrix} = \begin{pmatrix} 1\cdot(-4)+1\cdot(-2)+0\cdot 3 \\ 1\cdot(-4)+0\cdot(-2)+1\cdot 3 \\ 0\cdot(-4)+1\cdot(-2)+1\cdot 3 \end{pmatrix}$$
$$= \begin{pmatrix} -4-2+0 \\ -4+0+3 \\ 0-2+3 \end{pmatrix} = \begin{pmatrix} -6 \\ -1 \\ 1 \end{pmatrix}$$

これを -2 倍して

$$-2f(\vec{z}) = -2\begin{pmatrix} -6 \\ -1 \\ 1 \end{pmatrix} = \begin{pmatrix} -2\cdot(-6) \\ -2\cdot(-1) \\ -2\cdot 1 \end{pmatrix} = \begin{pmatrix} 12 \\ 2 \\ -2 \end{pmatrix}$$

(解終)　　◯ (1) の結果と同じになりました。

問題 5.6 (解答は p.175)

R^3 における線形写像とベクトル

$$f(\vec{x}) = B\vec{x}, \quad B = \begin{pmatrix} 1 & -1 & 2 \\ -1 & 2 & 1 \\ 2 & 1 & -1 \end{pmatrix} ; \quad \vec{z} = \begin{pmatrix} 3 \\ -3 \\ 2 \end{pmatrix}$$

について，次のベクトルを求めてください。

(1) $f(3\vec{z})$　　(2) $3f(\vec{z})$

例題 5.7 [平面上の点の移動]

次の $\mathbf{R}^2$ における線形写像 f を点の移動とみるとき，どのような移動となるかを調べてみましょう．

(1) $f(\vec{x}) = \begin{pmatrix} 1 & 0 \\ 0 & -1 \end{pmatrix} \vec{x}$ (2) $f(\vec{x}) = \begin{pmatrix} 3 & 0 \\ 0 & 3 \end{pmatrix} \vec{x}$

> ベクトル $\overset{1対1}{\longleftrightarrow}$ 点
> $\begin{pmatrix} x_1 \\ x_2 \end{pmatrix}$ (x_1, x_2)

解 $\vec{x} = \begin{pmatrix} x_1 \\ x_2 \end{pmatrix}$ とおき，$f(\vec{x}) = \vec{x}' = \begin{pmatrix} x_1' \\ x_2' \end{pmatrix}$ とおきます．

(1) 写像の式へ代入して
$$\begin{pmatrix} x_1' \\ x_2' \end{pmatrix} = \begin{pmatrix} 1 & 0 \\ 0 & -1 \end{pmatrix} \begin{pmatrix} x_1 \\ x_2 \end{pmatrix} = \begin{pmatrix} 1 \cdot x_1 + 0 \cdot x_2 \\ 0 \cdot x_1 - 1 \cdot x_2 \end{pmatrix} = \begin{pmatrix} x_1 \\ -x_2 \end{pmatrix}$$

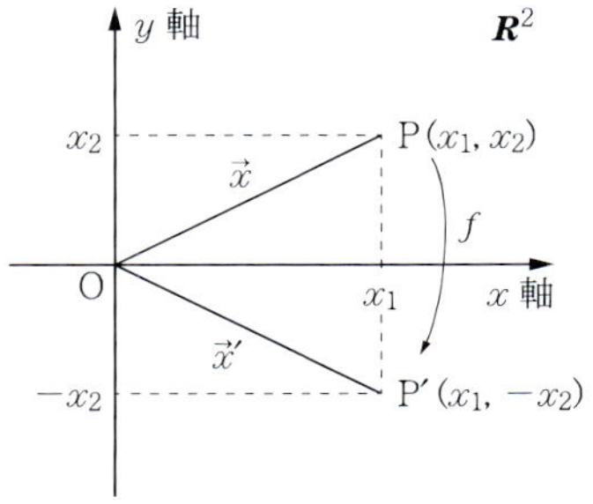

これより $P(x_1, x_2)$ は $P'(x_1, -x_2)$ へ移されます．P と P' は x 軸に関して対称の位置となるので，f は

<u>x 軸に関する対称移動</u>

です．

(2) 写像の式へ代入して
$$\begin{pmatrix} x_1' \\ x_2' \end{pmatrix} = \begin{pmatrix} 3 & 0 \\ 0 & 3 \end{pmatrix} \begin{pmatrix} x_1 \\ x_2 \end{pmatrix} = \begin{pmatrix} 3 \cdot x_1 + 0 \cdot x_2 \\ 0 \cdot x_1 + 3 \cdot x_2 \end{pmatrix} = \begin{pmatrix} 3x_1 \\ 3x_2 \end{pmatrix}$$

これより $P(x_1, x_2)$ は $P'(3x_1, 3x_2)$ へ移されます．
$$OP' = 3\,OP$$
なので，この移動は

<u>原点からの距離を 3 倍に拡大する移動</u>

です． (解終)

> p.149 に主な線形写像とその行列をまとめてあります．

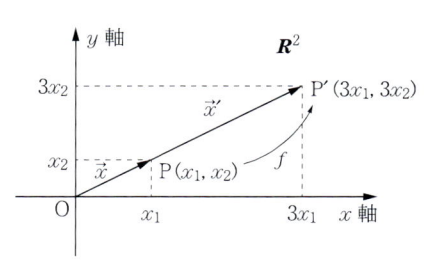

問題 5.7 (解答は p.176)

次の $\mathbf{R}^2$ における線形写像 f を点の移動とみるとき，どのような移動となるかを調べてください．

(1) $f(\vec{x}) = \begin{pmatrix} -1 & 0 \\ 0 & 1 \end{pmatrix} \vec{x}$ (2) $f(\vec{x}) = \begin{pmatrix} 0 & 1 \\ 1 & 0 \end{pmatrix} \vec{x}$

例題 5.8 [平面上の図形の移動]

R^2 の線形写像

$$f(\vec{x}) = A\vec{x}, \quad A = \begin{pmatrix} 1 & -1 \\ 1 & 2 \end{pmatrix}$$

により，右図の正方形はどのような図形に移されるかを調べてみましょう。

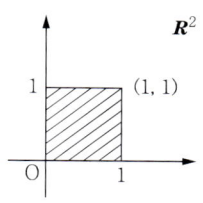

[解] 正方形の頂点を

O(0,0)，A(1,0)，B(1,1)，C(0,1)

とし，この4点の写像先 O′, A′, B′, C′ を求めます。

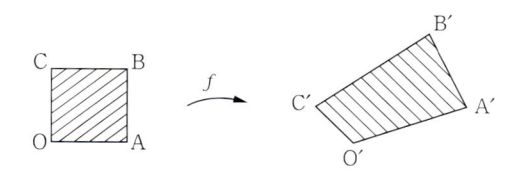

$$f(\overrightarrow{OO}) = A\overrightarrow{OO} = \begin{pmatrix} 1 & -1 \\ 1 & 2 \end{pmatrix}\begin{pmatrix} 0 \\ 0 \end{pmatrix} = \begin{pmatrix} 1\cdot 0 - 1\cdot 0 \\ 1\cdot 0 + 2\cdot 0 \end{pmatrix} = \begin{pmatrix} 0 \\ 0 \end{pmatrix}$$

$$f(\overrightarrow{OA}) = A\overrightarrow{OA} = \begin{pmatrix} 1 & -1 \\ 1 & 2 \end{pmatrix}\begin{pmatrix} 1 \\ 0 \end{pmatrix} = \begin{pmatrix} 1\cdot 1 - 1\cdot 0 \\ 1\cdot 1 + 2\cdot 0 \end{pmatrix} = \begin{pmatrix} 1-0 \\ 1+0 \end{pmatrix} = \begin{pmatrix} 1 \\ 1 \end{pmatrix}$$

$$f(\overrightarrow{OB}) = A\overrightarrow{OB} = \begin{pmatrix} 1 & -1 \\ 1 & 2 \end{pmatrix}\begin{pmatrix} 1 \\ 1 \end{pmatrix} = \begin{pmatrix} 1\cdot 1 - 1\cdot 1 \\ 1\cdot 1 + 2\cdot 1 \end{pmatrix} = \begin{pmatrix} 1-1 \\ 1+2 \end{pmatrix} = \begin{pmatrix} 0 \\ 3 \end{pmatrix}$$

$$f(\overrightarrow{OC}) = A\overrightarrow{OC} = \begin{pmatrix} 1 & -1 \\ 1 & 2 \end{pmatrix}\begin{pmatrix} 0 \\ 1 \end{pmatrix} = \begin{pmatrix} 1\cdot 0 - 1\cdot 1 \\ 1\cdot 0 + 2\cdot 1 \end{pmatrix} = \begin{pmatrix} 0-1 \\ 0+2 \end{pmatrix} = \begin{pmatrix} -1 \\ 2 \end{pmatrix}$$

これより

O′(0,0)，A′(1,1)

B′(0,3)，C′(−1,2)

となり，右図のような四角形に移されることがわかります。

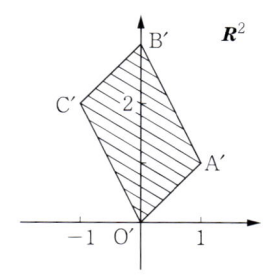

正方形が平行四辺形になりましたわ。

問題 5.8 （解答は p.176）

R^2 の線形写像

$$f(\vec{x}) = B\vec{x}, \quad B = \begin{pmatrix} 4 & 1 \\ 1 & 3 \end{pmatrix}$$

により，右図の三角形はどのような図形に移されるかを調べてください。

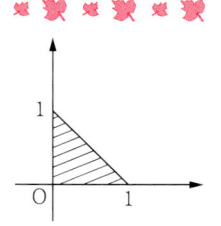

■ 平面上の回転移動

> **定理　原点のまわり θ の回転移動**
>
> $\boldsymbol{R}^2$ において $\vec{x}$ を原点Oのまわりに角 θ だけ回転させる写像 f は
> $$f(\vec{x})=A\vec{x}, \quad A=\begin{pmatrix} \cos\theta & -\sin\theta \\ \sin\theta & \cos\theta \end{pmatrix}$$
> と表される線形写像となる。

$\sin\theta = \dfrac{b}{c}$

$\cos\theta = \dfrac{a}{c}$

この定理を導いてみましょう。

原点のまわりに角 θ だけ回転させる写像により，$\vec{x}$ が $\vec{x}'$ になったとすると，
$$f(\vec{x})=\vec{x}'$$
とかけます。

$\vec{x}=\overrightarrow{OP}, \ \vec{x}'=\overrightarrow{OP'}$

$P(x_1, x_2), \ P'(x_1', x_2')$

$OP=OP'=r$

OP と x 軸とのなす角 $=\alpha$

としておくと
$$\begin{cases} x_1 = r\cos\alpha \\ x_2 = r\sin\alpha \end{cases} \quad \begin{cases} x_1' = r\cos(\alpha+\theta) \\ x_2' = r\sin(\alpha+\theta) \end{cases}$$

となります。三角関数の加法定理を使って，x_1', x_2' の式を変形していくと

$x_1' = r(\cos\alpha\cos\theta - \sin\alpha\sin\theta)$
$ = r\cos\alpha \cdot \cos\theta - r\sin\alpha \cdot \sin\theta = x_1\cos\theta - x_2\sin\theta$

$x_2' = r(\sin\alpha\cos\theta + \cos\alpha\sin\theta)$
$ = r\sin\alpha \cdot \cos\theta + r\cos\alpha \cdot \sin\theta = x_2\cos\theta + x_1\sin\theta$

$\therefore \ \vec{x}' = \begin{pmatrix} x_1' \\ x_2' \end{pmatrix} = \begin{pmatrix} x_1\cos\theta - x_2\sin\theta \\ x_2\cos\theta + x_1\sin\theta \end{pmatrix} = \begin{pmatrix} \cos\theta \cdot x_1 - \sin\theta \cdot x_2 \\ \sin\theta \cdot x_1 + \cos\theta \cdot x_2 \end{pmatrix}$

$\phantom{\therefore \ \vec{x}'} = \begin{pmatrix} \cos\theta & -\sin\theta \\ \sin\theta & \cos\theta \end{pmatrix} \begin{pmatrix} x_1 \\ x_2 \end{pmatrix}$

したがって
$$f(\vec{x}) = A\vec{x}, \quad A = \begin{pmatrix} \cos\theta & -\sin\theta \\ \sin\theta & \cos\theta \end{pmatrix}$$
と表され，線形写像であることがわかります。

回転移動も線形写像なのですね。

> **加法定理**
> $\sin(\alpha\pm\beta) = \sin\alpha\cos\beta \pm \cos\alpha\sin\beta$
> $\cos(\alpha\pm\beta) = \cos\alpha\cos\beta \mp \sin\alpha\sin\beta$
> （複号同順）

例題 5.9 [平面上の点の回転移動]

R^2 において，点を原点のまわりに次の角度だけ回転移動させる線形写像 f の行列 A を求めてみましょう．また，点 $P(1,2)$ がどのような点に移るかを求めてみましょう．

(1) $30°$ (2) $-90°$

> 原点のまわり θ の回転移動
> $$f(\vec{x}) = A\vec{x}$$
> $$A = \begin{pmatrix} \cos\theta & -\sin\theta \\ \sin\theta & \cos\theta \end{pmatrix}$$

解 (1) 原点のまわり $30°$ の回転移動の行列は $\theta = 30°$ を代入して

$$A = \begin{pmatrix} \cos 30° & -\sin 30° \\ \sin 30° & \cos 30° \end{pmatrix} = \begin{pmatrix} \dfrac{\sqrt{3}}{2} & -\dfrac{1}{2} \\ \dfrac{1}{2} & \dfrac{\sqrt{3}}{2} \end{pmatrix}$$

$\vec{x} = \overrightarrow{OP} = \begin{pmatrix} 1 \\ 2 \end{pmatrix}$ とすると

$$f(\vec{x}) = A\vec{x} = \begin{pmatrix} \dfrac{\sqrt{3}}{2} & -\dfrac{1}{2} \\ \dfrac{1}{2} & \dfrac{\sqrt{3}}{2} \end{pmatrix} \begin{pmatrix} 1 \\ 2 \end{pmatrix} = \begin{pmatrix} \dfrac{\sqrt{3}}{2}\cdot 1 - \dfrac{1}{2}\cdot 2 \\ \dfrac{1}{2}\cdot 1 + \dfrac{\sqrt{3}}{2}\cdot 2 \end{pmatrix} = \begin{pmatrix} \dfrac{\sqrt{3}}{2} - 1 \\ \dfrac{1}{2} + \sqrt{3} \end{pmatrix}$$

これより $P(1,2)$ は次の点 Q に移ることがわかりました．

$$Q\left(\dfrac{\sqrt{3}}{2} - 1, \dfrac{1}{2} + \sqrt{3}\right)$$

(2) $\theta = -90°$ より

$$A = \begin{pmatrix} \cos(-90°) & -\sin(-90°) \\ \sin(-90°) & \cos(-90°) \end{pmatrix}$$

$$= \begin{pmatrix} 0 & -(-1) \\ -1 & 0 \end{pmatrix} = \begin{pmatrix} 0 & 1 \\ -1 & 0 \end{pmatrix}$$

$\vec{x} = \overrightarrow{OP} = \begin{pmatrix} 1 \\ 2 \end{pmatrix}$ とすると

$$f(\vec{x}) = A\vec{x} = \begin{pmatrix} 0 & 1 \\ -1 & 0 \end{pmatrix}\begin{pmatrix} 1 \\ 2 \end{pmatrix} = \begin{pmatrix} 0\cdot 1 + 1\cdot 2 \\ -1\cdot 1 + 0\cdot 2 \end{pmatrix} = \begin{pmatrix} 0+2 \\ -1+0 \end{pmatrix} = \begin{pmatrix} 2 \\ -1 \end{pmatrix}$$

これより $P(1,2)$ は次の点 R に移ることがわかりました．

$$R(2, -1)$$

(解終)

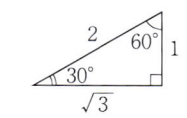

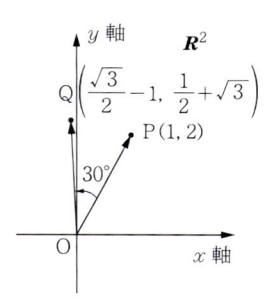

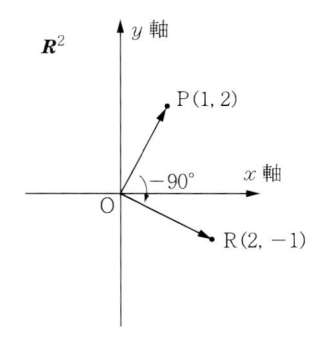

問題 5.9 （解答は p.176）

R^2 において，点を原点のまわりに次の角度だけ回転移動させる線形写像の行列を求め，点 $(-2, 1)$ がどのような点に移るかを求めてください．

(1) $180°$ (2) $-45°$

〈3〉 合成写像

R^2 または R^3 における 2 つの線形写像
$$f(\vec{x}) = A\vec{x}, \quad g(\vec{x}) = B\vec{x}$$
があるとします。この2つの写像を続けて行うと，どのような写像になるかを考えてみましょう。 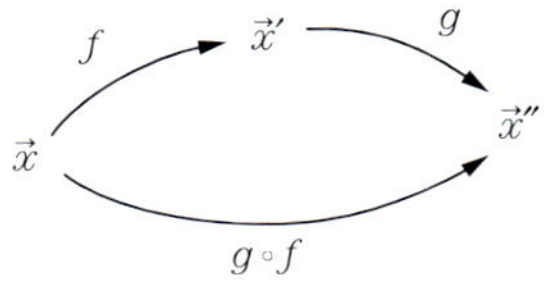
$$\vec{x}' = f(\vec{x}) = A\vec{x}$$
$$\vec{x}'' = g(\vec{x}') = B\vec{x}'$$
とすると
$$\vec{x}'' = g(\vec{x}') = g(f(\vec{x}))$$
一方，
$$\vec{x}'' = g(\vec{x}') = B\vec{x}' = B(A\vec{x}) = (BA)\vec{x}$$
$$\therefore \quad g(f(\vec{x})) = (BA)\vec{x}$$
ここで
$$g(f(\vec{x})) = (g \circ f)(\vec{x})$$
とかくことにすると
$$(g \circ f)(\vec{x}) = (BA)\vec{x}$$
となりました。この $g \circ f$ を
$$f \text{ と } g \text{ の 合成写像}$$
といいます。上記のことより，線形写像の合成写像も線形写像となります。

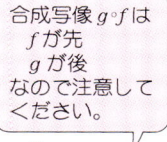

> $g \circ f$ は "g マル f" とよみます。

> 合成写像 $g \circ f$ は f が先 g が後 なので注意してください。

定理　合成写像の行列

$f(\vec{x}) = A\vec{x}, \ g(\vec{x}) = B\vec{x}$ のとき
$$(g \circ f)(\vec{x}) = (BA)\vec{x}$$

また，線形写像 f と g について

　　$g \circ f$　は　f で写像してから g で写像

　　$f \circ g$　は　g で写像してから f で写像

なので，一般的に
$$g \circ f \neq f \circ g$$
となるので気をつけてください。

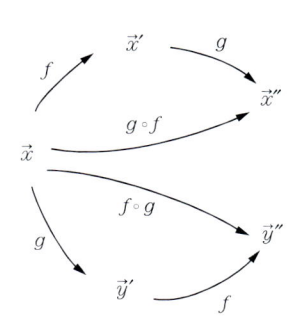

例題 5.10 [合成写像 1]

R^2 における次の 2 つの写像があります。

$$f(\vec{x}) = A\vec{x}, \quad A = \begin{pmatrix} 1 & 0 \\ 0 & -1 \end{pmatrix} \; ; \; g(\vec{x}) = B\vec{x}, \quad B = \begin{pmatrix} 0 & -1 \\ 1 & 0 \end{pmatrix}$$

（1） $\vec{p} = \begin{pmatrix} 2 \\ 1 \end{pmatrix}$ について $\vec{p}' = f(\vec{p})$ を求めてみましょう。

（2） $\vec{p}'' = g(\vec{p}')$ を求めてみましょう。

（3） $(f \circ g)(\vec{p})$ を求めてみましょう。

○ f は x 軸に関する対称移動
g は原点のまわり $90°$ の回転移動

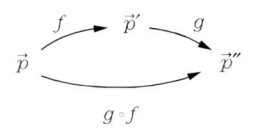

$(g \circ f)(\vec{x}) = g(f(\vec{x}))$
$(f \circ g)(\vec{x}) = f(g(\vec{x}))$

解 （1） $\vec{p}' = f(\vec{p}) = A\vec{p}$

$$= \begin{pmatrix} 1 & 0 \\ 0 & -1 \end{pmatrix} \begin{pmatrix} 2 \\ 1 \end{pmatrix}$$

$$= \begin{pmatrix} 1 \cdot 2 + 0 \cdot 1 \\ 0 \cdot 2 + (-1) \cdot 1 \end{pmatrix} = \begin{pmatrix} 2 \\ -1 \end{pmatrix}$$

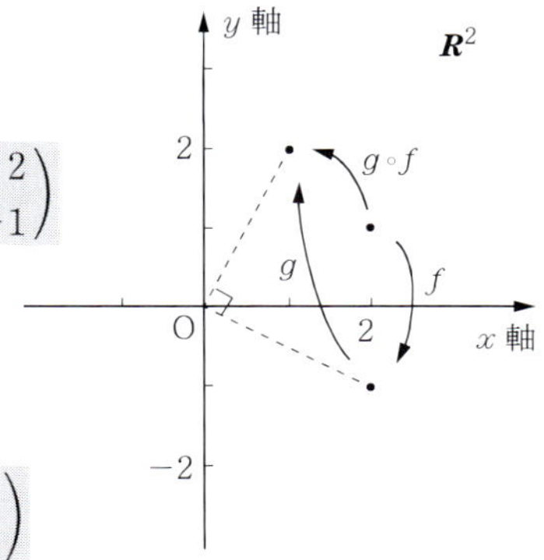

（2） $\vec{p}'' = g(\vec{p}') = B\vec{p}'$

$$= \begin{pmatrix} 0 & -1 \\ 1 & 0 \end{pmatrix} \begin{pmatrix} 2 \\ -1 \end{pmatrix}$$

$$= \begin{pmatrix} 0 \cdot 2 + (-1) \cdot (-1) \\ 1 \cdot 2 + 0 \cdot (-1) \end{pmatrix} = \begin{pmatrix} 1 \\ 2 \end{pmatrix}$$

警告！
$g \circ f \neq f \circ g$

（3） 写像の順番に気をつけましょう。

$$(f \circ g)(\vec{p}) = f(g(\vec{p}))$$

なので，$g(\vec{p})$ を先に求めておくと

$$g(\vec{p}) = B\vec{p}$$

$$= \begin{pmatrix} 0 & -1 \\ 1 & 0 \end{pmatrix} \begin{pmatrix} 2 \\ 1 \end{pmatrix} = \begin{pmatrix} 0 \cdot 2 + (-1) \cdot 1 \\ 1 \cdot 2 + 0 \cdot 1 \end{pmatrix} = \begin{pmatrix} -1 \\ 2 \end{pmatrix}$$

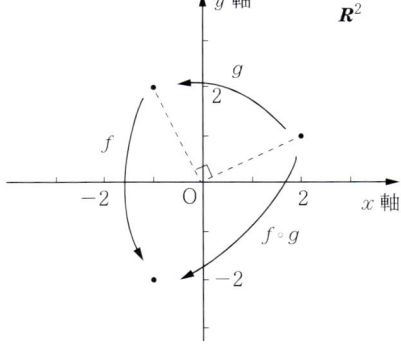

これより

$$(f \circ g)(\vec{p}) = f(g(\vec{p})) = A g(\vec{p})$$

$$= \begin{pmatrix} 1 & 0 \\ 0 & -1 \end{pmatrix} \begin{pmatrix} -1 \\ 2 \end{pmatrix} = \begin{pmatrix} 1 \cdot (-1) + 0 \cdot 2 \\ 0 \cdot (-1) + (-1) \cdot 2 \end{pmatrix} = \begin{pmatrix} -1 \\ -2 \end{pmatrix} \quad \text{(解終)}$$

○ $f \circ g$ の行列 AB を利用してもOKです。

問題 5.10 （解答は p. 177）

R^2 における次の 2 つの写像があります。

$$f(\vec{x}) = A\vec{x}, \quad A = \begin{pmatrix} -1 & 0 \\ 0 & 1 \end{pmatrix} \; ; \; g(\vec{x}) = B\vec{x}, \quad B = \begin{pmatrix} 0 & 1 \\ -1 & 0 \end{pmatrix}$$

（f は y 軸に関する対称移動，g は原点のまわり $-90°$ の回転移動）

（1） $\vec{q} = \begin{pmatrix} 1 \\ 2 \end{pmatrix}$ について $\vec{q}' = g(\vec{q})$，$\vec{q}'' = f(\vec{q}')$ を求めてください。

（2） $(g \circ f)(\vec{q})$ を求めてください。

例題 5.11 [合成写像 2]

R^2 における次の 3 つの線形写像があります。

$$f(\vec{x}) = A\vec{x}, \quad g(\vec{x}) = B\vec{x}, \quad h(\vec{x}) = C\vec{x}$$

$$A = \begin{pmatrix} 0 & 1 \\ 1 & 0 \end{pmatrix}, \quad B = \begin{pmatrix} 0 & -1 \\ 1 & 0 \end{pmatrix}, \quad C = \begin{pmatrix} 2 & 0 \\ 0 & 2 \end{pmatrix}$$

(1) 合成写像 $g \circ f$ と $f \circ g$ の行列をそれぞれ求めてみましょう。

(2) 合成写像 $h \circ g$ と $g \circ h$ の行列をそれぞれ求めてみましょう。

f : 直線 $y = x$ に関する対称移動
g : 原点のまわり $90°$ の回転移動
h : 原点からの距離を 2 倍に拡大する写像

―― 合成写像の行列 ――
$f(\vec{x}) = A\vec{x}$
$g(\vec{x}) = B\vec{x}$
のとき
$(g \circ f)(\vec{x}) = (BA)\vec{x}$

解 (1) $g \circ f$ の行列は BA なので

$$BA = \begin{pmatrix} 0 & -1 \\ 1 & 0 \end{pmatrix} \begin{pmatrix} 0 & 1 \\ 1 & 0 \end{pmatrix} = \begin{pmatrix} 0 \cdot 0 + (-1) \cdot 1 & 0 \cdot 1 + (-1) \cdot 0 \\ 1 \cdot 0 + 0 \cdot 1 & 1 \cdot 1 + 0 \cdot 0 \end{pmatrix}$$

$$= \begin{pmatrix} -1 & 0 \\ 0 & 1 \end{pmatrix} \quad \text{← } y \text{ 軸に関する対称移動の行列}$$

$f \circ g$ の行列は AB なので

$$AB = \begin{pmatrix} 0 & 1 \\ 1 & 0 \end{pmatrix} \begin{pmatrix} 0 & -1 \\ 1 & 0 \end{pmatrix} = \begin{pmatrix} 0 \cdot 0 + 1 \cdot 1 & 0 \cdot (-1) + 1 \cdot 0 \\ 1 \cdot 0 + 0 \cdot 1 & 1 \cdot (-1) + 0 \cdot 0 \end{pmatrix} = \begin{pmatrix} 1 & 0 \\ 0 & -1 \end{pmatrix}$$

x 軸に関する対称移動の行列

(2) $h \circ g$ の行列は CB なので

$$CB = \begin{pmatrix} 2 & 0 \\ 0 & 2 \end{pmatrix} \begin{pmatrix} 0 & -1 \\ 1 & 0 \end{pmatrix} = \begin{pmatrix} 2 \cdot 0 + 0 \cdot 1 & 2 \cdot (-1) + 0 \cdot 0 \\ 0 \cdot 0 + 2 \cdot 1 & 0 \cdot (-1) + 2 \cdot 0 \end{pmatrix} = \begin{pmatrix} 0 & -2 \\ 2 & 0 \end{pmatrix}$$

$g \circ h$ の行列は BC なので

$$BC = \begin{pmatrix} 0 & -1 \\ 1 & 0 \end{pmatrix} \begin{pmatrix} 2 & 0 \\ 0 & 2 \end{pmatrix} = \begin{pmatrix} 0 \cdot 2 + (-1) \cdot 0 & 0 \cdot 0 + (-1) \cdot 2 \\ 1 \cdot 2 + 0 \cdot 0 & 1 \cdot 0 + 0 \cdot 2 \end{pmatrix}$$

$$= \begin{pmatrix} 0 & -2 \\ 2 & 0 \end{pmatrix} \quad \text{(解終)}$$

$h \circ g$ の行列と $g \circ h$ の行列は同じになりました。

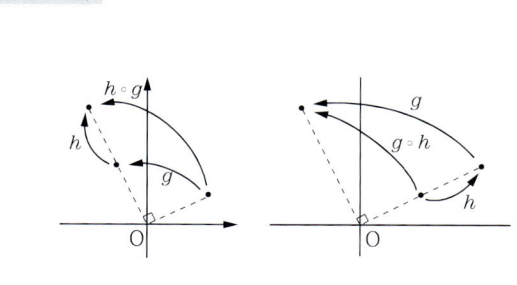

問題 5.11（解答は p. 177）

R^2 における次の 3 つの線形写像があります。

$$f(\vec{x}) = A\vec{x}, \quad g(\vec{x}) = B\vec{x}, \quad h(\vec{x}) = C\vec{x} \quad ; \quad A = \begin{pmatrix} 1 & 0 \\ 0 & -1 \end{pmatrix}, \quad B = \begin{pmatrix} -1 & 0 \\ 0 & -1 \end{pmatrix}, \quad C = \begin{pmatrix} 0 & -1 \\ -1 & 0 \end{pmatrix}$$

(1) 合成写像 $g \circ f$ と $f \circ g$ の行列をそれぞれ求めてください。

(2) 合成写像 $h \circ f$ と $f \circ h$ の行列をそれぞれ求めてください。

〈4〉 逆写像

R^2 における線形写像

$$f(\vec{x}) = A\vec{x}$$

で，$\vec{x}$ が $\vec{x}'$ に移されるとします。
これは写像 f により

　　$\vec{x}$ が $\vec{x}'$ に対応している

ということです。

この対応の逆の対応を考えてみましょう。

$$\vec{x}' = A\vec{x} \quad \text{①}$$

という関係で，どのような写像を考えれば

　　$\vec{x}'$ が $\vec{x}$ に対応する

でしょう。

①の式を $\vec{x} = \cdots$ に直すには…。
①の左側から両辺に A の逆行列である A^{-1} をかけると

$$A^{-1}\vec{x}' = A^{-1}(A\vec{x})$$
$$= (A^{-1}A)\vec{x} = E\vec{x} = \vec{x}$$

これより

$$\vec{x} = A^{-1}\vec{x}'$$

となり，f の逆の対応をとなる線形写像が見つかりました。

えっ！　ちょっとまってください。A^{-1} は A の逆行列ですが，p.56 で勉強したようにどんな行列にも A^{-1} が存在するとは限りません。もし A^{-1} が存在すれば，つまり $|A| \neq 0$ のとき

$$f(\vec{x}) = A\vec{x}$$

に対して

$$g(\vec{x}) = A^{-1}\vec{x}$$

で決まる写像を

　　f の逆写像

といい，f^{-1} とかきます。つまり

$$f(\vec{x}) = A\vec{x} \quad \text{のとき} \quad f^{-1}(\vec{x}) = A^{-1}\vec{x} \quad (\text{ただし } |A| \neq 0)$$

です。

$|A| = 0$ のときは $f(\vec{x}) = A\vec{x}$ の逆写像はどうなるのでしょう。

このときは逆の対応は写像とはならず，逆写像は存在しません。

また，逆写像が存在する写像 f については，次の性質が成り立ちます。

$$f \circ f^{-1} = f^{-1} \circ f = I \quad (I: 恒等写像)$$

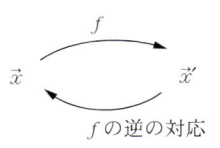

逆写像の逆は
逆数
逆行列
逆ベクトル
などと同じ意味
なのかしら？

単位行列 E

$$E = \begin{pmatrix} 1 & 0 \\ 0 & 1 \end{pmatrix}$$

$AE = EA = A$

A^{-1}：A の逆行列

$$AA^{-1} = A^{-1}A = E$$

$|A| \neq 0$
$\Leftrightarrow$ A^{-1} が存在

● f^{-1} は "f インヴァース" とよみます。

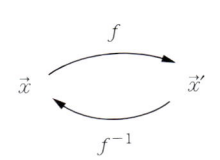

恒等写像

$$I(\vec{x}) = \vec{x}$$

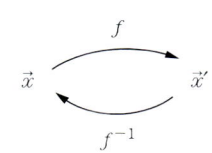

2次の行列式

$$A = \begin{pmatrix} a & b \\ c & d \end{pmatrix}$$

$$|A| = ad - bc$$

2次の行列の逆行列

$$A = \begin{pmatrix} a & b \\ c & d \end{pmatrix}, \quad |A| \neq 0$$

$$A^{-1} = \frac{1}{|A|} \begin{pmatrix} d & -b \\ -c & a \end{pmatrix}$$

掃き出し法で求めると ➡

A		E	
2	1	1	0
1	1	0	1
①	1	0	1
2	1	1	0
1	1	0	1
0	−1	1	−2
1	1	0	1
0	①	−1	2
1	0	1	−1
0	1	−1	2
E		A^{-1}	

例題 5.12 [逆写像 1]

$\boldsymbol{R}^2$ の線形写像 $f(\vec{x}) = A\vec{x}$, $A = \begin{pmatrix} 2 & 1 \\ 1 & 1 \end{pmatrix}$ について

(1) $|A| \neq 0$ を確認し,A^{-1} を求めてみましょう。

(2) f の逆写像 f^{-1} を求めてみましょう。

(3) $\vec{p} = \begin{pmatrix} 3 \\ 2 \end{pmatrix}$ について,$\vec{p}' = f(\vec{p})$ とおくとき,

$f^{-1}(\vec{p}') = \vec{p}$ を確認してみましょう。

解 (1) $|A| = \begin{vmatrix} 2 & 1 \\ 1 & 1 \end{vmatrix} = 2 \cdot 1 - 1 \cdot 1 = 2 - 1 = 1 \neq 0$

$|A| \neq 0$ より A には逆行列が存在します。

2次の行列の逆行列の公式より

$$A^{-1} = \frac{1}{1} \begin{pmatrix} 1 & -1 \\ -1 & 2 \end{pmatrix} = \begin{pmatrix} 1 & -1 \\ -1 & 2 \end{pmatrix}$$

(2) f の逆写像 f^{-1} の行列は A^{-1} なので

$$f^{-1}(\vec{x}) = \begin{pmatrix} 1 & -1 \\ -1 & 2 \end{pmatrix} \vec{x}$$

(3) はじめに $\vec{p}'$ を求めると

$$\vec{p}' = f(\vec{p}) = A\vec{p} = \begin{pmatrix} 2 & 1 \\ 1 & 1 \end{pmatrix} \begin{pmatrix} 3 \\ 2 \end{pmatrix} = \begin{pmatrix} 2 \cdot 3 + 1 \cdot 2 \\ 1 \cdot 3 + 1 \cdot 2 \end{pmatrix} = \begin{pmatrix} 8 \\ 5 \end{pmatrix}$$

これを f^{-1} で写像すると

$$f^{-1}(\vec{p}') = \begin{pmatrix} 1 & -1 \\ -1 & 2 \end{pmatrix} \begin{pmatrix} 8 \\ 5 \end{pmatrix} = \begin{pmatrix} 1 \cdot 8 + (-1) \cdot 5 \\ (-1) \cdot 8 + 2 \cdot 5 \end{pmatrix} = \begin{pmatrix} 3 \\ 2 \end{pmatrix} = \vec{p}$$

∴ $f^{-1}(\vec{p}') = \vec{p}$ (解終)

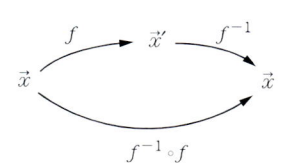

問題 5.12 (解答は p.178)

$\boldsymbol{R}^2$ の線形写像 $f(\vec{x}) = A\vec{x}$, $A = \begin{pmatrix} 4 & 3 \\ 2 & 1 \end{pmatrix}$ について,

(1) $|A| \neq 0$ を確認し,A^{-1} を求めてください。

(2) f の逆写像 f^{-1} を求めてください。

(3) $\vec{p} = \begin{pmatrix} -2 \\ 5 \end{pmatrix}$ について,$\vec{p}' = f(\vec{p})$ とおくとき,$f^{-1}(\vec{p}') = \vec{p}$ を確認してください。

例題 5.13 ［逆写像 2］

R^2 の線形写像

$$f(\vec{x}) = A\vec{x}, \quad A = \begin{pmatrix} 4 & 1 \\ 3 & 1 \end{pmatrix}$$

により，右の正方形に写されるもとの図形を求めてみましょう。

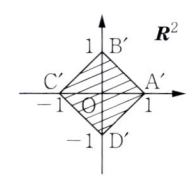

解 $|A| = \begin{vmatrix} 4 & 1 \\ 3 & 1 \end{vmatrix} = 4 \cdot 1 - 1 \cdot 3 = 4 - 3 = 1 \neq 0$

より，f には逆写像が存在し，

$$f^{-1}(\vec{x}) = A^{-1}\vec{x}$$

$$A^{-1} = \frac{1}{1}\begin{pmatrix} 1 & -1 \\ -3 & 4 \end{pmatrix} = \begin{pmatrix} 1 & -1 \\ -3 & 4 \end{pmatrix}$$

となります。
右上の正方形の 4 つの頂点を

$$A'(1, 0), \ B'(0, 1), \ C'(-1, 0), \ D'(0, -1)$$

とおくと

$$f^{-1}(\overrightarrow{OA'}) = A^{-1}\overrightarrow{OA'}$$
$$= \begin{pmatrix} 1 & -1 \\ -3 & 4 \end{pmatrix}\begin{pmatrix} 1 \\ 0 \end{pmatrix} = \begin{pmatrix} 1 \cdot 1 - 1 \cdot 0 \\ -3 \cdot 1 + 4 \cdot 0 \end{pmatrix} = \begin{pmatrix} 1 \\ -3 \end{pmatrix}$$

$$f^{-1}(\overrightarrow{OB'}) = A^{-1}\overrightarrow{OB'}$$
$$= \begin{pmatrix} 1 & -1 \\ -3 & 4 \end{pmatrix}\begin{pmatrix} 0 \\ 1 \end{pmatrix} = \begin{pmatrix} 1 \cdot 0 - 1 \cdot 1 \\ -3 \cdot 0 + 4 \cdot 1 \end{pmatrix} = \begin{pmatrix} -1 \\ 4 \end{pmatrix}$$

$$f^{-1}(\overrightarrow{OC'}) = A^{-1}\overrightarrow{OC'}$$
$$= \begin{pmatrix} 1 & -1 \\ -3 & 4 \end{pmatrix}\begin{pmatrix} -1 \\ 0 \end{pmatrix} = \begin{pmatrix} 1 \cdot (-1) - 1 \cdot 0 \\ -3 \cdot (-1) + 4 \cdot 0 \end{pmatrix} = \begin{pmatrix} -1 \\ 3 \end{pmatrix}$$

$$f^{-1}(\overrightarrow{OD'}) = A^{-1}\overrightarrow{OD'}$$
$$= \begin{pmatrix} 1 & -1 \\ -3 & 4 \end{pmatrix}\begin{pmatrix} 0 \\ -1 \end{pmatrix} = \begin{pmatrix} 1 \cdot 0 - 1 \cdot (-1) \\ -3 \cdot 0 + 4 \cdot (-1) \end{pmatrix} = \begin{pmatrix} 1 \\ -4 \end{pmatrix}$$

より，それぞれもとの点は

$$A(1, -3), \ B(-1, 4), \ C(-1, 3), \ D(1, -4)$$

となり，右図のような四角形です。　　　　　　（解終）

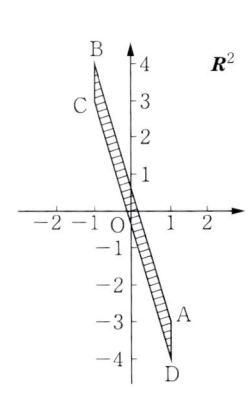

問題 5.13 （解答は p.178）

R^2 の線形写像

$$f(\vec{x}) = B\vec{x}, \quad B = \begin{pmatrix} 5 & 3 \\ 3 & 2 \end{pmatrix}$$

により，右の正方形に写されるもとの図形を求めてください。

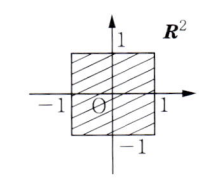

〈5〉 固有値と固有ベクトル

線形写像 f は正方行列 A を使って

$$f(\vec{x}) = A\vec{x}$$

とかける写像でした。この写像により $\boldsymbol{R}^2$ 内のベクトルは移されていきます。その中で特に f により自分自身の λ 倍（λ：実定数）に移される $\vec{0}$ と異なるベクトル $\vec{v}$、つまり

$$f(\vec{v}) = A\vec{v} = \lambda\vec{v} \quad (\text{ただし } \vec{v} \neq \vec{0})$$

という性質をもつベクトルを考えてみます。この性質をもつとき、

λ を A の **固有値**

$\vec{v}$ を λ に属する **固有ベクトル**

といいます。

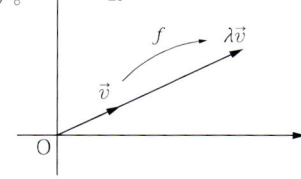

> 行列 A を調べることは線形写像 f を調べることと同じなのです。

それではどのように A の固有値 λ と固有ベクトル $\vec{v}$ をさがしたらよいのでしょうか。$\boldsymbol{R}^2$ で考えてみましょう。

$$A\vec{v} = \lambda\vec{v}$$

という性質をもつとすると

$$\lambda\vec{v} - A\vec{v} = \vec{0}$$
$$\lambda E\vec{v} - A\vec{v} = \vec{0}$$
$$(\lambda E - A)\vec{v} = \vec{0} \quad ①$$

ここで

$$A = \begin{pmatrix} a & b \\ c & d \end{pmatrix}$$

とおくと

$$\lambda E - A = \lambda \begin{pmatrix} 1 & 0 \\ 0 & 1 \end{pmatrix} - \begin{pmatrix} a & b \\ c & d \end{pmatrix} = \begin{pmatrix} \lambda & 0 \\ 0 & \lambda \end{pmatrix} - \begin{pmatrix} a & b \\ c & d \end{pmatrix}$$
$$= \begin{pmatrix} \lambda-a & 0-b \\ 0-c & \lambda-d \end{pmatrix} = \begin{pmatrix} \lambda-a & -b \\ -c & \lambda-d \end{pmatrix} \quad ②$$

となりました。そこで

$$\vec{v} = \begin{pmatrix} v_1 \\ v_2 \end{pmatrix}$$

とおくと、①に代入して

$$\begin{pmatrix} \lambda-a & -b \\ -c & \lambda-d \end{pmatrix}\begin{pmatrix} v_1 \\ v_2 \end{pmatrix} = \begin{pmatrix} 0 \\ 0 \end{pmatrix}, \quad \begin{pmatrix} (\lambda-a)v_1 - bv_2 \\ -cv_1 + (\lambda-d)v_2 \end{pmatrix} = \begin{pmatrix} 0 \\ 0 \end{pmatrix}$$

$$\therefore \begin{cases} (\lambda-a)v_1 - bv_2 = 0 \\ -cv_1 + (\lambda-d)v_2 = 0 \end{cases} \quad ③$$

これは v_1, v_2 に関する連立1次方程式です。

> $\vec{v} = \begin{pmatrix} v_1 \\ v_2 \end{pmatrix}$ とすると
> $\begin{pmatrix} v_1 \\ v_2 \end{pmatrix} = \begin{pmatrix} 1 & 0 \\ 0 & 1 \end{pmatrix}\begin{pmatrix} v_1 \\ v_2 \end{pmatrix}$ より
> $\vec{v} = E\vec{v}$

p.31 で調べたように，

$$|左辺の係数行列の行列式| \neq 0$$

のときだけ 1 組の解 $v_1=v_2=0$ をもちます。これ以外の解をもつ条件
は

$$左辺の係数行列の行列式 = \begin{vmatrix} \lambda-a & -b \\ -c & \lambda-d \end{vmatrix} = 0$$

です。つまり

$$|\lambda E-A|=0$$

です。このとき，連立 1 次方程式③には $\vec{v}=\vec{0}$ 以外に無数組の解が存
在します。

これより

$$A\vec{v}=\lambda\vec{v}$$

となる定数 λ とベクトル $\vec{v}$ ($\vec{v} \neq \vec{0}$) が存在する条件は

$$|\lambda E-A|=0$$

であることがわかりました。

λ を x にかえて，固有値を求めるための方程式

$$|xE-A|=0$$

を A の**固有方程式**といいます。

◯ R^3 においても同様に考える
ことができます。

$A=\begin{pmatrix} a & b \\ c & d \end{pmatrix}$ の場合，

$$|xE-A| = \left| x\begin{pmatrix} 1 & 0 \\ 0 & 1 \end{pmatrix} - \begin{pmatrix} a & b \\ c & d \end{pmatrix} \right| = \left| \begin{pmatrix} x & 0 \\ 0 & x \end{pmatrix} - \begin{pmatrix} a & b \\ c & d \end{pmatrix} \right|$$

$$= \begin{vmatrix} x-a & 0-b \\ 0-c & x-d \end{vmatrix} = \begin{vmatrix} x-a & -b \\ -c & x-d \end{vmatrix}$$

$$= (x-a)(x-d)-(-b)(-c)$$

$$= x^2-(a+d)x+(ad-bc)$$

$\begin{vmatrix} a & b \\ c & d \end{vmatrix} = ad-bc$

より，A の固有方程式は

$$x^2-(a+d)x+(ad-bc)=0$$

という 2 次方程式となるので，この方程式を解けば A の固有値が求
まります。ただし，実数解をもたない場合は，固有値 λ は実定数の
ため，A の固有値は存在しません。

- A の固有値 λ，固有ベクトル $\vec{v}$
    $A\vec{v}=\lambda\vec{v}$
- 固有方程式：固有値を求めるための方程式
    $|xE-A|=0$

いっぺんに出てくると
こんがらがってしまいますわ。

例題 5.14 [固有値]

$A = \begin{pmatrix} 3 & 2 \\ 1 & 4 \end{pmatrix}$ について

(1) 固有方程式 $|xE-A|=0$ を2次方程式にかき直してみましょう。

(2) 固有方程式を解くことにより，A の固有値を求めてみましょう。

固有方程式

$|xE-A| = \begin{vmatrix} x-a & -b \\ -c & x-d \end{vmatrix} = 0$

解 (1) $|xE-A|$
$= \begin{vmatrix} x-3 & -2 \\ -1 & x-4 \end{vmatrix} = (x-3)(x-4)-(-2)(-1)$
$= (x^2-7x+12)-2 = x^2-7x+10 = 0$

∴ $x^2-7x+10=0$

(2) 因数分解して解くと

$(x-5)(x-2)=0$ より $x=5, 2$

ゆえに A の固有値は 5 と 2 です。　　　　　　　　　（解終）

$|xE-A|$ は x を対角線上に並べ A の成分に－をつけて書き加えていけば出来上がりです。

- A の固有値 λ，固有ベクトル $\vec{v}$
  $A\vec{v} = \lambda\vec{v}$
- 固有方程式：固有値を求めるための方程式
  $|xE-A|=0$

$f(\vec{v})=\lambda\vec{v}$
$f(\vec{x})=A\vec{x}$

線形写像 $f(\vec{x})=A\vec{x}$ によって λ 倍に移される特別なベクトルが固有ベクトル $\vec{v}$ なのですね。

問題 5.14 （解答は p.178）

$B = \begin{pmatrix} 4 & -3 \\ -1 & 2 \end{pmatrix}$ について

(1) 固有方程式 $|xE-B|=0$ を2次方程式にかき直してください。

(2) 固有方程式を解くことにより，B の固有値を求めてください。

例題 5.15 [固有ベクトル]

前例題で求めた $A = \begin{pmatrix} 3 & 2 \\ 1 & 4 \end{pmatrix}$ の大きいほうの固有値に属する固有ベクトルを求めてみましょう。

解 前例題の結果より，A の大きいほうの固有値は 5。

$\lambda = 5$ に属する固有ベクトルを $\vec{v} = \begin{pmatrix} v_1 \\ v_2 \end{pmatrix}$ とおくと，固有値，固有ベクトルの関係 $A\vec{v} = \lambda \vec{v}$ に代入して

$$\begin{pmatrix} 3 & 2 \\ 1 & 4 \end{pmatrix} \begin{pmatrix} v_1 \\ v_2 \end{pmatrix} = 5 \begin{pmatrix} v_1 \\ v_2 \end{pmatrix}$$

$$\begin{pmatrix} 3v_1 + 2v_2 \\ v_1 + 4v_2 \end{pmatrix} = \begin{pmatrix} 5v_1 \\ 5v_2 \end{pmatrix}$$

$$\therefore \begin{cases} 3v_1 + 2v_2 = 5v_1 \\ v_1 + 4v_2 = 5v_2 \end{cases}$$

$$\rightarrow \begin{cases} -2v_1 + 2v_2 = 0 \\ v_1 - v_2 = 0 \end{cases}$$

A	B	変形
-2 2	0	
1 -1	0	
1 -1	0	①×(-1/2)
1 -1	0	
(✽) 1 -1	0	
0 0	0	②+①×(-1)

― 行基本変形 ―
Ⅰ．⟨i⟩×k (k≠0)
Ⅱ．⟨i⟩+⟨j⟩×k
Ⅲ．⟨i⟩↔⟨j⟩

この連立 1 次方程式を解くと，右上の係数行列の変形の結果より

$\text{rank}\, A = \text{rank}(A|B) = 1$

自由度 = $2 - 1 = 1$ ← 未知数のうち 1 つは t とおく

自由度
= 未知数の数 − rank A
= 任意の値をとる未知数の数

(✽) の結果より

$v_1 - v_2 = 0$

$v_2 = t$ とおくと $v_1 = v_2 = t$

これより 5 に属する固有ベクトル $\vec{v}$ は

$\vec{v} = \begin{pmatrix} t \\ t \end{pmatrix} = t \begin{pmatrix} 1 \\ 1 \end{pmatrix}$ (t は 0 でない実数)

○ $\vec{0}$ は固有ベクトルに含めないので $t \neq 0$

となります。 (解終)

> 1 つの固有値に属する固有ベクトルは無数にあるのですね。

問題 5.15 (解答は p.179)

前問題における $B = \begin{pmatrix} 4 & -3 \\ -1 & 2 \end{pmatrix}$ の小さいほうの固有値に属する固有ベクトルを求めてください。

とくとく情報［加法定理も線形写像で］

三角関数の加法定理を，2つの線形写像の合成を考えることで導いてみましょう。

原点 O のまわり，角 α の回転移動の線形写像 f_α は

$$f_\alpha(\vec{x}) = A\vec{x}, \qquad A = \begin{pmatrix} \cos\alpha & -\sin\alpha \\ \sin\alpha & \cos\alpha \end{pmatrix}$$

原点 O のまわり，角 β の回転移動の線形写像 f_β は

$$f_\beta(\vec{x}) = B\vec{x}, \qquad B = \begin{pmatrix} \cos\beta & -\sin\beta \\ \sin\beta & \cos\beta \end{pmatrix}$$

とかけました。この2つの写像を続けて行った合成写像

$f_\beta \circ f_\alpha$ は 原点のまわり，角 $\alpha+\beta$ の回転移動の線形写像

です。したがって

$$(f_\beta \circ f_\alpha)(\vec{x}) = C\vec{x}$$

$$C = \begin{pmatrix} \cos(\alpha+\beta) & -\sin(\alpha+\beta) \\ \sin(\alpha+\beta) & \cos(\alpha+\beta) \end{pmatrix}$$

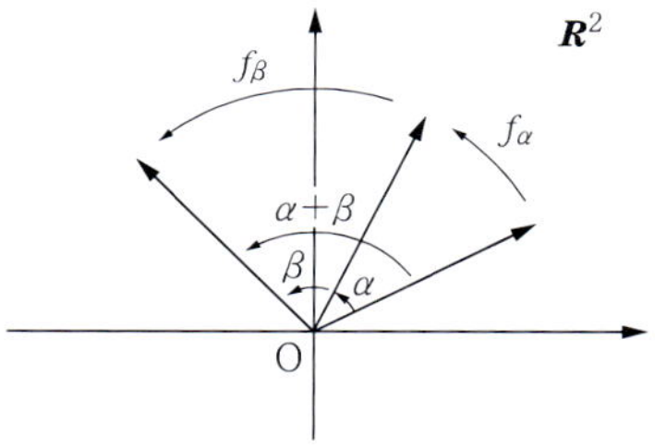

と表されます。

一方，合成写像 $f_\beta \circ f_\alpha$ の行列は p.108 の定理より BA ですので

$$C = BA$$

という関係が成り立っています。成分でかくと

$$\begin{pmatrix} \cos(\alpha+\beta) & -\sin(\alpha+\beta) \\ \sin(\alpha+\beta) & \cos(\alpha+\beta) \end{pmatrix} = \begin{pmatrix} \cos\beta & -\sin\beta \\ \sin\beta & \cos\beta \end{pmatrix} \begin{pmatrix} \cos\alpha & -\sin\alpha \\ \sin\alpha & \cos\alpha \end{pmatrix}$$

となるので，右辺の行列の積を計算すると

$$= \begin{pmatrix} \cos\beta \cdot \cos\alpha - \sin\beta \cdot \sin\alpha & \cos\beta \cdot (-\sin\alpha) - \sin\beta \cdot \cos\alpha \\ \sin\beta \cdot \cos\alpha + \cos\beta \cdot \sin\alpha & \sin\beta \cdot (-\sin\alpha) + \cos\beta \cdot \cos\alpha \end{pmatrix}$$

$$= \begin{pmatrix} \cos\alpha\cos\beta - \sin\alpha\sin\beta & -\sin\alpha\cos\beta - \cos\alpha\sin\beta \\ \sin\alpha\cos\beta + \cos\alpha\sin\beta & \cos\alpha\cos\beta - \sin\alpha\sin\beta \end{pmatrix}$$

となります。この結果とはじめの左辺の成分を比較することにより，次の三角関数の加法定理が出て来ます。

$$\begin{cases} \cos(\alpha+\beta) = \cos\alpha\cos\beta - \sin\alpha\sin\beta \\ \sin(\alpha+\beta) = \sin\alpha\cos\beta + \cos\alpha\sin\beta \end{cases}$$

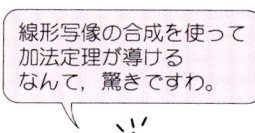

線形写像の合成を使って加法定理が導けるなんて，驚きですわ。

〈6〉 対 角 化

次の特別な2次の正方行列
$$A = \begin{pmatrix} a & 0 \\ 0 & d \end{pmatrix}$$
を考えてみましょう。この行列は左上から右下への対角線上以外の成分は2つとも0なので，**対角行列**とよばれます。成分に0が多いといろいろと便利なことがあります。

たとえば
$$A^2 = \begin{pmatrix} a & 0 \\ 0 & d \end{pmatrix}^2 = \begin{pmatrix} a & 0 \\ 0 & d \end{pmatrix}\begin{pmatrix} a & 0 \\ 0 & d \end{pmatrix}$$
$$= \begin{pmatrix} a^2+0 & 0+0 \\ 0+0 & 0+d^2 \end{pmatrix} = \begin{pmatrix} a^2 & 0 \\ 0 & d^2 \end{pmatrix}$$
$$A^3 = A^2 A = \begin{pmatrix} a^2 & 0 \\ 0 & d^2 \end{pmatrix}\begin{pmatrix} a & 0 \\ 0 & d \end{pmatrix}$$
$$= \begin{pmatrix} a^3+0 & 0+0 \\ 0+0 & 0+d^3 \end{pmatrix} = \begin{pmatrix} a^3 & 0 \\ 0 & d^3 \end{pmatrix}$$

同様にして
$$A^n = \begin{pmatrix} a^n & 0 \\ 0 & d^n \end{pmatrix} \quad (n = 1, 2, 3, \cdots)$$
ということがわかります。

○ n 次の対角行列は次の形です。
$$\begin{pmatrix} a_{11} & 0 & \cdots & 0 \\ 0 & \ddots & \ddots & \vdots \\ \vdots & & a_{ii} & \ddots & 0 \\ 0 & \cdots & 0 & a_{nn} \end{pmatrix}$$

また，x, y の2次形式とよばれる式
$$f(x, y) = ax^2 + 2bxy + cy^2$$
は行列とベクトルを使うと
$$f(x, y) = (x \ y)\begin{pmatrix} a & b \\ b & c \end{pmatrix}\begin{pmatrix} x \\ y \end{pmatrix}$$
と表せることから，まん中にある行列を対角行列と関連づけて
$$f(x, y) = (X \ Y)\begin{pmatrix} a' & 0 \\ 0 & c' \end{pmatrix}\begin{pmatrix} X \\ Y \end{pmatrix} = a'X^2 + c'Y^2$$
と変形することにより，方程式
$$f(x, y) = K$$
の表す曲線の形状を描くことができます。

○ x, y の1次の項や定数項はありません。

○ 標準形とよばれます。

そこで，一般の2次の行列を対角行列と関連づけることを考えましょう。それには〈4〉で学んだ固有値，固有ベクトルが大いに役立ちます。

はじめに2次の正方行列 A の固有値，固有ベクトルに関するいくつかの性質を示しておきます。

いよいよ本書の集大成です。

定理 5.1

A が相異なる 2 つの固有値をもつとき，それぞれの固有値に属する固有ベクトルは線形独立である。

証明 A の異なる 2 つの固有値を λ_1, λ_2 ($\lambda_1 \neq \lambda_2$) とし，それぞれに属する固有ベクトルを $\vec{v}, \vec{w}$ とすると，固有値，固有ベクトルの関係

$$A\vec{v} = \lambda_1 \vec{v}, \quad A\vec{w} = \lambda_2 \vec{w} \quad ①$$

が成り立っています。ただし $\vec{v} \neq \vec{0}$, $\vec{w} \neq \vec{0}$ です。

もし，$\vec{v}, \vec{w}$ が線形従属と仮定すると，自明でない線形関係式

$$k_1 \vec{v} + k_2 \vec{w} = \vec{0} \quad (k_1, k_2 \text{ は同時には } 0 \text{ でない}) \quad ②$$

が成り立っているはずです。k_1, k_2 のどちらかは 0 ではないので $k_1 \neq 0$ としておきます。

線形関係式②の左から A をかけると

$$A(k_1 \vec{v} + k_2 \vec{w}) = A\vec{0}$$
$$A(k_1 \vec{v}) + A(k_2 \vec{w}) = \vec{0}$$
$$k_1 (A\vec{v}) + k_2 (A\vec{w}) = \vec{0}$$

ここで固有値，固有ベクトルの関係①を使うと

$$k_1 (\lambda_1 \vec{v}) + k_2 (\lambda_2 \vec{w}) = \vec{0}$$
$$\lambda_1 (k_1 \vec{v}) + \lambda_2 (k_2 \vec{w}) = \vec{0} \quad ③$$

また②より

$$k_2 \vec{w} = \vec{0} - k_1 \vec{v} = -k_1 \vec{v}$$

なので③に代入すると

$$\lambda_1 (k_1 \vec{v}) + \lambda_2 (-k_1 \vec{v}) = \vec{0}$$
$$k_1 (\lambda_1 - \lambda_2) \vec{v} = \vec{0}$$

となりました。$k_1 \neq 0$, $\lambda_1 \neq \lambda_2$ だったので $\vec{v} = \vec{0}$。$\vec{0}$ は固有ベクトルには入れなかったので，ここで矛盾が生じました。これは $\vec{v}, \vec{w}$ が線形従属と仮定したことにより起こる矛盾です。これより $\vec{v}, \vec{w}$ は線形独立であることが結論づけられます。

証明終

背理法
結論を否定して矛盾を示す証明方法。

A の固有値 λ と 固有ベクトル $\vec{v}$
$A\vec{v} = \lambda \vec{v}$

線形独立，線形従属はベクトル空間のところ (p.89) で勉強しましたわ。

自明な線形関係式
$0\vec{a}_1 + 0\vec{a}_2 + \cdots + 0\vec{a}_r = \vec{0}$

$\vec{a}_1, \cdots, \vec{a}_r$ の間には自明な線形関係式以外の線形関係式が存在する。

$\vec{a}_1, \cdots, \vec{a}_r$: 線形従属
$\Leftrightarrow k_1 \vec{a}_1 + \cdots + k_r \vec{a}_r = \vec{0}$
（少なくとも 1 つは $k_i \neq 0$）が成立。

$\vec{a}_1, \cdots, \vec{a}_r$ の間には自明な線形関係式しか存在しない。

$\vec{a}_1, \cdots, \vec{a}_r$: 線形独立
$\Leftrightarrow k_1 \vec{a}_1 + \cdots + k_r \vec{a}_r = \vec{0}$
ならば $k_1 = \cdots = k_r = 0$

〈6〉対角化　121

定理 5.2

$\vec{v}, \vec{w}$ を線形独立なベクトルとする。
$\vec{v}$ と $\vec{w}$ を並べて，行列
$$P = (\vec{v} \quad \vec{w})$$
をつくると，$|P| \neq 0$ である。

◯ $|P|$ は
行列 P の行列式

(証明) $\vec{v}, \vec{w}$ が線形独立なベクトルのとき，
$$k_1 \vec{v} + k_2 \vec{w} = \vec{0} \implies k_1 = k_2 = 0 \quad ①$$
が成立します。
$$\vec{v} = \begin{pmatrix} v_1 \\ v_2 \end{pmatrix}, \quad \vec{w} = \begin{pmatrix} w_1 \\ w_2 \end{pmatrix}$$
とおいて，左側の線形関係式に代入すると
$$k_1 \begin{pmatrix} v_1 \\ v_2 \end{pmatrix} + k_2 \begin{pmatrix} w_1 \\ w_2 \end{pmatrix} = \begin{pmatrix} 0 \\ 0 \end{pmatrix}$$
$$\begin{pmatrix} k_1 v_1 \\ k_1 v_2 \end{pmatrix} + \begin{pmatrix} k_2 w_1 \\ k_2 w_2 \end{pmatrix} = \begin{pmatrix} 0 \\ 0 \end{pmatrix}, \quad \begin{cases} k_1 v_1 + k_2 w_1 = 0 \\ k_1 v_2 + k_2 w_2 = 0 \end{cases}$$

自明な線形関係式
$0\vec{a}_1 + 0\vec{a}_2 + \cdots + 0\vec{a}_r = \vec{0}$

これより k_1, k_2 を未知数とし，v_1, v_2, w_1, w_2 を係数とする連立1次方程式
$$\begin{cases} v_1 k_1 + w_1 k_2 = 0 \\ v_2 k_1 + w_2 k_2 = 0 \end{cases}$$
が得られます。
もし，
　　　左辺の係数行列の行列式 = 0
であれば，この連立方程式は，
$$k_1 = k_2 = 0$$
以外の解ももっていることになり，①の性質と矛盾します。したがって左辺の係数行列
$$P = \begin{pmatrix} v_1 & w_1 \\ v_2 & w_2 \end{pmatrix} = (\vec{v} \quad \vec{w})$$
について
$$|P| \neq 0$$
が成り立ちます。　　　(証明終)

右辺が0なので，必ず
$x = y = 0$
という解はもっているのですね。

連立1次方程式
$$\begin{cases} ax + by = 0 \\ cx + dy = 0 \end{cases}, \quad A = \begin{pmatrix} a & b \\ c & d \end{pmatrix}$$
について
$|A| \neq 0 \Leftrightarrow x = y = 0$ 以外の解をもたない。

定理 5.3

2次の正方行列 A が相異なる2つの固有値 λ_1, λ_2 をもつとき，それらに属するそれぞれの固有ベクトル $\vec{v}, \vec{w}$ を用いて
$$P = (\vec{v} \quad \vec{w})$$
とおくと
$$P^{-1}AP = \begin{pmatrix} \lambda_1 & 0 \\ 0 & \lambda_2 \end{pmatrix}$$
と対角行列になる。

(証明) 2次の正方行列 A とベクトル $\vec{v}, \vec{w}$ を
$$A = \begin{pmatrix} a & b \\ c & d \end{pmatrix}, \quad \vec{v} = \begin{pmatrix} v_1 \\ v_2 \end{pmatrix}, \quad \vec{w} = \begin{pmatrix} w_1 \\ w_2 \end{pmatrix}$$
とおくと
$$P = (\vec{v} \quad \vec{w}) = \begin{pmatrix} v_1 & w_1 \\ v_2 & w_2 \end{pmatrix}$$
とかけます。はじめに AP を計算すると
$$AP = \begin{pmatrix} a & b \\ c & d \end{pmatrix}\begin{pmatrix} v_1 & w_1 \\ v_2 & w_2 \end{pmatrix} = \begin{pmatrix} av_1 + bv_2 & aw_1 + bw_2 \\ cv_1 + dv_2 & cw_1 + dw_2 \end{pmatrix}$$
第1列のベクトルをとり出すと
$$\begin{pmatrix} av_1 + bv_2 \\ cv_1 + dv_2 \end{pmatrix} = \begin{pmatrix} a & b \\ c & d \end{pmatrix}\begin{pmatrix} v_1 \\ v_2 \end{pmatrix} = A\vec{v}$$
第2列のベクトルは
$$\begin{pmatrix} aw_1 + bw_2 \\ cw_1 + dw_2 \end{pmatrix} = \begin{pmatrix} a & b \\ c & d \end{pmatrix}\begin{pmatrix} w_1 \\ w_2 \end{pmatrix} = A\vec{w}$$
となります。ここで固有値，固有ベクトルの関係より
$$A\vec{v} = \lambda_1 \vec{v}, \quad A\vec{w} = \lambda_2 \vec{w}$$
なので
$$第1列のベクトル = A\vec{v} = \lambda_1 \vec{v} = \lambda_1 \begin{pmatrix} v_1 \\ v_2 \end{pmatrix} = \begin{pmatrix} \lambda_1 v_1 \\ \lambda_1 v_2 \end{pmatrix}$$
$$第2列のベクトル = A\vec{w} = \lambda_2 \vec{w} = \lambda_2 \begin{pmatrix} w_1 \\ w_2 \end{pmatrix} = \begin{pmatrix} \lambda_2 w_1 \\ \lambda_2 w_2 \end{pmatrix}$$
とかき直せます。これらより
$$AP = \begin{pmatrix} \lambda_1 v_1 & \lambda_2 w_1 \\ \lambda_1 v_2 & \lambda_2 w_2 \end{pmatrix}$$
となり，さらにこれは次のような積にかき直せます。
$$= \begin{pmatrix} v_1 & w_1 \\ v_2 & w_2 \end{pmatrix}\begin{pmatrix} \lambda_1 & 0 \\ 0 & \lambda_2 \end{pmatrix} = P\begin{pmatrix} \lambda_1 & 0 \\ 0 & \lambda_2 \end{pmatrix}$$

> A の固有値 λ と 固有ベクトル $\vec{v}$
> $A\vec{v} = \lambda \vec{v}$

したがって
$$AP = P\begin{pmatrix} \lambda_1 & 0 \\ 0 & \lambda_2 \end{pmatrix} \quad ①$$
となりました。$\vec{v}, \vec{w}$ は相異なる固有値に属する固有ベクトルなので，定理 5.1（p.120）より線形独立です。さらに定理 5.2（p.121）より
$$|P| = |(\vec{v} \ \vec{w})| \neq 0$$
なので P には逆行列 P^{-1} が存在します。①の両辺に左より P^{-1} をかけて

$$\begin{aligned} P^{-1}(AP) &= P^{-1}\left\{ P\begin{pmatrix} \lambda_1 & 0 \\ 0 & \lambda_2 \end{pmatrix}\right\} \\ &= (P^{-1}P)\begin{pmatrix} \lambda_1 & 0 \\ 0 & \lambda_2 \end{pmatrix} = E\begin{pmatrix} \lambda_1 & 0 \\ 0 & \lambda_2 \end{pmatrix} = \begin{pmatrix} \lambda_1 & 0 \\ 0 & \lambda_2 \end{pmatrix} \end{aligned}$$

これで
$$P^{-1}AP = \begin{pmatrix} \lambda_1 & 0 \\ 0 & \lambda_2 \end{pmatrix}$$
となることが示されました。　　　　　　　　　　　　　　　証明終

> 逆行列
> $$PP^{-1} = P^{-1}P = E$$

> 単位行列 E
> $$AE = EA = A$$

このように，2次の正方行列 A の場合，相異なる2つの固有値をもてば，A を対角行列に関連づけることができることがわかりました。このことを A の**対角化**といいます。A を対角化する正則行列 P は固有ベクトルを並べてつくりましたが，固有ベクトルは無数にあるので A を対角化する正則行列 P もたくさんあります。

定理 5.3 の証明は行列 A の対角化の方法を示しています。改めて下に行列の対角化の手順をかいておきましょう。

> ● 逆行列をもつ行列を正則行列といいます。（p.57）

> ・2次の正方行列 A の対角化の手順・
> 1. 固有方程式 $|xE-A|=0$ を解いて固有値 λ_1, λ_2 を求める。
> 2. 各固有値に属する固有ベクトルを求める。
> 3. それぞれの固有ベクトルから1つずつ $\vec{v}, \vec{w}$ を選び，正則行列 $P = (\vec{v} \ \vec{w})$ をつくると
> $$P^{-1}AP = \begin{pmatrix} \lambda_1 & 0 \\ 0 & \lambda_2 \end{pmatrix}$$
> となる。

● $\lambda_1 \neq \lambda_2$ とします。

● $|xE-A|=0$ が実数解をもたない場合は固有値は存在しません。

例題 5.16［行列の対角化 1］

$A = \begin{pmatrix} 3 & 2 \\ 1 & 4 \end{pmatrix}$

例題 5.14 では A の固有値 $\lambda_1 = 5$, $\lambda_2 = 2$ を求めました。また，例題 5.15 では $\lambda_1 = 5$ に属する固有ベクトル $\vec{v} = t_1 \begin{pmatrix} 1 \\ 1 \end{pmatrix}$（$t_1$ は 0 でない実数）を求めました。

(1) $\lambda_2 = 2$ に属する固有ベクトル $\vec{w}$ を求めてみましょう。

(2) 無数にある λ_1, λ_2 に属する固有ベクトルの中からそれぞれ 1 つずつ選び，あらためて $\vec{v}, \vec{w}$ としておきましょう。

(3) $\vec{v}$ と $\vec{w}$ を並べて $P = (\vec{v} \ \ \vec{w})$ をつくってみましょう。

(4) P^{-1} を求めましょう。

(5) $P^{-1}AP = \begin{pmatrix} 5 & 0 \\ 0 & 2 \end{pmatrix}$ となることを確認してみましょう。

> A の固有値 λ と固有ベクトル $\vec{v}$
> $A\vec{v} = \lambda \vec{v}$

[解] (1) $\lambda_2 = 2$ に属する固有ベクトルが $\vec{w}$ なので
$$A\vec{w} = 2\vec{w}$$
が成立します。

$\vec{w} = \begin{pmatrix} w_1 \\ w_2 \end{pmatrix}$ とおいて上式に代入し，計算していくと

$$\begin{pmatrix} 3 & 2 \\ 1 & 4 \end{pmatrix} \begin{pmatrix} w_1 \\ w_2 \end{pmatrix} = 2 \begin{pmatrix} w_1 \\ w_2 \end{pmatrix}$$

$$\begin{pmatrix} 3w_1 + 2w_2 \\ w_1 + 4w_2 \end{pmatrix} = \begin{pmatrix} 2w_1 \\ 2w_2 \end{pmatrix}$$

両辺を比較して

$$\begin{cases} 3w_1 + 2w_2 = 2w_1 \\ w_1 + 4w_2 = 2w_2 \end{cases} \rightarrow \begin{cases} w_1 + 2w_2 = 0 \\ w_1 + 2w_2 = 0 \end{cases}$$

	A		B	変形
	1	2	0	
	1	2	0	
※	1	2	0	
	0	0	0	②+①×(−1)

この連立 1 次方程式を解くと，右上の係数行列の基本変形の結果より
$$\text{rank } A = \text{rank}(A|B) = 1$$
自由度 $= 2 - 1 = 1$ ← 未知数のうち 1 つは t_2 とおく。

> 自由度
> = 未知数の数 − rank A
> = 任意の値をとる
>   未知数の数

※の結果より
$$w_1 + 2w_2 = 0$$
$w_2 = t_2$ とおくと $w_1 = -2t_2$

これより $\lambda_2 = 2$ に属する固有ベクトル $\vec{w}$ は
$$\vec{w} = \begin{pmatrix} -2t_2 \\ t_2 \end{pmatrix} = t_2 \begin{pmatrix} -2 \\ 1 \end{pmatrix} \quad (t_2 \text{ は 0 でない実数})$$
となります。

（2） $\lambda_1=5$ に属する固有ベクトルは $\vec{v}=t_1\begin{pmatrix}1\\1\end{pmatrix}$ （$t_1\neq 0$）

$\lambda_2=2$ に属する固有ベクトルは $\vec{w}=t_2\begin{pmatrix}-2\\1\end{pmatrix}$ （$t_2\neq 0$）

それぞれ 1 つ選ぶので，たとえば $t_1=t_2=1$ とすると

$$\vec{v}=\begin{pmatrix}1\\1\end{pmatrix},\quad \vec{w}=\begin{pmatrix}-2\\1\end{pmatrix}$$

（3） $P=(\vec{v}\ \vec{w})=\begin{pmatrix}1 & -2\\1 & 1\end{pmatrix}$

（4） $|P|=\begin{vmatrix}1 & -2\\1 & 1\end{vmatrix}=1\cdot 1-(-2)\cdot 1=1+2=3$

公式を使うと $P^{-1}=\dfrac{1}{3}\begin{pmatrix}1 & 2\\-1 & 1\end{pmatrix}$

（5） $P^{-1}AP=P^{-1}(AP)$ として計算していくと

$$AP=\begin{pmatrix}3 & 2\\1 & 4\end{pmatrix}\begin{pmatrix}1 & -2\\1 & 1\end{pmatrix}=\begin{pmatrix}3\cdot 1+2\cdot 1 & 3\cdot(-2)+2\cdot 1\\1\cdot 1+4\cdot 1 & 1\cdot(-2)+4\cdot 1\end{pmatrix}$$

$$=\begin{pmatrix}3+2 & -6+2\\1+4 & -2+4\end{pmatrix}=\begin{pmatrix}5 & -4\\5 & 2\end{pmatrix}$$

$$P^{-1}AP=P^{-1}(AP)$$

$$=\dfrac{1}{3}\begin{pmatrix}1 & 2\\-1 & 1\end{pmatrix}\begin{pmatrix}5 & -4\\5 & 2\end{pmatrix}$$

$$=\dfrac{1}{3}\begin{pmatrix}1\cdot 5+2\cdot 5 & 1\cdot(-4)+2\cdot 2\\(-1)\cdot 5+1\cdot 5 & (-1)\cdot(-4)+1\cdot 2\end{pmatrix}$$

$$=\dfrac{1}{3}\begin{pmatrix}5+10 & -4+4\\-5+5 & 4+2\end{pmatrix}=\dfrac{1}{3}\begin{pmatrix}15 & 0\\0 & 6\end{pmatrix}=\begin{pmatrix}5 & 0\\0 & 2\end{pmatrix}$$

これで P により A が対角化されることが確認できました。（解終）

2 次の行列の逆行列

$A=\begin{pmatrix}a & b\\c & d\end{pmatrix}$, $|A|\neq 0$

$A^{-1}=\dfrac{1}{|A|}\begin{pmatrix}d & -b\\-c & a\end{pmatrix}$

掃き出し法で A^{-1} を求める

$(A|E)\to(E|A^{-1})$

$P=(\vec{w}\ \vec{v})$ とおいたら $P^{-1}AP=\begin{pmatrix}2 & 0\\0 & 5\end{pmatrix}$ となります。

$k\begin{pmatrix}a & b\\c & d\end{pmatrix}=\begin{pmatrix}ka & kb\\kc & kd\end{pmatrix}$

問題 5.16（解答は p.179）

$B=\begin{pmatrix}4 & -3\\-1 & 2\end{pmatrix}$ 問題 5.14 において B の固有値は $\lambda_1=1$，$\lambda_2=5$ を求めました。また，問題 5.15 において $\lambda_1=1$ に属する固有ベクトル $\vec{v}=t_1\begin{pmatrix}1\\1\end{pmatrix}$（$t_1$：0 でない実数）を求めました。

（1） $\lambda_2=5$ に属する固有ベクトル $\vec{w}$ を求めてください。
（2） λ_1, λ_2 の固有ベクトルの中から 1 つ固有ベクトルを選び，あらためて $\vec{v}, \vec{w}$ とおいてください。
（3） $P=(\vec{v}\ \vec{w})$ をつくってください。
（4） P^{-1} を求めてください。
（5） $P^{-1}BP=\begin{pmatrix}1 & 0\\0 & 5\end{pmatrix}$ となることを確認してください。

例題 5.17 [行列の対角化 2]

$A = \begin{pmatrix} 2 & 1 \\ -5 & 8 \end{pmatrix}$ を次の順で対角化してみましょう。

(1) A の固有方程式を解き，固有値を求めてみましょう。
(2) 求めた固有値に属する固有ベクトルを求めてみましょう。
(3) 固有ベクトルを並べて正則行列 P をつくり，A を対角化しましょう。

固有方程式
$|xE - A|$
$= \begin{vmatrix} x-a & -b \\ -c & x-d \end{vmatrix}$

$\begin{vmatrix} a & b \\ c & d \end{vmatrix} = ad - bc$

A の固有値 λ と 固有ベクトル $\vec{v}$
$A\vec{v} = \lambda\vec{v}$

自由度
= 未知数の数 − rank A
= 任意の値をとる 未知数の数

【解】(1) A の固有方程式は

$$|xE-A| = \begin{vmatrix} x-2 & -1 \\ 5 & x-8 \end{vmatrix}$$
$$= (x-2)\cdot(x-8) - (-1)\cdot 5$$
$$= (x^2 - 10x + 16) + 5 = x^2 - 10x + 21 = 0$$

因数分解して解くと

$$(x-3)(x-7) = 0 \quad \text{より} \quad x = 3, 7$$

これより固有値は

$$\lambda_1 = 3, \quad \lambda_2 = 7$$

(2) それぞれの固有値に属する固有ベクトルを求めます。

・$\lambda_1 = 3$ のとき，固有ベクトルを $\vec{v} = \begin{pmatrix} v_1 \\ v_2 \end{pmatrix}$ とおくと

$$A\vec{v} = 3\vec{v} \quad \text{より} \quad \begin{pmatrix} 2 & 1 \\ -5 & 8 \end{pmatrix}\begin{pmatrix} v_1 \\ v_2 \end{pmatrix} = 3\begin{pmatrix} v_1 \\ v_2 \end{pmatrix}$$

$$\begin{pmatrix} 2v_1 + v_2 \\ -5v_1 + 8v_2 \end{pmatrix} = \begin{pmatrix} 3v_1 \\ 3v_2 \end{pmatrix}$$

これより

$$\begin{cases} 2v_1 + v_2 = 3v_1 \\ -5v_1 + 8v_2 = 3v_2 \end{cases}$$

$$\rightarrow \begin{cases} -v_1 + v_2 = 0 \\ -5v_1 + 5v_2 = 0 \end{cases}$$

これを解くと右の表計算の結果より
rank A = rank $(A|B)$ = 1
自由度 = 2 − 1 = 1 ← v_1 か v_2 の1つを t_1 とおく。

A		B	変形
−1	1	0	
−5	5	0	
1	−1	0	①×(−1)
−5	5	0	
1	−1	0	
0	0	0	②+①×5

変形の最終結果より $v_1 - v_2 = 0$

$v_2 = t_1$ とおくと $v_1 = t_1$

$$\therefore \vec{v} = \begin{pmatrix} t_1 \\ t_1 \end{pmatrix} = t_1 \begin{pmatrix} 1 \\ 1 \end{pmatrix} \quad (t_1 \neq 0)$$

・$\lambda_2 = 7$ のとき，固有ベクトルを $\vec{w} = \begin{pmatrix} w_1 \\ w_2 \end{pmatrix}$ とおくと

$$A\vec{w} = 7\vec{w} \quad \text{より} \quad \begin{pmatrix} 2 & 1 \\ -5 & 8 \end{pmatrix}\begin{pmatrix} w_1 \\ w_2 \end{pmatrix} = 7\begin{pmatrix} w_1 \\ w_2 \end{pmatrix}$$

$$\begin{pmatrix} 2w_1 + w_2 \\ -5w_1 + 8w_2 \end{pmatrix} = \begin{pmatrix} 7w_1 \\ 7w_2 \end{pmatrix}$$

これより

$$\begin{cases} 2w_1 + w_2 = 7w_1 \\ -5w_1 + 8w_2 = 7w_2 \end{cases} \rightarrow \begin{cases} -5w_1 + w_2 = 0 \\ -5w_1 + w_2 = 0 \end{cases}$$

A		B	変形
-5	1	0	
-5	1	0	
-5	1	0	
0	0	0	②+①×(−1)
5	-1	0	①×(−1)
0	0	0	

これを解くと右の表計算の結果より

$$\text{rank } A = \text{rank } (A|B) = 1$$

自由度 = 2 − 1 = 1 ← w_1, w_2 のうち1つを t_2 とおく。

右上の表変形の最終結果より $5w_1 - w_2 = 0$

$w_1 = t_2$ とおくと $w_2 = 5t_2$

$$\therefore \vec{w} = \begin{pmatrix} t_2 \\ 5t_2 \end{pmatrix} = t_2 \begin{pmatrix} 1 \\ 5 \end{pmatrix} \quad (t_2 \neq 0)$$

(3) (2) で求めたそれぞれの固有ベクトルにおいて $t_1 = 1$, $t_2 = 1$ とし，あらためて

$$\vec{v} = \begin{pmatrix} 1 \\ 1 \end{pmatrix}, \quad \vec{w} = \begin{pmatrix} 1 \\ 5 \end{pmatrix}$$

とおきます。これを並べて正則行列 P をつくると

$$P = \begin{pmatrix} 1 & 1 \\ 1 & 5 \end{pmatrix}$$

が得られ，A は次のように対角化されます。

$$P^{-1}AP = \begin{pmatrix} 3 & 0 \\ 0 & 7 \end{pmatrix}$$

(解終)

(1)	固有値	$\lambda_1 = 3$	$\lambda_2 = 7$
(2)	固有ベクトル	$t_1 \begin{pmatrix} 1 \\ 1 \end{pmatrix}$	$t_2 \begin{pmatrix} 1 \\ 5 \end{pmatrix}$
(3)		$t_1 = 1$	$t_2 = 1$
	正則行列 P	$\begin{pmatrix} 1 & 1 \\ 1 & 5 \end{pmatrix}$	
	対角化 $P^{-1}AP$	$\begin{pmatrix} 3 & 0 \\ 0 & 7 \end{pmatrix}$	

● t_1, t_2 は 0 以外であればどんな実数でも OK。

長い計算なのでこのような表にまとめるとわかりやすいでしょう。

問題 5.17 (解答は p.179)

$B = \begin{pmatrix} 3 & -2 \\ -1 & 2 \end{pmatrix}$ を次の順で対角化してください。

(1) B の固有方程式を解き，固有値を求めてください。

(2) 求めた固有値に属する固有ベクトルを求めてください。

(3) 固有ベクトルを並べて正則行列 P をつくり，B を対角化してください。

(1)	固有値	$\lambda_1 =$	$\lambda_2 =$
(2)	固有ベクトル		
(3)		$t_1 =$	$t_2 =$
	正則行列 P		
	対角化 $P^{-1}BP$		

128 5. 線形写像と行列

対角線に対称な成分をもつ行列を対称行列といいます。

―― 単位ベクトル ――
$|\vec{v}|=1$

―― 固有方程式 ――
$A=\begin{pmatrix} a & b \\ c & d \end{pmatrix}$
$|xE-A|$
$=\begin{vmatrix} x-a & -b \\ -c & x-d \end{vmatrix}=0$

A		B	変形
2	-2	0	
-2	2	0	
2	-2	0	
0	0	0	②+①×1
1	-1	0	①×1/2
0	0	0	

A		B	変形
-2	-2	0	
-2	-2	0	
-2	-2	0	
0	0	0	②+①×(−1)
1	1	0	①×(−1/2)
0	0	0	

例題 5.18［対称行列の対角化］

$A=\begin{pmatrix} 3 & -2 \\ -2 & 3 \end{pmatrix}$ を次の順で対角化してみましょう。

(1) 固有方程式を解き，固有値を求めてみましょう。
(2) 各固有値に属する固有ベクトルを求めてみましょう。
(3) 各固有ベクトルの中から単位ベクトルを1つずつ選んで $\vec{u}_1, \vec{u}_2$ としましょう。
(4) (3)で求めた2つの単位ベクトルを並べて正則行列 $U=(\vec{u}_1 \ \vec{u}_2)$ をつくり U で A を対角化してみましょう。

解 (1) 固有方程式をつくって解くと

$|xE-A|=\begin{vmatrix} x-3 & 2 \\ 2 & x-3 \end{vmatrix}$
$=(x-3)^2-2^2=(x^2-6x+9)-4=x^2-6x+5=0$

因数分解して解くと

$(x-1)(x-5)=0$ より $x=1, 5$

これより固有値は $\lambda_1=1, \lambda_2=5$

(2) ・$\lambda_1=1$ のとき，固有ベクトルを $\vec{v}=\begin{pmatrix} v_1 \\ v_2 \end{pmatrix}$ とおくと

$A\vec{v}=1\vec{v}$ より $\begin{pmatrix} 3 & -2 \\ -2 & 3 \end{pmatrix}\begin{pmatrix} v_1 \\ v_2 \end{pmatrix}=\begin{pmatrix} v_1 \\ v_2 \end{pmatrix}, \begin{pmatrix} 3v_1-2v_2 \\ -2v_1+3v_2 \end{pmatrix}=\begin{pmatrix} v_1 \\ v_2 \end{pmatrix}$

$\begin{cases} 3v_1-2v_2=v_1 \\ -2v_1+3v_2=v_2 \end{cases} \to \begin{cases} 2v_1-2v_2=0 \\ -2v_1+2v_2=0 \end{cases}$

これを解くと左の表計算より

rank A = rank $(A|B)=1$
自由度 = $2-1=1$

変形の最終結果より $v_1-v_2=0$

$v_2=t_1$ とおくと $v_1=t_1$ ∴ $\vec{v}=\begin{pmatrix} t_1 \\ t_1 \end{pmatrix}=t_1\begin{pmatrix} 1 \\ 1 \end{pmatrix}$ ($t_1\neq 0$)

・$\lambda_2=5$ のとき，固有ベクトルを $\vec{w}=\begin{pmatrix} w_1 \\ w_2 \end{pmatrix}$ とおくと

$A\vec{w}=5\vec{w}$ より $\begin{pmatrix} 3 & -2 \\ -2 & 3 \end{pmatrix}\begin{pmatrix} w_1 \\ w_2 \end{pmatrix}=5\begin{pmatrix} w_1 \\ w_2 \end{pmatrix}, \begin{pmatrix} 3w_1-2w_2 \\ -2w_1+3w_2 \end{pmatrix}=\begin{pmatrix} 5w_1 \\ 5w_2 \end{pmatrix}$

$\begin{cases} 3w_1-2w_2=5w_1 \\ -2w_1+3w_2=5w_2 \end{cases} \to \begin{cases} -2w_1-2w_2=0 \\ -2w_1-2w_2=0 \end{cases}$

これを解くと左の表計算より

rank A = rank $(A|B)=1$
自由度 = $2-1=1$

〈6〉対角化　129

表変形の最終結果より　$w_1 + w_2 = 0$

$w_2 = t_2$ とおくと　$w_1 = -t_2$　∴　$\vec{w} = \begin{pmatrix} -t_2 \\ t_2 \end{pmatrix} = t_2 \begin{pmatrix} -1 \\ 1 \end{pmatrix}$　$(t_2 \neq 0)$

（3）（2）で求めた固有ベクトルは

　$\lambda_1 = 1$ のとき　$\vec{v} = t_1 \begin{pmatrix} 1 \\ 1 \end{pmatrix}$　$(t_1 \neq 0)$

　$\lambda_2 = 5$ のとき　$\vec{w} = t_2 \begin{pmatrix} -1 \\ 1 \end{pmatrix}$　$(t_2 \neq 0)$

――ベクトルの大きさの性質――
$|k\vec{v}| = |k||\vec{v}|$

$|\vec{v}| = 1$, $|\vec{w}| = 1$ となるように t_1, t_2 を定めます。

　$|\vec{v}| = |t_1|\sqrt{1^2 + 1^2} = |t_1| \cdot \sqrt{2} = 1$　∴　$|t_1| = \dfrac{1}{\sqrt{2}}$

　$|\vec{w}| = |t_2|\sqrt{(-1)^2 + 1^2} = |t_2| \cdot \sqrt{2} = 1$　∴　$|t_2| = \dfrac{1}{\sqrt{2}}$

● $t_1 = \pm \dfrac{1}{\sqrt{2}}$

● $t_2 = \pm \dfrac{1}{\sqrt{2}}$

● $t_1 = -\dfrac{1}{\sqrt{2}}$ や $t_2 = -\dfrac{1}{\sqrt{2}}$ でもOK

1つずつ選べばよいので　$t_1 = \dfrac{1}{\sqrt{2}}$, $t_2 = \dfrac{1}{\sqrt{2}}$

とおくと，次の2つの単位ベクトル $\vec{u}_1, \vec{u}_2$ が得られます。

　$\vec{u}_1 = \dfrac{1}{\sqrt{2}} \begin{pmatrix} 1 \\ 1 \end{pmatrix}$,　$\vec{u}_2 = \dfrac{1}{\sqrt{2}} \begin{pmatrix} -1 \\ 1 \end{pmatrix}$

（4）（3）より

　$\vec{u}_1 = \dfrac{1}{\sqrt{2}} \begin{pmatrix} 1 \\ 1 \end{pmatrix} = \begin{pmatrix} \dfrac{1}{\sqrt{2}} \\ \dfrac{1}{\sqrt{2}} \end{pmatrix}$,　$\vec{u}_2 = \dfrac{1}{\sqrt{2}} \begin{pmatrix} -1 \\ 1 \end{pmatrix} = \begin{pmatrix} -\dfrac{1}{\sqrt{2}} \\ \dfrac{1}{\sqrt{2}} \end{pmatrix}$

――直交行列――
$U = (\vec{u}_1 \ \ \vec{u}_2)$
$|\vec{u}_1| = |\vec{u}_2| = 1$
$\vec{u}_1 \cdot \vec{u}_2 = 0$

$\vec{u}_1, \vec{u}_2$ を並べて正則行列 U をつくると

$$U = \begin{pmatrix} \dfrac{1}{\sqrt{2}} & -\dfrac{1}{\sqrt{2}} \\ \dfrac{1}{\sqrt{2}} & \dfrac{1}{\sqrt{2}} \end{pmatrix}$$

この U を使うと A は次のように対角化されます。

$U^{-1}AU = \begin{pmatrix} 1 & 0 \\ 0 & 5 \end{pmatrix}$　（解終）

(1)	固有値	$\lambda_1 = 1$	$\lambda_2 = 5$
(2)	固有ベクトル	$t_1 \begin{pmatrix} 1 \\ 1 \end{pmatrix}$	$t_2 \begin{pmatrix} -1 \\ 1 \end{pmatrix}$
(3)		$t_1 = \dfrac{1}{\sqrt{2}}$	$t_2 = \dfrac{1}{\sqrt{2}}$
	正則行列 U	$\begin{pmatrix} \dfrac{1}{\sqrt{2}} & -\dfrac{1}{\sqrt{2}} \\ \dfrac{1}{\sqrt{2}} & \dfrac{1}{\sqrt{2}} \end{pmatrix}$	
	対角化 $U^{-1}AU$	$\begin{pmatrix} 1 & 0 \\ 0 & 5 \end{pmatrix}$	

このような行列 U は直交行列とよばれる特別な行列です。

この U はどこかで見ましたわ！

問題 5.18（解答は p.180）

$B = \begin{pmatrix} 1 & -\sqrt{3} \\ -\sqrt{3} & -1 \end{pmatrix}$ を次の順で対角化してください。

（1）固有方程式を解き，固有値を求めてください。
（2）各固有値に属する固有ベクトルを求めてください。
（3）各固有ベクトルの中から単位ベクトルを1つずつ選んで $\vec{u}_1, \vec{u}_2$ としてください。
（4）正則行列 $U = (\vec{u}_1 \ \ \vec{u}_2)$ をつくり，U で B を対角化してください。

例題 5.19 [対角化の応用 1]

対角化を利用して，例題 5.17 の行列 $A=\begin{pmatrix} 2 & 1 \\ -5 & 8 \end{pmatrix}$ について $A^n (n=1,2,3,\cdots)$ を求めてみましょう。

解 A を直接 $1,2,3,\cdots$ 回かけていくのはとても大変です。次のように対角化を使うと比較的容易に A^n が求まります。

例題 5.17（p. 126）において

$$P=\begin{pmatrix} 1 & 1 \\ 1 & 5 \end{pmatrix}$$

を使うと，A は次のように対角化されました。

$$P^{-1}AP=\begin{pmatrix} 3 & 0 \\ 0 & 7 \end{pmatrix}$$

これを 2 乗, 3 乗, $\cdots$ すると

$$(P^{-1}AP)^2=\begin{pmatrix} 3 & 0 \\ 0 & 7 \end{pmatrix}^2 = \begin{pmatrix} 3 & 0 \\ 0 & 7 \end{pmatrix}\begin{pmatrix} 3 & 0 \\ 0 & 7 \end{pmatrix}$$

$$=\begin{pmatrix} 3^2+0 & 0+0 \\ 0+0 & 0+7^2 \end{pmatrix}=\begin{pmatrix} 3^2 & 0 \\ 0 & 7^2 \end{pmatrix}$$

$$(P^{-1}AP)^3=(P^{-1}AP)^2\cdot(P^{-1}AP)$$

$$=\begin{pmatrix} 3^2 & 0 \\ 0 & 7^2 \end{pmatrix}\begin{pmatrix} 3 & 0 \\ 0 & 7 \end{pmatrix}=\begin{pmatrix} 3^2\cdot 3+0 & 0+0 \\ 0+0 & 0+7^2\cdot 7 \end{pmatrix}=\begin{pmatrix} 3^3 & 0 \\ 0 & 7^3 \end{pmatrix}$$

$$\vdots$$

これを続けて

$$(P^{-1}AP)^n=\begin{pmatrix} 3^n & 0 \\ 0 & 7^n \end{pmatrix} \quad (n=1,2,3,\cdots)$$

一方，

$$(P^{-1}AP)^n=\overbrace{(P^{-1}AP)(P^{-1}AP)\cdots(P^{-1}AP)}^{n\text{ 個}}$$

結合法則を使って（ ）をかけかえていくと

$$=P^{-1}A(PP^{-1})A(PP^{-1})\cdots(PP^{-1})AP$$

$$=P^{-1}AEAE\cdots EAP$$

$$=P^{-1}\overbrace{AA\cdots A}^{n\text{ 個}}P$$

$$=P^{-1}A^nP$$

より

$$P^{-1}A^nP=\begin{pmatrix} 3^n & 0 \\ 0 & 7^n \end{pmatrix}$$

となります。

結合法則
$(AB)C=A(BC)$

単位行列 E
$AE=EA=A$

両辺に左から P, 右から P^{-1} をかけることにより

$$P(P^{-1}A^nP)P^{-1} = P\begin{pmatrix} 3^n & 0 \\ 0 & 7^n \end{pmatrix}P^{-1}$$

左辺 $= (PP^{-1})A^n(PP^{-1}) = EA^nE = A^n$

∴ $A^n = P\begin{pmatrix} 3^n & 0 \\ 0 & 7^n \end{pmatrix}P^{-1}$

逆行列

$P = \begin{pmatrix} a & b \\ c & d \end{pmatrix}$, $|P| \neq 0$

$P^{-1} = \dfrac{1}{|P|}\begin{pmatrix} d & -b \\ -c & a \end{pmatrix}$

右辺の 3 つの行列の積のはじめの 2 つの積を先に求めると

$$P\begin{pmatrix} 3^n & 0 \\ 0 & 7^n \end{pmatrix} = \begin{pmatrix} 1 & 1 \\ 1 & 5 \end{pmatrix}\begin{pmatrix} 3^n & 0 \\ 0 & 7^n \end{pmatrix}$$

$$= \begin{pmatrix} 1\cdot 3^n+0 & 0+1\cdot 7^n \\ 1\cdot 3^n+0 & 0+5\cdot 7^n \end{pmatrix} = \begin{pmatrix} 3^n & 7^n \\ 3^n & 5\cdot 7^n \end{pmatrix}$$

次に P^{-1} を求めると

$$|P| = \begin{vmatrix} 1 & 1 \\ 1 & 5 \end{vmatrix} = 1\cdot 5 - 1\cdot 1 = 5-1 = 4 \neq 0$$

$$P^{-1} = \frac{1}{4}\begin{pmatrix} 5 & -1 \\ -1 & 1 \end{pmatrix}$$

なので

$$A^n = \left\{P\begin{pmatrix} 3^n & 0 \\ 0 & 7^n \end{pmatrix}\right\}P^{-1}$$

$$= \begin{pmatrix} 3^n & 7^n \\ 3^n & 5\cdot 7^n \end{pmatrix}\left\{\frac{1}{4}\begin{pmatrix} 5 & -1 \\ -1 & 1 \end{pmatrix}\right\}$$

$$= \frac{1}{4}\begin{pmatrix} 3^n & 7^n \\ 3^n & 5\cdot 7^n \end{pmatrix}\begin{pmatrix} 5 & -1 \\ -1 & 1 \end{pmatrix}$$

$$= \frac{1}{4}\begin{pmatrix} 3^n\cdot 5-7^n & -3^n+7^n \\ 3^n\cdot 5-5\cdot 7^n & -3^n+5\cdot 7^n \end{pmatrix}$$

$$= \frac{1}{4}\begin{pmatrix} 5\cdot 3^n-7^n & -3^n+7^n \\ 5\cdot 3^n-5\cdot 7^n & -3^n+5\cdot 7^n \end{pmatrix}$$

以上より

$$A^n = \frac{1}{4}\begin{pmatrix} 5\cdot 3^n-7^n & -3^n+7^n \\ 5\cdot 3^n-5\cdot 7^n & -3^n+5\cdot 7^n \end{pmatrix} \quad (n=1,2,3,\cdots) \text{ (解終)}$$

> 直接 $A^2, A^3, \cdots$ と計算していたら，こんな規則はとても見つかりませんわ。

問題 5.19（解答は p.182）

対角化を利用して，問題 5.17 の行列 $B = \begin{pmatrix} 3 & -2 \\ -1 & 2 \end{pmatrix}$ について，B^n $(n=1,2,3,\cdots)$ を求めてください。

例題 5.20 [対角化の応用 2]

方程式
$3x^2 - 4xy + 3y^2 = 5$
が表す曲線を，対称行列の対角化を利用して描きます．

例題 5.18 における行列 $A = \begin{pmatrix} 3 & -2 \\ -2 & 3 \end{pmatrix}$ を対角化したときの正則行列 U を用い，U^{-1} を行列にもつ線形写像 f を考えます．
$$f(\vec{x}) = U^{-1}\vec{x}$$

(1) $\vec{x} = \begin{pmatrix} x \\ y \end{pmatrix}$, $f(\vec{x}) = \begin{pmatrix} x' \\ y' \end{pmatrix}$ とおいて，x, y をそれぞれ x', y' の式で表してみましょう．

(2) 方程式 $3x^2 - 4xy + 3y^2 = 5$ ①
を f で変換すると
方程式 $\lambda_1 x'^2 + \lambda_2 y'^2 = 5$ ② (λ_1, λ_2 は A の固有値)
となることを示してみましょう．

(3) ①が表す曲線を描いてみましょう．

解 (1) 例題 5.18 (p.128) より，次の結果を得ています．

$$A = \begin{pmatrix} 3 & -2 \\ -2 & 3 \end{pmatrix}, \quad U = \begin{pmatrix} \frac{1}{\sqrt{2}} & -\frac{1}{\sqrt{2}} \\ \frac{1}{\sqrt{2}} & \frac{1}{\sqrt{2}} \end{pmatrix}, \quad U^{-1}AU = \begin{pmatrix} 1 & 0 \\ 0 & 5 \end{pmatrix}$$

$\vec{x}' = f(\vec{x})$ とおくと線形写像
$f(\vec{x}) = U^{-1}\vec{x}$ は
$$\vec{x}' = U^{-1}\vec{x}$$
となります．両辺の左から U をかけて
$$U\vec{x}' = U(U^{-1}\vec{x})$$
$$= (UU^{-1})\vec{x}$$
$$= E\vec{x} = \vec{x}$$
$$\therefore \quad \vec{x} = U\vec{x}'$$

― 逆行列 ―
$AA^{-1} = A^{-1}A = E$

― 単位行列 E ―
$AE = EA = A$

・ちょっと解説・
①の左辺は 2 次形式とよばれる式で，①は行列を使って
$$(x \ y)\begin{pmatrix} 3 & -2 \\ -2 & 3 \end{pmatrix}\begin{pmatrix} x \\ y \end{pmatrix} = 5$$
つまり
$$(x \ y) A \begin{pmatrix} x \\ y \end{pmatrix} = 5$$
と表されます．
この式を f で変換すると
$$(x' \ y')\begin{pmatrix} \lambda_1 & 0 \\ 0 & \lambda_2 \end{pmatrix}\begin{pmatrix} x' \\ y' \end{pmatrix} = 5$$
となるのです．

成分を代入すると

$$\begin{pmatrix} x \\ y \end{pmatrix} = \begin{pmatrix} \frac{1}{\sqrt{2}} & -\frac{1}{\sqrt{2}} \\ \frac{1}{\sqrt{2}} & \frac{1}{\sqrt{2}} \end{pmatrix}\begin{pmatrix} x' \\ y' \end{pmatrix} = \begin{pmatrix} \frac{1}{\sqrt{2}}x' - \frac{1}{\sqrt{2}}y' \\ \frac{1}{\sqrt{2}}x' + \frac{1}{\sqrt{2}}y' \end{pmatrix}$$

これより x, y を x', y' で次のように表せます．

$$\begin{cases} x = \frac{1}{\sqrt{2}}x' - \frac{1}{\sqrt{2}}y' \\ y = \frac{1}{\sqrt{2}}x' + \frac{1}{\sqrt{2}}y' \end{cases} \quad \therefore \quad \begin{cases} x = \frac{1}{\sqrt{2}}(x' - y') \\ y = \frac{1}{\sqrt{2}}(x' + y') \end{cases}$$

(2) ①に(1)で求めた x, y を代入して x', y' の式に直すと

$$3\left\{\frac{1}{\sqrt{2}}(x'-y')\right\}^2 - 4\left\{\frac{1}{\sqrt{2}}(x'-y')\right\}\left\{\frac{1}{\sqrt{2}}(x'+y')\right\}$$
$$+ 3\left\{\frac{1}{\sqrt{2}}(x'+y')\right\}^2 = 5$$

$$\frac{3}{2}(x'-y')^2 - 4 \cdot \frac{1}{2}(x'-y')(x'+y') + \frac{3}{2}(x'+y')^2 = 5$$

$$3(x'-y')^2 - 4(x'-y')(x'+y') + 3(x'+y')^2 = 10$$

$$3\{(x'-y')^2 + (x'+y')^2\} - 4(x'-y')(x'+y') = 10$$

$$3\{(x'^2 - 2x'y' + y'^2) + (x'^2 + 2x'y' + y'^2)\} - 4(x'^2 - y'^2) = 10$$

$$3(2x'^2 + 2y'^2) - 4(x'^2 - y'^2) = 10$$

$$2x'^2 + 10y'^2 = 10$$

$$x'^2 + 5y'^2 = 5 \quad ②$$

A の固有値は 1 と 5 だったので,これで示せました。

(3) ②式の x', y' を x, y にかえ,変形してみます。

$$x^2 + 5y^2 = 5 \quad \rightarrow \quad \frac{1}{5}x^2 + y^2 = 1 \quad \rightarrow \quad \frac{x^2}{(\sqrt{5})^2} + \frac{y^2}{1^2} = 1$$

これは楕円の方程式です。つまり線形写像 f により

曲線	$\xrightarrow{f}$	楕円
$3x^2 - 4xy + 3y^2 = 5$ ①	$f(\vec{x}) = U^{-1}\vec{x}$	$\dfrac{x^2}{(\sqrt{5})^2} + \dfrac{y^2}{1^2} = 1$ ②

となったわけです。
そこで線形写像 f の行列 U^{-1} を調べてみると

$$|U| = \begin{vmatrix} \dfrac{1}{\sqrt{2}} & -\dfrac{1}{\sqrt{2}} \\ \dfrac{1}{\sqrt{2}} & \dfrac{1}{\sqrt{2}} \end{vmatrix} = \dfrac{1}{\sqrt{2}} \cdot \dfrac{1}{\sqrt{2}} - \left(-\dfrac{1}{\sqrt{2}}\right) \cdot \dfrac{1}{\sqrt{2}}$$
$$= \dfrac{1}{2} + \dfrac{1}{2} = 1$$

より

$$U^{-1} = \dfrac{1}{1}\begin{pmatrix} \dfrac{1}{\sqrt{2}} & -\left(-\dfrac{1}{\sqrt{2}}\right) \\ -\dfrac{1}{\sqrt{2}} & \dfrac{1}{\sqrt{2}} \end{pmatrix} = \begin{pmatrix} \dfrac{1}{\sqrt{2}} & \dfrac{1}{\sqrt{2}} \\ -\dfrac{1}{\sqrt{2}} & \dfrac{1}{\sqrt{2}} \end{pmatrix}$$

です。よく見ると

$$U^{-1} = \begin{pmatrix} \cos(-45°) & -\sin(-45°) \\ \sin(-45°) & \cos(-45°) \end{pmatrix}$$

となっていて,f は原点のまわり $-45°$ の回転移動となっていることがわかります。

(解,次頁へつづく)

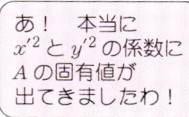

ゆえに

曲線	f：原点のまわり $-45°$ の回転	楕円
$3x^2-4xy+3y^2=5$ ①	$\xrightarrow{\quad}$ $\xleftarrow[f^{-1}：原点のまわり +45°の回転]{}$	$\dfrac{x^2}{(\sqrt{5})^2}+\dfrac{y^2}{1^2}=1$ ②

ということがわかったので，楕円②を描きその曲線を原点のまわりに $+45°$ 回転移動させると①の曲線となります（下図，色のついた曲線）。

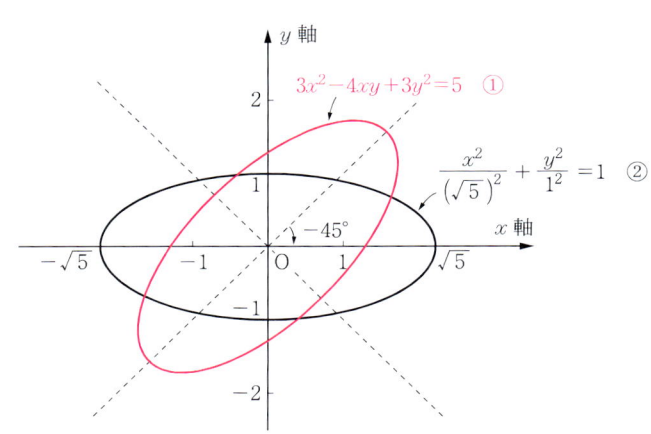

グラフを描くのはむずかしいですわ！

（解終）

楕円と双曲線の標準形

楕円：$\dfrac{x^2}{a^2}+\dfrac{y^2}{b^2}=1$
$(a>0, \ b>0)$

双曲線：$\dfrac{x^2}{a^2}-\dfrac{y^2}{b^2}=1$
$(a>0, \ b>0)$

双曲線：$\dfrac{x^2}{a^2}-\dfrac{y^2}{b^2}=-1$
$(a>0, \ b>0)$

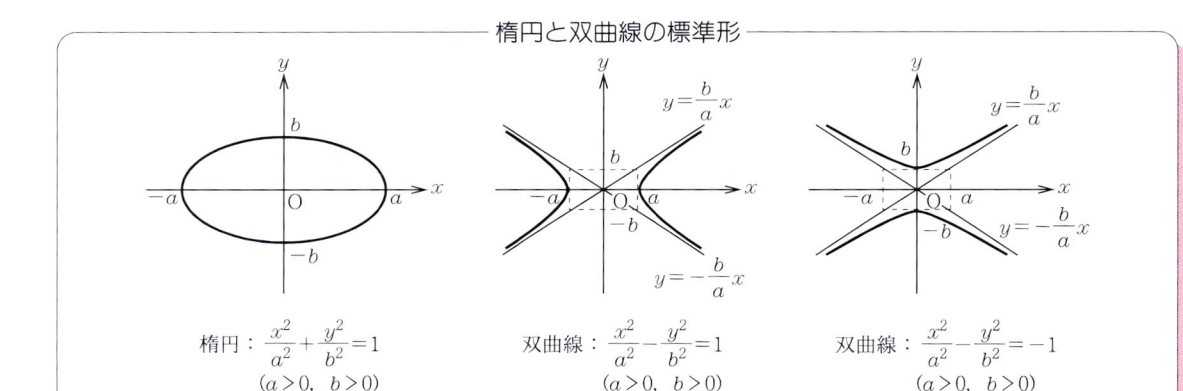

問題 5.20 （解答は p.182）

問題 5.18 における行列 $B=\begin{pmatrix} 1 & -\sqrt{3} \\ -\sqrt{3} & -1 \end{pmatrix}$ を対角化したときの正則行列 U を用い，U^{-1} を行列にもつ次の線形写像 f を考えます。

$$f(\vec{x})=U^{-1}\vec{x}$$

（1） $\vec{x}=\begin{pmatrix} x \\ y \end{pmatrix}$, $f(\vec{x})=\begin{pmatrix} x' \\ y' \end{pmatrix}$ とおいて，x, y をそれぞれ x', y' の式で表してください。

（2） 方程式 $x^2-2\sqrt{3}\,xy-y^2=6$ を f で変換し，x', y' の方程式に直してください。

（3） 曲線 $x^2-2\sqrt{3}\,xy-y^2=6$ を描いてください。

⑥ 練習問題

1 連立1次方程式と行列

練習問題 1.1 [2元連立1次方程式]　　解答は p.184

次の連立1次方程式を解いてください。

(1) $\begin{cases} x+y=1 & ① \\ 2x+3y=3 & ② \end{cases}$　(2) $\begin{cases} a+b=1 & ① \\ 3a+3b=1 & ② \end{cases}$　(3) $\begin{cases} 2x+3y=3 & ① \\ 4x+6y=6 & ② \end{cases}$

(4) $\begin{cases} 2u+3v=1 & ① \\ 5u+6v=7 & ② \end{cases}$

練習問題 1.2 [連立1次方程式と行列 1]　　解答は p.184

次の連立1次方程式から係数を取り出して係数行列 A をつくり，何行何列の行列かを求めてください。

(1) $\begin{cases} x+y=1 \\ 2x+3y=3 \end{cases}$　(2) $\begin{cases} x+y-z=0 \\ x-y=1 \end{cases}$　(3) $\begin{cases} 3x-y+2z=-1 \\ -x+z=0 \\ 3y-5z=3 \end{cases}$　(4) $\begin{cases} 4x+y=1 \\ -x-y=3 \\ 3x+2y=0 \end{cases}$

練習問題 1.3 [連立1次方程式と行列 2]　　解答は p.184

次の行列は連立1次方程式の係数行列で，最後の列は定数項を表しています。これよりもとの連立1次方程式をつくってください。

(1) $\begin{pmatrix} 3 & -1 & 2 \\ -4 & 5 & 0 \end{pmatrix}$　(2) $\begin{pmatrix} 1 & -2 & 0 & 4 \\ -2 & 3 & 3 & 0 \\ 5 & 1 & -1 & 1 \end{pmatrix}$　(3) $\begin{pmatrix} 4 & 0 & 1 & 2 \\ 0 & 1 & -3 & 4 \end{pmatrix}$

(4) $\begin{pmatrix} 1 & 4 & 0 \\ 2 & -1 & 4 \\ -1 & 5 & 3 \\ 3 & -3 & 4 \end{pmatrix}$

練習問題 1.4 [行基本変形 1]　　解答は p.184

次の行列に，(i)，(ii)，(iii) の行基本変形を順に続けて行ってください。また，変形の → の上にはその変形を記号で記しておいてください。

(1) $A = \begin{pmatrix} -2 & 3 & -3 \\ 4 & -4 & 8 \end{pmatrix}$　(i) 第2行を $\frac{1}{4}$ 倍する（変形Ⅰ）。
　(ii) 第1行と第2行を入れ替える（変形Ⅲ）。
　(iii) 第2行に第1行を2倍して加える（変形Ⅱ）。

(2) $B = \begin{pmatrix} -4 & 1 & -1 & 2 \\ -3 & 0 & 6 & 3 \end{pmatrix}$　(i) 第2行を $\left(-\frac{1}{3}\right)$ 倍する（変形Ⅰ）。
　(ii) 第1行に第2行を4倍して加える（変形Ⅱ）。
　(iii) 第1行と第2行を入れ替える（変形Ⅲ）。

練習問題 1.5 [行基本変形 2]　　解答は p.185

次の行列に指定された変形を続けて行ってください。

(1) $A = \begin{pmatrix} 2 & 0 & 1 & 1 \\ 0 & 1 & 2 & 0 \\ 1 & 0 & 1 & 0 \end{pmatrix}$

(ⅰ) 第1行と第3行を入れ替える（変形Ⅲ）。
(ⅱ) 第3行に第1行を(-2)倍して加える（変形Ⅱ）。
(ⅲ) 第3行を(-1)倍する（変形Ⅰ）。
(ⅳ) 第1行に第3行を(-1)倍して加える（変形Ⅱ）。
(ⅴ) 第2行に第3行を(-2)倍して加える（変形Ⅱ）。

(2) $B = \begin{pmatrix} 3 & 2 & 1 & 3 \\ -3 & 2 & 0 & 10 \\ 6 & 6 & 3 & 15 \end{pmatrix}$

(ⅰ) 第3行を$\frac{1}{3}$倍する（変形Ⅰ）。
(ⅱ) 第2行に第1行を1倍して加える（変形Ⅱ）。
(ⅲ) 第1行に第3行を(-1)倍して加える（変形Ⅱ）。
(ⅳ) 第3行に第1行を(-2)倍して加える（変形Ⅱ）。
(ⅴ) 第2行に第3行を(-1)倍して加える（変形Ⅱ）。
(ⅵ) 第2行を$\frac{1}{2}$倍する（変形Ⅰ）。
(ⅶ) 第3行に第2行を(-2)倍して加える（変形Ⅱ）。

> 変形途中で成分を写しまちがわないようにね。

練習問題 1.6 [行変形による解法 1]　　解答は p.186

次の連立1次方程式の係数行列 M を，次の順に続けて変形することにより，解を求めてください。

(1) $\begin{cases} 2x+3y=3 \\ x+y=1 \end{cases}$　（ⅰ）①↔②　（ⅱ）②+①×(-2)　（ⅲ）①+②×(-1)

(2) $\begin{cases} 2x-3y=3 \\ 2x-2y=4 \end{cases}$　（ⅰ）②+①×(-1)　（ⅱ）①+②×3　（ⅲ）①×$\frac{1}{2}$

(3) $\begin{cases} 2u+3v=1 \\ 5u+6v=7 \end{cases}$　（ⅰ）①+②×(-1)　（ⅱ）①×$\left(-\frac{1}{3}\right)$
　　　　　　　　　　　（ⅲ）②+①×(-5)　（ⅳ）①+②×(-1)

練習問題 1.7 [行変形による解法 2]　　解答は p.187

(1) $\begin{cases} 3x+6y=3 \\ x+4y=-7 \end{cases}$　（ⅰ）①×$\frac{1}{3}$　（ⅱ）②+①×(-1)　（ⅲ）②×$\frac{1}{2}$
　　　　　　　　　　　（ⅳ）①+②×(-2)

(2) $\begin{cases} 2x+6y=2 \\ 3x+7y=7 \end{cases}$　（ⅰ）①×$\frac{1}{2}$　（ⅱ）②+①×(-3)　（ⅲ）②×$\left(-\frac{1}{2}\right)$
　　　　　　　　　　　（ⅳ）①+②×(-3)

(3) $\begin{cases} 2a+b=-3 \\ 3a+2b=-1 \end{cases}$　（ⅰ）①+②×(-1)　（ⅱ）①×(-1)　（ⅲ）②+①×(-3)
　　　　　　　　　　　（ⅳ）②×(-1)　（ⅴ）①+②×(-1)

練習問題 1.8 ［行変形による解法 3］　　解答は p.187

行変形を暗算で行いながら，次の連立 1 次方程式を解いてください．

(1) $\begin{cases} x+y+z = 7 \\ 2x-y = 3 \\ y+3z = -1 \end{cases}$　(ⅰ) ②+①×(−2)　(ⅱ) ②↔③　(ⅲ) ①+②×(−1)
(ⅳ) ③+②×3　(ⅴ) ③×(1/7)　(ⅵ) ①+③×2
(ⅶ) ②+③×(−3)

(2) $\begin{cases} x-y-z = 6 \\ x+y+z = 0 \\ 2x-3z = 0 \end{cases}$　(ⅰ) $\begin{cases} ②+①×(−1) \\ ③+①×(−2) \end{cases}$　(ⅱ) ②×(1/2)　(ⅲ) $\begin{cases} ①+②×1 \\ ③+②×(−2) \end{cases}$
(ⅳ) ③×(−1/3)　(ⅴ) ②+③×(−1)

(3) $\begin{cases} 2a+b = -4 \\ 3b+c = 7 \\ 3a+c = 1 \end{cases}$　(ⅰ) ①+③×(−1)　(ⅱ) ①×(−1)　(ⅲ) ③+①×(−3)
(ⅳ) ③+②×(−1)　(ⅴ) ③×(−1/3)　(ⅵ) $\begin{cases} ①+③×(−1) \\ ②+③×(−1) \end{cases}$
(ⅶ) ②×(1/3)　(ⅷ) ①+②×1

練習問題 1.9 ［掃き出し法 1］　　解答は p.188

次の連立 1 次方程式を掃き出し法で解いてください．

(1) $\begin{cases} x-2y = -7 \\ 2x+y = 11 \end{cases}$　(2) $\begin{cases} 3x+5y = -3 \\ x+3y = -5 \end{cases}$　(3) $\begin{cases} 5s+7t = 3 \\ 3s-t = 7 \end{cases}$

練習問題 1.10 ［掃き出し法 2］　　解答は p.189

(1) $\begin{cases} x+y+z = 10 \\ y-z = 3 \\ -x+z = 8 \end{cases}$　(2) $\begin{cases} 3x-y-z = -1 \\ x+2y+2z = 2 \\ 2x+3y+4z = -1 \end{cases}$　(3) $\begin{cases} 2a+3b-c = -1 \\ -3a+b-9c = 0 \\ 5a+5b+3c = -4 \end{cases}$

練習問題 1.11〜1.14 ［行列の階数と解］　　解答は p.190

次の連立 1 次方程式について，rank A と rank M を求め，解が存在すれば求めてください．ただし，A は連立 1 次方程式の左辺の係数行列，M は全体の係数行列とします．

(1) $\begin{cases} x+y = 5 \\ 2x+3y = 25 \end{cases}$　(2) $\begin{cases} 3a-2b = 1 \\ 9a-6b = 2 \end{cases}$　(3) $\begin{cases} 5x-3y = 2 \\ -10x+6y = -4 \end{cases}$

(4) $\begin{cases} a+b-c = 0 \\ a-b+c = 2 \\ -a+b+c = 4 \end{cases}$　(5) $\begin{cases} -2x-y+3z = 3 \\ x+2y-3z = -3 \\ -x+z = 1 \end{cases}$　(6) $\begin{cases} 2x+3y+6z = -1 \\ 9x+6y-3z = -2 \\ 7x+3y-9z = 0 \end{cases}$

(7) $\begin{cases} 4x+y = 1 \\ -x-y = 3 \\ 3x+2y = 0 \end{cases}$　(8) $\begin{cases} 5p+3q+3r = 0 \\ 3p+2q+r = 0 \end{cases}$　(9) $\begin{cases} x-y+z = 1 \\ 2x-2y+2z = 2 \\ 3x-3y+3z = 3 \end{cases}$

2 連立1次方程式と行列式

練習問題 2.1 [2次の行列式]　　解答は p.192

■ 次の2次の行列式の値を求めてください。

(1) $\begin{vmatrix} 7 & -5 \\ 8 & 2 \end{vmatrix}$　　(2) $\begin{vmatrix} 9 & 3 \\ -3 & 4 \end{vmatrix}$　　(3) $\begin{vmatrix} -2 & -2 \\ 5 & 5 \end{vmatrix}$

> **2次の行列式**
> $\begin{vmatrix} a & b \\ c & d \end{vmatrix} = ad - bc$

■ 次の行列の行列式の値を求めてください。

(4) $A = \begin{pmatrix} -4 & 4 \\ -9 & 9 \end{pmatrix}$　　(5) $B = \begin{pmatrix} \dfrac{1}{2} & \dfrac{1}{4} \\ \dfrac{1}{5} & -\dfrac{1}{3} \end{pmatrix}$

■ 次の連立1次方程式を，クラメールの公式を用いて解いてください。

(6) $\begin{cases} 7x - 5y = -17 \\ 8x + 2y = -4 \end{cases}$　　(7) $\begin{cases} 9x + 3y = \dfrac{5}{4} \\ -3x + 4y = 0 \end{cases}$　　(8) $\begin{cases} \dfrac{1}{2}a + \dfrac{1}{4}b = 8 \\ \dfrac{1}{5}a - \dfrac{1}{3}b = -2 \end{cases}$

練習問題 2.2 [3次の行列式]　　解答は p.193

■ 次の行列の行列式の値を求めてください。

(1) $A = \begin{pmatrix} 0 & -3 & 3 \\ 3 & 0 & -3 \\ -3 & 3 & 0 \end{pmatrix}$　　(2) $B = \begin{pmatrix} 3 & -1 & 3 \\ -4 & 2 & -5 \\ 3 & -1 & 3 \end{pmatrix}$　　(3) $C = \begin{pmatrix} -4 & 9 & -1 \\ 6 & -2 & 7 \\ -3 & 8 & -5 \end{pmatrix}$

■ x のはいった次の行列の行列式を計算し，多項式に直してください。

(4) $D = \begin{pmatrix} x & 4 & 1 \\ 3 & x & 5 \\ 2 & 6 & x \end{pmatrix}$

(5) $F = \begin{pmatrix} 2x-1 & 2 & -1 \\ -1 & x & 2 \\ 2 & -1 & 2x+1 \end{pmatrix}$

> **3次の行列式**
> $\begin{vmatrix} a_1 & b_1 & c_1 \\ a_2 & b_2 & c_2 \\ a_3 & b_3 & c_3 \end{vmatrix} = a_1 b_2 c_3 + a_2 b_3 c_1 + a_3 b_1 c_2 - c_1 b_2 a_3 - c_2 b_3 a_1 - c_3 b_1 a_2$
> **サラスの公式**

練習問題 2.3〜2.5 [クラメールの公式]　　解答は p.193

次の連立1次方程式について，左辺の係数行列を A とするとき，$|A| \neq 0$ を確認してからクラメールの公式により解いてください。

(1) $\begin{cases} x + y = 1 \\ 3x + 5y = 8 \end{cases}$　　(2) $\begin{cases} \dfrac{1}{2}x - \dfrac{1}{5}y = 3 \\ \dfrac{7}{6}x - \dfrac{1}{3}y = 9 \end{cases}$

(3) $\begin{cases} x + y - z = 0 \\ x - y + z = 2 \\ -x + y + z = 4 \end{cases}$　　(4) $\begin{cases} 2x - y + 3z = 3 \\ x + 2y - 3z = 0 \\ -x - 3y + 2z = 2 \end{cases}$　　(5) $\begin{cases} 2a + 3b + 6c = -1 \\ 9a + 6b - 3c = -2 \\ 3a + b - 7c = 0 \end{cases}$

3 行列の演算

練習問題 3.1 [行列の和，差，定数倍 1]　　解答は p. 195

次の行列の計算をしてください。

(1) $2\begin{pmatrix} 4 & -1 \\ 2 & 0 \end{pmatrix}$　　(2) $-3\begin{pmatrix} -3 & 5 & -2 \\ 2 & -3 & 1 \end{pmatrix}$　　(3) $\begin{pmatrix} 1 & -2 \\ -4 & 3 \end{pmatrix} + \begin{pmatrix} 3 & 4 \\ -2 & -1 \end{pmatrix}$

(4) $\begin{pmatrix} -3 & 4 \\ 2 & -5 \\ 1 & -6 \end{pmatrix} - \begin{pmatrix} 6 & -1 \\ 2 & -5 \\ -4 & 3 \end{pmatrix}$　　(5) $5\begin{pmatrix} 5 & 2 \\ 2 & -3 \end{pmatrix} + 4\begin{pmatrix} -4 & 0 \\ -3 & 3 \end{pmatrix}$

(6) $3\begin{pmatrix} -2 & 5 \\ 4 & 10 \\ 9 & 7 \end{pmatrix} - 7\begin{pmatrix} 1 & -1 \\ 2 & -2 \\ 3 & -3 \end{pmatrix}$　　(7) $2\begin{pmatrix} -4 \\ -3 \\ 1 \end{pmatrix} + 6\begin{pmatrix} 1 \\ 2 \\ -2 \end{pmatrix} - \begin{pmatrix} 0 \\ 8 \\ -2 \end{pmatrix}$

(8) $(3\ \ 0) - 4(5\ \ -1) + 2(0\ \ 7)$

練習問題 3.2 [行列の和，差，定数倍 2]　　解答は p. 195

$A = \begin{pmatrix} 8 & -1 \\ 3 & 5 \end{pmatrix}$, $B = \begin{pmatrix} -2 & 7 \\ -6 & 4 \end{pmatrix}$ とします。

■ 行列のどの性質を使ったかを記しながら，次の式をみたす X を求めてください。

(1) $A + X = B$　　(2) $X + 2A = B$

■ 実数と同じように計算することにより，次の式をみたす X を求めてください。

(3) $A + 2X = 3B$　　(4) $B - X = 3(A - B)$

練習問題 3.3 [行列の積 1]　　解答は p. 196

$A = \begin{pmatrix} 3 & -2 \\ 2 & 1 \end{pmatrix}$, $B = \begin{pmatrix} 1 & 0 & 2 \\ 4 & -1 & 3 \end{pmatrix}$, $C = \begin{pmatrix} 3 & -2 \\ -4 & 1 \\ 5 & -6 \end{pmatrix}$ とするとき，次の行列の積について定義されれば求めてください。

(1) AB　(2) AC　(3) BC　(4) CA　(5) AA　(6) BB　(7) CC

練習問題 3.4 [行列の積 2]　　解答は p. 198

次の行列の積を計算してください。

(1) $\begin{pmatrix} 2 & 0 \\ 0 & 5 \end{pmatrix}\begin{pmatrix} 4 & 0 \\ 0 & 3 \end{pmatrix}$　　(2) $\begin{pmatrix} 3 & 1 \\ 0 & 4 \\ 2 & -1 \end{pmatrix}\begin{pmatrix} 2 & 1 & 5 \\ -1 & -2 & 0 \end{pmatrix}$　　(3) $\begin{pmatrix} 3 & -2 & -1 \\ 1 & 6 & -3 \end{pmatrix}\begin{pmatrix} 4 \\ -3 \\ 3 \end{pmatrix}$

(4) $(2\ \ 3)\begin{pmatrix} -1 & 2 & -3 \\ 4 & 1 & 5 \end{pmatrix}$　　(5) $(1\ \ 2\ \ 3)\begin{pmatrix} 4 \\ 5 \\ 6 \end{pmatrix}$　　(6) $\begin{pmatrix} 4 \\ 5 \\ 6 \end{pmatrix}(1\ \ 2\ \ 3)$

練習問題 3.5 [行列の積と行列式]　解答は p. 199

$A = \begin{pmatrix} 1 & 1 & -1 \\ -1 & 1 & 1 \\ 1 & -1 & 1 \end{pmatrix}, B = \begin{pmatrix} 1 & 2 & -1 \\ 2 & -1 & 1 \\ -1 & 1 & 2 \end{pmatrix}$ について

（1）AB と BA を求め，$AB \neq BA$ を確認してください。

（2）$|A|$ と $|B|$ の値を求めてください。

（3）$|AB|$ と $|BA|$ を求め，$|AB| = |BA| = |A||B|$ を確認してください。

――― 3次の行列式 ―――
$$\begin{vmatrix} a_1 & b_1 & c_1 \\ a_2 & b_2 & c_2 \\ a_3 & b_3 & c_3 \end{vmatrix}$$
$= a_1 b_2 c_3 + a_2 b_3 c_1 + a_3 b_1 c_2$
$- c_1 b_2 a_3 - c_2 b_3 a_1 - c_3 b_1 a_2$
サラスの公式

練習問題 3.6 [2次の正方行列の逆行列 1]　解答は p. 200

次の行列に逆行列が存在すれば求めてください。

（1）$A = \begin{pmatrix} 5 & 3 \\ -7 & -4 \end{pmatrix}$　　（2）$B = \begin{pmatrix} 8 & 4 \\ 6 & 3 \end{pmatrix}$

（3）$C = \begin{pmatrix} \dfrac{1}{\sqrt{2}} & -\dfrac{1}{2} \\ -1 & \dfrac{1}{\sqrt{2}} \end{pmatrix}$　　（4）$D = \begin{pmatrix} \dfrac{\sqrt{3}}{2} & -\dfrac{1}{2} \\ \dfrac{1}{2} & \dfrac{\sqrt{3}}{2} \end{pmatrix}$

――― 2次の行列の逆行列 ―――
$A = \begin{pmatrix} a & b \\ c & d \end{pmatrix}$
$|A| \neq 0$ のとき
$A^{-1} = \dfrac{1}{|A|} \begin{pmatrix} d & -b \\ -c & a \end{pmatrix}$

練習問題 3.7 [2次の正方行列の逆行列 2]　解答は p. 200

次の行列の逆行列を掃き出し法で求めてください。

（1）$A = \begin{pmatrix} 1 & 3 \\ -2 & 1 \end{pmatrix}$　　（2）$B = \begin{pmatrix} -3 & 2 \\ 2 & -3 \end{pmatrix}$　　（3）$C = \begin{pmatrix} 5 & 3 \\ -7 & -4 \end{pmatrix}$

（4）$D = \begin{pmatrix} \dfrac{\sqrt{3}}{2} & -\dfrac{1}{2} \\ \dfrac{1}{2} & \dfrac{\sqrt{3}}{2} \end{pmatrix}$

$(A | E) \to (E | A^{-1})$

練習問題 3.8 [3次の正方行列の逆行列]　解答は p. 201

次の行列の逆行列を掃き出し法で求めてください。

（1）$A = \begin{pmatrix} 1 & 1 & -1 \\ -1 & 0 & 1 \\ 1 & -1 & 1 \end{pmatrix}$　　（2）$B = \begin{pmatrix} 0 & 2 & -1 \\ 2 & -1 & 0 \\ -1 & 0 & 2 \end{pmatrix}$　　（3）$C = \begin{pmatrix} 2 & 2 & 3 \\ 3 & 3 & 2 \\ 1 & 0 & 2 \end{pmatrix}$

練習問題 3.9 [逆行列を使った連立1次方程式の解 1]　解答は p. 202

次の連立1次方程式の解を逆行列を使って求めてください。

（1）$\begin{cases} x + 3y = 0 \\ -2x + y = -14 \end{cases}$　　（2）$\begin{cases} -3x + 2y = 3 \\ 2x - 3y = 3 \end{cases}$

（3）$\begin{cases} 5x + 3y = 4 \\ -7x - 4y = -6 \end{cases}$

左辺の係数行列は練習問題3.7と同じですわ。

練習問題 3.10［逆行列を使った連立 1 次方程式の解 2］　　解答は p.203

次の連立 1 次方程式を逆行列を利用して解いてください。

(1) $\begin{cases} x+y-z= 6 \\ -x+z=-5 \\ x-y+z= 0 \end{cases}$ 　(2) $\begin{cases} 2y-z= 1 \\ 2x-y= 8 \\ -x+2z=-6 \end{cases}$

(3) $\begin{cases} 2x+2y+3z=3 \\ 3x+3y+2z=2 \\ x+2z=1 \end{cases}$

> この問題の係数行列は練習問題 3.8 と同じですね。

練習問題 3.11［行列の積と逆行列］　　解答は p.203

練習問題 3.8 と同じ行列を用いて

$$A=\begin{pmatrix} 1 & 1 & -1 \\ -1 & 0 & 1 \\ 1 & -1 & 1 \end{pmatrix},\ B=\begin{pmatrix} 0 & 2 & -1 \\ 2 & -1 & 0 \\ -1 & 0 & 2 \end{pmatrix}$$ とおきます。

(1) AB および $(AB)^{-1}$ を求めてください。

(2) $A^{-1}B^{-1}$ および $B^{-1}A^{-1}$ を求め，$(AB)^{-1}=B^{-1}A^{-1}$，$(AB)^{-1}\neq A^{-1}B^{-1}$ を確認してください。

4　ベクトル空間

練習問題 4.1［ベクトルと長さ］　　解答は p.205

- 右の正六角形の 1 辺の長さは 1 です。
    (1) $\overrightarrow{OE}$ と同じベクトルをすべて取り出してください。
    (2) $|\overrightarrow{AC}|$ を求めてください。
- 右の立方体の 1 辺の長さは 1 です。
    (3) $\overrightarrow{AB}$ と同じベクトルをすべて取り出してください。
    (4) $|\overrightarrow{AG}|$ の長さを求めてください。

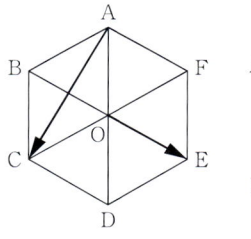

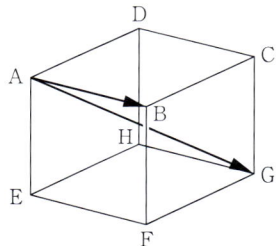

練習問題 4.2［ベクトルの和，差，定数倍］　　解答は p.205

- 右のベクトル $\vec{a}, \vec{b}$ について，次のベクトルを描いてください。
    (1) $\vec{a}+\vec{b}$ 　(2) $\vec{b}-\vec{a}$ 　(3) $2\vec{a}$ 　(4) $-3\vec{b}$
- 右のベクトル $\vec{p}, \vec{q}$ について，次のベクトルを描いてください。
    (5) $2\vec{p}$ 　(6) $2\vec{p}+\vec{q}$ 　(7) $-\dfrac{1}{2}\vec{q}$ 　(8) $2\vec{p}-\dfrac{1}{2}\vec{q}$

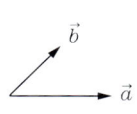

練習問題 4.3 ［ベクトルの計算］　　解答は p. 206

次のベクトルの計算をしてください。

(1)　$8\vec{a}-2\vec{b}-\vec{b}-2\vec{a}$　　(2)　$5\vec{b}+3\vec{a}+\vec{b}-4\vec{a}$

(3)　$4(\vec{a}-3\vec{b})-2(2\vec{a}-6\vec{b})$　　(4)　$5(2\vec{b}+\vec{a}-3\vec{c})+2(-\vec{b}+3\vec{c})-3\vec{a}$

練習問題 4.4 ［平面ベクトルの成分表示］　　解答は p. 206

座標平面上に 3 点 A(1, 3)，B(2, −2)，C(3, −1) があります。次のベクトルの成分を列ベクトルで表してください。

(1)　$\overrightarrow{AB}$　　(2)　$\overrightarrow{BC}$　　(3)　$\overrightarrow{CA}$　　(4)　$-5\overrightarrow{AB}$　　(5)　$\overrightarrow{AB}+2\overrightarrow{BC}$

(6)　$2\overrightarrow{AB}+\overrightarrow{BC}$　　(7)　$3\overrightarrow{AB}-2\overrightarrow{BC}$　　(8)　$\overrightarrow{AB}-4\overrightarrow{BC}+3\overrightarrow{CA}$

練習問題 4.5 ［平面ベクトルの成分と大きさ］　　解答は p. 206

練習問題 4.4 と同じ 3 点 A(1, 3)，B(2, −2)，C(3, −1) について，次のベクトルの大きさを求めてください。

(1)　$|\overrightarrow{AB}|$　　(2)　$|-5\overrightarrow{AB}|$　　(3)　$|\overrightarrow{AB}+2\overrightarrow{BC}|$　　(4)　$|\overrightarrow{AB}-4\overrightarrow{BC}+3\overrightarrow{CA}|$

練習問題 4.6 ［平面ベクトルの内積となす角］　　解答は p. 206

■ $\vec{a}=\begin{pmatrix}4\\3\end{pmatrix}$, $\vec{b}=\begin{pmatrix}1\\2\end{pmatrix}$, $\vec{c}=\begin{pmatrix}-3\\t\end{pmatrix}$ とします。

(1)　内積 $\vec{a}\cdot\vec{b}$ を求めてください。

(2)　$\vec{a}$ と $\vec{b}$ のなす角を θ とするとき，$\cos\theta$ の値を求めてください。

(3)　$\vec{a}$ と $\vec{c}$ が垂直になるように t の値を定めてください。

(4)　$\vec{b}$ と $\vec{c}$ のなす角が 45° となるように t の値を定めてください。

■ O(0, 0)，A(2, 0)，P(t, t−1) があります。

(5)　$\overrightarrow{OP}$ と $\overrightarrow{AP}$ が垂直になるように t の値を定めてください。

(6)　$\overrightarrow{OA}$ と $\overrightarrow{AP}$ のなす角が 60° になるように t の値を定めてください。

$$\cos\theta=\frac{\vec{a}\cdot\vec{b}}{|\vec{a}||\vec{b}|}$$

― 2 次方程式の解の公式 ―

・$ax^2+bx+c=0$ $(a\neq 0)$

$$x=\frac{-b\pm\sqrt{b^2-4ac}}{2a}$$

・$ax^2+2bx+c=0$ $(a\neq 0)$

$$x=\frac{-b\pm\sqrt{b^2-ac}}{a}$$

練習問題 4.7 ［平面における垂直な単位ベクトル］　　解答は p. 207

■ $\vec{v}_1=\begin{pmatrix}1\\1\end{pmatrix}$, $\vec{v}_2=\begin{pmatrix}1\\-2\end{pmatrix}$ とします。次のベクトルと内積を順に求めてください。

(1)　ベクトル　$\vec{u}_1=\dfrac{1}{|\vec{v}_1|}\vec{v}_1$　　(2)　内積　$k=\vec{u}_1\cdot\vec{v}_2$

(3)　ベクトル　$\vec{v}_2'=\vec{v}_2-k\vec{u}_1$　　(4)　ベクトル　$\vec{u}_2=\dfrac{1}{|\vec{v}_2'|}\vec{v}_2'$

■ 上で求めたベクトルの組 $\{\vec{u}_1, \vec{u}_2\}$ について，次のことを確認してください。

(5)　$\vec{u}_1\cdot\vec{u}_2=0$　　(6)　$|\vec{u}_1|=|\vec{u}_2|=1$

― 内積の性質 ―

$k(\vec{a}\cdot\vec{b})$
$=(k\vec{a})\cdot\vec{b}$
$=\vec{a}\cdot(k\vec{b})$

― 大きさの性質 ―

$|k\vec{a}|=|k||\vec{a}|$

練習問題 4.8 [空間ベクトルの成分表示と大きさ]　解答は p.208

座標空間に 3 点 A(0, 2, 1), B(3, −1, 2), C(−2, 2, 3) があり，$\vec{a} = \overrightarrow{AB}$, $\vec{b} = \overrightarrow{BC}$, $\vec{c} = \overrightarrow{CA}$ とおきます。

(1) $\vec{a}, \vec{b}, \vec{c}$ の列ベクトルによる成分表示を求めてください。

(2) $|\vec{a}|, |\vec{b}|, |\vec{c}|$ を求めてください。

(3) $\vec{p} = 4\vec{a} + \vec{b}$, $\vec{q} = \vec{c} + 2\vec{b}$, $\vec{r} = 3\vec{a} - 5\vec{c}$ の列ベクトルによる成分表示をそれぞれ求めてください。

(4) $|\vec{p} + \vec{q} + \vec{r}|$ を求めてください。

練習問題 4.9 [空間ベクトルの内積となす角]　解答は p.209

$\vec{a} = \begin{pmatrix} 2 \\ 0 \\ \sqrt{2} \end{pmatrix}$, $\vec{b} = \begin{pmatrix} 3 \\ \sqrt{3} \\ 0 \end{pmatrix}$ について

$$\cos\theta = \frac{\vec{a}\cdot\vec{b}}{|\vec{a}||\vec{b}|}$$

(1) 内積 $\vec{a}\cdot\vec{b}$ を求めてください。

(2) $\vec{a}$ と $\vec{b}$ のなす角 θ ($0 \leq \theta \leq 180°$) を求めてください。

(3) $\vec{c} = \begin{pmatrix} 1 \\ t \\ t \end{pmatrix}$ とおくとき，$\vec{a}$ と $\vec{c}$ が垂直になるように t の値を定めてください。

(4) $\vec{c} = \begin{pmatrix} 1 \\ t \\ t \end{pmatrix}$ とおくとき，$\vec{a}$ と $\vec{c}$ のなす角が $30°$ となるように t の値を定めてください。

(5) $\vec{a}, \vec{b}$ のどちらにも垂直になるような単位ベクトル $\vec{c}$ を求めてください。

練習問題 4.10 [空間における垂直な単位ベクトル]　解答は p.209

■ $\vec{v}_1 = \begin{pmatrix} 0 \\ 1 \\ 1 \end{pmatrix}$, $\vec{v}_2 = \begin{pmatrix} 1 \\ 0 \\ 1 \end{pmatrix}$, $\vec{v}_3 = \begin{pmatrix} 1 \\ 1 \\ 0 \end{pmatrix}$ とします。次のベクトルと内積を順に求めてください。

(1) ベクトル $\vec{u}_1 = \dfrac{1}{|\vec{v}_1|}\vec{v}_1$　　(2) 内積 $k_1 = \vec{u}_1 \cdot \vec{v}_2$

(3) ベクトル $\vec{v}_2' = \vec{v}_2 - k_1\vec{u}_1$　　(4) ベクトル $\vec{u}_2 = \dfrac{1}{|\vec{v}_2'|}\vec{v}_2'$

(5) 内積 $k_2 = \vec{u}_1 \cdot \vec{v}_3$　　(6) 内積 $k_3 = \vec{u}_2 \cdot \vec{v}_3$

(7) ベクトル $\vec{v}_3' = \vec{v}_3 - k_2\vec{u}_1 - k_3\vec{u}_2$　　(8) ベクトル $\vec{u}_3 = \dfrac{1}{|\vec{v}_3'|}\vec{v}_3'$

■ 上で求めたベクトルの組 $\{\vec{u}_1, \vec{u}_2, \vec{u}_3\}$ について，次のことを確認してください。

(9) $\vec{u}_1 \cdot \vec{u}_2 = \vec{u}_2 \cdot \vec{u}_3 = \vec{u}_1 \cdot \vec{u}_3 = 0$　　(10) $|\vec{u}_1| = |\vec{u}_2| = |\vec{u}_3| = 1$

大きさの性質
$|k\vec{a}| = |k||\vec{a}|$

内積の性質
$k(\vec{a}\cdot\vec{b})$
$= (k\vec{a})\cdot\vec{b}$
$= \vec{a}\cdot(k\vec{b})$

練習問題 4.11 [線形結合 1]　　解答は p. 211

右のように $\mathbf{R}^2$ における3つのベクトルがあります。これらのベクトルの線形結合によって表される次のベクトルを図示してください。

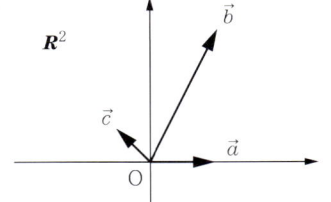

(1) $\vec{p} = \vec{a} - \vec{b} + 3\vec{c}$　　(2) $\vec{q} = \dfrac{1}{2}\vec{b} + 2\vec{a} + \vec{c}$

(3) $\vec{r} = \vec{b} - \dfrac{3}{2}\vec{a} - 2\vec{c}$

練習問題 4.12 [線形結合 2]　　解答は p. 211

■ $\mathbf{R}^2$ におけるベクトル $\vec{a} = \begin{pmatrix} 1 \\ 1 \end{pmatrix}$, $\vec{b} = \begin{pmatrix} -1 \\ 1 \end{pmatrix}$ の線形結合である次のベクトルの成分表示を求めてください。

(1) $\vec{p} = 3\vec{a} + 2\vec{b}$　　(2) $\vec{q} = \dfrac{3}{2}\vec{a} - \dfrac{1}{4}\vec{b}$

■ $\mathbf{R}^3$ におけるベクトル $\vec{a} = \begin{pmatrix} 1 \\ 1 \\ 0 \end{pmatrix}$, $\vec{b} = \begin{pmatrix} 1 \\ 0 \\ 1 \end{pmatrix}$, $\vec{c} = \begin{pmatrix} 0 \\ 1 \\ 1 \end{pmatrix}$ の結形結合である次のベクトルの成分表示を求めてください。

(3) $\vec{u} = 5\vec{a} + 2\vec{b} - 4\vec{c}$　　(4) $\vec{v} = \dfrac{2}{3}\vec{a} - \dfrac{1}{4}\vec{b} + \dfrac{5}{6}\vec{c}$

練習問題 4.13 [線形結合 3]　　解答は p. 212

次の $\mathbf{R}^2$ のベクトル $\vec{a}, \vec{b}, \vec{c}$ について，$\vec{c}$ を $\vec{a}$ と $\vec{b}$ の線形結合で表してください。

(1) $\vec{a} = \begin{pmatrix} 2 \\ 1 \end{pmatrix}$, $\vec{b} = \begin{pmatrix} 1 \\ -2 \end{pmatrix}$, $\vec{c} = \begin{pmatrix} 0 \\ -3 \end{pmatrix}$　　(2) $\vec{a} = \begin{pmatrix} -1 \\ 2 \end{pmatrix}$, $\vec{b} = \begin{pmatrix} 3 \\ 2 \end{pmatrix}$, $\vec{c} = \begin{pmatrix} 4 \\ 1 \end{pmatrix}$

練習問題 4.14 [線形結合 4]　　解答は p. 212

次の $\mathbf{R}^2$ のベクトル $\vec{p}, \vec{q}, \vec{r}$ について，$\vec{r}$ は $\vec{p}$ と $\vec{q}$ の線形結合で表すことはできないことを示してください。

(1) $\vec{p} = \begin{pmatrix} 1 \\ -1 \end{pmatrix}$, $\vec{q} = \begin{pmatrix} -1 \\ 1 \end{pmatrix}$, $\vec{r} = \begin{pmatrix} 1 \\ 1 \end{pmatrix}$　　(2) $\vec{p} = \begin{pmatrix} 1 \\ \sqrt{2} \end{pmatrix}$, $\vec{q} = \begin{pmatrix} \sqrt{2} \\ 2 \end{pmatrix}$, $\vec{r} = \begin{pmatrix} 2 \\ \sqrt{3} \end{pmatrix}$

練習問題 4.15 [線形結合 5]　　解答は p. 213

次の $\mathbf{R}^3$ のベクトル $\vec{a}, \vec{b}, \vec{c}, \vec{p}$ について，$\vec{p}$ を $\vec{a}, \vec{b}, \vec{c}$ の線形結合で表してください。

(1) $\vec{a} = \begin{pmatrix} 1 \\ 1 \\ -1 \end{pmatrix}$, $\vec{b} = \begin{pmatrix} 1 \\ -1 \\ 1 \end{pmatrix}$, $\vec{c} = \begin{pmatrix} -1 \\ 1 \\ 1 \end{pmatrix}$, $\vec{p} = \begin{pmatrix} 1 \\ 2 \\ 3 \end{pmatrix}$

(2) $\vec{a} = \begin{pmatrix} 1 \\ 2 \\ -2 \end{pmatrix}$, $\vec{b} = \begin{pmatrix} -2 \\ 1 \\ 0 \end{pmatrix}$, $\vec{c} = \begin{pmatrix} 2 \\ 0 \\ 1 \end{pmatrix}$, $\vec{p} = \begin{pmatrix} 3 \\ 2 \\ 1 \end{pmatrix}$

練習問題 4.16 [線形結合 6]　解答は p. 213

次の $\mathbb{R}^3$ のベクトル $\vec{a}, \vec{b}, \vec{c}, \vec{p}$ について，$\vec{p}$ は $\vec{a}, \vec{b}, \vec{c}$ の線形結合で表すことができないことを示してください。

(1) $\vec{a} = \begin{pmatrix} 1 \\ 1 \\ -1 \end{pmatrix}$, $\vec{b} = \begin{pmatrix} 1 \\ -1 \\ 1 \end{pmatrix}$, $\vec{c} = \begin{pmatrix} -1 \\ 0 \\ 0 \end{pmatrix}$, $\vec{p} = \begin{pmatrix} 1 \\ 2 \\ 3 \end{pmatrix}$

(2) $\vec{a} = \begin{pmatrix} 1 \\ 3 \\ 2 \end{pmatrix}$, $\vec{b} = \begin{pmatrix} 3 \\ 7 \\ 4 \end{pmatrix}$, $\vec{c} = \begin{pmatrix} 2 \\ 5 \\ 3 \end{pmatrix}$, $\vec{p} = \begin{pmatrix} 0 \\ 1 \\ 0 \end{pmatrix}$

練習問題 4.17 [線形独立, 線形従属 1]　解答は p. 214

$\mathbb{R}^2$ における次のベクトルは線形独立か線形従属かを調べてください。

(1) $\vec{a}_1 = \begin{pmatrix} 3 \\ -2 \end{pmatrix}$, $\vec{a}_2 = \begin{pmatrix} 5 \\ 1 \end{pmatrix}$
(2) $\vec{b}_1 = \begin{pmatrix} 1 \\ 2 \end{pmatrix}$, $\vec{b}_2 = \begin{pmatrix} -1 \\ 1 \end{pmatrix}$, $\vec{b}_3 = \begin{pmatrix} -1 \\ 7 \end{pmatrix}$

練習問題 4.18 [線形独立, 線形従属 2]　解答は p. 214

$\mathbb{R}^3$ の次のベクトルは線形独立か線形従属かを調べてください。

(1) $\vec{a}_1 = \begin{pmatrix} 1 \\ 0 \\ 1 \end{pmatrix}$, $\vec{a}_2 = \begin{pmatrix} 1 \\ -1 \\ 0 \end{pmatrix}$, $\vec{a}_3 = \begin{pmatrix} 0 \\ 1 \\ 1 \end{pmatrix}$
(2) $\vec{b}_1 = \begin{pmatrix} 1 \\ 3 \\ 2 \end{pmatrix}$, $\vec{b}_2 = \begin{pmatrix} 3 \\ 5 \\ 3 \end{pmatrix}$, $\vec{b}_3 = \begin{pmatrix} 2 \\ 2 \\ 1 \end{pmatrix}$

> $\vec{a}_1, \cdots, \vec{a}_r$：線形従属
> $\Leftrightarrow k_1\vec{a}_1 + \cdots + k_r\vec{a}_r = \vec{0}$
> 　（少なくとも1つは $k_i \neq 0$）が成立。

> $\vec{a}_1, \cdots, \vec{a}_r$：線形独立
> $\Leftrightarrow k_1\vec{a}_1 + \cdots + k_r\vec{a}_r = \vec{0}$
> 　ならば $k_1 = \cdots = k_r = 0$

5　線形写像と行列

練習問題 5.1 [$\mathbb{R}^2$ の写像]　解答は p. 215

$\mathbb{R}^2$ における次の写像により，$\vec{e}_1 = \begin{pmatrix} 1 \\ 0 \end{pmatrix}$ と $\vec{e}_2 = \begin{pmatrix} 0 \\ 1 \end{pmatrix}$ はどのようなベクトルに写像されるのかを求めてください。

(1) $f_1(\vec{x}) = -3\vec{x}$

(2) $f_2(\vec{x}) = 2\vec{x} + \vec{a}$, $\vec{a} = \begin{pmatrix} 1 \\ 1 \end{pmatrix}$

(3) $f_3(\vec{x}) = A\vec{x}$, $A = \begin{pmatrix} 0 & 0 \\ 1 & 0 \end{pmatrix}$

(4) $f_4(\vec{x}) = B\vec{x} + \vec{b}$, $B = \begin{pmatrix} 2 & 0 \\ 0 & 2 \end{pmatrix}$, $\vec{b} = \begin{pmatrix} -1 \\ 2 \end{pmatrix}$

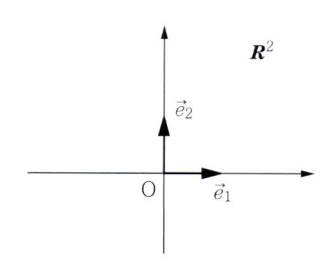

練習問題 5.2 [R^3 の写像] 　　解答は p. 216

R^3 における次の写像により，$\vec{e}_1 = \begin{pmatrix} 1 \\ 0 \\ 0 \end{pmatrix}$, $\vec{e}_2 = \begin{pmatrix} 0 \\ 1 \\ 0 \end{pmatrix}$, $\vec{e}_3 = \begin{pmatrix} 0 \\ 0 \\ 1 \end{pmatrix}$ はどのようなベクトルに写像されるのかを求めてください。

(1) $f_1(\vec{x}) = 2\vec{x} + \vec{a}$, $\vec{a} = \begin{pmatrix} 1 \\ 1 \\ 0 \end{pmatrix}$

(2) $f_2(\vec{x}) = A\vec{x}$, $A = \begin{pmatrix} 0 & 0 & 2 \\ 0 & -2 & 0 \\ 2 & 0 & 0 \end{pmatrix}$

(3) $f_3(\vec{x}) = B\vec{x}$, $B = \begin{pmatrix} 1 & 2 & 3 \\ 2 & 1 & -3 \\ 3 & -3 & 1 \end{pmatrix}$

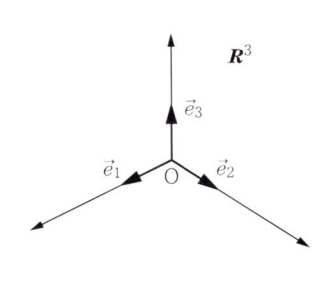

練習問題 5.3〜5.4 [線形写像 1, 2] 　　解答は p. 216

R^2 における線形写像と 2 つのベクトル

$$f(\vec{x}) = A\vec{x}, \quad A = \begin{pmatrix} a & b \\ c & d \end{pmatrix}; \quad \vec{x} = \begin{pmatrix} x_1 \\ x_2 \end{pmatrix}, \quad \vec{y} = \begin{pmatrix} y_1 \\ y_2 \end{pmatrix}$$

について，写像先のベクトルの成分を比較することにより，次の性質を示してください。

(1) $f(\vec{x} + \vec{y}) = f(\vec{x}) + f(\vec{y})$ 　　(2) $f(k\vec{x}) = kf(\vec{x})$ 　（k は定数）

練習問題 5.5〜5.6 [線形写像 3, 4] 　　解答は p. 216

R^3 における線形写像と 2 つのベクトル

$$f(\vec{x}) = A\vec{x}, \quad A = \begin{pmatrix} a_1 & b_1 & c_1 \\ a_2 & b_2 & c_2 \\ a_3 & b_3 & c_3 \end{pmatrix}; \quad \vec{x} = \begin{pmatrix} x_1 \\ x_2 \\ x_3 \end{pmatrix}, \quad \vec{y} = \begin{pmatrix} y_1 \\ y_2 \\ y_3 \end{pmatrix}$$

について，写像先のベクトルの成分を比較することにより，次の性質を示してください。

(1) $f(\vec{x} + \vec{y}) = f(\vec{x}) + f(\vec{y})$ 　　(2) $f(k\vec{x}) = kf(\vec{x})$ 　（k は定数）

練習問題 5.7 [平面上の点の移動]　解答は p.217

次の $\boldsymbol{R}^2$ における線形写像 f を点の移動とみるとき，どのような移動となるかを調べてください．

(1) $f(\vec{x}) = \begin{pmatrix} -2 & 0 \\ 0 & -2 \end{pmatrix} \vec{x}$ 　　(2) $f(\vec{x}) = \begin{pmatrix} 0 & -1 \\ -1 & 0 \end{pmatrix} \vec{x}$

練習問題 5.8 [平面上の図形の移動]　解答は p.218

$\boldsymbol{R}^2$ の線形写像

$$f(\vec{x}) = A\vec{x}, \quad A = \begin{pmatrix} \dfrac{1}{\sqrt{2}} & -\dfrac{1}{\sqrt{2}} \\ \dfrac{1}{\sqrt{2}} & \dfrac{1}{\sqrt{2}} \end{pmatrix}$$

により，右図の正方形はどのような図形に移されるかを調べてください．

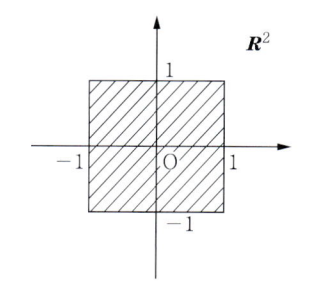

練習問題 5.9 [平面上の点の回転移動]　解答は p.218

$\boldsymbol{R}^2$ において，点を原点のまわりに次の角度だけ回転移動させる線形写像の行列を求め，点 A$(1,0)$ と B$(0,1)$ がどのような点に移るかを求めてください．

(1) $60°$ 　(2) $135°$ 　(3) $-150°$

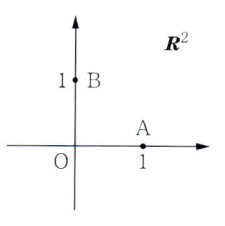

練習問題 5.10 [合成写像 1]　解答は p.219

$\boldsymbol{R}^2$ における 2 つの線形写像があります．

$$f(\vec{x}) = A\vec{x}, \quad A = \begin{pmatrix} 0 & 1 \\ 1 & 0 \end{pmatrix} \quad (\text{直線 } y=x \text{ に関する対称移動})$$

$$g(\vec{x}) = B\vec{x}, \quad B = \dfrac{1}{\sqrt{2}} \begin{pmatrix} 1 & -1 \\ 1 & 1 \end{pmatrix} \quad (\text{原点のまわり } 45° \text{ の回転移動})$$

(1) $\vec{p} = \begin{pmatrix} 3 \\ 2 \end{pmatrix}$ について，$\vec{p}\,' = f(\vec{p})$ を求めてください．

(2) $\vec{p}\,'' = g(\vec{p}\,')$ を求めてください．

(3) $(f \circ g)(\vec{p})$ を求めてください．

(4) $(f \circ f)(\vec{p})$ を求めてください．

(5) $(g \circ g)(\vec{p})$ を求めてください．

$(g \circ f)(\vec{p}) = g(f(\vec{p}))$
$(f \circ g)(\vec{p}) = f(g(\vec{p}))$

右ページに $\boldsymbol{R}^2$ における主な線形写像をまとめてあります．

練習問題 5.11 [合成写像 2]　　　解答は p.220

- R^2 における次の 3 つの線形写像があります。

$$f(\vec{x}) = A\vec{x}, \quad g(\vec{x}) = B\vec{x}, \quad h(\vec{x}) = C\vec{x} \quad ; \quad A = \begin{pmatrix} 0 & 1 \\ -1 & 0 \end{pmatrix}, \quad B = \begin{pmatrix} 1 & 0 \\ 0 & -1 \end{pmatrix}, \quad C = \begin{pmatrix} 0 & -1 \\ -1 & 0 \end{pmatrix}$$

（1）合成写像 $g \circ f$ と $f \circ g$ の行列をそれぞれ求めてください。

（2）合成写像 $h \circ g$ と $g \circ h$ の行列をそれぞれ求めてください。

- R^2 における次の 3 つの線形写像があります。

$$f(\vec{x}) = A\vec{x}, \quad g(\vec{x}) = B\vec{x}, \quad h(\vec{x}) = C\vec{x} \quad ;$$
$$A = \begin{pmatrix} 3 & 0 \\ 0 & 3 \end{pmatrix}, \quad B = \frac{1}{2}\begin{pmatrix} \sqrt{3} & -1 \\ 1 & \sqrt{3} \end{pmatrix}, \quad C = \frac{1}{2}\begin{pmatrix} 1 & -\sqrt{3} \\ \sqrt{3} & 1 \end{pmatrix}$$

（3）f, g, h はそれぞれどのような写像になるかを説明してください。

（4）合成写像 $g \circ f$ の行列を求め、どのような写像になるかを説明してください。

（5）合成写像 $h \circ g$ の行列を求め、どのような写像になるかを説明してください。

R^2 における主な線形写像 $f(\vec{x}) = A\vec{x}$

対称移動

A	写 像
$\begin{pmatrix} 1 & 0 \\ 0 & -1 \end{pmatrix}$	x 軸に関する対称移動
$\begin{pmatrix} -1 & 0 \\ 0 & 1 \end{pmatrix}$	y 軸に関する対称移動
$\begin{pmatrix} 0 & 1 \\ 1 & 0 \end{pmatrix}$	直線 $y = x$ に関する対称移動
$\begin{pmatrix} 0 & -1 \\ -1 & 0 \end{pmatrix}$	直線 $y = -x$ に関する対称移動
$\begin{pmatrix} -1 & 0 \\ 0 & -1 \end{pmatrix}$	原点に関する対称移動

拡大、縮小移動

A	写 像
$\begin{pmatrix} k & 0 \\ 0 & k \end{pmatrix}$ $(k > 0)$	原点からの距離を k 倍にする拡大または縮小の移動

回転移動

A	写 像
$\begin{pmatrix} \cos\theta & -\sin\theta \\ \sin\theta & \cos\theta \end{pmatrix}$	原点のまわり θ の回転移動
$\begin{pmatrix} 0 & -1 \\ 1 & 0 \end{pmatrix}$	$\theta = 90°$
$\begin{pmatrix} 0 & 1 \\ -1 & 0 \end{pmatrix}$	$\theta = -90°$
$\frac{1}{2}\begin{pmatrix} \sqrt{3} & -1 \\ 1 & \sqrt{3} \end{pmatrix}$	$\theta = 30°$
$\frac{1}{\sqrt{2}}\begin{pmatrix} 1 & -1 \\ 1 & 1 \end{pmatrix}$	$\theta = 45°$
$\frac{1}{2}\begin{pmatrix} 1 & -\sqrt{3} \\ \sqrt{3} & 1 \end{pmatrix}$	$\theta = 60°$
$\begin{pmatrix} -1 & 0 \\ 0 & -1 \end{pmatrix}$	$\theta = 180°$ （原点に関する対称移動）

練習問題 5.12 [逆写像 1] 　　　解答は p.221

$\mathbb{R}^2$ における線形写像
$$f(\vec{x}) = A\vec{x}, \quad A = \begin{pmatrix} 3 & 5 \\ 1 & 3 \end{pmatrix}$$
について

(1) $|A| \neq 0$ を確認し，A^{-1} を求めてください。

(2) f の逆写像 f^{-1} を求めてください。

(3) $\vec{p} = \begin{pmatrix} 1 \\ 0 \end{pmatrix}$ について，$\vec{p}' = f(\vec{p})$ とおくとき $f^{-1}(\vec{p}') = \vec{p}$ を確認してください。

(4) $\vec{q} = \begin{pmatrix} 0 \\ 1 \end{pmatrix}$ について，$\vec{q}' = f^{-1}(\vec{q})$ とおくとき $f(\vec{q}') = \vec{q}$ を確認してください。

練習問題 5.13 [逆写像 2] 　　　解答は p.221

$\mathbb{R}^2$ の線形写像
$$f(\vec{x}) = A\vec{x}, \quad A = \begin{pmatrix} 4 & 6 \\ 1 & 2 \end{pmatrix}$$
により，右の三角形に写されるもとの図形を求めてください。

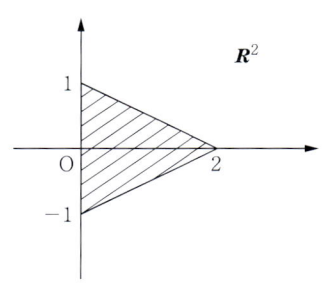

練習問題 5.14〜5.17 [行列の対角化] 　　　解答は p.222

- $A = \begin{pmatrix} 1 & -2 \\ 3 & -4 \end{pmatrix}$ 　- $B = \begin{pmatrix} 2 & 2 \\ 2 & -1 \end{pmatrix}$ 　- $C = \begin{pmatrix} 5 & -3 \\ -3 & 5 \end{pmatrix}$

上の各行列を次の順で対角化してください。

(1) 固有方程式を解き，固有値を求めてください。

(2) 各固有値に属する固有ベクトルを求めてください。

(3) 固有ベクトルを並べて正則行列 P をつくり，行列を対角化してください。

(1)	固有値	$\lambda_1 =$	$\lambda_2 =$
(2)	固有ベクトル		
(3)	正則行列 P	$t_1 =$	$t_2 =$
	対角化 $P^{-1}AP$		

- A の固有値 λ，固有ベクトル $\vec{v}$
  $$A\vec{v} = \lambda \vec{v}$$
- 固有方程式：固有値を求めるための方程式
  $$|xE - A| = 0$$

行列 B, C についても同じ表をつくって対角化しましょう。

練習問題 5.18［対称行列の対角化］　解答は p. 224

前問の対称行列 B と C について，各固有ベクトルの中から単位ベクトルを選んで正則行列 U をつくり，対角化してください．

(1) $B = \begin{pmatrix} 2 & 2 \\ 2 & -1 \end{pmatrix}$ 　　(2) $C = \begin{pmatrix} 5 & -3 \\ -3 & 5 \end{pmatrix}$

練習問題 5.19［対角化の応用 1］　解答は p. 225

対角化を利用して，練習問題 5.14〜5.17 の
$$A = \begin{pmatrix} 1 & -2 \\ 3 & -4 \end{pmatrix}$$
について，$A^n \, (n=1, 2, 3, \cdots)$ を求めてください．

練習問題 5.20［対角化の応用 2］　解答は p. 225

練習問題 5.18 における行列 $C = \begin{pmatrix} 5 & -3 \\ -3 & 5 \end{pmatrix}$ を対角化したときの正則行列 U を用い，次の線形写像 f を考えます．
$$f(\vec{x}) = U^{-1} \vec{x}$$

(1) $\vec{x} = \begin{pmatrix} x \\ y \end{pmatrix}$, $f(\vec{x}) = \begin{pmatrix} x' \\ y' \end{pmatrix}$ とおいて，x, y をそれぞれ x', y' の式で表してください．

(2) 方程式 $5x^2 - 6xy + 5y^2 = 2$ を f で変換して，x', y' の方程式に直してください．

(3) 曲線 $5x^2 - 6xy + 5y^2 = 2$ を描いてください．

⑦ 問題の解答

ていねいに解説してあります。

まず自分で解いてみることが大切ですね。

① 連立1次方程式と行列

問題 1.1 (p.3)

（1） x を消去する方針で解くと，

$$2\times① \quad 6x+4y=-4$$
$$-)\quad ② \quad 6x+5y=-6$$
$$\overline{\qquad -y=2 \quad \to \quad y=-2}$$

①へ代入して $3x+2\cdot(-2)=-2$, $3x-4=-2$

$$3x=2, \quad x=\frac{2}{3}$$

$$\therefore \quad x=\frac{2}{3}, \ y=-2$$

（2） $①\times\frac{1}{2}$ より $3x+2y=0$ $①'$

$②\times\frac{1}{3}$ より $3x+2y=0$ $②'$

$①'$, $②'$ は同じ式なので

$$3x+2y=0$$

の関係をみたす x,y の組はすべて解となります。

$y=t$ とおくと $3x+2t=0$ より $x=-\frac{2}{3}t$

これより

$$x=-\frac{2}{3}t, \ y=t \quad (t\text{ は任意の実数})$$

（3） $2\times② \quad -2x+6y=4$
$+) \quad ① \quad 2x-6y=1$
$\overline{\qquad\qquad 0=5}$

これは矛盾した式なので，①と②を同時にみたす x,y の組は存在しません。つまり "解なし"。

> （2）の解の表現方法は一通りではありません。
> $$\begin{cases} x=\ 2t \\ y=-3t \end{cases} (t \text{ は任意の実数})$$
> などでも OK です。

問題 1.2 (p.6)

（1） 第2式の z の係数に注意して係数を取り出して並べると

$$B=\begin{pmatrix} 3 & 2 & -4 & 7 \\ 1 & 2 & 0 & 5 \\ 2 & -1 & 5 & 8 \end{pmatrix}$$

（2） 行は数は 3，列の数は 4 なので

3行4列の行列

（3）

$$\begin{pmatrix} 3 & 2 & -4 & 7 \\ 1 & 2 & 0 & 5 \\ 2 & -1 & 5 & 8 \end{pmatrix} \text{第2行}$$
第1列

（4） $(2,1)$ 成分は第2行と第1列の交差点の成分なので

1

（5） $(3,3)$ 成分は第3行と第3列の交差点の成分なので

5

（6） 「0」は第2行と第3列の交差点にあるので

$(2,3)$ 成分

問題 1.3 (p.7)

（1） 第1列，第2列が未知数の係数なので，未知数の数は2個，それらを x,y とすると

$$\begin{cases} 3x-1y=4 \\ 5x+2y=1 \end{cases} \text{より} \quad \begin{cases} 3x-\ y=4 \\ 5x+2y=1 \end{cases}$$

（2） 第1列～第3列が未知数の係数なので，未知数の数は3個，それらを x,y,z とすると

$$\begin{cases} 0x+3y-1z=\ 7 \\ 1x+0y+6z=\ 8 \\ 2x+4y+0z=-3 \end{cases}$$

これより

$$\begin{cases} \quad\ 3y-\ z=\ 7 \\ x\quad\quad +6z=\ 8 \\ 2x+4y\quad\quad =-3 \end{cases}$$

問題 1.4 (p.10)

変形を → でつなげていくと

$$\begin{pmatrix} 3 & 9 & -3 \\ -4 & -5 & 1 \end{pmatrix}$$

1 連立 1 次方程式と行列   155

(1) $\xrightarrow{①\times\frac{1}{3}}$ $\begin{pmatrix} 3\cdot\frac{1}{3} & 9\cdot\frac{1}{3} & -3\cdot\frac{1}{3} \\ -4 & -5 & 1 \end{pmatrix}$

$= \begin{pmatrix} 1 & 3 & -1 \\ -4 & -5 & 1 \end{pmatrix}$

(2) $\xrightarrow{②+①\times 4}$

$\begin{pmatrix} 1 & 3 & -1 \\ -4+1\cdot 4 & -5+3\cdot 4 & 1+(-1)\cdot 4 \end{pmatrix}$

$= \begin{pmatrix} 1 & 3 & -1 \\ 0 & 7 & -3 \end{pmatrix}$

(3) $\xrightarrow{①\leftrightarrow②}$ $\begin{pmatrix} 0 & 7 & -3 \\ 1 & 3 & -1 \end{pmatrix}$

🍁 🍁 🍁 🍁 🍁 **問題 1.5** (p. 11) 🍁 🍁 🍁 🍁 🍁

$\begin{pmatrix} 3 & 6 & -3 & 0 \\ -2 & 1 & 2 & 1 \\ -2 & 4 & -2 & 2 \end{pmatrix}$

(1) $\xrightarrow{①\times\frac{1}{3}}$ $\begin{pmatrix} 3\cdot\frac{1}{3} & 6\cdot\frac{1}{3} & -3\cdot\frac{1}{3} & 0\cdot\frac{1}{3} \\ -2 & 1 & 2 & 1 \\ -2 & 4 & -2 & 2 \end{pmatrix}$

$= \begin{pmatrix} 1 & 2 & -1 & 0 \\ -2 & 1 & 2 & 1 \\ -2 & 4 & -2 & 2 \end{pmatrix}$

(2) $\xrightarrow{③\times\frac{1}{2}}$ $\begin{pmatrix} 1 & 2 & -1 & 0 \\ -2 & 1 & 2 & 1 \\ -2\cdot\frac{1}{2} & 4\cdot\frac{1}{2} & -2\cdot\frac{1}{2} & 2\cdot\frac{1}{2} \end{pmatrix}$

$= \begin{pmatrix} 1 & 2 & -1 & 0 \\ -2 & 1 & 2 & 1 \\ -1 & 2 & -1 & 1 \end{pmatrix}$

(3) $\xrightarrow{②+①\times 2}$

$\begin{pmatrix} 1 & 2 & -1 & 0 \\ -2+1\cdot 2 & 1+2\cdot 2 & 2+(-1)\cdot 2 & 1+0\cdot 2 \\ -1 & 2 & -1 & 1 \end{pmatrix}$

$= \begin{pmatrix} 1 & 2 & -1 & 0 \\ 0 & 5 & 0 & 1 \\ -1 & 2 & -1 & 1 \end{pmatrix}$

(4) $\xrightarrow{③+①\times(-1)}$

$\begin{pmatrix} 1 & 2 & -1 & 0 \\ 0 & 5 & 0 & 1 \\ -1+1\cdot(-1) & 2+2\cdot(-1) & -1+(-1)\cdot(-1) & 1+0\cdot(-1) \end{pmatrix}$

$= \begin{pmatrix} 1 & 2 & -1 & 0 \\ 0 & 5 & 0 & 1 \\ -2 & 0 & 0 & 1 \end{pmatrix}$

(5) $\xrightarrow{①\leftrightarrow③}$ $\begin{pmatrix} -2 & 0 & 0 & 1 \\ 0 & 5 & 0 & 1 \\ 1 & 2 & -1 & 0 \end{pmatrix}$

🍁 🍁 🍁 🍁 🍁 **問題 1.6** (p. 13) 🍁 🍁 🍁 🍁 🍁

$M = \left(\begin{array}{cc|c} 3 & 5 & 1 \\ 1 & 2 & 1 \end{array}\right)$

(1) $\xrightarrow{①+②\times(-3)}$

$\left(\begin{array}{cc|c} 3+1\cdot(-3) & 5+2\cdot(-3) & 1+1\cdot(-3) \\ 1 & 2 & 1 \end{array}\right)$

$= \left(\begin{array}{cc|c} 0 & -1 & -2 \\ 1 & 2 & 1 \end{array}\right)$

(2) $\xrightarrow{①\times(-1)}$

$\left(\begin{array}{cc|c} 0 & -1\cdot(-1) & -2\cdot(-1) \\ 1 & 2 & 1 \end{array}\right) = \left(\begin{array}{cc|c} 0 & 1 & 2 \\ 1 & 2 & 1 \end{array}\right)$

(3) $\xrightarrow{②+①\times(-2)}$

$\left(\begin{array}{cc|c} 0 & 1 & 2 \\ 1+0\cdot(-2) & 2+1\cdot(-2) & 1+2\cdot(-2) \end{array}\right)$

$= \left(\begin{array}{cc|c} 0 & 1 & 2 \\ 1 & 0 & -3 \end{array}\right)$

(4) $\xrightarrow{①\leftrightarrow②}$ $\left(\begin{array}{cc|c} 1 & 0 & -3 \\ 0 & 1 & 2 \end{array}\right)$

変形の最後を式にもどすと

$\begin{cases} 1\cdot x+0\cdot y=-3 \\ 0\cdot x+1\cdot y=2 \end{cases}$ より $\begin{cases} x=-3 \\ y=2 \end{cases}$

係数行列			行基本変形
3	5	1	
1	2	1	
0	-1	-2	①+②×(−3)
1	2	1	
0	1	2	①×(−1)
1	2	1	
0	1	2	
1	0	-3	②+①×(−2)
1	0	-3	①↔②
0	1	2	

表を使った変形です。

問題 1.7 (p. 14)

係数行列を M として，順に(1)〜(5)の変形を行うと

$$M = \begin{pmatrix} 3 & -1 & | & -6 \\ 5 & 2 & | & 1 \end{pmatrix}$$

$\xrightarrow{(1)\ ②+①\times 2} \begin{pmatrix} 3 & -1 & | & -6 \\ 11 & 0 & | & -11 \end{pmatrix}$

$\xrightarrow{(2)\ ②\times \frac{1}{11}} \begin{pmatrix} 3 & -1 & | & -6 \\ 1 & 0 & | & -1 \end{pmatrix}$

$\xrightarrow{(3)\ ①+②\times(-3)} \begin{pmatrix} 0 & -1 & | & -3 \\ 1 & 0 & | & -1 \end{pmatrix}$

$\xrightarrow{(4)\ ①\times(-1)} \begin{pmatrix} 0 & 1 & | & 3 \\ 1 & 0 & | & -1 \end{pmatrix}$

$\xrightarrow{(5)\ ①\leftrightarrow②} \begin{pmatrix} 1 & 0 & | & -1 \\ 0 & 1 & | & 3 \end{pmatrix}$

最後の結果より

$$x = -1,\ y = 3$$

表変形は次の通り。

M			変形
3	−1	−6	
5	2	1	
3	−1	−6	
11	0	−11	②+①×2
3	−1	−6	
1	0	−1	②×$\frac{1}{11}$
0	−1	−3	①+②×(−3)
1	0	−1	
0	1	3	①×(−1)
1	0	−1	
1	0	−1	①↔②
0	1	3	

数字を間違えないように写さなければ…

問題 1.8 (p. 15)

係数行列 M をかき出し，変形していきます。

$$M = \begin{pmatrix} 1 & 2 & 0 & | & -2 \\ 1 & 0 & 1 & | & 4 \\ 0 & 1 & -1 & | & -2 \end{pmatrix}$$

$\xrightarrow{(1)\ ②+①\times(-1)} \begin{pmatrix} 1 & 2 & 0 & | & -2 \\ 0 & -2 & 1 & | & 6 \\ 0 & 1 & -1 & | & -2 \end{pmatrix}$

$\xrightarrow{(2)\ ②\leftrightarrow③} \begin{pmatrix} 1 & 2 & 0 & | & -2 \\ 0 & 1 & -1 & | & -2 \\ 0 & -2 & 1 & | & 6 \end{pmatrix}$

$\xrightarrow{(3)\ ①+②\times(-2)} \begin{pmatrix} 1 & 0 & 2 & | & 2 \\ 0 & 1 & -1 & | & -2 \\ 0 & -2 & 1 & | & 6 \end{pmatrix}$

$\xrightarrow{(4)\ ③+②\times 2} \begin{pmatrix} 1 & 0 & 2 & | & 2 \\ 0 & 1 & -1 & | & -2 \\ 0 & 0 & -1 & | & 2 \end{pmatrix}$

$\xrightarrow{(5)\ ③\times(-1)} \begin{pmatrix} 1 & 0 & 2 & | & 2 \\ 0 & 1 & -1 & | & -2 \\ 0 & 0 & 1 & | & -2 \end{pmatrix}$

$\xrightarrow{(6)\ ①+③\times(-2)} \begin{pmatrix} 1 & 0 & 0 & | & 6 \\ 0 & 1 & -1 & | & -2 \\ 0 & 0 & 1 & | & -2 \end{pmatrix}$

$\xrightarrow{(7)\ ②+③\times 1} \begin{pmatrix} 1 & 0 & 0 & | & 6 \\ 0 & 1 & 0 & | & -4 \\ 0 & 0 & 1 & | & -2 \end{pmatrix}$

最後の結果より $x=6,\ y=-4,\ z=-2$

問題 1.9 (p. 17)

はじめに係数行列 M と変形目標をかいておきます。

(1) $M = \begin{pmatrix} 3 & 4 & | & 0 \\ 1 & 2 & | & -2 \end{pmatrix} \longrightarrow \begin{pmatrix} 1 & 0 & | & \alpha \\ 0 & 1 & | & \beta \end{pmatrix}$ ◁目標

手順の㋐㋑㋒㋓の順に目標をつくっていくと

$M \xrightarrow{①\leftrightarrow②} \begin{pmatrix} 1 & 2 & | & -2 \\ 3 & 4 & | & 0 \end{pmatrix}$ ◁㋐

$\xrightarrow{②+①\times(-3)} \begin{pmatrix} 1 & 2 & | & -2 \\ 0 & -2 & | & 6 \end{pmatrix}$ ◁㋑

$\xrightarrow{②\times\left(-\frac{1}{2}\right)} \begin{pmatrix} 1 & 2 & | & -2 \\ 0 & 1 & | & -3 \end{pmatrix}$ ◁㋒

$\xrightarrow{①+②\times(-2)} \begin{pmatrix} 1 & 0 & | & 4 \\ 0 & 1 & | & -3 \end{pmatrix}$ ◁㋓ 目標達成

これより $x=4,\ y=-3$

1 連立1次方程式と行列　157

→ を使った変形または表変形，どちらで求めてもOKです。

表変形

M			変形
3	4	0	
1	2	-2	
① 2	-2		①↔②
3 4	0		
1	2	-2	
0	-2	6	②+①×(-3)
1	2	-2	
0	①	-3	②×$\left(-\dfrac{1}{2}\right)$
1	0	4	①+②×(-2)
0	1	-3	

（2）$M = \begin{pmatrix} 5 & -1 & | & 1 \\ 4 & -3 & | & -8 \end{pmatrix} \longrightarrow \begin{pmatrix} 1 & 0 & | & \alpha \\ 0 & 1 & | & \beta \end{pmatrix}$ ◁目標

$M \xrightarrow{\text{①+②×}(-1)} \begin{pmatrix} ① & 2 & | & 9 \\ 4 & -3 & | & -8 \end{pmatrix}$ ◁㋐

$\xrightarrow{\text{②+①×}(-4)} \begin{pmatrix} 1 & 2 & | & 9 \\ 0 & -11 & | & -44 \end{pmatrix}$ ◁㋑

$\xrightarrow{\text{②×}\left(-\frac{1}{11}\right)} \begin{pmatrix} 1 & 2 & | & 9 \\ 0 & ① & | & 4 \end{pmatrix}$ ◁㋒

$\xrightarrow{\text{①+②×}(-2)} \begin{pmatrix} 1 & 0 & | & 1 \\ 0 & 1 & | & 4 \end{pmatrix}$ ◁㋓ 目標達成

これより　$x = 1,\ y = 4$

表変形

M		変形
5 -1	1	
4 -3	-8	
① 2	9	①+②×(-1)
4 -3	-8	
1 2	9	
0 -11	-44	②+①×(-4)
1 2	9	
0 ①	4	②×$\left(-\dfrac{1}{11}\right)$
1 0	1	①+②×(-2)
0 1	4	

㋐に「1」をつくる変形はいろいろあります。工夫してください。

🌸 🌸 🌸 **問題 1.10**（p.19）🌸 🌸 🌸

係数行列を M とし，(1)は → を使った変形，(2)は表変形で解を書いておきます。

（1）$M = \begin{pmatrix} 1 & 2 & 1 & | & 0 \\ -3 & -4 & 5 & | & 4 \\ 2 & -2 & -5 & | & 5 \end{pmatrix}$

$\longrightarrow \begin{pmatrix} 1 & 0 & 0 & | & \alpha \\ 0 & 1 & 0 & | & \beta \\ 0 & 0 & 1 & | & \gamma \end{pmatrix}$ ◁目標

$M = \begin{pmatrix} ① & 2 & 1 & | & 0 \\ -3 & -4 & 5 & | & 4 \\ 2 & -2 & -5 & | & 5 \end{pmatrix}$

$\xrightarrow[\text{③+①×}(-2)]{\text{②+①×}3} \begin{pmatrix} 1 & 2 & 1 & | & 0 \\ 0 & 2 & 8 & | & 4 \\ 0 & -6 & -7 & | & 5 \end{pmatrix}$ ◁第1列完成！

$\xrightarrow{\text{②×}\frac{1}{2}} \begin{pmatrix} 1 & 2 & 1 & | & 0 \\ 0 & ① & 4 & | & 2 \\ 0 & -6 & -7 & | & 5 \end{pmatrix}$

$\xrightarrow[\text{③+②×}6]{\text{①+②×}(-2)} \begin{pmatrix} 1 & 0 & -7 & | & -4 \\ 0 & 1 & 4 & | & 2 \\ 0 & 0 & 17 & | & 17 \end{pmatrix}$ ◁第2列完成！

$\xrightarrow{\text{③×}\frac{1}{17}} \begin{pmatrix} 1 & 0 & -7 & | & -4 \\ 0 & 1 & 4 & | & 2 \\ 0 & 0 & ① & | & 1 \end{pmatrix}$

$\xrightarrow[\text{②+③×}(-4)]{\text{①+③×}7} \begin{pmatrix} 1 & 0 & 0 & | & 3 \\ 0 & 1 & 0 & | & -2 \\ 0 & 0 & 1 & | & 1 \end{pmatrix}$ ◁目標達成

これより　$x = 3,\ y = -2,\ z = 1$

（2）

M				変形
3	2	4	7	
1	2	0	5	
2	1	5	8	
①	2	0	5	①↔②
3	2	4	7	
2	1	5	8	
1	2	0	5	
0	-4	4	-8	②+①×(-3)
0	-3	5	-2	③+①×(-2)
1	2	0	5	
0	①	-1	2	②×$\left(-\dfrac{1}{4}\right)$
0	-3	5	-2	
1	0	2	1	①+②×(-2)
0	1	-1	2	
0	0	2	4	③+②×3
1	0	2	1	
0	1	-1	2	
0	0	①	2	③×$\dfrac{1}{2}$
1	0	0	-3	①+③×(-2)
0	1	0	4	②+③×1
0	0	1	2	

第1列完成！／第2列完成／目標達成

これより　$x = -3,\ y = 4,\ z = 2$

問題 1.11 (p.25)

努力目標に向けて M を変形していきます。

(1) $M = \begin{pmatrix} ① & 1 & 3 & | & 1 \\ 1 & 0 & 2 & | & 0 \\ 0 & 1 & 1 & | & 1 \end{pmatrix}$

$\xrightarrow{②+①\times(-1)} \begin{pmatrix} 1 & 1 & 3 & | & 1 \\ 0 & -1 & -1 & | & -1 \\ 0 & 1 & 1 & | & 1 \end{pmatrix}$

$\xrightarrow{②\times(-1)} \begin{pmatrix} 1 & 1 & 3 & | & 1 \\ 0 & ① & 1 & | & 1 \\ 0 & 1 & 1 & | & 1 \end{pmatrix}$

$\xrightarrow[③+②\times(-1)]{①+②\times(-1)} \begin{pmatrix} 1 & 0 & 2 & | & 0 \\ 0 & 1 & 1 & | & 1 \\ 0 & 0 & 0 & | & 0 \end{pmatrix}$ ←階段行列

これより
$$\text{rank}\, A = 2, \quad \text{rank}\, M = 2$$

(2) $\text{rank}\, A = \text{rank}\, M = 2$
なので解は存在します。
自由度 $= 3 - 2 = 1$
($=$ 任意の値をとる未知数の数)

(1)で求めた階段行列を式に直すと
$$\begin{cases} x\ +2z = 0 \\ y+\ z = 1 \end{cases}$$
自由度 $= 1$ より $z = t$ とおくと
$$x = -2t, \quad y = 1 - t$$
ゆえに次の無数組の解が求まります。
$$\begin{cases} x = -2t \\ y = 1-t \quad (t\text{ は任意の実数}) \\ z = t \end{cases}$$

> 変形の方法により階段行列の成分は一通りにはなりませんが，rank は同じになるはずです。

$\begin{cases} x = t \\ y = 1 + \frac{1}{2}t \\ z = -\frac{1}{2}t \end{cases}$ $\begin{cases} x = -2+2t \\ y = t \\ z = 1-t \end{cases}$
でも OK ですね。

問題 1.12 (p.26)

(1) 全体の係数行列 M をかき出して努力目標に向って変形していきます。表で変形すると

M			変形
A		B	
① 1	1	1	
1	1	2	-1
1	2	2	-1
1	1	1	1	
0	0	1	-2	②$+$①$\times(-1)$
0	1	1	-2	③$+$①$\times(-1)$
1	1	1	1	
0	1	1	-2	②$\leftrightarrow$③
0	0	1	-2	←階段行列

これより
$$\text{rank}\, A = 3, \quad \text{rank}\, M = 3$$

(2) $\text{rank}\, A = \text{rank}\, M = 3$ なので解が存在します。
$$\text{自由度} = 3 - 3 = 0$$
より任意な値をとる未知数は 0 で，ただ 1 組の解しかもたないことがわかります。(1)の結果をさらに続けて変形していくと，

1	1	1	1	
0	①	1	-2	
0	0	1	-2	
1	0	0	3	①$+$②$\times(-1)$
0	1	1	-2	
0	0	①	-2	
1	0	0	3	
0	1	0	0	②$+$③$\times(-1)$
0	0	1	-2	

変形結果よりすぐに
$$x = 3, \quad y = 0, \quad z = -2$$

> **自由度**
> 自由度
> $=$ 未知数の数 $-$ rank A
> $=$ 任意の値をとる未知数の数

🍁🍁🍁🍁🍁 問題 1.13 (p.27) 🍁🍁🍁🍁🍁

（1） M をかき出して努力目標に向って変形していきます。表変形で行うと

M			変形
A		B	
① -1	-1	1	
1	-2	-3	2
2	-3	-4	0
1	-1	-1	1
0	-1	-2	1	②+①×(-1)
0	-1	-2	-2	③+①×(-2)
1	-1	-1	1	
0	-1	-2	1	
0	0	0	-3	③+②×(-1)

⟵ 階段行列

変形結果より

$\quad \mathrm{rank}\, A = 2, \ \mathrm{rank}\, M = 3$

（2） $\mathrm{rank}\, A \neq \mathrm{rank}\, M$ なので，解は存在しない．

🍁🍁🍁🍁🍁 問題 1.14 (p.28) 🍁🍁🍁🍁🍁

（1） M をとり出して表で変形していくと，

M			変形
A		B	
3	6	-3	3
-1	-2	1	-1
1	2	-1	1	①×$\frac{1}{3}$
-1	-2	1	-1	
1	2	-1	1	
0	0	0	0	②+①×1

⟵ 階段行列

この結果より

$\quad \mathrm{rank}\, A = 1, \ \mathrm{rank}\, M = 1$

（2） $\mathrm{rank}\, A = \mathrm{rank}\, M = 1$ より解は存在します．
自由度＝$3-1=2$
（2つの未知数は任意の値をとる）

（1）の最終結果を式に直すと
$\quad x + 2y - z = 1$

$y = t_1, \ z = t_2$ とおくと
$\quad x = 1 - 2y + z = 1 - 2t_1 + t_2$

以上より

$\begin{cases} x = 1 - 2t_1 + t_2 \\ y = t_1 \\ z = t_2 \end{cases}$ （t_1, t_2 は任意実数）

❷ 連立1次方程式と行列式

🍁🍁🍁🍁🍁 問題 2.1 (p.33) 🍁🍁🍁🍁🍁

（1） 与行列式 $= 2 \cdot 4 - 3 \cdot 1 = 8 - 3 = 5$

（2） 与行列式 $= 3 \cdot 4 - (-2) \cdot (-6) = 12 - 12 = 0$

（3） 与行列式 $= 5 \cdot (-5) - 4 \cdot 0 = -25 - 0 = -25$

（4） 左辺の係数行列の行列式は（1）と同じなので

$x = \dfrac{\begin{vmatrix} 1 & 3 \\ -2 & 4 \end{vmatrix}}{\begin{vmatrix} 2 & 3 \\ 1 & 4 \end{vmatrix}} = \dfrac{1 \cdot 4 - 3 \cdot (-2)}{5} = \dfrac{4 + 6}{5} = \dfrac{10}{5} = 2$

$y = \dfrac{\begin{vmatrix} 2 & 1 \\ 1 & -2 \end{vmatrix}}{\begin{vmatrix} 2 & 3 \\ 1 & 4 \end{vmatrix}} = \dfrac{2 \cdot (-2) - 1 \cdot 1}{5} = \dfrac{-4 - 1}{5} = \dfrac{-5}{5}$
$= -1$

以上より $x = 2, \ y = -1$

🍁🍁🍁🍁🍁 問題 2.2 (p.37) 🍁🍁🍁🍁🍁

サラスの公式で求めます．

（1） $|C| = 1 \cdot (-2) \cdot (-1) + 2 \cdot 1 \cdot 2 + (-3) \cdot 3 \cdot 3$
$\quad - 2 \cdot (-2) \cdot (-3) - 3 \cdot 1 \cdot 1 - (-1) \cdot 3 \cdot 2$
$= 2 + 4 - 27 - 12 - 3 + 6 = -30$

（2） $|D| = -4 \cdot 5 \cdot 1 + 0 \cdot 4 \cdot (-2) + 3 \cdot 7 \cdot 0$
$\quad - (-2) \cdot 5 \cdot 3 - 0 \cdot 4 \cdot (-4) - 1 \cdot 7 \cdot 0$
$= -20 + 0 + 0 + 30 - 0 - 0 = 10$

$\begin{cases} x = t_1 \\ y = t_2 \\ z = t_1 + 2t_2 - 1 \end{cases}$ $\begin{cases} x = t_1 \\ y = \dfrac{1}{2}(1 - t_1 + t_2) \\ z = t_2 \end{cases}$

でもOKです．

問題 2.3 (p. 41)

はじめに左辺の係数行列 A について $|A| \neq 0$ を確認しておきます。

（1） $|A| = \begin{vmatrix} 1 & 2 \\ 3 & 4 \end{vmatrix} = 1 \cdot 4 - 2 \cdot 3 = 4 - 6 = -2$

$|A_x|$ と $|A_y|$ を先に求めておくと

$|A_x| = \begin{vmatrix} 5 & 2 \\ 2 & 4 \end{vmatrix} = 5 \cdot 4 - 2 \cdot 2 = 20 - 4 = 16$

$|A_y| = \begin{vmatrix} 1 & 5 \\ 3 & 2 \end{vmatrix} = 1 \cdot 2 - 5 \cdot 3 = 2 - 15 = -13$

$\therefore\ x = \dfrac{|A_x|}{|A|} = \dfrac{16}{-2} = -8,$

$y = \dfrac{|A_y|}{|A|} = \dfrac{-13}{-2} = \dfrac{13}{2}$

ゆえに $x = -8,\ y = \dfrac{13}{2}$

（2） $|A| = \begin{vmatrix} 5 & -3 \\ 3 & -2 \end{vmatrix} = 5 \cdot (-2) - (-3) \cdot 3$
$= -10 + 9 = -1$

$|A_x|$ と $|A_y|$ を求めておくと

$|A_x| = \begin{vmatrix} 2 & -3 \\ -1 & -2 \end{vmatrix} = 2 \cdot (-2) - (-3) \cdot (-1)$
$= -4 - 3 = -7$

$|A_y| = \begin{vmatrix} 5 & 2 \\ 3 & -1 \end{vmatrix} = 5 \cdot (-1) - 2 \cdot 3 = -5 - 6 = -11$

$\therefore\ x = \dfrac{|A_x|}{|A|} = \dfrac{-7}{-1} = 7,\ y = \dfrac{|A_y|}{|A|} = \dfrac{-11}{-1} = 11$

ゆえに $x = 7,\ y = 11$

問題 2.4 (p. 42)

（1） $A = \begin{pmatrix} 1 & -1 & -1 \\ 2 & 1 & -1 \\ 3 & -1 & 2 \end{pmatrix}$

（2） $|A| = \begin{vmatrix} 1 & -1 & -1 \\ 2 & 1 & -1 \\ 3 & -1 & 2 \end{vmatrix}$

$= 1 \cdot 1 \cdot 2 + 2 \cdot (-1) \cdot (-1) + 3 \cdot (-1) \cdot (-1)$
$\quad - (-1) \cdot 1 \cdot 3 - (-1) \cdot (-1) \cdot 1 - 2 \cdot (-1) \cdot 2$
$= 2 + 2 + 3 + 3 - 1 + 4 = 13$

（3） $|A_z|$ を求めておくと

$|A_z| = \begin{vmatrix} 1 & -1 & 7 \\ 2 & 1 & 2 \\ 3 & -1 & 0 \end{vmatrix}$

$= 1 \cdot 1 \cdot 0 + 2 \cdot (-1) \cdot 7 + 3 \cdot (-1) \cdot 2$
$\quad - 7 \cdot 1 \cdot 3 - 2 \cdot (-1) \cdot 1 - 0 \cdot (-1) \cdot 2$
$= 0 - 14 - 6 - 21 + 2 - 0 = -39$

これより

$z = \dfrac{|A_z|}{|A|} = \dfrac{-39}{13} = -3 \qquad \therefore\ z = -3$

問題 2.5 (p. 43)

左辺の係数行列を A とすると

$|A| = \begin{vmatrix} 1 & 2 & 1 \\ -3 & -4 & 5 \\ 2 & -2 & -5 \end{vmatrix}$

$= 1 \cdot (-4) \cdot (-5) + (-3) \cdot (-2) \cdot 1 + 2 \cdot 2 \cdot 5$
$\quad - 1 \cdot (-4) \cdot 2 - 5 \cdot (-2) \cdot 1 - (-5) \cdot 2 \cdot (-3)$
$= 20 + 6 + 20 + 8 + 10 - 30 = 34$

$|A| \neq 0$ なので解はただ1組存在します。

$|A_x|,\ |A_y|,\ |A_z|$ を求めておくと

$|A_x| = \begin{vmatrix} 0 & 2 & 1 \\ 2 & -4 & 5 \\ -6 & -2 & -5 \end{vmatrix}$

$= 0 \cdot (-4) \cdot (-5) + 2 \cdot (-2) \cdot 1 + (-6) \cdot 2 \cdot 5$
$\quad - 1 \cdot (-4) \cdot (-6) - 5 \cdot (-2) \cdot 0 - (-5) \cdot 2 \cdot 2$
$= 0 - 4 - 60 - 24 - 0 + 20 = -68$

$|A_y| = \begin{vmatrix} 1 & 0 & 1 \\ -3 & 2 & 5 \\ 2 & -6 & -5 \end{vmatrix}$

$= 1 \cdot 2 \cdot (-5) + (-3) \cdot (-6) \cdot 1 + 2 \cdot 0 \cdot 5$
$\quad - 1 \cdot 2 \cdot 2 - 5 \cdot (-6) \cdot 1 - (-5) \cdot 0 \cdot (-3)$
$= -10 + 18 + 0 - 4 + 30 - 0 = 34$

$|A_z| = \begin{vmatrix} 1 & 2 & 0 \\ -3 & -4 & 2 \\ 2 & -2 & -6 \end{vmatrix}$

$= 1 \cdot (-4) \cdot (-6) + (-3) \cdot (-2) \cdot 0 + 2 \cdot 2 \cdot 2$
$\quad - 0 \cdot (-4) \cdot 2 - 2 \cdot (-2) \cdot 1 - (-6) \cdot 2 \cdot (-3)$
$= 24 + 0 + 8 - 0 + 4 - 36 = 0$

ゆえにクラメールの公式より

$x = \dfrac{|A_x|}{|A|} = \dfrac{-68}{34} = -2, \qquad y = \dfrac{|A_y|}{|A|} = \dfrac{34}{34} = 1$

$z = \dfrac{|A_z|}{|A|} = \dfrac{0}{34} = 0$

$\therefore\ x = -2,\ y = 1,\ z = 0$

❸ 行列の演算

✿ ✿ ✿ ✿ ✿ 問題 3.1 (p. 48) ✿ ✿ ✿ ✿ ✿

(1) 同じ位置にある成分どうしを加えて

$$与式 = \begin{pmatrix} -2+3 & 4+0 \\ 1-2 & 0+1 \\ -1+4 & 3-3 \end{pmatrix} = \begin{pmatrix} 1 & 4 \\ -1 & 1 \\ 3 & 0 \end{pmatrix}$$

(2) 同じ位置にある成分どうしを引いて

$$与式 = \begin{pmatrix} 4-2 & 6-5 \\ 1-(-3) & -2-0 \end{pmatrix} = \begin{pmatrix} 2 & 1 \\ 4 & -2 \end{pmatrix}$$

(3) 実数倍を先に行ってから引くと

$$与式 = \begin{pmatrix} 3\cdot 0 & 3\cdot(-2) & 3\cdot 1 \\ 3\cdot 5 & 3\cdot(-1) & 3\cdot 4 \end{pmatrix}$$
$$\qquad - \begin{pmatrix} 2\cdot 3 & 2\cdot 4 & 2\cdot(-2) \\ 2\cdot 0 & 2\cdot(-2) & 2\cdot 1 \end{pmatrix}$$
$$= \begin{pmatrix} 0 & -6 & 3 \\ 15 & -3 & 12 \end{pmatrix} - \begin{pmatrix} 6 & 8 & -4 \\ 0 & -4 & 2 \end{pmatrix}$$
$$= \begin{pmatrix} 0-6 & -6-8 & 3-(-4) \\ 15-0 & -3-(-4) & 12-2 \end{pmatrix}$$
$$= \begin{pmatrix} -6 & -14 & 7 \\ 15 & 1 & 10 \end{pmatrix}$$

✿ ✿ ✿ ✿ ✿ 問題 3.2 (p. 49) ✿ ✿ ✿ ✿ ✿

"$Y=$" を目指して変形していきます。
$$2Y - 3B = O_{32}$$
両辺に右から $3B$ を加えると
$$(2Y - 3B) + 3B = O_{32} + 3B$$
左辺は結合法則,右辺はゼロ行列の性質を使って
$$2Y + (-3B + 3B) = 3B$$
左辺に分配法則を使って
$$2Y + \{(-3) + 3\}B = 3B$$
$$2Y + 0B = 3B$$
$$2Y + O_{32} = 3B$$

> $A - B$
> $= A + (-B)$

ゼロ行列の性質より
$$2Y = 3B$$
両辺を 2 で割って成分を代入すると
$$Y = \frac{3}{2}B = \frac{3}{2}\begin{pmatrix} 1 & -4 \\ -2 & 5 \\ 3 & -6 \end{pmatrix}$$

$$= \begin{pmatrix} \frac{3}{2}\cdot 1 & \frac{3}{2}\cdot(-4) \\ \frac{3}{2}\cdot(-2) & \frac{3}{2}\cdot 5 \\ \frac{3}{2}\cdot 3 & \frac{3}{2}\cdot(-6) \end{pmatrix} = \begin{pmatrix} \frac{3}{2} & -6 \\ -3 & \frac{15}{2} \\ \frac{9}{2} & -9 \end{pmatrix}$$

✿ ✿ ✿ ✿ ✿ 問題 3.3 (p. 52) ✿ ✿ ✿ ✿ ✿

はじめに積 CD が定義されるかどうかを調べます。

$$\underbrace{C}_{2\text{行}2\text{列}} \times \underbrace{D}_{2\text{行}3\text{列}} = \underbrace{CD}_{2\text{行}3\text{列}}$$
同じ

これより積 CD は定義され,CD は 2 行 3 列の行列となることがわかります。
$$CD = \begin{pmatrix} 6 & 1 \\ 0 & -5 \end{pmatrix}\begin{pmatrix} 8 & -1 & 5 \\ -7 & 3 & 0 \end{pmatrix}$$
$$= \begin{pmatrix} (1,1)\text{成分} & (1,2)\text{成分} & (1,3)\text{成分} \\ (2,1)\text{成分} & (2,2)\text{成分} & (2,3)\text{成分} \end{pmatrix}$$

各成分を計算すると

$(1,1)$ 成分 $= \begin{pmatrix} 6 & 1 \end{pmatrix}$ と $\begin{pmatrix} 8 \\ -7 \end{pmatrix}$ の積和
$\qquad = 6\cdot 8 + 1\cdot(-7) = 41$

$(2,1)$ 成分 $= \begin{pmatrix} 0 & -5 \end{pmatrix}$ と $\begin{pmatrix} 8 \\ -7 \end{pmatrix}$ の積和
$\qquad = 0\cdot 8 + (-5)\cdot(-7) = 35$

$(1,2)$ 成分 $= \begin{pmatrix} 6 & 1 \end{pmatrix}$ と $\begin{pmatrix} -1 \\ 3 \end{pmatrix}$ の積和
$\qquad = 6\cdot(-1) + 1\cdot 3 = -6 + 3 = -3$

$(2,2)$ 成分 $= \begin{pmatrix} 0 & -5 \end{pmatrix}$ と $\begin{pmatrix} -1 \\ 3 \end{pmatrix}$ の積和
$\qquad = 0\cdot(-1) + (-5)\cdot 3 = -15$

$(1,3)$ 成分 $= \begin{pmatrix} 6 & 1 \end{pmatrix}$ と $\begin{pmatrix} 5 \\ 0 \end{pmatrix}$ の積和
$\qquad = 6\cdot 5 + 1\cdot 0 = 30$

$(2,3)$ 成分 $= \begin{pmatrix} 0 & -5 \end{pmatrix}$ と $\begin{pmatrix} 5 \\ 0 \end{pmatrix}$ の積和
$\qquad = 0\cdot 5 + (-5)\cdot 0 = 0$

となるので $CD = \begin{pmatrix} 41 & -3 & 30 \\ 35 & -15 & 0 \end{pmatrix}$

> CD の (i,j) 成分
> $= (C \text{ の第 } i \text{ 行}) と (D \text{ の第 } j \text{ 列}) の積和$

問題 3.4 (p.53)

はじめに積の結果が何行何列になるのかを確認しておきます。

(1) 2行2列×2行2列＝2行2列

与式 $= \begin{pmatrix} 0\cdot 7+5\cdot 3 & 0\cdot(-2)+5\cdot(-6) \\ 4\cdot 7+(-3)\cdot 3 & 4\cdot(-2)+(-3)\cdot(-6) \end{pmatrix}$

$= \begin{pmatrix} 15 & -30 \\ 19 & 10 \end{pmatrix}$

(2) 3行2列×2行3列＝3行3列

与式
$= \begin{pmatrix} 5\cdot(-1)+2\cdot 3 & 5\cdot 2+2\cdot(-2) & 5\cdot(-3)+2\cdot 1 \\ 0\cdot(-1)+(-1)\cdot 3 & 0\cdot 2+(-1)\cdot(-2) & 0\cdot(-3)+(-1)\cdot 1 \\ 3\cdot(-1)+4\cdot 3 & 3\cdot 2+4\cdot(-2) & 3\cdot(-3)+4\cdot 1 \end{pmatrix}$

$= \begin{pmatrix} 1 & 6 & -13 \\ -3 & 2 & -1 \\ 9 & -2 & -5 \end{pmatrix}$

(3) 2行2列×2行1列＝2行1列

与式 $= \begin{pmatrix} -3\cdot 2+4\cdot 7 \\ 5\cdot 2+0\cdot 7 \end{pmatrix} = \begin{pmatrix} 22 \\ 10 \end{pmatrix}$

(4) 1行2列×2行3列＝1行3列

与式
$= \begin{pmatrix} 3\cdot(-1)+(-2)\cdot 3 & 3\cdot 2+(-2)\cdot(-2) & 3\cdot(-3)+(-2)\cdot 1 \end{pmatrix}$

$= \begin{pmatrix} -9 & 10 & -11 \end{pmatrix}$

問題 3.5 (p.55)

AB, BAとも2行2列の行列となります。

(1) $AB = \begin{pmatrix} -6 & 2 \\ 4 & -8 \end{pmatrix} \begin{pmatrix} 1 & 3 \\ -7 & 5 \end{pmatrix}$

$= \begin{pmatrix} -6\cdot 1+2\cdot(-7) & -6\cdot 3+2\cdot 5 \\ 4\cdot 1+(-8)\cdot(-7) & 4\cdot 3+(-8)\cdot 5 \end{pmatrix}$

$= \begin{pmatrix} -20 & -8 \\ 60 & -28 \end{pmatrix}$

$BA = \begin{pmatrix} 1 & 3 \\ -7 & 5 \end{pmatrix} \begin{pmatrix} -6 & 2 \\ 4 & -8 \end{pmatrix}$

$= \begin{pmatrix} 1\cdot(-6)+3\cdot 4 & 1\cdot 2+3\cdot(-8) \\ (-7)\cdot(-6)+5\cdot 4 & -7\cdot 2+5\cdot(-8) \end{pmatrix}$

$= \begin{pmatrix} 6 & -22 \\ 62 & -54 \end{pmatrix}$

(2) $|A| = \begin{vmatrix} -6 & 2 \\ 4 & -8 \end{vmatrix} = (-6)\cdot(-8)-2\cdot 4 = 40$

$|B| = \begin{vmatrix} 1 & 3 \\ -7 & 5 \end{vmatrix} = 1\cdot 5-3\cdot(-7) = 26$

(3) $|AB| = AB$の行列式

$= \begin{vmatrix} -20 & -8 \\ 60 & -28 \end{vmatrix}$

$= (-20)\cdot(-28)-(-8)\cdot 60$

$= 560+480 = 1040$

$|A||B| = (A\text{の行列式})\cdot(B\text{の行列式})$

$= 40\cdot 26 = 1040$

∴ $|AB| = |A||B|$

問題 3.6 (p.59)

はじめに行列式の値を求め，逆行列が存在するかどうかを調べます。

(1) $|A| = \begin{vmatrix} 4 & -2 \\ 6 & -3 \end{vmatrix} = 4\cdot(-3)-(-2)\cdot 6$

$= -12+12 = 0$

$|A| = 0$なのでAに逆行列A^{-1}は存在しません。

(2) $|B| = \begin{vmatrix} 4 & -3 \\ 3 & -3 \end{vmatrix} = 4\cdot(-3)-(-3)\cdot 3$

$= -12+9 = -3$

$|B| \neq 0$なのでBには逆行列B^{-1}が存在します。
公式を使ってB^{-1}を求めると

$B^{-1} = \frac{1}{|B|} \begin{pmatrix} d & -b \\ -c & a \end{pmatrix} = \frac{1}{-3} \begin{pmatrix} -3 & 3 \\ -3 & 4 \end{pmatrix}$

(-1)を行列の中へ入れると

$= \frac{1}{3} \begin{pmatrix} -(-3) & -3 \\ -(-3) & -4 \end{pmatrix} = \frac{1}{3} \begin{pmatrix} 3 & -3 \\ 3 & -4 \end{pmatrix}$

$\left(\dfrac{1}{3}\text{を成分の方へ入れてもよいです。}\right)$

次に$BB^{-1} = B^{-1}B = E$を確認します。

$BB^{-1} = \begin{pmatrix} 4 & -3 \\ 3 & -3 \end{pmatrix} \left\{ \frac{1}{3} \begin{pmatrix} 3 & -3 \\ 3 & -4 \end{pmatrix} \right\}$

$= \frac{1}{3} \begin{pmatrix} 4 & -3 \\ 3 & -3 \end{pmatrix} \begin{pmatrix} 3 & -3 \\ 3 & -4 \end{pmatrix}$

$= \frac{1}{3} \begin{pmatrix} 4\cdot 3+(-3)\cdot 3 & 4\cdot(-3)+(-3)\cdot(-4) \\ 3\cdot 3+(-3)\cdot 3 & 3\cdot(-3)+(-3)\cdot(-4) \end{pmatrix}$

$= \frac{1}{3} \begin{pmatrix} 12-9 & -12+12 \\ 9-9 & -9+12 \end{pmatrix} = \frac{1}{3} \begin{pmatrix} 3 & 0 \\ 0 & 3 \end{pmatrix}$

$= \begin{pmatrix} 1 & 0 \\ 0 & 1 \end{pmatrix}$

$B^{-1}B = \frac{1}{3} \begin{pmatrix} 3 & -3 \\ 3 & -4 \end{pmatrix} \begin{pmatrix} 4 & -3 \\ 3 & -3 \end{pmatrix}$

$= \frac{1}{3} \begin{pmatrix} 3\cdot 4+(-3)\cdot 3 & 3\cdot(-3)+(-3)\cdot(-3) \\ 3\cdot 4+(-4)\cdot 3 & 3\cdot(-3)+(-4)\cdot(-3) \end{pmatrix}$

$$= \frac{1}{3}\begin{pmatrix} 12-9 & -9+9 \\ 12-12 & -9+12 \end{pmatrix} = \frac{1}{3}\begin{pmatrix} 3 & 0 \\ 0 & 3 \end{pmatrix}$$
$$= \begin{pmatrix} 1 & 0 \\ 0 & 1 \end{pmatrix}$$

これより
$$BB^{-1} = B^{-1}B = E$$
が確認できました。

問題 3.7 (p.61)

(1)は→で変形。(2)は表で変形してみます。

目標 左側を $\begin{pmatrix} 1 & 0 \\ 0 & 1 \end{pmatrix}$ に

手順 $\begin{pmatrix} ⑦ & ④ \\ ④ & ⑨ \end{pmatrix}$

(1) $(A \mid E) = \begin{pmatrix} 2 & 1 & | & 1 & 0 \\ 1 & 0 & | & 0 & 1 \end{pmatrix}$

$\xrightarrow{①\leftrightarrow②} \begin{pmatrix} 1 & 0 & | & 0 & 1 \\ 2 & 1 & | & 1 & 0 \end{pmatrix}$

$\xrightarrow{②+①\times(-2)} \begin{pmatrix} 1 & 0 & | & 0 & 1 \\ 0 & 1 & | & 1 & -2 \end{pmatrix}$
$= (E \mid A^{-1})$

$\therefore A^{-1} = \begin{pmatrix} 0 & 1 \\ 1 & -2 \end{pmatrix}$

(2)

B		E		変形
4	−3	1	0	
3	−3	0	1	
1	0	1	−1	①+②×(−1)
3	−3	0	1	
1	0	1	−1	
0	−3	−3	4	②+①×(−3)
1	0	1	−1	
0	1	1	−4/3	③×(−1/3)
E		B^{-1}		

⑦に「1」をつくる方法は一通りではありません。

これより $B^{-1} = \begin{pmatrix} 1 & -1 \\ 1 & -\frac{4}{3} \end{pmatrix}$

$$(A \mid E) \longrightarrow (E \mid A^{-1})$$

問題 3.8 (p.63)

(1)は→の変形で,(2)は表変形でかいておきます。

(1) $(A \mid E) = \begin{pmatrix} 0 & 1 & 1 & | & 1 & 0 & 0 \\ 1 & 0 & -1 & | & 0 & 1 & 0 \\ -1 & 1 & 0 & | & 0 & 0 & 1 \end{pmatrix}$

$\xrightarrow{①\leftrightarrow②} \begin{pmatrix} 1 & 0 & -1 & | & 0 & 1 & 0 \\ 0 & 1 & 1 & | & 1 & 0 & 0 \\ -1 & 1 & 0 & | & 0 & 0 & 1 \end{pmatrix}$

$\xrightarrow{③+①\times 1} \begin{pmatrix} 1 & 0 & -1 & | & 0 & 1 & 0 \\ 0 & 1 & 1 & | & 1 & 0 & 0 \\ 0 & 1 & -1 & | & 0 & 1 & 1 \end{pmatrix}$

$\xrightarrow{③+②\times(-1)} \begin{pmatrix} 1 & 0 & -1 & | & 0 & 1 & 0 \\ 0 & 1 & 1 & | & 1 & 0 & 0 \\ 0 & 0 & -2 & | & -1 & 1 & 1 \end{pmatrix}$

$\xrightarrow{③\times\left(-\frac{1}{2}\right)} \begin{pmatrix} 1 & 0 & -1 & | & 0 & 1 & 0 \\ 0 & 1 & 1 & | & 1 & 0 & 0 \\ 0 & 0 & 1 & | & 1/2 & -1/2 & -1/2 \end{pmatrix}$

$\xrightarrow[②+③\times(-1)]{①+③\times 1} \begin{pmatrix} 1 & 0 & 0 & | & 1/2 & 1/2 & -1/2 \\ 0 & 1 & 0 & | & 1/2 & 1/2 & 1/2 \\ 0 & 0 & 1 & | & 1/2 & -1/2 & -1/2 \end{pmatrix}$
$= (E \mid A^{-1})$

これより
$$A^{-1} = \begin{pmatrix} \frac{1}{2} & \frac{1}{2} & -\frac{1}{2} \\ \frac{1}{2} & \frac{1}{2} & \frac{1}{2} \\ \frac{1}{2} & -\frac{1}{2} & -\frac{1}{2} \end{pmatrix} = \frac{1}{2}\begin{pmatrix} 1 & 1 & -1 \\ 1 & 1 & 1 \\ 1 & -1 & -1 \end{pmatrix}$$

(2)

B			E			変形
1	2	1	1	0	0	
2	7	4	0	1	0	
2	2	1	0	0	1	
1	2	1	1	0	0	
0	3	2	−2	1	0	②+①×(−2)
0	−2	−1	−2	0	1	③+①×(−2)
1	0	0	−1	0	1	①+③×1
0	1	1	−4	1	1	②+③×1
0	−2	−1	−2	0	1	
1	0	0	−1	0	1	
0	1	1	−4	1	1	
0	0	1	−10	2	3	③+②×2
1	0	0	−1	0	1	
0	1	0	6	−1	−2	②+③×(−1)
0	0	1	−10	2	3	
E			B^{-1}			

数字の並びを見て変形しました。

㊁の部分の「1」のつくり方は一通りではありません。

これより
$$B^{-1} = \begin{pmatrix} -1 & 0 & 1 \\ 6 & -1 & -2 \\ -10 & 2 & 3 \end{pmatrix}$$

問題 3.9 (p. 65)

連立1次方程式を行列を使って書き直すと次のようになります。
$$\begin{pmatrix} 1 & 2 \\ 2 & 3 \end{pmatrix}\begin{pmatrix} x \\ y \end{pmatrix} = \begin{pmatrix} 3 \\ 2 \end{pmatrix}$$

ここで
$$A = \begin{pmatrix} 1 & 2 \\ 2 & 3 \end{pmatrix},\ X = \begin{pmatrix} x \\ y \end{pmatrix},\ B = \begin{pmatrix} 3 \\ 2 \end{pmatrix}$$

とおくと,方程式は
$$AX = B \quad \text{①}$$

となります。$|A|$ を調べると
$$|A| = \begin{vmatrix} 1 & 2 \\ 2 & 3 \end{vmatrix} = 1 \cdot 3 - 2 \cdot 2 = 3 - 4 = -1$$

$|A| \neq 0$ より A^{-1} が存在するので,①の両辺に左から A^{-1} をかけて
$$A^{-1}(AX) = A^{-1}B$$
$$(A^{-1}A)X = A^{-1}B$$
$$EX = A^{-1}B$$
$$X = A^{-1}B \quad \text{②}$$

と X が求まりました。
A^{-1} を公式で求めると
$$A^{-1} = \frac{1}{-1}\begin{pmatrix} 3 & -2 \\ -2 & 1 \end{pmatrix} = (-1)\begin{pmatrix} 3 & -2 \\ -2 & 1 \end{pmatrix}$$
$$= \begin{pmatrix} -3 & 2 \\ 2 & -1 \end{pmatrix}$$

②へ代入して X を求めると
$$X = \begin{pmatrix} -3 & 2 \\ 2 & -1 \end{pmatrix}\begin{pmatrix} 3 \\ 2 \end{pmatrix} = \begin{pmatrix} (-3) \cdot 3 + 2 \cdot 2 \\ 2 \cdot 3 + (-1) \cdot 2 \end{pmatrix}$$
$$= \begin{pmatrix} -9 + 4 \\ 6 - 2 \end{pmatrix} = \begin{pmatrix} -5 \\ 4 \end{pmatrix}$$

$$X = \begin{pmatrix} x \\ y \end{pmatrix} = \begin{pmatrix} -5 \\ 4 \end{pmatrix} \text{ より} \quad \begin{cases} x = -5 \\ y = 4 \end{cases}$$

> 行列の積と逆行列に慣れてきたら,すぐに①から②へ変形しても結構です。ただし,くれぐれも積の順序に気をつけてください。

問題 3.10 (p. 67)

連立1次方程式を行列を使って表すと
$$\begin{pmatrix} 1 & -1 & 0 \\ 1 & 0 & -1 \\ 0 & 1 & 1 \end{pmatrix}\begin{pmatrix} x \\ y \\ z \end{pmatrix} = \begin{pmatrix} 4 \\ 5 \\ -3 \end{pmatrix}$$

$$A = \begin{pmatrix} 1 & -1 & 0 \\ 1 & 0 & -1 \\ 0 & 1 & 1 \end{pmatrix},\ X = \begin{pmatrix} x \\ y \\ z \end{pmatrix},\ B = \begin{pmatrix} 4 \\ 5 \\ -3 \end{pmatrix}$$

とおくと,方程式は
$$AX = B \quad \text{①}$$

と表せます。ここで
$$|A| = \begin{vmatrix} 1 & -1 & 0 \\ 1 & 0 & -1 \\ 0 & 1 & 1 \end{vmatrix}$$
$$= 1 \cdot 0 \cdot 1 + 1 \cdot 1 \cdot 0 + 0 \cdot (-1) \cdot (-1)$$
$$\quad - 0 \cdot 0 \cdot 0 - (-1) \cdot 1 \cdot 1 - 1 \cdot (-1) \cdot 1$$
$$= 0 + 0 + 0 - 0 + 1 + 1 = 2 \neq 0$$

より A には逆行列 A^{-1} が存在します。
①の両辺に左から A^{-1} をかけると
$$A^{-1}(AX) = A^{-1}B$$
$$(A^{-1}A)X = A^{-1}B$$
$$EX = A^{-1}B$$
$$X = A^{-1}B \quad \text{②}$$

A^{-1} を掃き出し法で求めると

A			E			変形
① −1	0		1	0	0	
1	0	−1	0	1	0	
0	1	1	0	0	1	
1	−1	0	1	0	0	
0	①	−1	−1	1	0	②+①×(−1)
0	1	1	0	0	1	
1	0	−1	0	1	0	①+②×1
0	1	−1	−1	1	0	
0	0	2	1	−1	1	③+②×(−1)
1	0	−1	0	1	0	
0	1	−1	−1	1	0	
0	0	①	1/2	−1/2	1/2	③×1/2
1	0	0	1/2	1/2	1/2	①+③×1
0	1	0	−1/2	1/2	1/2	②+③×1
0	0	1	1/2	−1/2	1/2	
E			A^{-1}			

これより
$$A^{-1}=\begin{pmatrix} \frac{1}{2} & \frac{1}{2} & \frac{1}{2} \\ -\frac{1}{2} & \frac{1}{2} & \frac{1}{2} \\ \frac{1}{2} & -\frac{1}{2} & \frac{1}{2} \end{pmatrix}=\frac{1}{2}\begin{pmatrix} 1 & 1 & 1 \\ -1 & 1 & 1 \\ 1 & -1 & 1 \end{pmatrix}$$

②へ代入して
$$X=A^{-1}B$$
$$=\frac{1}{2}\begin{pmatrix} 1 & 1 & 1 \\ -1 & 1 & 1 \\ 1 & -1 & 1 \end{pmatrix}\begin{pmatrix} 4 \\ 5 \\ -3 \end{pmatrix}$$
$$=\frac{1}{2}\begin{pmatrix} 1\cdot 4+1\cdot 5+1\cdot(-3) \\ -1\cdot 4+1\cdot 5+1\cdot(-3) \\ 1\cdot 4+(-1)\cdot 5+1\cdot(-3) \end{pmatrix}$$
$$=\frac{1}{2}\begin{pmatrix} 4+5-3 \\ -4+5-3 \\ 4-5-3 \end{pmatrix}=\frac{1}{2}\begin{pmatrix} 6 \\ -2 \\ -4 \end{pmatrix}=\begin{pmatrix} 3 \\ -1 \\ -2 \end{pmatrix}$$

以上より
$$x=3,\ y=-1,\ z=-2$$

問題 3.11 (p.68)

（1） $AB=\begin{pmatrix} 2 & 1 \\ 3 & 4 \end{pmatrix}\begin{pmatrix} 2 & -3 \\ 1 & -4 \end{pmatrix}$
$$=\begin{pmatrix} 2\cdot 2+1\cdot 1 & 2\cdot(-3)+1\cdot(-4) \\ 3\cdot 2+4\cdot 1 & 3\cdot(-3)+4\cdot(-4) \end{pmatrix}$$
$$=\begin{pmatrix} 4+1 & -6-4 \\ 6+4 & -9-16 \end{pmatrix}=\begin{pmatrix} 5 & -10 \\ 10 & -25 \end{pmatrix}$$

$|AB|=\begin{vmatrix} 5 & -10 \\ 10 & -25 \end{vmatrix}=5\cdot(-25)-(-10)\cdot 10$
$$=-125+100=-25\neq 0$$

$(AB)^{-1}=(AB)$ の逆行列
$$=\frac{1}{-25}\begin{pmatrix} -25 & -(-10) \\ -10 & 5 \end{pmatrix}$$
$$=-\frac{1}{25}\begin{pmatrix} -25 & 10 \\ -10 & 5 \end{pmatrix}=-\frac{1}{25}\cdot 5\begin{pmatrix} -5 & 2 \\ -2 & 1 \end{pmatrix}$$
$$=-\frac{1}{5}\begin{pmatrix} -5 & 2 \\ -2 & 1 \end{pmatrix}=\frac{1}{5}\begin{pmatrix} 5 & -2 \\ 2 & -1 \end{pmatrix}$$

（2） $|A|=\begin{vmatrix} 2 & 1 \\ 3 & 4 \end{vmatrix}=2\cdot 4-1\cdot 3=8-3=5\neq 0$

$|B|=\begin{vmatrix} 2 & -3 \\ 1 & -4 \end{vmatrix}=2\cdot(-4)-(-3)\cdot 1=-8+3$
$$=-5\neq 0$$

$$A^{-1}=\frac{1}{5}\begin{pmatrix} 4 & -1 \\ -3 & 2 \end{pmatrix}$$
$$B^{-1}=\frac{1}{-5}\begin{pmatrix} -4 & -(-3) \\ -1 & 2 \end{pmatrix}=-\frac{1}{5}\begin{pmatrix} -4 & 3 \\ -1 & 2 \end{pmatrix}$$
$$=\frac{1}{5}\begin{pmatrix} 4 & -3 \\ 1 & -2 \end{pmatrix}$$

（3） $A^{-1}B^{-1}=(A\text{ の逆行列})(B\text{ の逆行列})$
$$=\frac{1}{5}\begin{pmatrix} 4 & -1 \\ -3 & 2 \end{pmatrix}\left\{\frac{1}{5}\begin{pmatrix} 4 & -3 \\ 1 & -2 \end{pmatrix}\right\}$$
$$=\frac{1}{5}\cdot\frac{1}{5}\begin{pmatrix} 4 & -1 \\ -3 & 2 \end{pmatrix}\begin{pmatrix} 4 & -3 \\ 1 & -2 \end{pmatrix}$$
$$=\frac{1}{25}\begin{pmatrix} 4\cdot 4+(-1)\cdot 1 & 4\cdot(-3)+(-1)\cdot(-2) \\ -3\cdot 4+2\cdot 1 & (-3)\cdot(-3)+2\cdot(-2) \end{pmatrix}$$
$$=\frac{1}{25}\begin{pmatrix} 16-1 & -12+2 \\ -12+2 & 9-4 \end{pmatrix}$$
$$=\frac{1}{25}\begin{pmatrix} 15 & -10 \\ -10 & 5 \end{pmatrix}$$
$$=\frac{1}{25}\cdot 5\begin{pmatrix} 3 & -2 \\ -2 & 1 \end{pmatrix}=\frac{1}{5}\begin{pmatrix} 3 & -2 \\ -2 & 1 \end{pmatrix}$$

$B^{-1}A^{-1}=(B\text{ の逆行列})(A\text{ の逆行列})$
$$=\frac{1}{5}\begin{pmatrix} 4 & -3 \\ 1 & -2 \end{pmatrix}\left\{\frac{1}{5}\begin{pmatrix} 4 & -1 \\ -3 & 2 \end{pmatrix}\right\}$$
$$=\frac{1}{5}\cdot\frac{1}{5}\begin{pmatrix} 4\cdot 4+(-3)\cdot(-3) & 4\cdot(-1)+(-3)\cdot 2 \\ 1\cdot 4+(-2)\cdot(-3) & 1\cdot(-1)+(-2)\cdot 2 \end{pmatrix}$$
$$=\frac{1}{25}\begin{pmatrix} 16+9 & -4-6 \\ 4+6 & -1-4 \end{pmatrix}=\frac{1}{25}\begin{pmatrix} 25 & -10 \\ 10 & -5 \end{pmatrix}$$
$$=\frac{1}{25}\cdot 5\begin{pmatrix} 5 & -2 \\ 2 & -1 \end{pmatrix}=\frac{1}{5}\begin{pmatrix} 5 & -2 \\ 2 & -1 \end{pmatrix}$$

この問題の A,B についても
$(AB)^{-1}\neq A^{-1}B^{-1}$
$(AB)^{-1}=B^{-1}A^{-1}$
だったわ。

❹ ベクトル空間

問題 4.1 (p.70)

(1) (ⅰ) $\overrightarrow{MN}$, $\overrightarrow{BC}$
　　(ⅱ) $\overrightarrow{MB}$, $\overrightarrow{DN}$, $\overrightarrow{NC}$
　　(ⅲ) $-\overrightarrow{DM}=\overrightarrow{MD}$ より
　　　　$\overrightarrow{MD}$, $\overrightarrow{BN}$

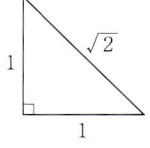

(2) △AMN は直角二等辺三角形なので
$|\overrightarrow{AN}|=\sqrt{2}$

問題 4.2 (p.71)

(1) $\vec{p}+\vec{q}$　　(2) $\vec{q}-\vec{p}=\vec{q}+(-\vec{p})$

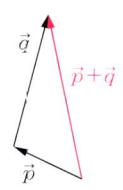

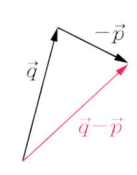

(3) $-3\vec{p}$ 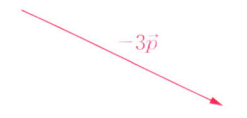　　(4) $\dfrac{1}{2}\vec{q}$

(5) $\dfrac{1}{2}\vec{q}-3\vec{p}=\dfrac{1}{2}\vec{q}+(-3\vec{p})$

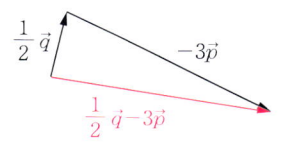

問題 4.3 (p.72)

(1) 与式 $=(5+2-3)\vec{p}=4\vec{p}$

(2) 与式 $=-2\vec{p}+7\vec{p}+4\vec{q}-\vec{q}$
　　　　$=(-2+7)\vec{p}+(4-1)\vec{q}=5\vec{p}+3\vec{q}$

(3) 与式 $=-6\vec{p}-3\vec{q}+\vec{p}+4\vec{q}=-6\vec{p}+\vec{p}-3\vec{q}+4\vec{q}$
　　　　$=(-6+1)\vec{p}+(-3+4)\vec{q}=-5\vec{p}+1\vec{q}$
　　　　$=-5\vec{p}+\vec{q}$

(4) 与式 $=12\vec{p}-6\vec{q}+8\vec{q}+12\vec{p}-2\vec{q}$
　　　　$=12\vec{p}+12\vec{p}-6\vec{q}+8\vec{q}-2\vec{q}$
　　　　$=(12+12)\vec{p}+(-6+8-2)\vec{q}$
　　　　$=24\vec{p}+0\vec{q}=24\vec{p}+\vec{0}=24\vec{p}$

問題 4.4 (p.73)

(1) O$(0,0)$ より
$$\overrightarrow{OP}=\begin{pmatrix}-1-0\\4-0\end{pmatrix}=\begin{pmatrix}-1\\4\end{pmatrix}$$

(2) $\overrightarrow{QR}=\begin{pmatrix}6-3\\-3-2\end{pmatrix}=\begin{pmatrix}3\\-5\end{pmatrix}$

(3) $-3\overrightarrow{QR}=-3\begin{pmatrix}3\\-5\end{pmatrix}=\begin{pmatrix}-3\cdot 3\\-3\cdot(-5)\end{pmatrix}=\begin{pmatrix}-9\\15\end{pmatrix}$

(4) $\overrightarrow{OP}+\overrightarrow{QR}=\begin{pmatrix}-1\\4\end{pmatrix}+\begin{pmatrix}3\\-5\end{pmatrix}=\begin{pmatrix}-1+3\\4+(-5)\end{pmatrix}$
$$=\begin{pmatrix}2\\-1\end{pmatrix}$$

(5) $\overrightarrow{QR}-\overrightarrow{OP}=\begin{pmatrix}3\\-5\end{pmatrix}-\begin{pmatrix}-1\\4\end{pmatrix}=\begin{pmatrix}3-(-1)\\-5-4\end{pmatrix}$
$$=\begin{pmatrix}4\\-9\end{pmatrix}$$

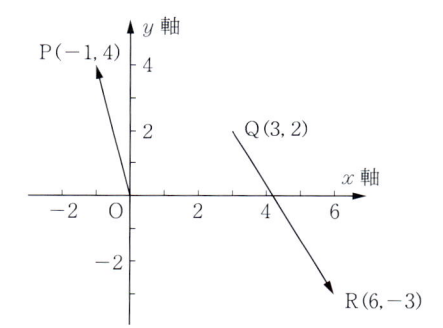

問題 4.5 (p.74)

(1) $\overrightarrow{PQ}=\begin{pmatrix}-4-2\\5-(-3)\end{pmatrix}=\begin{pmatrix}-6\\8\end{pmatrix}$

$\overrightarrow{RP}=\begin{pmatrix}2-8\\-3-0\end{pmatrix}=\begin{pmatrix}-6\\-3\end{pmatrix}$

$2\overrightarrow{PQ}-\dfrac{2}{3}\overrightarrow{RP}=2\begin{pmatrix}-6\\8\end{pmatrix}-\dfrac{2}{3}\begin{pmatrix}-6\\-3\end{pmatrix}$

$=\begin{pmatrix}2\cdot(-6)\\2\cdot 8\end{pmatrix}-\begin{pmatrix}\dfrac{2}{3}\cdot(-6)\\\dfrac{2}{3}\cdot(-3)\end{pmatrix}=\begin{pmatrix}-12\\16\end{pmatrix}-\begin{pmatrix}-4\\-2\end{pmatrix}$

$=\begin{pmatrix}-12-(-4)\\16-(-2)\end{pmatrix}=\begin{pmatrix}-8\\18\end{pmatrix}$

(2) $|\overrightarrow{PQ}|=\sqrt{(-6)^2+8^2}=\sqrt{36+64}=\sqrt{100}=10$

$|\overrightarrow{RP}|=\sqrt{(-6)^2+(-3)^2}=\sqrt{36+9}=\sqrt{45}=3\sqrt{5}$

問題 4.6 (p.75)

(1) $\vec{a}\cdot\vec{b}=0\cdot\sqrt{3}+\sqrt{3}\cdot 1=\sqrt{3}$

(2) はじめに $|\vec{a}|$, $|\vec{b}|$ を求めておくと
$$|\vec{a}|=\sqrt{0^2+(\sqrt{3})^2}=\sqrt{3}$$
$$|\vec{b}|=\sqrt{(\sqrt{3})^2+1^2}=\sqrt{3+1}=\sqrt{4}=2$$
(1)の結果と合わせて
$$\cos\theta=\frac{\vec{a}\cdot\vec{b}}{|\vec{a}||\vec{b}|}=\frac{\sqrt{3}}{\sqrt{3}\cdot 2}=\frac{1}{2} \quad (0\leq\theta<180°)$$
これより $\theta=60°$

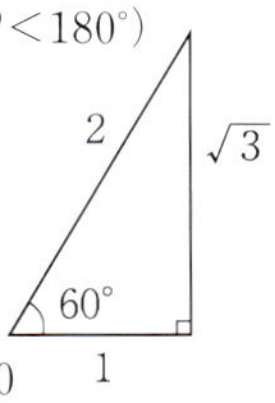

(3) $\vec{b}\perp\vec{c}$ となる条件は $\vec{b}\cdot\vec{c}=0$
成分を代入して
$$\sqrt{3}\cdot t+1\cdot(t^2-1)=0, \quad t^2+\sqrt{3}\,t-1=0$$
解の公式より
$$t=\frac{-\sqrt{3}\pm\sqrt{(\sqrt{3})^2-4\cdot 1\cdot(-1)}}{2\cdot 1}=\frac{-\sqrt{3}\pm\sqrt{3+4}}{2}$$
$$\therefore \quad t=\frac{-\sqrt{3}\pm\sqrt{7}}{2}$$

--- 解の公式 ---
$$ax^2+bx+c=0 \quad (a\neq 0)$$
$$x=\frac{-b\pm\sqrt{b^2-4ac}}{2a}$$

問題4.6のベクトル $\vec{c}=\begin{pmatrix}t\\t^2-1\end{pmatrix}$ は始点を原点 O にとると終点は $C(t, t^2-1)$ です。
$$\begin{cases}x=t\\y=t^2-1\end{cases}$$
とおいて t を消去すると
$$y=x^2-1$$
つまり点 C は放物線 $p: y=x^2-1$ 上にあるので、(3)は $\vec{b}\perp\overrightarrow{OC}$ となる p 上の点 C をさがす問題です。

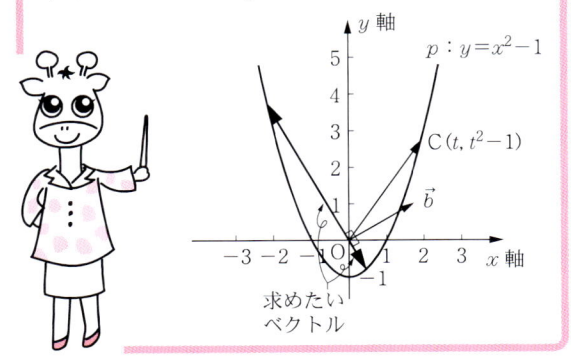

問題 4.7 (p.76)

求めるベクトルを $\vec{b}=\begin{pmatrix}b_1\\b_2\end{pmatrix}$ とおきます。

$\vec{a}\perp\vec{b}$ より $\vec{a}\cdot\vec{b}=0$。成分を代入して
$$\begin{pmatrix}3\\4\end{pmatrix}\cdot\begin{pmatrix}b_1\\b_2\end{pmatrix}=3b_1+4b_2=0 \quad ①$$
また、$|\vec{b}|=1$ より
$$|\vec{b}|=\sqrt{b_1{}^2+b_2{}^2}=1, \quad b_1{}^2+b_2{}^2=1 \quad ②$$
①と②を連立させて b_1, b_2 を求めます。

①より $4b_2=-3b_1$, $b_2=-\dfrac{3}{4}b_1$ ③

②へ代入 $b_1{}^2+\left(-\dfrac{3}{4}b_1\right)^2=1$, $b_1{}^2+\dfrac{9}{16}b_1{}^2=1$
$$\dfrac{25}{16}b_1{}^2=1, \quad b_1{}^2=\dfrac{16}{25}, \quad b_1=\pm\dfrac{4}{5}$$
③へ代入して
$$b_2=-\dfrac{3}{4}\left(\pm\dfrac{4}{5}\right)=\mp\dfrac{3}{5}$$
$$\therefore \quad b_1=\pm\dfrac{4}{5}, \quad b_2=\mp\dfrac{3}{5} \quad (複号同順)$$
これより条件をみたす $\vec{b}$ は2つあり
$$\begin{pmatrix}\dfrac{4}{5}\\-\dfrac{3}{5}\end{pmatrix} \quad と \quad \begin{pmatrix}-\dfrac{4}{5}\\\dfrac{3}{5}\end{pmatrix}$$
$$\left(\dfrac{1}{5}\begin{pmatrix}4\\-3\end{pmatrix} \quad と \quad \dfrac{1}{5}\begin{pmatrix}-4\\3\end{pmatrix} \quad などでもよい。\right)$$

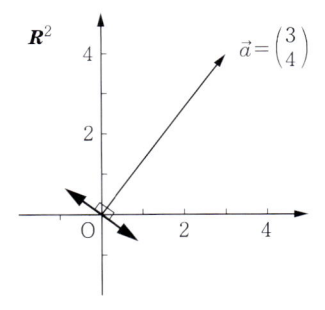

※ ※ ※ ※ **問題 4.8** (p.77) ※ ※ ※ ※

(1) $\vec{p} = \begin{pmatrix} -2-0 \\ 1-0 \\ 3-0 \end{pmatrix} = \begin{pmatrix} -2 \\ 1 \\ 3 \end{pmatrix}$

$\vec{q} = \begin{pmatrix} 3-3 \\ -4-3 \\ 1-(-5) \end{pmatrix} = \begin{pmatrix} 0 \\ -7 \\ 6 \end{pmatrix}$

$3\vec{p} - 2\vec{q} = 3\begin{pmatrix} -2 \\ 1 \\ 3 \end{pmatrix} - 2\begin{pmatrix} 0 \\ -7 \\ 6 \end{pmatrix}$

$= \begin{pmatrix} 3\cdot(-2) \\ 3\cdot 1 \\ 3\cdot 3 \end{pmatrix} - \begin{pmatrix} 2\cdot 0 \\ 2\cdot(-7) \\ 2\cdot 6 \end{pmatrix}$

$= \begin{pmatrix} -6 \\ 3 \\ 9 \end{pmatrix} - \begin{pmatrix} 0 \\ -14 \\ 12 \end{pmatrix} = \begin{pmatrix} -6-0 \\ 3-(-14) \\ 9-12 \end{pmatrix}$

$= \begin{pmatrix} -6 \\ 17 \\ -3 \end{pmatrix}$

(2) $|\vec{p}| = \sqrt{(-2)^2+1^2+3^2} = \sqrt{4+1+9} = \sqrt{14}$

$|\vec{q}| = \sqrt{0^2+(-7)^2+6^2} = \sqrt{0+49+36} = \sqrt{85}$

※ ※ ※ ※ **問題 4.9** (p.78) ※ ※ ※ ※

(1) $|\vec{a}| = \sqrt{1^2+1^2+0^2} = \sqrt{2}$

$|\vec{b}| = \sqrt{2^2+1^2+(-1)^2} = \sqrt{6}$

$\vec{a}\cdot\vec{b} = 1\cdot 2+1\cdot 1+0\cdot(-1) = 2+1+0 = 3$

(2) $\cos\theta = \dfrac{\vec{a}\cdot\vec{b}}{|\vec{a}||\vec{b}|}$ に入れて

$\cos\theta = \dfrac{3}{\sqrt{2}\sqrt{6}} = \dfrac{3}{\sqrt{12}} = \dfrac{3}{2\sqrt{3}} = \dfrac{\sqrt{3}}{2}$

$0 \leq \theta < 180°$ より $\theta = 30°$

(3) $\vec{b} \perp \vec{c}$ より $\vec{b}\cdot\vec{c} = 0$

成分を代入して

$2\cdot(-t)+1\cdot 1+(-1)\cdot t = 0$

$-2t+1-t = 0,\ -3t+1 = 0$

$\therefore\ t = \dfrac{1}{3}$

(4) $\vec{a}$ と $\vec{c}$ のなす角が $60°$ なので

$\cos 60° = \dfrac{\vec{a}\cdot\vec{c}}{|\vec{a}||\vec{c}|}$

$\dfrac{1}{2} = \dfrac{1\cdot(-t)+1\cdot 1+0\cdot t}{\sqrt{2}\sqrt{(-t)^2+1^2+t^2}}$

$\dfrac{1}{2} = \dfrac{-t+1}{\sqrt{2}\sqrt{2t^2+1}}$

$\sqrt{2}\sqrt{2t^2+1} = 2(-t+1),$

$\sqrt{2t^2+1} = \sqrt{2}(-t+1)$ ①

両辺を 2 乗して

$2t^2+1 = 2(-t+1)^2$ ②

$2t^2+1 = 2(t^2-2t+1)$

$2t^2+1 = 2t^2-4t+2,\quad 4t = 1,\quad t = \dfrac{1}{4}$

この値が①をみたすことを確認します。

①の左辺 $= \sqrt{2\cdot\left(\dfrac{1}{4}\right)^2+1} = \sqrt{\dfrac{2}{16}+1}$

$= \sqrt{\dfrac{18}{16}} = \dfrac{3\sqrt{2}}{4}$

①の右辺 $= \sqrt{2}\left(-\dfrac{1}{4}+1\right) = \dfrac{3}{4}\sqrt{2}$

両方の値が一致したので $t = \dfrac{1}{4}$ は①の解です。

$\therefore\ t = \dfrac{1}{4}$

・ちょっと解説・

問題 4.9(4)において,無理方程式①の解を求める際に $t = \dfrac{1}{4}$ の値を①に代入して本当に解かどうかを確認したのはなぜでしょう。

それは①→②の変形が同値な変形ではないからです。②の平方根を考えると

$\sqrt{2t^2+1} = \pm\sqrt{2}(-t+1)$

と2通り考えられてしまうので,得られた解の確認が必要となります。

問題 4.10 (p.79)

求めるベクトルを $\vec{c} = \begin{pmatrix} c_1 \\ c_2 \\ c_3 \end{pmatrix}$ とおきます。

$\vec{c}$ は $\vec{a}$ と $\vec{b}$ に垂直なので

$\vec{a} \perp \vec{c}$ より $\quad \vec{a} \cdot \vec{c} = 1 \cdot c_1 - 1 \cdot c_2 + 0 \cdot c_3 = c_1 - c_2 = 0$

$\vec{b} \perp \vec{c}$ より $\quad \vec{b} \cdot \vec{c} = 1 \cdot c_1 + 1 \cdot c_2 + 1 \cdot c_3$
$\hspace{4.5em} = c_1 + c_2 + c_3 = 0$

また $|\vec{c}| = 1$ より

$\sqrt{c_1^2 + c_2^2 + c_3^2} = 1, \quad c_1^2 + c_2^2 + c_3^2 = 1$

以上より次の連立方程式が得られます。

$$\begin{cases} c_1 - c_2 = 0 & ① \\ c_1 + c_2 + c_3 = 0 & ② \\ c_1^2 + c_2^2 + c_3^2 = 1 & ③ \end{cases}$$

①より $\quad c_1 = c_2 \quad ④$

②へ代入して $\quad c_1 + c_1 + c_3 = 0, \quad 2c_1 + c_3 = 0 \quad ⑤$

③へ代入して $\quad c_1^2 + c_1^2 + c_3^2 = 1, \quad 2c_1^2 + c_3^2 = 1 \quad ⑥$

⑤より $\quad c_3 = -2c_1 \quad ⑦$

⑥へ代入して $\quad 2c_1^2 + (-2c_1)^2 = 1$

$2c_1^2 + 4c_1^2 = 1, \quad 6c_1^2 = 1, \quad c_1^2 = \dfrac{1}{6}, \quad c_1 = \pm \dfrac{1}{\sqrt{6}}$

④へ代入して $\quad c_2 = \pm \dfrac{1}{\sqrt{6}}$

⑦へ代入して $\quad c_3 = -2 \cdot \left(\pm \dfrac{1}{\sqrt{6}} \right) = \mp \dfrac{2}{\sqrt{6}}$

以上より $\begin{cases} c_1 = \pm \dfrac{1}{\sqrt{6}} \\ c_2 = \pm \dfrac{1}{\sqrt{6}} \\ c_3 = \mp \dfrac{2}{\sqrt{6}} \end{cases}$ （複号同順）

これより求めるベクトルは2つあり

$\begin{pmatrix} \dfrac{1}{\sqrt{6}} \\ \dfrac{1}{\sqrt{6}} \\ -\dfrac{2}{\sqrt{6}} \end{pmatrix}$ と $\begin{pmatrix} -\dfrac{1}{\sqrt{6}} \\ -\dfrac{1}{\sqrt{6}} \\ \dfrac{2}{\sqrt{6}} \end{pmatrix}$

$\left(\dfrac{1}{\sqrt{6}} \begin{pmatrix} 1 \\ 1 \\ -2 \end{pmatrix} \text{ と } \dfrac{1}{\sqrt{6}} \begin{pmatrix} -1 \\ -1 \\ 2 \end{pmatrix} \text{ などでもよい} \right)$

問題 4.11 (p.83)

(1)

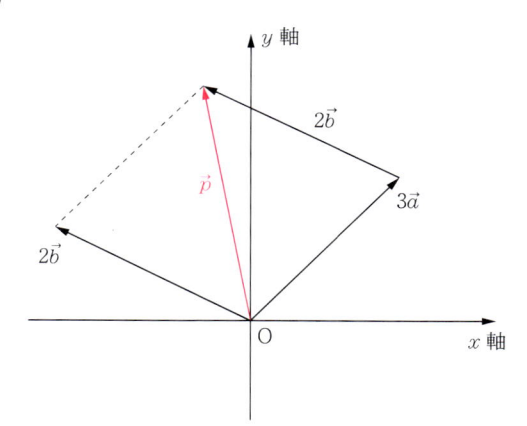

(2)

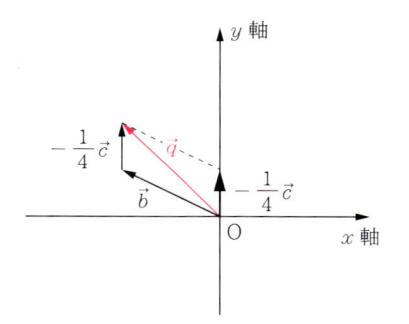

(3)

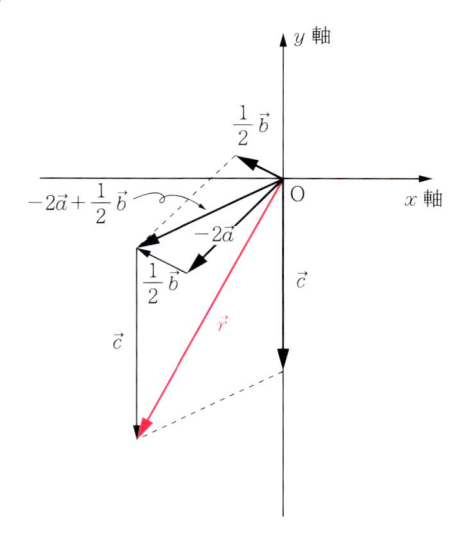

問題 4.12 (p.84)

(1) それぞれの成分を代入して

$$\vec{p} = -\begin{pmatrix} 2 \\ -1 \end{pmatrix} + \frac{1}{3}\begin{pmatrix} 3 \\ 6 \end{pmatrix} + 2\begin{pmatrix} -2 \\ -1 \end{pmatrix}$$

$$= \begin{pmatrix} -2 \\ -(-1) \end{pmatrix} + \begin{pmatrix} \frac{1}{3} \cdot 3 \\ \frac{1}{3} \cdot 6 \end{pmatrix} + \begin{pmatrix} 2 \cdot (-2) \\ 2 \cdot (-1) \end{pmatrix}$$

$$= \begin{pmatrix} -2 \\ 1 \end{pmatrix} + \begin{pmatrix} 1 \\ 2 \end{pmatrix} + \begin{pmatrix} -4 \\ -2 \end{pmatrix} = \begin{pmatrix} -2+1-4 \\ 1+2-2 \end{pmatrix} = \begin{pmatrix} -5 \\ 1 \end{pmatrix}$$

(2) それぞれの成分を代入して

$$\vec{p} = 3\begin{pmatrix} 5 \\ -4 \\ 2 \end{pmatrix} - 2\begin{pmatrix} 3 \\ 1 \\ 0 \end{pmatrix} = \begin{pmatrix} 3 \cdot 5 \\ 3 \cdot (-4) \\ 3 \cdot 2 \end{pmatrix} - \begin{pmatrix} 2 \cdot 3 \\ 2 \cdot 1 \\ 2 \cdot 0 \end{pmatrix}$$

$$= \begin{pmatrix} 15 \\ -12 \\ 6 \end{pmatrix} - \begin{pmatrix} 6 \\ 2 \\ 0 \end{pmatrix} = \begin{pmatrix} 15-6 \\ -12-2 \\ 6-0 \end{pmatrix} = \begin{pmatrix} 9 \\ -14 \\ 6 \end{pmatrix}$$

問題 4.13 (p.85)

$\vec{c} = m\vec{a} + n\vec{b}$ とおいて m, n を求めます。
成分を代入して

$$\begin{pmatrix} -1 \\ 7 \end{pmatrix} = m\begin{pmatrix} 1 \\ 2 \end{pmatrix} + n\begin{pmatrix} -1 \\ 1 \end{pmatrix}$$

$$= \begin{pmatrix} m \\ 2m \end{pmatrix} + \begin{pmatrix} -n \\ n \end{pmatrix} = \begin{pmatrix} m-n \\ 2m+n \end{pmatrix}$$

$$\therefore \begin{cases} m-n = -1 & \text{①} \\ 2m+n = 7 & \text{②} \end{cases}$$

これをみたす m, n を求めればよいことになります。
掃き出し法で m, n を求めると、右の表計算の結果より
$m = 2, \ n = 3$

$\therefore \vec{c} = 2\vec{a} + 3\vec{b}$

①	-1	-1	
②	1	7	
1	-1	-1	
0	3	9	②+①×(−2)
1	-1	-1	
0	1	3	②×$\frac{1}{3}$
1	0	2	①+②×1
0	1	3	

> $\vec{p}$ は $\vec{a}_1, \cdots, \vec{a}_r$ の線形 (1次) 結合
> $\vec{p} = k_1\vec{a}_1 + \cdots + k_r\vec{a}_r$
> ($k_1, \cdots, k_r$: 実数)

問題 4.14 (p.86)

$\vec{c} = m\vec{a} + n\vec{b}$
と表せたとすると、成分を代入して

$$\begin{pmatrix} -3 \\ 0 \end{pmatrix} = m\begin{pmatrix} 4 \\ 6 \end{pmatrix} + n\begin{pmatrix} 2 \\ 3 \end{pmatrix} = \begin{pmatrix} 4m \\ 6m \end{pmatrix} + \begin{pmatrix} 2n \\ 3n \end{pmatrix}$$

$$= \begin{pmatrix} 4m+2n \\ 6m+3n \end{pmatrix}$$

$$\therefore \begin{pmatrix} -3 \\ 0 \end{pmatrix} = \begin{pmatrix} 4m+2n \\ 6m+3n \end{pmatrix}$$

これより
$$\begin{cases} 4m+2n = -3 \\ 6m+3n = 0 \end{cases}$$

をみたす m, n が存在します。係数行列を変形すると右の表計算の結果より

rank $A = 1$
rank $(A \mid B) = 2$

A		B	変形
4	2	-3	
6	3	0	
4	2	-3	
2	1	0	②×$\frac{1}{3}$
0	0	-3	①+②×(−2)
2	1	0	
2	1	0	①↔②
0	0	-3	

となり、上記の連立1次方程式に解は存在しません。これは矛盾しています。
ゆえに、$\vec{c} = m\vec{a} + n\vec{b}$ の形には表せません。

問題 4.15 (p.87)

$\vec{p} = l\vec{a} + m\vec{b} + n\vec{c}$
と線形結合で表されているとします。成分を代入して計算していくと

$$\begin{pmatrix} -1 \\ 0 \\ 7 \end{pmatrix} = l\begin{pmatrix} 1 \\ 0 \\ 2 \end{pmatrix} + m\begin{pmatrix} 0 \\ 2 \\ 1 \end{pmatrix} + n\begin{pmatrix} 2 \\ 1 \\ 0 \end{pmatrix}$$

$$= \begin{pmatrix} l \\ 0 \\ 2l \end{pmatrix} + \begin{pmatrix} 0 \\ 2m \\ m \end{pmatrix} + \begin{pmatrix} 2n \\ n \\ 0 \end{pmatrix} = \begin{pmatrix} l+2n \\ 2m+n \\ 2l+m \end{pmatrix}$$

これより、次の連立1次方程式をみたす l, m, n を見つければよいことになります。

$$\begin{cases} l+2n=-1 \\ 2m+n=0 \\ 2l+m=7 \end{cases}$$

掃き出し法で解くと右の表計算の結果より

$$\begin{cases} l=3 \\ m=1 \\ n=-2 \end{cases}$$

よって
$\vec{p}=3\vec{a}+1\vec{b}-2\vec{c}$
∴ $\vec{p}=3\vec{a}+\vec{b}-2\vec{c}$

①	0	2	−1	
	0	2	1	0
	2	1	0	7
	1	0	2	−1	
	0	2	1	0
	0	1	−4	9	③+①×(−2)
	1	0	2	−1
	0	①	−4	9	②↔③
	0	2	1	0
	1	0	2	−1
	0	1	−4	9
	0	0	9	−18	③+②×(−2)
	1	0	2	−1
	0	1	−4	9
	0	0	①	−2	③×$\frac{1}{9}$
	1	0	0	3	①+③×(−2)
	0	1	0	1	②+③×4
	0	0	1	−2

問題 4.16 (p.88)

もし
$\vec{a}=m\vec{b}+n\vec{c}$
と表せているとすると，成分を代入して

$$\begin{pmatrix} 1 \\ 0 \\ 2 \end{pmatrix}=m\begin{pmatrix} 0 \\ 2 \\ 1 \end{pmatrix}+n\begin{pmatrix} 2 \\ 1 \\ 0 \end{pmatrix}$$
$$=\begin{pmatrix} 0 \\ 2m \\ m \end{pmatrix}+\begin{pmatrix} 2n \\ n \\ 0 \end{pmatrix}=\begin{pmatrix} 0+2n \\ 2m+n \\ m+0 \end{pmatrix}=\begin{pmatrix} 2n \\ 2m+n \\ m \end{pmatrix}$$

ゆえに $\begin{pmatrix} 1 \\ 0 \\ 2 \end{pmatrix}=\begin{pmatrix} 2n \\ 2m+n \\ m \end{pmatrix}$ となる m,n が存在します。

成分を比較すると次の連立1次方程式が得られます。

$$\begin{cases} 2n=1 & ① \\ 2m+n=0 & ② \\ m=2 & ③ \end{cases}$$

①より $n=\frac{1}{2}$ ④

③と④を②へ代入すると $2\cdot 2+\frac{1}{2}=0, \frac{9}{2}=0$

これは矛盾した式です。
ゆえに $\vec{a}=m\vec{b}+n\vec{c}$ の形にはかけません。

問題 4.17 (p.91)

2つのベクトルに自明な線形関係式が存在するかどうかを調べていきます。

(1) $k_1\vec{a_1}+k_2\vec{a_2}=\vec{0}$ ①

という線形関係式が成立しているとすると，成分を代入して

$$k_1\begin{pmatrix} 2 \\ -4 \end{pmatrix}+k_2\begin{pmatrix} -3 \\ 6 \end{pmatrix}=\begin{pmatrix} 0 \\ 0 \end{pmatrix}$$
$$\begin{pmatrix} 2k_1 \\ -4k_1 \end{pmatrix}+\begin{pmatrix} -3k_2 \\ 6k_2 \end{pmatrix}=\begin{pmatrix} 0 \\ 0 \end{pmatrix}$$
$$\begin{pmatrix} 2k_1-3k_2 \\ -4k_1+6k_2 \end{pmatrix}=\begin{pmatrix} 0 \\ 0 \end{pmatrix}$$

これより次の連立1次方程式が得られます。

$$\begin{cases} 2k_1-3k_2=0 \\ -4k_1+6k_2=0 \end{cases}$$

右の表変形の結果より

rank A = rank $(A|B)=1$

なので解が存在し，

自由度 = 2−1 = 1 （任意の値をとる未知数の数）

変形の最終結果より，本質的な式は

$2k_1-3k_2=0$

の1つだけ。$k_2=t$ とおくと

$2k_1-3t=0,\ 2k_1=3t,\ k_1=\frac{3}{2}t$

以上より解の組は無数にあり

$$\begin{cases} k_1=\frac{3}{2}t \\ k_2=t \end{cases} \quad (t:実数)$$

となります。 (解は次頁へつづきます)

	A	B	変形
	2	−3	0
	−4	6	0
	2	−3	0
	0	0	0	②+①×2

0	2	1	
2	1	0	
1	0	2	
①	0	2	③↔①
2	1	0	
0	2	1	
1	0	2	
0	①	−4	②+①×(−2)
0	2	1	
1	0	2	
0	1	−4	
0	0	9	③+②×(−2)

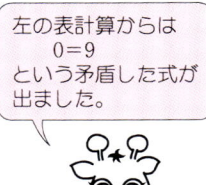

左の表計算からは $0=9$ という矛盾した式が出ました。

t はどんな実数でもよいので $t=2$ とすると
$k_1=3$, $k_2=2$
これを①へ代入して
$3\vec{a}_1+2\vec{a}_2=\vec{0}$
という自明でない線形関係式が得られるので
$\vec{a}_1, \vec{a}_2$ は 線形従属
となります。

(2)　$k_1\vec{b}_1+k_2\vec{b}_2=\vec{0}$　②
という線形関係式が成立しているとすると，成分を代入して

$$k_1\begin{pmatrix}1\\1\end{pmatrix}+k_2\begin{pmatrix}-1\\1\end{pmatrix}=\begin{pmatrix}0\\0\end{pmatrix}$$

$$\begin{pmatrix}k_1\\k_1\end{pmatrix}+\begin{pmatrix}-k_2\\k_2\end{pmatrix}=\begin{pmatrix}0\\0\end{pmatrix}, \begin{pmatrix}k_1-k_2\\k_1+k_2\end{pmatrix}=\begin{pmatrix}0\\0\end{pmatrix}$$

これより次の連立1次方程式が得られます。

$$\begin{cases}k_1-k_2=0\\k_1+k_2=0\end{cases}$$

掃き出し法で解くと右の表変形の結果より，解は

$$\begin{cases}k_1=0\\k_2=0\end{cases}$$

の1組しかないことがわかります。

	A	B	変形
①	-1	0	
1	1	0	
1	-1	0	
0	2	0	②+①×(−1)
1	-1	0	
0	①	0	②×$\frac{1}{2}$
1	0	0	①+②×1
0	1	0	

したがって $\vec{b}_1, \vec{b}_2$ には
$0\vec{b}_1+0\vec{b}_2=\vec{0}$
という自明な線形関係式しか存在しないことがわかったので
$\vec{b}_1, \vec{b}_2$ は 線形独立
です。

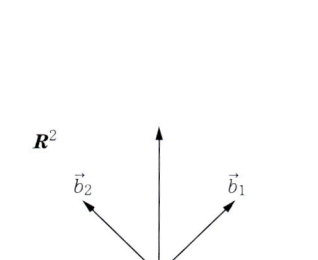

- ちょっと解説 -

平面上の2つのベクトルは，始点を原点Oにとったとき
・同一線上にあれば線形従属
・同一線上になければ線形独立
です。

🌸🌸🌸🌸🌸 **問題 4.18** (p.93) 🌸🌸🌸🌸🌸

3つのベクトルの間に自明な線形関係式以外の線形関係式が存在するかどうかを調べます。

(1)　$k_1\vec{a}_1+k_2\vec{a}_2+k_3\vec{a}_3=\vec{0}$　①
という関係が成立しているとすると，成分を代入して

$$k_1\begin{pmatrix}-1\\2\\0\end{pmatrix}+k_2\begin{pmatrix}2\\0\\-1\end{pmatrix}+k_3\begin{pmatrix}0\\1\\-1\end{pmatrix}=\begin{pmatrix}0\\0\\0\end{pmatrix}$$

$$\begin{pmatrix}-k_1\\2k_1\\0\end{pmatrix}+\begin{pmatrix}2k_2\\0\\-k_2\end{pmatrix}+\begin{pmatrix}0\\k_3\\-k_3\end{pmatrix}=\begin{pmatrix}0\\0\\0\end{pmatrix}$$

$$\begin{pmatrix}-k_1+2k_2\\2k_1+k_3\\-k_2-k_3\end{pmatrix}=\begin{pmatrix}0\\0\\0\end{pmatrix}$$

これより次の連立1次方程式を得ます。

$$\begin{cases}-k_1+2k_2=0\\2k_1+k_3=0\\-k_2-k_3=0\end{cases}$$

これを掃き出し法で解きます。

	A		B	変形
-1	2	0	0	
2	0	1	0	
0	-1	-1	0	
①	-2	0	0	①×(−1)
2	0	1	0	
0	-1	-1	0	
1	-2	0	0	
0	4	1	0	②+①×(−2)
0	-1	-1	0	
1	-2	0	0	
0	-1	-1	0	②↔③
0	4	1	0	
1	-2	0	0	
0	①	1	0	②×(−1)
0	4	1	0	
1	0	2	0	①+②×2
0	1	1	0	
0	0	-3	0	③+②×(−4)
1	0	2	0	
0	1	1	0	
0	0	①	0	③×$\left(-\frac{1}{3}\right)$
1	0	0	0	①+③×(−2)
0	1	0	0	②+③×(−1)
0	0	1	0	

前頁の表変形の結果より，解は
$$\begin{cases} k_1 = 0 \\ k_2 = 0 \\ k_3 = 0 \end{cases}$$
の1組しかないことがわかりました。これより $\vec{a}_1, \vec{a}_2, \vec{a}_3$ には
$$0\vec{a}_1 + 0\vec{a}_2 + 0\vec{a}_3 = \vec{0}$$
という自明な線形関係式しか成立しないことがわかったので，

$\vec{a}_1, \vec{a}_2, \vec{a}_3$ は **線形独立**

です。

（2） $k_1\vec{b}_1 + k_2\vec{b}_2 + k_3\vec{b}_3 = \vec{0}$ ②
という関係が成立しているとすると，成分を代入して
$$k_1\begin{pmatrix}1\\-2\\0\end{pmatrix} + k_2\begin{pmatrix}2\\0\\1\end{pmatrix} + k_3\begin{pmatrix}0\\4\\1\end{pmatrix} = \begin{pmatrix}0\\0\\0\end{pmatrix}$$
$$\begin{pmatrix}k_1\\-2k_1\\0\end{pmatrix} + \begin{pmatrix}2k_2\\0\\k_2\end{pmatrix} + \begin{pmatrix}0\\4k_3\\k_3\end{pmatrix} = \begin{pmatrix}0\\0\\0\end{pmatrix}$$
$$\begin{pmatrix}k_1+2k_2\\-2k_1\quad+4k_3\\k_2+k_3\end{pmatrix} = \begin{pmatrix}0\\0\\0\end{pmatrix}$$
これより次の連立1次方程式を得ます。
$$\begin{cases}k_1+2k_2\quad=0\\-2k_1\quad+4k_3=0\\k_2+k_3=0\end{cases}$$
これを掃き出し法で解きます。

	A		B	変形
①	2	0	0	
-2	0	4	0	
0	1	1	0	
1	2	0	0	
0	4	4	0	②+①×2
0	1	1	0	
1	2	0	0	
0	①	1	0	②×$\frac{1}{4}$
0	1	1	0	
1	2	0	0	
0	①	1	0	
0	0	0	0	③+②×(-1)
1	0	-2	0	①+②×(-2)
0	1	1	0	
0	0	0	0	

（どちらで rank を判定してもよいです。）

左下の表変形の結果より
　rank $A = 2$
　rank $(A \mid B) = 2$
　自由度 $= 3 - 2 = 1$
となり，無数組の解をもつことがわかります。変形の最後より
$$\begin{cases}k_1\quad-2k_3=0\quad ③\\k_2+k_3=0\quad ④\end{cases}$$
$k_3 = t$ とおくと
　③より $k_1 = 2t$, ④より $k_2 = -t$
これより
$$\begin{cases}k_1=\ 2t\\k_2=-t\quad (t：実数)\\k_3=\ \ t\end{cases}$$
という解を得ます。この中から，
たとえば $t = 1$ とおくと
　$k_1 = 2, \ k_2 = -1, \ k_3 = 1$
これを②へ代入すると
　$2\vec{b}_1 - \vec{b}_2 + \vec{b}_3 = \vec{0}$
という自明でない線形関係式が成立することがわかるので，

$\vec{b}_1, \vec{b}_2, \vec{b}_3$ は **線形従属**

です。

―・ちょっと解説・―

3つの空間ベクトルは，始点を原点 O にとったとき，
　・同一平面上にあれば線形従属
　・同一平面上になければ線形独立
です。

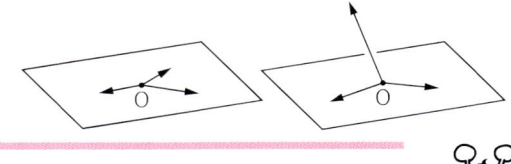

❺ 線形写像と行列

問題 5.1 (p. 97)

それぞれの $\vec{q}$ の写像先を $\vec{q}'$ としておきます。

（1） $\vec{q}' = f_1(\vec{q}) = \dfrac{3}{2}\vec{q}$

$$= \dfrac{3}{2}\begin{pmatrix}4\\2\end{pmatrix} = \begin{pmatrix}\dfrac{3}{2}\cdot 4\\[2pt]\dfrac{3}{2}\cdot 2\end{pmatrix} = \begin{pmatrix}6\\3\end{pmatrix}$$

（2） $\vec{q}' = f_2(\vec{q}) = \vec{q} - 2\vec{b}$

$$= \begin{pmatrix}4\\2\end{pmatrix} - 2\begin{pmatrix}1\\0\end{pmatrix} = \begin{pmatrix}4\\2\end{pmatrix} - \begin{pmatrix}2\\0\end{pmatrix} = \begin{pmatrix}4-2\\2-0\end{pmatrix} = \begin{pmatrix}2\\2\end{pmatrix}$$

（3） $\vec{q}' = f_3(\vec{q}) = A\vec{q}$

$$= \begin{pmatrix}-1 & 0\\ 0 & -1\end{pmatrix}\begin{pmatrix}4\\2\end{pmatrix} = \begin{pmatrix}-1\cdot 4 + 0\cdot 2\\ 0\cdot 4 + (-1)\cdot 2\end{pmatrix}$$

$$= \begin{pmatrix}-4+0\\ 0-2\end{pmatrix} = \begin{pmatrix}-4\\-2\end{pmatrix}$$

問題 5.2 (p. 98)

$\vec{q}$ の写像先を $\vec{q}'$ としておきます。

（1） $\vec{q}' = f_1(\vec{q}) = -3\vec{q} + 5\vec{b}$

$$= -3\begin{pmatrix}3\\-2\\1\end{pmatrix} + 5\begin{pmatrix}1\\-1\\1\end{pmatrix} = \begin{pmatrix}-9\\6\\-3\end{pmatrix} + \begin{pmatrix}5\\-5\\5\end{pmatrix}$$

$$= \begin{pmatrix}-9+5\\6-5\\-3+5\end{pmatrix} = \begin{pmatrix}-4\\1\\2\end{pmatrix}$$

（2） $\vec{q}' = f_2(\vec{q}) = A\vec{q}$

$$= \begin{pmatrix}0 & -1 & 1\\1 & 0 & -1\\-1 & 1 & 0\end{pmatrix}\begin{pmatrix}3\\-2\\1\end{pmatrix}$$

$$= \begin{pmatrix}0\cdot 3+(-1)\cdot(-2)+1\cdot 1\\1\cdot 3+0\cdot(-2)+(-1)\cdot 1\\(-1)\cdot 3+1\cdot(-2)+0\cdot 1\end{pmatrix}$$

$$= \begin{pmatrix}0+2+1\\3+0-1\\-3-2+0\end{pmatrix} = \begin{pmatrix}3\\2\\-5\end{pmatrix}$$

> ベクトルの関数ですね。

問題 5.3 (p. 100)

（1） はじめに $\vec{x}+\vec{y}$ を求めます。

$$\vec{x}+\vec{y} = \begin{pmatrix}3\\0\end{pmatrix} + \begin{pmatrix}-1\\4\end{pmatrix} = \begin{pmatrix}3-1\\0+4\end{pmatrix} = \begin{pmatrix}2\\4\end{pmatrix}$$

次に f で写像すると

$$f(\vec{x}+\vec{y}) = B(\vec{x}+\vec{y})$$

$$= \begin{pmatrix}2 & -1\\-3 & 2\end{pmatrix}\begin{pmatrix}2\\4\end{pmatrix} = \begin{pmatrix}2\cdot 2+(-1)\cdot 4\\-3\cdot 2+2\cdot 4\end{pmatrix}$$

$$= \begin{pmatrix}4-4\\-6+8\end{pmatrix} = \begin{pmatrix}0\\2\end{pmatrix}$$

（2） はじめに $\vec{x}, \vec{y}$ をそれぞれ写像させます。

$$f(\vec{x}) = B\vec{x}$$

$$= \begin{pmatrix}2 & -1\\-3 & 2\end{pmatrix}\begin{pmatrix}3\\0\end{pmatrix} = \begin{pmatrix}2\cdot 3+(-1)\cdot 0\\-3\cdot 3+2\cdot 0\end{pmatrix}$$

$$= \begin{pmatrix}6+0\\-9+0\end{pmatrix} = \begin{pmatrix}6\\-9\end{pmatrix}$$

$$f(\vec{y}) = B\vec{y}$$

$$= \begin{pmatrix}2 & -1\\-3 & 2\end{pmatrix}\begin{pmatrix}-1\\4\end{pmatrix} = \begin{pmatrix}2\cdot(-1)+(-1)\cdot 4\\-3\cdot(-1)+2\cdot 4\end{pmatrix}$$

$$= \begin{pmatrix}-2-4\\3+8\end{pmatrix} = \begin{pmatrix}-6\\11\end{pmatrix}$$

次に $f(\vec{x})+f(\vec{y})$ を求めると

$$f(\vec{x})+f(\vec{y}) = \begin{pmatrix}6\\-9\end{pmatrix} + \begin{pmatrix}-6\\11\end{pmatrix} = \begin{pmatrix}6-6\\-9+11\end{pmatrix} = \begin{pmatrix}0\\2\end{pmatrix}$$

問題 5.4 (p. 101)

（1） はじめに $-2\vec{z}$ をつくると

$$-2\vec{z} = -2\begin{pmatrix}2\\-3\end{pmatrix} = \begin{pmatrix}-4\\6\end{pmatrix}$$

次に f で写像すると

$$f(-2\vec{z}) = B(-2\vec{z})$$

$$= \begin{pmatrix}2 & -1\\-3 & 2\end{pmatrix}\begin{pmatrix}-4\\6\end{pmatrix} = \begin{pmatrix}2\cdot(-4)+(-1)\cdot 6\\-3\cdot(-4)+2\cdot 6\end{pmatrix}$$

$$= \begin{pmatrix}-8-6\\12+12\end{pmatrix} = \begin{pmatrix}-14\\24\end{pmatrix}$$

（2） はじめに $f(\vec{z})$ を求めると

$$f(\vec{z}) = B\vec{z}$$

$$= \begin{pmatrix}2 & -1\\-3 & 2\end{pmatrix}\begin{pmatrix}2\\-3\end{pmatrix} = \begin{pmatrix}2\cdot 2+(-1)\cdot(-3)\\(-3)\cdot 2+2\cdot(-3)\end{pmatrix}$$

$$= \begin{pmatrix}4+3\\-6-6\end{pmatrix} = \begin{pmatrix}7\\-12\end{pmatrix}$$

次にこのベクトルを -2 倍すると

$$-2f(\vec{z}) = -2\begin{pmatrix}7\\-12\end{pmatrix} = \begin{pmatrix}-14\\24\end{pmatrix}$$

・ちょっと解説・

線形写像を特徴づける 2 つの重要な性質

(ⅰ) $f(\vec{x}+\vec{y})=f(\vec{x})+f(\vec{y})$

(ⅱ) $f(a\vec{x})=af(\vec{x})$ （a：実数）

は一見どの写像でも成立しそうですが，この性質が成立しない写像はすぐに見つかります。

たとえば 1 次関数

$f(x)=x+1$

について，

$f(x+y)=(x+y)+1$

$f(x)+f(y)=(x+1)+(y+1)$
$=(x+y)+2$

となり

$f(x+y) \neq f(x)+f(y)$

です。

問題 5.5 （p. 102）

（1） はじめに $\vec{x}+\vec{y}$ を求めると

$$\vec{x}+\vec{y}=\begin{pmatrix}2\\0\\-3\end{pmatrix}+\begin{pmatrix}2\\-2\\1\end{pmatrix}=\begin{pmatrix}2+2\\0-2\\-3+1\end{pmatrix}=\begin{pmatrix}4\\-2\\-2\end{pmatrix}$$

次にこれを f で写像して

$f(\vec{x}+\vec{y})=B(\vec{x}+\vec{y})$

$=\begin{pmatrix}1&-1&2\\-1&2&1\\2&1&-1\end{pmatrix}\begin{pmatrix}4\\-2\\-2\end{pmatrix}$

$=\begin{pmatrix}1\cdot 4+(-1)\cdot(-2)+2\cdot(-2)\\(-1)\cdot 4+2\cdot(-2)+1\cdot(-2)\\2\cdot 4+1\cdot(-2)+(-1)\cdot(-2)\end{pmatrix}$

$=\begin{pmatrix}4+2-4\\-4-4-2\\8-2+2\end{pmatrix}=\begin{pmatrix}2\\-10\\8\end{pmatrix}$

（2） はじめに $f(\vec{x})$ と $f(\vec{y})$ を求めておきます。

$f(\vec{x})=B\vec{x}$

$=\begin{pmatrix}1&-1&2\\-1&2&1\\2&1&-1\end{pmatrix}\begin{pmatrix}2\\0\\-3\end{pmatrix}$

$=\begin{pmatrix}1\cdot 2+(-1)\cdot 0+2\cdot(-3)\\(-1)\cdot 2+2\cdot 0+1\cdot(-3)\\2\cdot 2+1\cdot 0+(-1)\cdot(-3)\end{pmatrix}$

$=\begin{pmatrix}2+0-6\\-2+0-3\\4+0+3\end{pmatrix}=\begin{pmatrix}-4\\-5\\7\end{pmatrix}$

$f(\vec{y})=B\vec{y}$

$=\begin{pmatrix}1&-1&2\\-1&2&1\\2&1&-1\end{pmatrix}\begin{pmatrix}2\\-2\\1\end{pmatrix}$

$=\begin{pmatrix}1\cdot 2+(-1)\cdot(-2)+2\cdot 1\\(-1)\cdot 2+2\cdot(-2)+1\cdot 1\\2\cdot 2+1\cdot(-2)+(-1)\cdot 1\end{pmatrix}$

$=\begin{pmatrix}2+2+2\\-2-4+1\\4-2-1\end{pmatrix}=\begin{pmatrix}6\\-5\\1\end{pmatrix}$

次に $f(\vec{x})$ と $f(\vec{y})$ を加えて

$f(\vec{x})+f(\vec{y})$

$=\begin{pmatrix}-4\\-5\\7\end{pmatrix}+\begin{pmatrix}6\\-5\\1\end{pmatrix}=\begin{pmatrix}-4+6\\-5-5\\7+1\end{pmatrix}=\begin{pmatrix}2\\-10\\8\end{pmatrix}$

問題 5.6 （p. 103）

（1） はじめに $3\vec{z}$ を求めると

$$3\vec{z}=3\begin{pmatrix}3\\-3\\2\end{pmatrix}=\begin{pmatrix}3\cdot 3\\3\cdot(-3)\\3\cdot 2\end{pmatrix}=\begin{pmatrix}9\\-9\\6\end{pmatrix}$$

次にこのベクトルを f で写像して

$f(3\vec{z})=B(3\vec{z})$

$=\begin{pmatrix}1&-1&2\\-1&2&1\\2&1&-1\end{pmatrix}\begin{pmatrix}9\\-9\\6\end{pmatrix}$

$=\begin{pmatrix}1\cdot 9+(-1)\cdot(-9)+2\cdot 6\\(-1)\cdot 9+2\cdot(-9)+1\cdot 6\\2\cdot 9+1\cdot(-9)+(-1)\cdot 6\end{pmatrix}$

$=\begin{pmatrix}9+9+12\\-9-18+6\\18-9-6\end{pmatrix}=\begin{pmatrix}30\\-21\\3\end{pmatrix}$

（2） はじめに $f(\vec{z})$ を求めると

$f(\vec{z})=B\vec{z}$

$=\begin{pmatrix}1&-1&2\\-1&2&1\\2&1&-1\end{pmatrix}\begin{pmatrix}3\\-3\\2\end{pmatrix}$

$=\begin{pmatrix}1\cdot 3+(-1)\cdot(-3)+2\cdot 2\\(-1)\cdot 3+2\cdot(-3)+1\cdot 2\\2\cdot 3+1\cdot(-3)+(-1)\cdot 2\end{pmatrix}=\begin{pmatrix}10\\-7\\1\end{pmatrix}$

このベクトルを 3 倍して

$3f(\vec{z})=3\begin{pmatrix}10\\-7\\1\end{pmatrix}=\begin{pmatrix}3\cdot 10\\3\cdot(-7)\\3\cdot 1\end{pmatrix}=\begin{pmatrix}30\\-21\\3\end{pmatrix}$

問題 5.7 (p. 104)

$\vec{x} = \begin{pmatrix} x_1 \\ x_2 \end{pmatrix}$ とおき,$f(\vec{x}) = \vec{x}' = \begin{pmatrix} x_1' \\ x_2' \end{pmatrix}$ とおきます.

(1) 写像の式へ代入して

$$\begin{pmatrix} x_1' \\ x_2' \end{pmatrix} = \begin{pmatrix} -1 & 0 \\ 0 & 1 \end{pmatrix}\begin{pmatrix} x_1 \\ x_2 \end{pmatrix} = \begin{pmatrix} -1 \cdot x_1 + 0 \cdot x_2 \\ 0 \cdot x_1 + 1 \cdot x_2 \end{pmatrix} = \begin{pmatrix} -x_1 \\ x_2 \end{pmatrix}$$

これより,f により

$$\mathrm{P}(x_1, x_2) \xrightarrow{f} \mathrm{P}'(-x_1, x_2)$$

と移動することがわかります.
P と P' は y 軸に関して対称の位置にあるので,f は

　　　　y 軸に関する対称移動

です.

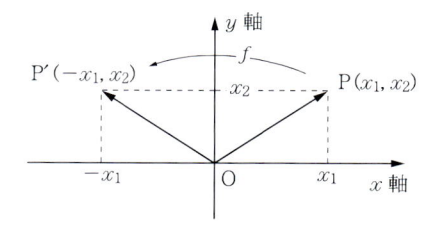

(2) 写像の式へ代入して

$$\begin{pmatrix} x_1' \\ x_2' \end{pmatrix} = \begin{pmatrix} 0 & 1 \\ 1 & 0 \end{pmatrix}\begin{pmatrix} x_1 \\ x_2 \end{pmatrix} = \begin{pmatrix} 0 \cdot x_1 + 1 \cdot x_2 \\ 1 \cdot x_1 + 0 \cdot x_2 \end{pmatrix} = \begin{pmatrix} x_2 \\ x_1 \end{pmatrix}$$

これより,f により

$$\mathrm{P}(x_1, x_2) \xrightarrow{f} \mathrm{P}'(x_2, x_1)$$

と移動することがわかります.
x 座標と y 座標が入れかわっているので,f は

　　　　直線 $y = x$ に関する対称移動

です.

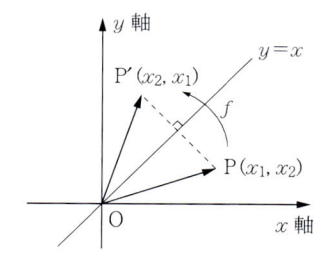

問題 5.8 (p. 105)

三角形の頂点を
　　　O$(0, 0)$, A$(1, 0)$, B$(0, 1)$
とし,この 3 点の写像先 O', A', B' を調べます.

$$f(\overrightarrow{\mathrm{OO}}) = B\overrightarrow{\mathrm{OO}}$$
$$= \begin{pmatrix} 4 & 1 \\ 1 & 3 \end{pmatrix}\begin{pmatrix} 0 \\ 0 \end{pmatrix} = \begin{pmatrix} 4 \cdot 0 + 1 \cdot 0 \\ 1 \cdot 0 + 3 \cdot 0 \end{pmatrix} = \begin{pmatrix} 0 \\ 0 \end{pmatrix}$$

$$f(\overrightarrow{\mathrm{OA}}) = B\overrightarrow{\mathrm{OA}}$$
$$= \begin{pmatrix} 4 & 1 \\ 1 & 3 \end{pmatrix}\begin{pmatrix} 1 \\ 0 \end{pmatrix} = \begin{pmatrix} 4 \cdot 1 + 1 \cdot 0 \\ 1 \cdot 1 + 3 \cdot 0 \end{pmatrix} = \begin{pmatrix} 4 \\ 1 \end{pmatrix}$$

$$f(\overrightarrow{\mathrm{OB}}) = B\overrightarrow{\mathrm{OB}}$$
$$= \begin{pmatrix} 4 & 1 \\ 1 & 3 \end{pmatrix}\begin{pmatrix} 0 \\ 1 \end{pmatrix} = \begin{pmatrix} 4 \cdot 0 + 1 \cdot 1 \\ 1 \cdot 0 + 3 \cdot 1 \end{pmatrix} = \begin{pmatrix} 1 \\ 3 \end{pmatrix}$$

これより
　　　O'$(0, 0)$, A'$(4, 1)$, B'$(1, 3)$
となるので,下図のような三角形に移されることがわかります.

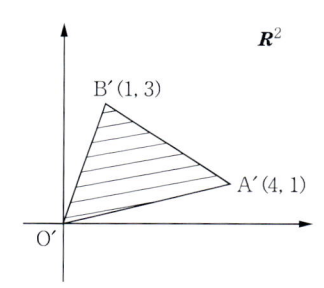

問題 5.9 (p. 107)

(1) $\theta = 180°$ を回転移動の行列へ代入して

$$A = \begin{pmatrix} \cos 180° & -\sin 180° \\ \sin 180° & \cos 180° \end{pmatrix}$$
$$= \begin{pmatrix} -1 & 0 \\ 0 & -1 \end{pmatrix}$$

$\vec{x} = \begin{pmatrix} -2 \\ 1 \end{pmatrix}$ とおくと

$$f(\vec{x}) = A\vec{x}$$
$$= \begin{pmatrix} -1 & 0 \\ 0 & -1 \end{pmatrix}\begin{pmatrix} -2 \\ 1 \end{pmatrix}$$
$$= \begin{pmatrix} (-1) \cdot (-2) + 0 \cdot 1 \\ 0 \cdot (-2) + (-1) \cdot 1 \end{pmatrix} = \begin{pmatrix} 2 \\ -1 \end{pmatrix}$$

これより
　　　　$(2, -1)$
へ移る.

(2) $\theta = -45°$ を回転移動の行列へ代入して
$$A = \begin{pmatrix} \cos(-45°) & -\sin(-45°) \\ \sin(-45°) & \cos(-45°) \end{pmatrix}$$
$$= \begin{pmatrix} \dfrac{1}{\sqrt{2}} & -\left(-\dfrac{1}{\sqrt{2}}\right) \\ -\dfrac{1}{\sqrt{2}} & \dfrac{1}{\sqrt{2}} \end{pmatrix} = \begin{pmatrix} \dfrac{1}{\sqrt{2}} & \dfrac{1}{\sqrt{2}} \\ -\dfrac{1}{\sqrt{2}} & \dfrac{1}{\sqrt{2}} \end{pmatrix}$$

$\vec{x} = \begin{pmatrix} -2 \\ 1 \end{pmatrix}$ とおくと

$$f(\vec{x}) = A\vec{x} = \begin{pmatrix} \dfrac{1}{\sqrt{2}} & \dfrac{1}{\sqrt{2}} \\ -\dfrac{1}{\sqrt{2}} & \dfrac{1}{\sqrt{2}} \end{pmatrix} \begin{pmatrix} -2 \\ 1 \end{pmatrix}$$
$$= \begin{pmatrix} \dfrac{1}{\sqrt{2}} \cdot (-2) + \dfrac{1}{\sqrt{2}} \cdot 1 \\ -\dfrac{1}{\sqrt{2}} \cdot (-2) + \dfrac{1}{\sqrt{2}} \cdot 1 \end{pmatrix} = \begin{pmatrix} -\sqrt{2} + \dfrac{1}{\sqrt{2}} \\ \sqrt{2} + \dfrac{1}{\sqrt{2}} \end{pmatrix}$$
$$= \begin{pmatrix} -\sqrt{2} + \dfrac{\sqrt{2}}{2} \\ \sqrt{2} + \dfrac{\sqrt{2}}{2} \end{pmatrix} = \begin{pmatrix} -\dfrac{\sqrt{2}}{2} \\ \dfrac{3\sqrt{2}}{2} \end{pmatrix}$$

これより次の点に移ります。
$$\left(-\dfrac{\sqrt{2}}{2}, \dfrac{3\sqrt{2}}{2}\right)$$

> ⊃ 正方向の回転 = 反時計回り ⊂
> ⊃ 負方向の回転 = 時計回り ⊂

問題 5.10 (p. 109)

(1) $\vec{q}' = g(\vec{q}) = B\vec{q}$
$$= \begin{pmatrix} 0 & 1 \\ -1 & 0 \end{pmatrix} \begin{pmatrix} 1 \\ 2 \end{pmatrix} = \begin{pmatrix} 0 \cdot 1 + 1 \cdot 2 \\ (-1) \cdot 1 + 0 \cdot 2 \end{pmatrix} = \begin{pmatrix} 0 + 2 \\ -1 + 0 \end{pmatrix}$$
$$= \begin{pmatrix} 2 \\ -1 \end{pmatrix}$$
$\vec{q}'' = f(\vec{q}') = A\vec{q}'$
$$= \begin{pmatrix} -1 & 0 \\ 0 & 1 \end{pmatrix} \begin{pmatrix} 2 \\ -1 \end{pmatrix}$$
$$= \begin{pmatrix} (-1) \cdot 2 + 0 \cdot (-1) \\ 0 \cdot 2 + 1 \cdot (-1) \end{pmatrix}$$
$$= \begin{pmatrix} -2 + 0 \\ 0 - 1 \end{pmatrix} = \begin{pmatrix} -2 \\ -1 \end{pmatrix}$$

(2) $(g \circ f)(\vec{q}) = g(f(\vec{q}))$
$f(\vec{q}) = A\vec{q}$
$$= \begin{pmatrix} -1 & 0 \\ 0 & 1 \end{pmatrix} \begin{pmatrix} 1 \\ 2 \end{pmatrix} = \begin{pmatrix} (-1) \cdot 1 + 0 \cdot 2 \\ 0 \cdot 1 + 1 \cdot 2 \end{pmatrix} = \begin{pmatrix} -1 + 0 \\ 0 + 2 \end{pmatrix}$$
$$= \begin{pmatrix} -1 \\ 2 \end{pmatrix}$$
$(g \circ f)(\vec{q}) = g(f(\vec{q})) = Bf(\vec{q})$
$$= \begin{pmatrix} 0 & 1 \\ -1 & 0 \end{pmatrix} \begin{pmatrix} -1 \\ 2 \end{pmatrix} = \begin{pmatrix} 0 \cdot (-1) + 1 \cdot 2 \\ (-1) \cdot (-1) + 0 \cdot 2 \end{pmatrix}$$
$$= \begin{pmatrix} 0 + 2 \\ 1 + 0 \end{pmatrix} = \begin{pmatrix} 2 \\ 1 \end{pmatrix}$$

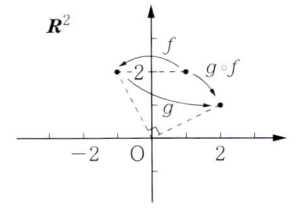

問題 5.11 (p. 110)

問題の各行列は
$A = \begin{pmatrix} 1 & 0 \\ 0 & -1 \end{pmatrix}$: x 軸に関する対称移動の行列

$B = \begin{pmatrix} -1 & 0 \\ 0 & -1 \end{pmatrix}$: 原点に関する対称移動の行列

$C = \begin{pmatrix} 0 & -1 \\ -1 & 0 \end{pmatrix}$: 直線 $y = -x$ に関する対称移動の行列

です。

(1) $g \circ f$ と $f \circ g$ の行列はそれぞれ BA, AB なので
$$BA = \begin{pmatrix} -1 & 0 \\ 0 & -1 \end{pmatrix} \begin{pmatrix} 1 & 0 \\ 0 & -1 \end{pmatrix}$$
$$= \begin{pmatrix} (-1) \cdot 1 + 0 \cdot 0 & (-1) \cdot 0 + 0 \cdot (-1) \\ 0 \cdot 1 + (-1) \cdot 0 & 0 \cdot 0 + (-1) \cdot (-1) \end{pmatrix}$$
$$= \begin{pmatrix} -1 + 0 & 0 + 0 \\ 0 + 0 & 0 + 1 \end{pmatrix} = \begin{pmatrix} -1 & 0 \\ 0 & 1 \end{pmatrix}$$ ← y 軸に関する対称移動の行列

$$AB = \begin{pmatrix} 1 & 0 \\ 0 & -1 \end{pmatrix} \begin{pmatrix} -1 & 0 \\ 0 & -1 \end{pmatrix}$$
$$= \begin{pmatrix} 1 \cdot (-1) + 0 \cdot 0 & 1 \cdot 0 + 0 \cdot (-1) \\ 0 \cdot (-1) + (-1) \cdot 0 & 0 \cdot 0 + (-1) \cdot (-1) \end{pmatrix}$$
$$= \begin{pmatrix} -1 + 0 & 0 + 0 \\ 0 + 0 & 0 + 1 \end{pmatrix} = \begin{pmatrix} -1 & 0 \\ 0 & 1 \end{pmatrix}$$ ← 上と同じ

（2）$h \circ f$ と $f \circ h$ の行列はそれぞれ CA, AC なので

$$CA = \begin{pmatrix} 0 & -1 \\ -1 & 0 \end{pmatrix} \begin{pmatrix} 1 & 0 \\ 0 & -1 \end{pmatrix}$$

$$= \begin{pmatrix} 0 \cdot 1 + (-1) \cdot 0 & 0 \cdot 0 + (-1) \cdot (-1) \\ (-1) \cdot 1 + 0 \cdot 0 & (-1) \cdot 0 + 0 \cdot (-1) \end{pmatrix}$$

$$= \begin{pmatrix} 0+0 & 0+1 \\ -1+0 & 0+0 \end{pmatrix} = \begin{pmatrix} 0 & 1 \\ -1 & 0 \end{pmatrix}$$ ← 原点のまわり $-90°$ の回転移動の行列

$$AC = \begin{pmatrix} 1 & 0 \\ 0 & -1 \end{pmatrix} \begin{pmatrix} 0 & -1 \\ -1 & 0 \end{pmatrix}$$

$$= \begin{pmatrix} 1 \cdot 0 + 0 \cdot (-1) & 1 \cdot (-1) + 0 \cdot 0 \\ 0 \cdot 0 + (-1) \cdot (-1) & 0 \cdot (-1) + (-1) \cdot 0 \end{pmatrix}$$

$$= \begin{pmatrix} 0+0 & -1+0 \\ 0+1 & 0+0 \end{pmatrix} = \begin{pmatrix} 0 & -1 \\ 1 & 0 \end{pmatrix}$$ ← 原点のまわり $90°$ の回転移動の行列

問題 5.12 (p. 112)

（1）$|A| = \begin{vmatrix} 4 & 3 \\ 2 & 1 \end{vmatrix} = 4 \cdot 1 - 3 \cdot 2 = 4 - 6 = -2 \neq 0$

$|A| \neq 0$ より A^{-1} が存在します。公式を使って

$$A^{-1} = \frac{1}{-2} \begin{pmatrix} 1 & -3 \\ -2 & 4 \end{pmatrix} = \frac{1}{2} \begin{pmatrix} -1 & 3 \\ 2 & -4 \end{pmatrix}$$

（2）$f^{-1}(\vec{x}) = A^{-1}\vec{x}$ より

$$f^{-1}(\vec{x}) = \frac{1}{2} \begin{pmatrix} -1 & 3 \\ 2 & -4 \end{pmatrix} \vec{x}$$

（3）$\vec{p}' = f(\vec{p}) = A\vec{p}$

$$= \begin{pmatrix} 4 & 3 \\ 2 & 1 \end{pmatrix} \begin{pmatrix} -2 \\ 5 \end{pmatrix} = \begin{pmatrix} 4 \cdot (-2) + 3 \cdot 5 \\ 2 \cdot (-2) + 1 \cdot 5 \end{pmatrix}$$

$$= \begin{pmatrix} -8+15 \\ -4+5 \end{pmatrix} = \begin{pmatrix} 7 \\ 1 \end{pmatrix}$$

$f'(\vec{p}') = A^{-1}\vec{p}'$

$$= \frac{1}{2} \begin{pmatrix} -1 & 3 \\ 2 & -4 \end{pmatrix} \begin{pmatrix} 7 \\ 1 \end{pmatrix} = \frac{1}{2} \begin{pmatrix} -1 \cdot 7 + 3 \cdot 1 \\ 2 \cdot 7 + (-4) \cdot 1 \end{pmatrix}$$

$$= \frac{1}{2} \begin{pmatrix} -7+3 \\ 14-4 \end{pmatrix} = \frac{1}{2} \begin{pmatrix} -4 \\ 10 \end{pmatrix} = \begin{pmatrix} \frac{1}{2} \cdot (-4) \\ \frac{1}{2} \cdot 10 \end{pmatrix} = \begin{pmatrix} -2 \\ 5 \end{pmatrix}$$

ゆえに $f^{-1}(\vec{p}') = \vec{p}$ であることが確認されました。

問題 5.13 (p. 113)

$|B| = \begin{vmatrix} 5 & 3 \\ 3 & 2 \end{vmatrix} = 5 \cdot 2 - 3 \cdot 3 = 10 - 9 = 1 \neq 0$

より f には逆写像が存在し

$f^{-1}(\vec{x}) = B^{-1}\vec{x}$

$$B^{-1} = \frac{1}{1} \begin{pmatrix} 2 & -3 \\ -3 & 5 \end{pmatrix} = \begin{pmatrix} 2 & -3 \\ -3 & 5 \end{pmatrix}$$

となります。

正方形の4つの頂点を
$A'(1,1)$, $B'(-1,1)$, $C'(-1,-1)$, $D'(1,-1)$
とおいて，それぞれの点の f^{-1} による写像先
A, B, C, D
の座標を求めます。

$f^{-1}(\overrightarrow{OA'}) = B^{-1}\overrightarrow{OA'}$

$$= \begin{pmatrix} 2 & -3 \\ -3 & 5 \end{pmatrix} \begin{pmatrix} 1 \\ 1 \end{pmatrix} = \begin{pmatrix} 2 \cdot 1 + (-3) \cdot 1 \\ (-3) \cdot 1 + 5 \cdot 1 \end{pmatrix}$$

$$= \begin{pmatrix} 2-3 \\ -3+5 \end{pmatrix} = \begin{pmatrix} -1 \\ 2 \end{pmatrix}$$

$f^{-1}(\overrightarrow{OB'}) = B^{-1}\overrightarrow{OB'}$

$$= \begin{pmatrix} 2 & -3 \\ -3 & 5 \end{pmatrix} \begin{pmatrix} -1 \\ 1 \end{pmatrix} = \begin{pmatrix} 2 \cdot (-1) + (-3) \cdot 1 \\ (-3) \cdot (-1) + 5 \cdot 1 \end{pmatrix}$$

$$= \begin{pmatrix} -2-3 \\ 3+5 \end{pmatrix} = \begin{pmatrix} -5 \\ 8 \end{pmatrix}$$

$f^{-1}(\overrightarrow{OC'}) = B^{-1}\overrightarrow{OC'}$

$$= \begin{pmatrix} 2 & -3 \\ -3 & 5 \end{pmatrix} \begin{pmatrix} -1 \\ -1 \end{pmatrix} = \begin{pmatrix} 2 \cdot (-1) + (-3) \cdot (-1) \\ (-3) \cdot (-1) + 5 \cdot (-1) \end{pmatrix}$$

$$= \begin{pmatrix} -2+3 \\ 3-5 \end{pmatrix} = \begin{pmatrix} 1 \\ -2 \end{pmatrix}$$

$f^{-1}(\overrightarrow{OD'}) = B^{-1}\overrightarrow{OD'}$

$$= \begin{pmatrix} 2 & -3 \\ -3 & 5 \end{pmatrix} \begin{pmatrix} 1 \\ -1 \end{pmatrix}$$

$$= \begin{pmatrix} 2 \cdot 1 + (-3) \cdot (-1) \\ (-3) \cdot 1 + 5 \cdot (-1) \end{pmatrix}$$

$$= \begin{pmatrix} 2+3 \\ -3-5 \end{pmatrix} = \begin{pmatrix} 5 \\ -8 \end{pmatrix}$$

以上より
A$(-1, 2)$
B$(-5, 8)$
C$(1, -2)$
D$(5, -8)$

となり，四角形は右図のようになります。

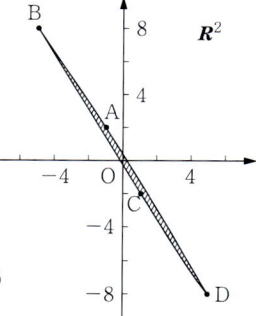

問題 5.14 (p. 116)

（1）$|xE - B|$

$$= \begin{vmatrix} x-4 & -(-3) \\ -(-1) & x-2 \end{vmatrix} = \begin{vmatrix} x-4 & 3 \\ 1 & x-2 \end{vmatrix}$$

$= (x-4)(x-2) - 3 \cdot 1 = (x^2 - 6x + 8) - 3$

$= x^2 - 6x + 5 = 0$

∴ $x^2 - 6x + 5 = 0$

（2）因数分解して解くと

$(x-5)(x-1) = 0$, $x = 5, 1$

これより B の固有値は 5 と 1。

問題 5.15 (p. 117)

B の小さいほうの固有値は 1。

$\lambda = 1$ に属する固有ベクトルを $\vec{v} = \begin{pmatrix} v_1 \\ v_2 \end{pmatrix}$ とおくと

$$B\vec{v} = \lambda \vec{v}$$

という関係に代入して

$$\begin{pmatrix} 4 & -3 \\ -1 & 2 \end{pmatrix} \begin{pmatrix} v_1 \\ v_2 \end{pmatrix} = 1 \begin{pmatrix} v_1 \\ v_2 \end{pmatrix}, \quad \begin{pmatrix} 4v_1 - 3v_2 \\ -v_1 + 2v_2 \end{pmatrix} = \begin{pmatrix} v_1 \\ v_2 \end{pmatrix}$$

$$\therefore \begin{cases} 4v_1 - 3v_2 = v_1 \\ -v_1 + 2v_2 = v_2 \end{cases} \rightarrow \begin{cases} 3v_1 - 3v_2 = 0 \\ -v_1 + v_2 = 0 \end{cases}$$

この連立 1 次方程式を解くと右の表変形の結果より

rank $A = 1$
rank $(A|B) = 1$
自由度 $= 2 - 1 = 1$

変形の最終結果より

$v_1 - v_2 = 0$

$v_2 = t$ とおくと $v_1 = v_2 = t$

これより 1 に属する固有ベクトル $\vec{v}$ は

$$\vec{v} = \begin{pmatrix} t \\ t \end{pmatrix} = t \begin{pmatrix} 1 \\ 1 \end{pmatrix} \quad (t \text{ は 0 でない実数})$$

となります。

A	B	変形
3	-3	0
-1	1	0
1	-1	0	①×$\frac{1}{3}$
-1	1	0
1	-1	0
0	0	0	②+①×1

問題 5.16 (p. 125)

(1) $\lambda_2 = 5$ に属する固有ベクトルが $\vec{w}$ なので
$$B\vec{w} = 5\vec{w}$$
が成立します。

$\vec{w} = \begin{pmatrix} w_1 \\ w_2 \end{pmatrix}$ とおいて上式に代入すると

$$\begin{pmatrix} 4 & -3 \\ -1 & 2 \end{pmatrix} \begin{pmatrix} w_1 \\ w_2 \end{pmatrix} = 5 \begin{pmatrix} w_1 \\ w_2 \end{pmatrix}, \quad \begin{pmatrix} 4w_1 - 3w_2 \\ -w_1 + 2w_2 \end{pmatrix} = \begin{pmatrix} 5w_1 \\ 5w_2 \end{pmatrix}$$

これより

$$\begin{cases} 4w_1 - 3w_2 = 5w_1 \\ -w_1 + 2w_2 = 5w_2 \end{cases} \rightarrow \begin{cases} -w_1 - 3w_2 = 0 \\ -w_1 - 3w_2 = 0 \end{cases}$$

連立 1 次方程式を解くと、右の表変形の結果より

rank $A = 1$
rank $(A|B) = 1$
自由度 $= 2 - 1 = 1$

変形の最終結果より

$w_1 + 3w_2 = 0$

$w_2 = t_2$ とおくと $w_1 = -3t_2$

これより $\lambda_2 = 5$ に属する固有ベクトル $\vec{w}$ は

$$\vec{w} = \begin{pmatrix} -3t_2 \\ t_2 \end{pmatrix} = t_2 \begin{pmatrix} -3 \\ 1 \end{pmatrix} \quad (t_2 \text{ は 0 でない実数})$$

となります。

A	B	変形
-1	-3	0
-1	-3	0
1	3	0	①×(-1)
-1	-3	0
1	3	0
0	0	0	②+①×1

(2) $t_1 = 1$, $t_2 = 1$ とおいて $\vec{v}, \vec{w}$ とすると

$$\vec{v} = \begin{pmatrix} 1 \\ 1 \end{pmatrix}, \quad \vec{w} = \begin{pmatrix} -3 \\ 1 \end{pmatrix}$$

(3) $P = (\vec{v} \quad \vec{w}) = \begin{pmatrix} 1 & -3 \\ 1 & 1 \end{pmatrix}$

(4) $|P| = \begin{vmatrix} 1 & -3 \\ 1 & 1 \end{vmatrix} = 1 \cdot 1 - (-3) \cdot 1 = 1 + 3 = 4$

$$P^{-1} = \frac{1}{4} \begin{pmatrix} 1 & 3 \\ -1 & 1 \end{pmatrix}$$

(5) $P^{-1}BP = P^{-1}(BP)$ として計算すると

$$BP = \begin{pmatrix} 4 & -3 \\ -1 & 2 \end{pmatrix} \begin{pmatrix} 1 & -3 \\ 1 & 1 \end{pmatrix}$$

$$= \begin{pmatrix} 4 \cdot 1 + (-3) \cdot 1 & 4 \cdot (-3) + (-3) \cdot 1 \\ (-1) \cdot 1 + 2 \cdot 1 & (-1) \cdot (-3) + 2 \cdot 1 \end{pmatrix}$$

$$= \begin{pmatrix} 4-3 & -12-3 \\ -1+2 & 3+2 \end{pmatrix} = \begin{pmatrix} 1 & -15 \\ 1 & 5 \end{pmatrix}$$

$$P^{-1}BP = \frac{1}{4} \begin{pmatrix} 1 & 3 \\ -1 & 1 \end{pmatrix} \begin{pmatrix} 1 & -15 \\ 1 & 5 \end{pmatrix}$$

$$= \frac{1}{4} \begin{pmatrix} 1 \cdot 1 + 3 \cdot 1 & 1 \cdot (-15) + 3 \cdot 5 \\ (-1) \cdot 1 + 1 \cdot 1 & (-1) \cdot (-15) + 1 \cdot 5 \end{pmatrix}$$

$$= \frac{1}{4} \begin{pmatrix} 1+3 & -15+15 \\ -1+1 & 15+5 \end{pmatrix} = \frac{1}{4} \begin{pmatrix} 4 & 0 \\ 0 & 20 \end{pmatrix}$$

$$= \begin{pmatrix} \frac{1}{4} \cdot 4 & \frac{1}{4} \cdot 0 \\ \frac{1}{4} \cdot 0 & \frac{1}{4} \cdot 20 \end{pmatrix} = \begin{pmatrix} 1 & 0 \\ 0 & 5 \end{pmatrix}$$

> ほんとうに固有値が対角線上に現われるのですね。

問題 5.17 (p. 127)

(1) B の固有方程式は

$$|xE - B| = \begin{vmatrix} x-3 & -(-2) \\ -(-1) & x-2 \end{vmatrix} = \begin{vmatrix} x-3 & 2 \\ 1 & x-2 \end{vmatrix}$$

$$= (x-3)(x-2) - 2 \cdot 1$$
$$= (x^2 - 5x + 6) - 2 = x^2 - 5x + 4 = 0$$

因数分解して解くと

$(x-4)(x-1) = 0, \quad x = 1, 4$

ゆえに B の固有値は

$\lambda_1 = 1, \quad \lambda_2 = 4$

> 表をつくって書き込みましょう

180　7. 問題の解答

(2) $\lambda_1=1$ に属する固有ベクトルを $\vec{v}=\begin{pmatrix}v_1\\v_2\end{pmatrix}$ とおくと，

$B\vec{v}=1\vec{v}$ より $\begin{pmatrix}3&-2\\-1&2\end{pmatrix}\begin{pmatrix}v_1\\v_2\end{pmatrix}=1\begin{pmatrix}v_1\\v_2\end{pmatrix}$

$\begin{pmatrix}3v_1-2v_2\\-v_1+2v_2\end{pmatrix}=\begin{pmatrix}v_1\\v_2\end{pmatrix}$

これより

$\begin{cases}3v_1-2v_2=v_1\\-v_1+2v_2=v_2\end{cases}\to\begin{cases}2v_1-2v_2=0\\-v_1+v_2=0\end{cases}$

これを解くと右の表変形の結果より

　rank $A=1$
　rank $(A|B)=1$
　自由度 $=2-1=1$

表変形の最終結果より

　$v_1-v_2=0$

$v_2=t_1$ とおくと $v_1=t_1$

$\therefore\ \vec{v}=\begin{pmatrix}t_1\\t_1\end{pmatrix}=t_1\begin{pmatrix}1\\1\end{pmatrix}\quad(t_1\neq0)$

	A	B	変形
	2	-2	0
	-1	1	0
	1	-1	0	①$\times\frac{1}{2}$
	-1	1	0
	1	-1	0
	0	0	0	②$+$①$\times1$

（表に書き込みましょう）

・$\lambda_2=4$ に属する固有ベクトルを $\vec{w}=\begin{pmatrix}w_1\\w_2\end{pmatrix}$ とおくと

$B\vec{w}=4\vec{w}$ より $\begin{pmatrix}3&-2\\-1&2\end{pmatrix}\begin{pmatrix}w_1\\w_2\end{pmatrix}=4\begin{pmatrix}w_1\\w_2\end{pmatrix}$

$\begin{pmatrix}3w_1-2w_2\\-w_1+2w_2\end{pmatrix}=\begin{pmatrix}4w_1\\4w_2\end{pmatrix}$

これより

$\begin{cases}3w_1-2w_2=4w_1\\-w_1+2w_2=4w_2\end{cases}\to\begin{cases}-w_1-2w_2=0\\-w_1-2w_2=0\end{cases}$

これを解くと右の表変形の結果より

　rank $A=1$
　rank $(A|B)=1$
　自由度 $=2-1=1$

変形の最終結果より

　$w_1+2w_2=0$

$w_2=t_2$ とおくと $w_1=-2t_2$

$\therefore\ \vec{w}=\begin{pmatrix}-2t_2\\t_2\end{pmatrix}=t_2\begin{pmatrix}-2\\1\end{pmatrix}\quad(t_2\neq0)$

	A	B	変形
	-1	-2	0
	-1	-2	0
	1	2	0	①$\times(-1)$
	-1	-2	0
	1	2	0
	0	0	0	②$+$①$\times1$

（表に書き込みましょう）

(3) (2)で求めた固有ベクトルにおいて，$t_1=1$, $t_2=1$ とし，あらためて

$\vec{v}=\begin{pmatrix}1\\1\end{pmatrix}$, $\vec{w}=\begin{pmatrix}-2\\1\end{pmatrix}$

（t_1, t_2 の値を表に書き込みましょう）

とおきます。これを並べて正則行列 P をつくると

$P=(\vec{v}\ \vec{w})=\begin{pmatrix}1&-2\\1&1\end{pmatrix}$　（表に書き込みましょう）

この P を使って B は次のように対角化されます。

$P^{-1}BP=\begin{pmatrix}1&0\\0&4\end{pmatrix}$　（表を完成させましょう）

(1)	固有値	$\lambda_1=1$	$\lambda_2=4$
(2)	固有ベクトル	$t_1\begin{pmatrix}1\\1\end{pmatrix}$	$t_2\begin{pmatrix}-2\\1\end{pmatrix}$
(3)	正則行列 P	$t_1=1$	$t_2=1$
		\multicolumn{2}{c}{$\begin{pmatrix}1&-2\\1&1\end{pmatrix}$}	
	対角化 $P^{-1}BP$	\multicolumn{2}{c}{$\begin{pmatrix}1&0\\0&4\end{pmatrix}$}	

λ_1 と λ_2 が逆だったり，固有ベクトルの表し方や t_1, t_2 の値が異なっていても OK です。

問題 5.18 (p.129)

(1) $|xE-B|=\begin{vmatrix}x-1&-(-\sqrt{3})\\-(-\sqrt{3})&x-(-1)\end{vmatrix}$

$=\begin{vmatrix}x-1&\sqrt{3}\\\sqrt{3}&x+1\end{vmatrix}$

$=(x-1)(x+1)-\sqrt{3}\cdot\sqrt{3}$

$=x^2-1-3=x^2-4$

$=(x+2)(x-2)=0\quad\therefore\ x=-2,\ 2$

これより固有値は，$\lambda_1=-2$, $\lambda_2=2$

(2) ・$\lambda_1=-2$ のとき

固有ベクトルを $\vec{v}=\begin{pmatrix}v_1\\v_2\end{pmatrix}$ とおくと

$B\vec{v}=-2\vec{v}$ より

$$\begin{pmatrix}1 & -\sqrt{3}\\-\sqrt{3} & -1\end{pmatrix}\begin{pmatrix}v_1\\v_2\end{pmatrix}=-2\begin{pmatrix}v_1\\v_2\end{pmatrix}$$

$\therefore \begin{cases}v_1-\sqrt{3}\,v_2=-2v_1\\-\sqrt{3}\,v_1-v_2=-2v_2\end{cases} \rightarrow \begin{cases}3v_1-\sqrt{3}\,v_2=0\\-\sqrt{3}\,v_1+v_2=0\end{cases}$

これを解くと，右の
変形結果より
 rank $A=1$
 rank $(A|B)=1$
 自由度$=2-1=1$
最終結果より
$\sqrt{3}\,v_1-v_2=0$

	A		B	変形
	3	$-\sqrt{3}$	0	
	$-\sqrt{3}$	1	0	
	$\sqrt{3}$	-1	0	①$\times\dfrac{1}{\sqrt{3}}$
	$-\sqrt{3}$	1	0	
	$\sqrt{3}$	-1	0	
	0	0	0	②+①$\times 1$

$v_1=t_1$ とおくと $v_2=\sqrt{3}\,t_1$

これより

$\vec{v}=\begin{pmatrix}t_1\\\sqrt{3}\,t_1\end{pmatrix}=t_1\begin{pmatrix}1\\\sqrt{3}\end{pmatrix}$ $(t_1\neq 0)$

・$\lambda=2$ のとき

固有ベクトルを $\vec{w}=\begin{pmatrix}w_1\\w_2\end{pmatrix}$ とおくと

$B\vec{w}=2\vec{w}$ より

$$\begin{pmatrix}1 & -\sqrt{3}\\-\sqrt{3} & -1\end{pmatrix}\begin{pmatrix}w_1\\w_2\end{pmatrix}=2\begin{pmatrix}w_1\\w_2\end{pmatrix}$$

$\therefore \begin{cases}w_1-\sqrt{3}\,w_2=2w_1\\-\sqrt{3}\,w_1-w_2=2w_2\end{cases} \rightarrow \begin{cases}-w_1-\sqrt{3}\,w_2=0\\-\sqrt{3}\,w_1-3w_2=0\end{cases}$

これを解きます。
右の変形結果より
 rank $A=1$
 rank $(A|B)=1$
 自由度$=2-1=1$
最終結果より
$w_1+\sqrt{3}\,w_2=0$

	A		B	変形
	-1	$-\sqrt{3}$	0	
	$-\sqrt{3}$	-3	0	
	1	$\sqrt{3}$	0	①$\times(-1)$
	1	$\sqrt{3}$	0	②$\times\left(-\dfrac{1}{\sqrt{3}}\right)$
	1	$\sqrt{3}$	0	
	0	0	0	②+①$\times(-1)$

$w_2=t_2$ とおくと
$w_1=-\sqrt{3}\,t_2$

$\therefore \vec{w}=\begin{pmatrix}-\sqrt{3}\,t_2\\t_2\end{pmatrix}=t_2\begin{pmatrix}-\sqrt{3}\\1\end{pmatrix}$ $(t_2\neq 0)$

(3) (2)の結果より

$\lambda_1=-2$ のとき $\vec{v}=t_1\begin{pmatrix}1\\\sqrt{3}\end{pmatrix}$ $(t_1\neq 0)$

$\lambda_2=2$ のとき $\vec{w}=t_2\begin{pmatrix}-\sqrt{3}\\1\end{pmatrix}$ $(t_2\neq 0)$

$|\vec{v}|=1$, $|\vec{w}|=1$ となるように t_1, t_2 を定めます。

$|\vec{v}|=|t_1|\sqrt{1^2+(\sqrt{3})^2}=|t_1|\sqrt{1+3}=|t_1|\sqrt{4}$
$\quad=2|t_1|=1$ これより $|t_1|=\dfrac{1}{2}$, $t_1=\pm\dfrac{1}{2}$

$|\vec{w}|=|t_2|\sqrt{(-\sqrt{3})^2+1^2}=|t_2|\sqrt{3+1}=|t_2|\sqrt{4}$
$\quad=2|t_2|=1$ これより $|t_2|=\dfrac{1}{2}$, $t_2=\pm\dfrac{1}{2}$

1つずつ選べばよいので

$t_1=\dfrac{1}{2},\quad t_2=\dfrac{1}{2}$

とおくと，次の2つの単位ベクトル $\vec{u}_1, \vec{u}_2$ が求まります。

$\vec{u}_1=\dfrac{1}{2}\begin{pmatrix}1\\\sqrt{3}\end{pmatrix}, \quad \vec{u}_2=\dfrac{1}{2}\begin{pmatrix}-\sqrt{3}\\1\end{pmatrix}$

(4) (3)より

$\vec{u}_1=\dfrac{1}{2}\begin{pmatrix}1\\\sqrt{3}\end{pmatrix}=\begin{pmatrix}\dfrac{1}{2}\\[4pt]\dfrac{\sqrt{3}}{2}\end{pmatrix}$

$\vec{u}_2=\dfrac{1}{2}\begin{pmatrix}-\sqrt{3}\\1\end{pmatrix}=\begin{pmatrix}-\dfrac{\sqrt{3}}{2}\\[4pt]\dfrac{1}{2}\end{pmatrix}$

$\vec{u}_1, \vec{u}_2$ を並べて正則行列 U をつくると

$U=(\vec{u}_1\ \ \vec{u}_2)$
$\quad=\begin{pmatrix}\dfrac{1}{2} & -\dfrac{\sqrt{3}}{2}\\[6pt]\dfrac{\sqrt{3}}{2} & \dfrac{1}{2}\end{pmatrix}$

この U で B を対角化すると次のように対角化されます。

$U^{-1}BU=\begin{pmatrix}-2 & 0\\0 & 2\end{pmatrix}$

> 求まったところから表に書き込むとわかりやすいですわ。

(1)	固有値	$\lambda_1=-2$	$\lambda_2=2$
(2)	固有ベクトル	$t_1\begin{pmatrix}1\\\sqrt{3}\end{pmatrix}$	$t_2\begin{pmatrix}-\sqrt{3}\\1\end{pmatrix}$
	正則行列 U	$t_1=\dfrac{1}{2}$	$t_2=\dfrac{1}{2}$
(3)		$\begin{pmatrix}\dfrac{1}{2} & -\dfrac{\sqrt{3}}{2}\\[4pt]\dfrac{\sqrt{3}}{2} & \dfrac{1}{2}\end{pmatrix}$	
	対角化 $U^{-1}BU$	$\begin{pmatrix}-2 & 0\\0 & 2\end{pmatrix}$	

問題 5.19 (p. 131)

問題 5.17 において
$$P=\begin{pmatrix} 1 & -2 \\ 1 & 1 \end{pmatrix}$$
を使うと B は次のように対角化されました．
$$P^{-1}BP=\begin{pmatrix} 1 & 0 \\ 0 & 4 \end{pmatrix}$$
これを 2 乗，3 乗，$\cdots$，n 乗すると
$$(P^{-1}BP)^2=\begin{pmatrix} 1 & 0 \\ 0 & 4 \end{pmatrix}^2=\begin{pmatrix} 1^2 & 0 \\ 0 & 4^2 \end{pmatrix}=\begin{pmatrix} 1 & 0 \\ 0 & 4^2 \end{pmatrix}$$
$$(P^{-1}BP)^3=(P^{-1}BP)^2(P^{-1}BP)$$
$$=\begin{pmatrix} 1 & 0 \\ 0 & 4^2 \end{pmatrix}\begin{pmatrix} 1 & 0 \\ 0 & 4 \end{pmatrix}=\begin{pmatrix} 1 & 0 \\ 0 & 4^3 \end{pmatrix}$$
$$\vdots$$
$$(P^{-1}BP)^n=\begin{pmatrix} 1 & 0 \\ 0 & 4^n \end{pmatrix} \quad (n=1,2,3,\cdots)$$

一方，
$$(P^{-1}BP)^n=\overbrace{(P^{-1}BP)(P^{-1}BP)\cdots(P^{-1}BP)}^{n\text{ 個}}$$
$$=P^{-1}B(PP^{-1})B(PP^{-1})\cdots(PP^{-1})BP$$
$$=P^{-1}BEBE\cdots EBP$$
$$=P^{-1}\underbrace{B\cdots B}_{n\text{ 個}}P$$
$$=P^{-1}B^nP$$

となるので
$$P^{-1}B^nP=\begin{pmatrix} 1 & 0 \\ 0 & 4^n \end{pmatrix}$$

左より P，右より P^{-1} をかけると
$$P(P^{-1}B^nP)P^{-1}=P\begin{pmatrix} 1 & 0 \\ 0 & 4^n \end{pmatrix}P^{-1}$$
$$(PP^{-1})B^n(PP^{-1})=P\begin{pmatrix} 1 & 0 \\ 0 & 4^n \end{pmatrix}P^{-1}$$
$$EB^nE=P\begin{pmatrix} 1 & 0 \\ 0 & 4^n \end{pmatrix}P^{-1}$$
$$B^n=P\begin{pmatrix} 1 & 0 \\ 0 & 4^n \end{pmatrix}P^{-1}$$

右辺のはじめの 2 つの行列の積を先に求めておくと
$$P\begin{pmatrix} 1 & 0 \\ 0 & 4^n \end{pmatrix}=\begin{pmatrix} 1 & -2 \\ 1 & 1 \end{pmatrix}\begin{pmatrix} 1 & 0 \\ 0 & 4^n \end{pmatrix}$$
$$=\begin{pmatrix} 1\cdot 1-2\cdot 0 & 1\cdot 0+(-2)\cdot 4^n \\ 1\cdot 1+1\cdot 0 & 1\cdot 0+1\cdot 4^n \end{pmatrix}$$
$$=\begin{pmatrix} 1 & -2\cdot 4^n \\ 1 & 4^n \end{pmatrix}$$

次に P^{-1} を求めると
$$|P|=1\cdot 1-(-2)\cdot 1=1+2=3$$
$$P^{-1}=\frac{1}{3}\begin{pmatrix} 1 & 2 \\ -1 & 1 \end{pmatrix}$$
なので
$$B^n=\left\{P\begin{pmatrix} 1 & 0 \\ 0 & 4^n \end{pmatrix}\right\}P^{-1}$$
$$=\begin{pmatrix} 1 & -2\cdot 4^n \\ 1 & 4^n \end{pmatrix}\left\{\frac{1}{3}\begin{pmatrix} 1 & 2 \\ -1 & 1 \end{pmatrix}\right\}$$
$$=\frac{1}{3}\begin{pmatrix} 1 & -2\cdot 4^n \\ 1 & 4^n \end{pmatrix}\begin{pmatrix} 1 & 2 \\ -1 & 1 \end{pmatrix}$$
$$=\frac{1}{3}\begin{pmatrix} 1\cdot 1+(-2\cdot 4^n)\cdot(-1) & 1\cdot 2+(-2\cdot 4^n)\cdot 1 \\ 1\cdot 1+4^n\cdot(-1) & 1\cdot 2+4^n\cdot 1 \end{pmatrix}$$
$$=\frac{1}{3}\begin{pmatrix} 1+2\cdot 4^n & 2-2\cdot 4^n \\ 1-4^n & 2+4^n \end{pmatrix}$$
$$\therefore\ B^n=\frac{1}{3}\begin{pmatrix} 1+2\cdot 4^n & 2-2\cdot 4^n \\ 1-4^n & 2+4^n \end{pmatrix}$$
$$(n=1,2,3,\cdots)$$

問題 5.20 (p. 134)

問題 5.18 より
$$B=\begin{pmatrix} 1 & -\sqrt{3} \\ -\sqrt{3} & -1 \end{pmatrix}$$
$$U=\begin{pmatrix} \frac{1}{2} & -\frac{\sqrt{3}}{2} \\ \frac{\sqrt{3}}{2} & \frac{1}{2} \end{pmatrix}$$
$$U^{-1}BU=\begin{pmatrix} -2 & 0 \\ 0 & 2 \end{pmatrix}$$
となりました．
$$|U|=\begin{vmatrix} \frac{1}{2} & -\frac{\sqrt{3}}{2} \\ \frac{\sqrt{3}}{2} & \frac{1}{2} \end{vmatrix}=\frac{1}{2}\cdot\frac{1}{2}-\left(-\frac{\sqrt{3}}{2}\right)\cdot\frac{\sqrt{3}}{2}$$
$$=\frac{1}{4}+\frac{3}{4}=\frac{4}{4}=1$$
より
$$U^{-1}=\frac{1}{1}\begin{pmatrix} \frac{1}{2} & \frac{\sqrt{3}}{2} \\ -\frac{\sqrt{3}}{2} & \frac{1}{2} \end{pmatrix}=\begin{pmatrix} \frac{1}{2} & \frac{\sqrt{3}}{2} \\ -\frac{\sqrt{3}}{2} & \frac{1}{2} \end{pmatrix}$$

(1) $\vec{x}' = U^{-1}\vec{x}$ より $\vec{x} = U\vec{x}'$
これに成分を代入すると
$$\begin{pmatrix} x \\ y \end{pmatrix} = \begin{pmatrix} \frac{1}{2} & -\frac{\sqrt{3}}{2} \\ \frac{\sqrt{3}}{2} & \frac{1}{2} \end{pmatrix} \begin{pmatrix} x' \\ y' \end{pmatrix}$$
$$= \begin{pmatrix} \frac{1}{2}x' - \frac{\sqrt{3}}{2}y' \\ \frac{\sqrt{3}}{2}x' + \frac{1}{2}y' \end{pmatrix}$$

これより
$$\begin{cases} x = \frac{1}{2}x' - \frac{\sqrt{3}}{2}y' \\ y = \frac{\sqrt{3}}{2}x' + \frac{1}{2}y' \end{cases} \therefore \begin{cases} x = \frac{1}{2}(x' - \sqrt{3}y') \\ y = \frac{1}{2}(\sqrt{3}x' + y') \end{cases}$$

(2) $x^2 - 2\sqrt{3}xy - y^2 = 6$
に(1)で求めた式を代入します。
$$\left\{\frac{1}{2}(x' - \sqrt{3}y')\right\}^2 - 2\sqrt{3}\left\{\frac{1}{2}(x' - \sqrt{3}y')\right\}\left\{\frac{1}{2}(\sqrt{3}x' + y')\right\} - \left\{\frac{1}{2}(\sqrt{3}x' + y')\right\}^2 = 6$$
$$\frac{1}{4}(x' - \sqrt{3}y')^2 - \frac{\sqrt{3}}{2}(x' - \sqrt{3}y')(\sqrt{3}x' + y') - \frac{1}{4}(\sqrt{3}x' + y')^2 = 6$$

両辺を4倍して
$$(x' - \sqrt{3}y')^2 - 2\sqrt{3}(x' - \sqrt{3}y')(\sqrt{3}x' + y') - (\sqrt{3}x' + y')^2 = 24$$
$$(x'^2 - 2\sqrt{3}x'y' + 3y'^2) - 2\sqrt{3}(\sqrt{3}x'^2 - 2x'y' - \sqrt{3}y'^2) - (3x'^2 + 2\sqrt{3}x'y' + y'^2) = 24$$

同類項をまとめて
$$(1 - 6 - 3)x'^2 + (-2\sqrt{3} + 4\sqrt{3} - 2\sqrt{3})x'y' + (3 + 6 - 1)y'^2 = 24$$
$$-8x'^2 + 8y'^2 = 24$$
$$\therefore x'^2 - y'^2 = -3$$

(3) (2)で求めた方程式の x', y' を x, y におきかえて変形すると
$$x^2 - y^2 = -3$$
$$\frac{x^2}{3} - \frac{y^2}{3} = -1$$
$$\frac{x^2}{(\sqrt{3})^2} - \frac{y^2}{(\sqrt{3})^2} = -1$$

これは双曲線の方程式です。つまり線形写像 f により

曲線	$\xrightarrow{f}$	双曲線
$x^2 - 2\sqrt{3}xy - y^2 = 6$	$f(\vec{x}) = U^{-1}\vec{x}$	$\frac{x^2}{(\sqrt{3})^2} - \frac{y^2}{(\sqrt{3})^2} = -1$

となることがわかりました。
f の行列 U^{-1} をもう一度みると
$$U^{-1} = \begin{pmatrix} \cos(-60°) & -\sin(-60°) \\ \sin(-60°) & \cos(-60°) \end{pmatrix}$$
となっているので f は原点のまわり $-60°$ の回転移動であることがわかります。
したがってグラフは次のようになります。

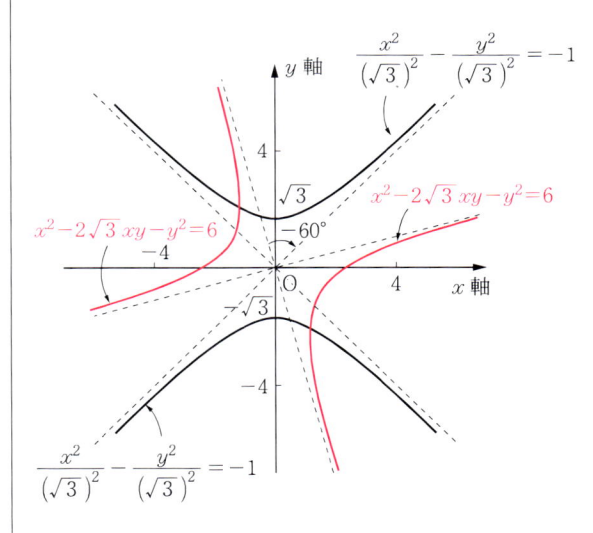

❻ 練習問題

練習問題 1.1 (p.136)

（1）
$$2\times① \quad 2x+2y=2$$
$$-) \quad ② \quad 2x+3y=3$$
$$\overline{\qquad -y=-1, \; y=1}$$

①へ代入して $x+1=1, \; x=0$

これより $x=0, \; y=1$

（2） $3\times①$ より $3a+3b=3$ ③

この左辺は②の左辺と同じなので③と②より

$$3=1$$

これは矛盾するので解なし。

（3） $\frac{1}{2}\times②$ より $2x+3y=3$

この式は①と同じなので本質的な式は

$$2x+3y=3 \quad ①$$

の1つのみ。未知数は2つ，式は1つなので $y=t$（任意の実数）とおき①へ代入すると

$$2x+3t=3, \; 2x=3-3t$$
$$x=\frac{1}{2}(3-3t)=\frac{3}{2}(1-t)$$

∴ $x=\frac{3}{2}(1-t), \; y=t$ （t は任意の実数）

（4）
$$2\times① \quad 4u+6v=2$$
$$-) \quad ② \quad 5u+6v=7$$
$$\overline{\qquad -u \quad =-5, \; u=5}$$

①へ代入して $10+3v=1, \; 3v=-9, \; v=-3$

∴ $u=5, \; v=-3$

> 解き方はいろいろあります。
> 上の解法は一例にすぎません。
> （3）の解は
> $\begin{cases} x=t \\ y=1-\frac{2}{3}t \end{cases}$ （t は任意実数）
> でもOKです。

練習問題 1.2 (p.136)

（1） $\begin{pmatrix} 1 & 1 & 1 \\ 2 & 3 & 3 \end{pmatrix}$　2行3列の行列

（2） $\begin{pmatrix} 1 & 1 & -1 & 0 \\ 1 & -1 & 0 & 1 \end{pmatrix}$　2行4列の行列

（3） $\begin{pmatrix} 3 & -1 & 2 & -1 \\ -1 & 0 & 1 & 0 \\ 0 & 3 & -5 & 3 \end{pmatrix}$　3行4列の行列

（4） $\begin{pmatrix} 4 & 1 & 1 \\ -1 & -1 & 3 \\ 3 & 2 & 0 \end{pmatrix}$　3行3列の行列

練習問題 1.3 (p.136)

未知数は x, y, z を使います。

（1） $\begin{cases} 3x-y=2 \\ -4x+5y=0 \end{cases}$

（2） $\begin{cases} x-2y=4 \\ -2x+3y+3z=0 \\ 5x+y-z=1 \end{cases}$

（3） $\begin{cases} 4x+z=2 \\ y-3z=4 \end{cases}$

（4） $\begin{cases} x+4y=0 \\ 2x-y=4 \\ -x+5y=3 \\ 3x-3y=4 \end{cases}$

> 未知数は a, b, c などでもOKですね。

練習問題 1.4 (p.136)

（1） $A \xrightarrow{②\times\frac{1}{4}} \begin{pmatrix} -2 & 3 & -3 \\ 4\times\frac{1}{4} & -4\times\frac{1}{4} & 8\times\frac{1}{4} \end{pmatrix}$

$= \begin{pmatrix} -2 & 3 & -3 \\ 1 & -1 & 2 \end{pmatrix}$

$\xrightarrow{①\leftrightarrow②} \begin{pmatrix} 1 & -1 & 2 \\ -2 & 3 & -3 \end{pmatrix}$

$\xrightarrow{②+①\times 2} \begin{pmatrix} 1 & -1 & 2 \\ -2+1\times 2 & 3+(-1)\times 2 & -3+2\times 2 \end{pmatrix}$

$= \begin{pmatrix} 1 & -1 & 2 \\ 0 & 1 & 1 \end{pmatrix}$

(2) $B \xrightarrow{②×\left(-\frac{1}{3}\right)}$

$$\begin{pmatrix} -4 & 1 & -1 & 2 \\ -3×\left(-\frac{1}{3}\right) & 0×\left(-\frac{1}{3}\right) & 6×\left(-\frac{1}{3}\right) & 3×\left(-\frac{1}{3}\right) \end{pmatrix}$$

$$= \begin{pmatrix} -4 & 1 & -1 & 2 \\ 1 & 0 & -2 & -1 \end{pmatrix}$$

$\xrightarrow{①+②×4}$

$$\begin{pmatrix} -4+1×4 & 1+0×4 & -1+(-2)×4 & 2+(-1)×4 \\ 1 & 0 & -2 & -1 \end{pmatrix}$$

$$= \begin{pmatrix} 0 & 1 & -9 & -2 \\ 1 & 0 & -2 & -1 \end{pmatrix}$$

$\xrightarrow{①↔②} \begin{pmatrix} 1 & 0 & -2 & -1 \\ 0 & 1 & -9 & -2 \end{pmatrix}$

―― 行基本変形 ――
Ⅰ． $⑰×k$　$(k≠0)$
Ⅱ． $⑰+ⓙ×k$
Ⅲ． $⑰↔ⓙ$

🌸 🌸 🌸 🌸 **練習問題 1.5** (p.137) 🌸 🌸 🌸 🌸

(1) $A \xrightarrow{①↔③} \begin{pmatrix} 1 & 0 & 1 & 0 \\ 0 & 1 & 2 & 0 \\ 2 & 0 & 1 & 1 \end{pmatrix}$

$\xrightarrow{③+①×(-2)}$

$$\begin{pmatrix} 1 & 0 & 1 & 0 \\ 0 & 1 & 2 & 0 \\ 2+1×(-2) & 0+0×(-2) & 1+1×(-2) & 1+0×(-2) \end{pmatrix}$$

$$= \begin{pmatrix} 1 & 0 & 1 & 0 \\ 0 & 1 & 2 & 0 \\ 0 & 0 & -1 & 1 \end{pmatrix}$$

$\xrightarrow{③×(-1)} \begin{pmatrix} 1 & 0 & 1 & 0 \\ 0 & 1 & 2 & 0 \\ 0 & 0 & 1 & -1 \end{pmatrix}$

$\xrightarrow{①+③×(-1)}$

$$\begin{pmatrix} 1+0×(-1) & 0+0×(-1) & 1+1×(-1) & 0+(-1)×(-1) \\ 0 & 1 & 2 & 0 \\ 0 & 0 & 1 & -1 \end{pmatrix}$$

$$= \begin{pmatrix} 1 & 0 & 0 & 1 \\ 0 & 1 & 2 & 0 \\ 0 & 0 & 1 & -1 \end{pmatrix}$$

$\xrightarrow{②+③×(-2)}$

$$\begin{pmatrix} 1 & 0 & 0 & 1 \\ 0+0×(-2) & 1+0×(-2) & 2+1×(-2) & 0+(-1)×(-2) \\ 0 & 0 & 1 & -1 \end{pmatrix}$$

$$= \begin{pmatrix} 1 & 0 & 0 & 1 \\ 0 & 1 & 0 & 2 \\ 0 & 0 & 1 & -1 \end{pmatrix}$$

(2) $B \xrightarrow{③×\frac{1}{3}}$

$$\begin{pmatrix} 3 & 2 & 1 & 3 \\ -3 & 2 & 0 & 10 \\ 6×\frac{1}{3} & 6×\frac{1}{3} & 3×\frac{1}{3} & 15×\frac{1}{3} \end{pmatrix}$$

$$= \begin{pmatrix} 3 & 2 & 1 & 3 \\ -3 & 2 & 0 & 10 \\ 2 & 2 & 1 & 5 \end{pmatrix}$$

$\xrightarrow{②+①×1}$

$$\begin{pmatrix} 3 & 2 & 1 & 3 \\ -3+3×1 & 2+2×1 & 0+1×1 & 10+3×1 \\ 2 & 2 & 1 & 5 \end{pmatrix}$$

$$= \begin{pmatrix} 3 & 2 & 1 & 3 \\ 0 & 4 & 1 & 13 \\ 2 & 2 & 1 & 5 \end{pmatrix}$$

$\xrightarrow{①+③×(-1)}$

$$\begin{pmatrix} 3+2×(-1) & 2+2×(-1) & 1+1×(-1) & 3+5×(-1) \\ 0 & 4 & 1 & 13 \\ 2 & 2 & 1 & 5 \end{pmatrix}$$

$$= \begin{pmatrix} 1 & 0 & 0 & -2 \\ 0 & 4 & 1 & 13 \\ 2 & 2 & 1 & 5 \end{pmatrix}$$

$\xrightarrow{③+①×(-2)}$

$$\begin{pmatrix} 1 & 0 & 0 & -2 \\ 0 & 4 & 1 & 13 \\ 2+1×(-2) & 2+0×(-2) & 1+0×(-2) & 5+(-2)×(-2) \end{pmatrix}$$

$$= \begin{pmatrix} 1 & 0 & 0 & -2 \\ 0 & 4 & 1 & 13 \\ 0 & 2 & 1 & 9 \end{pmatrix}$$

（解は次頁へつづきます）

$\xrightarrow{②+③\times(-1)}$

$$\begin{pmatrix} 1 & 0 & 0 & -2 \\ 0+0\times(-1) & 4+2\times(-1) & 1+1\times(-1) & 13+9\times(-1) \\ 0 & 2 & 1 & 9 \end{pmatrix}$$

$$=\begin{pmatrix} 1 & 0 & 0 & -2 \\ 0 & 2 & 0 & 4 \\ 0 & 2 & 1 & 9 \end{pmatrix}$$

$\xrightarrow{②\times\frac{1}{2}}$ $\begin{pmatrix} 1 & 0 & 0 & -2 \\ 0\times\frac{1}{2} & 2\times\frac{1}{2} & 0\times\frac{1}{2} & 4\times\frac{1}{2} \\ 0 & 2 & 1 & 9 \end{pmatrix}$

$$=\begin{pmatrix} 1 & 0 & 0 & -2 \\ 0 & 1 & 0 & 2 \\ 0 & 2 & 1 & 9 \end{pmatrix}$$

$\xrightarrow{③+②\times(-2)}$

$$\begin{pmatrix} 1 & 0 & 0 & -2 \\ 0 & 1 & 0 & 2 \\ 0+0\times(-2) & 2+1\times(-2) & 1+0\times(-2) & 9+2\times(-2) \end{pmatrix}$$

$$=\begin{pmatrix} 1 & 0 & 0 & -2 \\ 0 & 1 & 0 & 2 \\ 0 & 0 & 1 & 5 \end{pmatrix}$$

> ずいぶんと「0」が多い行列になってしまいましたわ。

練習問題 1.6 (p. 137)

（1） $M=\begin{pmatrix} 2 & 3 & | & 3 \\ 1 & 1 & | & 1 \end{pmatrix}$ $\xrightarrow{①\leftrightarrow②}$ $\begin{pmatrix} 1 & 1 & | & 1 \\ 2 & 3 & | & 3 \end{pmatrix}$

$\xrightarrow{②+①\times(-2)}$

$\begin{pmatrix} 1 & 1 & | & 1 \\ 2+1\times(-2) & 3+1\times(-2) & | & 3+1\times(-2) \end{pmatrix}$

$=\begin{pmatrix} 1 & 1 & | & 1 \\ 0 & 1 & | & 1 \end{pmatrix}$

$\xrightarrow{①+②\times(-1)}$

$\begin{pmatrix} 1+0\times(-1) & 1+1\times(-1) & | & 1+1\times(-1) \\ 0 & 1 & | & 1 \end{pmatrix}$

$=\begin{pmatrix} 1 & 0 & | & 0 \\ 0 & 1 & | & 1 \end{pmatrix}$ これより $\begin{cases} x=0 \\ y=1 \end{cases}$

（2） $M=\begin{pmatrix} 2 & -3 & | & 3 \\ 2 & -2 & | & 4 \end{pmatrix}$

$\xrightarrow{②+①\times(-1)}$

$\begin{pmatrix} 2 & -3 & | & 3 \\ 2+2\times(-1) & -2+(-3)\times(-1) & | & 4+3\times(-1) \end{pmatrix}$

$=\begin{pmatrix} 2 & -3 & | & 3 \\ 0 & 1 & | & 1 \end{pmatrix}$

$\xrightarrow{①+②\times 3}$ $\begin{pmatrix} 2+0\times 3 & -3+1\times 3 & | & 3+1\times 3 \\ 0 & 1 & | & 1 \end{pmatrix}$

$=\begin{pmatrix} 2 & 0 & | & 6 \\ 0 & 1 & | & 1 \end{pmatrix}$

$\xrightarrow{①\times\frac{1}{2}}$ $\begin{pmatrix} 1 & 0 & | & 3 \\ 0 & 1 & | & 1 \end{pmatrix}$ これより $\begin{cases} x=3 \\ y=1 \end{cases}$

（3） $M=\begin{pmatrix} 2 & 3 & | & 1 \\ 5 & 6 & | & 7 \end{pmatrix}$

$\xrightarrow{①+②\times(-1)}$

$\begin{pmatrix} 2+5\times(-1) & 3+6\times(-1) & | & 1+7\times(-1) \\ 5 & 6 & | & 7 \end{pmatrix}$

$=\begin{pmatrix} -3 & -3 & | & -6 \\ 5 & 6 & | & 7 \end{pmatrix}$

$\xrightarrow{①\times\left(-\frac{1}{3}\right)}$ $\begin{pmatrix} 1 & 1 & | & 2 \\ 5 & 6 & | & 7 \end{pmatrix}$

$\xrightarrow{②+①\times(-5)}$

$\begin{pmatrix} 1 & 1 & | & 2 \\ 5+1\times(-5) & 6+1\times(-5) & | & 7+2\times(-5) \end{pmatrix}$

$=\begin{pmatrix} 1 & 1 & | & 2 \\ 0 & 1 & | & -3 \end{pmatrix}$

$\xrightarrow{①+②\times(-1)}$

$\begin{pmatrix} 1+0\times(-1) & 1+1\times(-1) & | & 2+(-3)\times(-1) \\ 0 & 1 & | & -3 \end{pmatrix}$

$=\begin{pmatrix} 1 & 0 & | & 5 \\ 0 & 1 & | & -3 \end{pmatrix}$

これより $\begin{cases} u=5 \\ v=-3 \end{cases}$

練習問題 1.7 (p. 137)

表変形で書いておきます。

(1)

M			変形
3	6	3	
1	4	-7	
1	2	1	①$\times \frac{1}{3}$
1	4	-7	
1	2	1	
0	2	-8	②+①$\times(-1)$
1	2	1	
0	1	-4	②$\times \frac{1}{2}$
1	0	9	①+②$\times(-2)$
0	1	-4	

左の結果より
$\begin{cases} x=9 \\ y=-4 \end{cases}$

(2)

M			変形
2	6	2	
3	7	7	
1	3	1	①$\times \frac{1}{2}$
3	7	7	
1	3	1	
0	-2	4	②+①$\times(-3)$
1	3	1	
0	1	-2	②$\times\left(-\frac{1}{2}\right)$
1	0	7	①+②$\times(-3)$
0	1	-2	

左の結果より
$\begin{cases} x=7 \\ y=-2 \end{cases}$

(3)

M			変形
2	1	-3	
3	2	-1	
-1	-1	-2	①+②$\times(-1)$
3	2	-1	
1	1	2	①$\times(-1)$
3	2	-1	
1	1	2	
0	-1	-7	②+①$\times(-3)$
1	1	2	
0	1	7	②$\times(-1)$
1	0	-5	①+②$\times(-1)$
0	1	7	

左の結果より
$\begin{cases} a=-5 \\ b=7 \end{cases}$

練習問題 1.8 (p. 138)

係数行列を M とし，表変形で解いておきます。

(1)

M				変形
1	1	1	7	
2	-1	0	3	
0	1	3	-1	
1	1	1	7	
0	-3	-2	-11	②+①$\times(-2)$
0	1	3	-1	
1	1	1	7	
0	1	3	-1	②↔③
0	-3	-2	-11	
1	0	-2	8	①+②$\times(-1)$
0	1	3	-1	
0	-3	-2	-11	
1	0	-2	8	
0	1	3	-1	
0	0	7	-14	③+②$\times 3$
1	0	-2	8	
0	1	3	-1	
0	0	1	-2	③$\times \frac{1}{7}$
1	0	0	4	①+③$\times 2$
0	1	3	-1	
0	0	1	-2	
1	0	0	4	
0	1	0	5	②+③$\times(-3)$
0	0	1	-2	

同じ②を使った変形なので，同時に行うことができます。

同じ③を使った変形なので，同時に行うことができます。

左の結果より
$\begin{cases} x=4 \\ y=5 \\ z=-2 \end{cases}$

(2)

M				変形
1	-1	-1	6	
1	1	1	0	
2	0	-3	0	
1	-1	-1	6	
0	2	2	-6	②+①$\times(-1)$
0	2	-1	-12	③+①$\times(-2)$
1	-1	-1	6	
0	1	1	-3	②$\times \frac{1}{2}$
0	2	-1	-12	
1	0	0	3	①+②$\times 1$
0	1	1	-3	
0	0	-3	-6	③+②$\times(-2)$
1	0	0	3	
0	1	1	-3	
0	0	1	2	③$\times\left(-\frac{1}{3}\right)$
1	0	0	3	
0	1	0	-5	②+③$\times(-1)$
0	0	1	2	

左の結果より
$\begin{cases} x=3 \\ y=-5 \\ z=2 \end{cases}$

188   7. 問題の解答

(3)

M				変形
2	1	0	-4	
0	3	1	7	
3	0	1	1	
-1	1	-1	-5	①+③×(-1)
0	3	1	7	
3	0	1	1	
1	-1	1	5	①×(-1)
0	3	1	7	
3	0	1	1	
1	-1	1	5	
0	3	1	7	
0	3	-2	-14	③+①×(-3)
1	-1	1	5	
0	3	1	7	
0	0	-3	-21	③+②×(-1)
1	-1	1	5	
0	3	1	7	
0	0	1	7	③×$\left(-\frac{1}{3}\right)$
1	-1	0	-2	①+③×(-1)
0	3	0	0	②+③×(-1)
0	0	1	7	
1	-1	0	-2	
0	1	0	0	②×$\frac{1}{3}$
0	0	1	7	
1	0	0	-2	①+②×1
0	1	0	0	
0	0	1	7	

左の結果より
$\begin{cases} a=-2 \\ b=0 \\ c=7 \end{cases}$

変形をしっかり書いておくと後で計算ちがいを見つけやすいですよ。

はじめの方で計算ちがいをすると、大変なことになりますわ！

練習問題 1.9 (p.138)

表変形でかいておきます。

(1)

変形目標
$\begin{pmatrix} 1 & 0 & | & \alpha \\ 0 & 1 & | & \beta \end{pmatrix}$

手順
$\begin{pmatrix} ⑦ & ㋓ & | & \alpha \\ ㋑ & ㋒ & | & \beta \end{pmatrix}$

M			変形	
①	-2	-7		㋐
②	1	11		
1	-2	-7		
0	5	25	②+①×(-2)	㋑
1	-2	-7		
0	①	5	③×$\frac{1}{5}$	㋒
1	0	3	①+②×2	㋓ 目標達成
0	1	5		

変形結果より $x=3, y=5$

(2)

M			変形	
3	5	-3		
1	3	-5		
①	3	-5	①↔②	㋐
③	5	-3		
1	3	-5		
0	-4	12	②+①×(-3)	㋑
1	3	-5		
0	①	-3	②×$\left(-\frac{1}{4}\right)$	㋒
1	0	4	①+②×(-3)	㋓ 目標達成
0	1	-3		

変形結果より $x=4, y=-3$

(3)

M			変形	
5	7	3		
3	-1	7		
-1	9	-11	①+②×(-2)	
3	-1	7		
①	-9	11	①×(-1)	㋐
③	-1	7		
1	-9	11		
0	26	-26	②+①×(-3)	㋑
1	-9	11		
0	①	-1	②×$\frac{1}{26}$	㋒
1	0	2	①+②×9	㋓ 目標達成
0	1	-1		

変形結果より $s=2, t=-1$

練習問題 1.10 (p. 138)

(1)

M				変形
①	1	1	10	
0	1	−1	3	
−1	0	1	8	
1	1	1	10	
0	①	−1	3	
0	1	2	18	③+①×1
1	0	2	7	①+②×(−1)
0	1	−1	3	
0	0	3	15	③+②×(−1)
1	0	2	7	
0	1	−1	3	
0	0	①	5	③×$\frac{1}{3}$
1	0	0	−3	①+③×(−2)
0	1	0	8	②+③×1
0	0	1	5	

第1列完成！
第2列完成！
第3列完成！

変形結果より
$\begin{cases} x=-3 \\ y=8 \\ z=5 \end{cases}$

目標達成

変形目標
$\begin{pmatrix} 1 & 0 & 0 & | & \alpha \\ 0 & 1 & 0 & | & \beta \\ 0 & 0 & 1 & | & \gamma \end{pmatrix}$

手順
$\begin{pmatrix} ㋐ & ㋔ & ㋘ & | & \alpha \\ ㋑ & ㋓ & ㋖ & | & \beta \\ ㋒ & ㋕ & ㋗ & | & \gamma \end{pmatrix}$

(2)

M				変形
3	−1	−1	−1	
1	2	2	2	
2	3	4	−1	
①	2	2	2	①↔②
3	−1	−1	−1	
2	3	4	−1	
1	2	2	2	
0	−7	−7	−7	②+①×(−3)
0	−1	0	−5	③+①×(−2)
1	2	2	2	
0	①	1	1	②×(−$\frac{1}{7}$)
0	−1	0	−5	
1	0	0	0	①+②×(−2)
0	1	1	1	
0	0	①	−4	③+②×1
1	0	0	0	
0	1	0	5	②+③×(−1)
0	0	1	−4	

第1列完成！
第2列完成！
第3列完成！

変形結果より
$\begin{cases} x=0 \\ y=5 \\ z=-4 \end{cases}$

目標達成

(3)

M				変形
2	3	−1	−1	
−3	1	−9	0	
5	5	3	−4	
2	3	−1	−1	
−3	1	−9	0	
1	−1	5	−2	③+①×(−2)
①	−1	5	−2	①↔③
−3	1	−9	0	
2	3	−1	−1	
1	−1	5	−2	
0	−2	6	−6	②+①×3
0	5	−11	3	③+①×(−2)
1	−1	5	−2	
0	①	−3	3	②×(−$\frac{1}{2}$)
0	5	−11	3	
1	0	2	1	①+②×1
0	1	−3	3	
0	0	4	−12	③+②×(−5)
1	0	2	1	
0	1	−3	3	
0	0	①	−3	③×$\frac{1}{4}$
1	0	0	7	①+③×(−2)
0	1	0	−6	②+③×3
0	0	1	−3	

第1列完成！
第2列完成！
第3列完成！

変形結果より
$\begin{cases} a=7 \\ b=-6 \\ c=-3 \end{cases}$

目標達成

㋐㋓㋗に「1」をつくる方法は一通りではありません。いろいろ工夫してください。

掃き出し方にも工夫が必要なのですね。パズルみたいでおもしろくなってきましたわ。

練習問題 1.11〜1.14 (p.138)

(1)

M			変形
A		B	
① 1		5	
2	3	25	
1	1	5	
0	①	15	② + ① × (−2)
1	0	−10	① + ② × (−1)
0	1	15	

上の結果より

$\mathrm{rank}\,A = \mathrm{rank}\,M = 2$

なので解が存在し，最終結果より

$$x = -10,\ y = 15$$

努力目標

$$\begin{pmatrix} 1 & 0 & | & \alpha \\ 0 & 1 & | & \beta \end{pmatrix}$$

(2)

M			変形
A		B	
3	−2	1	
9	−6	2	
3	−2	1	
0	0	−1	② + ① × (−3)

左の結果より

$\mathrm{rank}\,A = 1$

$\mathrm{rank}\,M = 2$

なので 解なし．

(3)

M			変形
A		B	
5	−3	2	
−10	6	−4	
5	−3	2	
0	0	0	② + ① × 2

変形の最終結果より

$5x - 3y = 2$

$y = t$ とおくと

$5x - 3t = 2,\ 5x = 3t + 2$

$x = \dfrac{1}{5}(3t + 2)$

以上より

$$\begin{cases} x = \dfrac{1}{5}(3t + 2) \\ y = t \end{cases}$$

(t は任意実数)

左の結果より

$\mathrm{rank}\,A = 1$

$\mathrm{rank}\,M = 1$

なので解が存在します．

自由度 = 2 − 1

  = 1

$\begin{cases} x = t \\ y = \dfrac{1}{3}(5t - 2) \end{cases}$

などでも OK です．

(4)

M				変形
A			B	
①	1	−1	0	
1	−1	1	2	
−1	1	1	4	
1	1	−1	0	
0	−2	2	2	② + ① × (−1)
0	2	0	4	③ + ① × 1
1	1	−1	0	
0	−1	1	1	② × $\frac{1}{2}$
0	1	0	2	③ × $\frac{1}{2}$
1	1	−1	0	
0	①	0	2	② ↔ ③
0	−1	1	1	
1	0	−1	−2	① + ② × (−1)
0	1	0	2	
0	0	①	3	③ + ② × 1
1	0	0	1	① + ③ × 1
0	1	0	2	
0	0	1	3	

左の変形結果より

$\mathrm{rank}\,A = 3$

$\mathrm{rank}\,M = 3$

となり解が存在します．

自由度 = 3 − 3

  = 0

なので解は一意的に決まり，変形の最終結果より

$$\begin{cases} a = 1 \\ b = 2 \\ c = 3 \end{cases}$$

努力目標

$$\begin{pmatrix} 1 & 0 & 0 & | & \alpha \\ 0 & 1 & 0 & | & \beta \\ 0 & 0 & 1 & | & \gamma \end{pmatrix}$$

(5)

M				変形
A			B	
−2	−1	3	3	
1	2	−3	−3	
−1	0	1	1	
①	2	−3	−3	① ↔ ②
−2	−1	3	3	
−1	0	1	1	
1	2	−3	−3	
0	3	−3	−3	② + ① × 2
0	2	−2	−2	③ + ① × 1
1	2	−3	−3	
0	①	−1	−1	② × $\frac{1}{3}$
0	1	−1	−1	③ × $\frac{1}{2}$
1	0	−1	−1	① + ② × (−2)
0	1	−1	−1	
0	0	0	0	③ + ② × (−1)

左の変形結果より

$\mathrm{rank}\,A = 2$

$\mathrm{rank}\,M = 2$

となり解が存在します．

自由度 = 3 − 2

  = 1

変形の最終結果を式にすると

$$\begin{cases} x\ -z=-1 & ① \\ y-z=-1 & ② \end{cases}$$

$z=t$ とおくと ①より $x-t=-1$, $x=t-1$
②より $y-t=-1$, $y=t-1$

これより

$$\begin{cases} x=t-1 \\ y=t-1 \\ z=t \end{cases}$$

(t は任意実数)

$\begin{cases} x=t \\ y=t \\ z=t+1 \end{cases}$ でもいいですわね。

(6)

M			変形
A		B	
2	3	6	-1
9	6	-3	-2
7	3	-9	0
2	3	6	-1	
1	-6	-27	2	②+①×(-4)
1	-6	-27	3	③+①×(-3)
2	3	6	-1	
1	-6	-27	2	
0	0	0	1	③+②×(-1)
①	-6	-27	2	①↔②
2	3	6	-1	
0	0	0	1	
1	-6	-27	2	
0	15	60	-5	②+①×(-2)
0	0	0	1	

第1列に「0」や「1」が出来るように変形しました。

第3行で矛盾が出ているので、この段階で「解なし」がわかります。

変形結果より

rank $A=2$, rank $M=3$

となり解はない。

$\begin{cases} p=t \\ q=-\dfrac{4}{3}t \\ r=-\dfrac{1}{3}t \end{cases}$ $\begin{cases} p=-\dfrac{3}{4}t \\ q=t \\ r=\dfrac{1}{4}t \end{cases}$ でもOKです。

(7)

M		変形
A	B	
4	1	1
-1	-1	3
3	2	0
-1	-1	3	①↔②
4	1	1	
3	2	0	
①	1	-3	①×(-1)
4	1	1	
3	2	0	
1	1	-3	
0	-3	13	②+①×(-4)
0	-1	9	③+①×(-3)
1	1	-3	
0	-1	9	②↔③
0	-3	13	
1	1	-3	
0	①	-9	②×(-1)
0	-3	13	
1	0	6	①+②×(-1)
0	1	-9	
0	0	-14	③+②×3

努力目標
$\begin{pmatrix} 1 & 0 & \alpha \\ 0 & 1 & \beta \\ 0 & 0 & 0 \end{pmatrix}$

変形結果より
  rank $A=2$
  rank $M=3$
ゆえに解はない。

(8)

M			変形
A		B	
5	3	3	0
3	2	1	0
-1	-1	1	0	①+②×(-2)
3	2	1	0	
①	1	-1	0	①×(-1)
3	2	1	0	
1	1	-1	0	
0	-1	4	0	②+①×(-3)
1	1	-1	0	
0	①	-4	0	②×(-1)
1	0	3	0	①+②×(-1)
0	1	-4	0	

努力目標
$\begin{pmatrix} 1 & 0 & \gamma & \alpha \\ 0 & 1 & \delta & \beta \end{pmatrix}$

左の結果より
  rank $A=2$
  rank $M=2$
となり、解が存在します。
  自由度 $=3-2$
       $=1$

最終結果を式に直して

$$\begin{cases} p\ +3r=0 & ① \\ q-4r=0 & ② \end{cases}$$

$r=t$ とおくと ①より $p=-3t$
②より $q=4t$

$\therefore \begin{cases} p=-3t \\ q=4t \\ r=t \end{cases}$ (t は任意実数)

（9）

	M		変形
	A	B	
①	-1	1	1
②	2	-2	2	2
③	3	-3	3	3
	1	-1	1	1
	0	0	0	0	②+①×(−2)
	0	0	0	0	③+①×(−3)

左の結果より
rank $A=1$
rank $M=1$
なので解あり．
自由度 $=3-1$
$=2$

変形の最終結果を式に直して
$x-y+z=1$
$y=t_1$, $z=t_2$ とおくと $x=1+t_1-t_2$

$\therefore \begin{cases} x=t_1-t_2+1 \\ y=t_1 \\ z=t_2 \end{cases}$ （t_1, t_2 は任意実数）

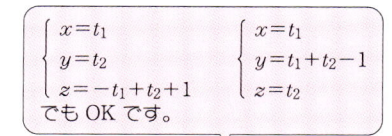

$\begin{cases} x=t_1 \\ y=t_2 \\ z=-t_1+t_2+1 \end{cases}$ $\begin{cases} x=t_1 \\ y=t_1+t_2-1 \\ z=t_2 \end{cases}$
でも OK です．

もう，掃きくたびれ ましたわ〜．

――― クラメールの公式 ―――
$\begin{cases} ax+by=e \\ cx+dy=f \end{cases}$ $A=\begin{pmatrix} a & b \\ c & d \end{pmatrix}$

$|A|\ne 0$ のときのみ解はただ1組存在し
$x=\dfrac{|A_x|}{|A|}, \quad y=\dfrac{|A_y|}{|A|}$

ただし
$A_x=\begin{pmatrix} e & b \\ f & d \end{pmatrix}, \quad A_y=\begin{pmatrix} a & e \\ c & f \end{pmatrix}$

2元連立1次方程式の場合

練習問題 2.1 (p. 139)

（1）与行列式 $=7\cdot 2-(-5)\cdot 8=14+40=54$

（2）与行列式 $=9\cdot 4-3\cdot(-3)=36+9=45$

（3）与行列式 $=-2\cdot 5-(-2)\cdot 5=-10+10=0$

（4）$|A|=\begin{vmatrix} -4 & 4 \\ -9 & 9 \end{vmatrix}=(-4)\cdot 9-4\cdot(-9)$
$\qquad =-36+36=0$

（5）$|B|=\begin{vmatrix} \dfrac{1}{2} & \dfrac{1}{4} \\ \dfrac{1}{5} & -\dfrac{1}{3} \end{vmatrix}=\dfrac{1}{2}\cdot\left(-\dfrac{1}{3}\right)-\dfrac{1}{4}\cdot\dfrac{1}{5}$

$\qquad =-\dfrac{1}{6}-\dfrac{1}{20}=-\dfrac{10}{60}-\dfrac{3}{60}=-\dfrac{13}{60}$

（6）左辺の係数行列は（1）と同じなので，

$x=\dfrac{\begin{vmatrix} -17 & -5 \\ -4 & 2 \end{vmatrix}}{\begin{vmatrix} 7 & -5 \\ 8 & 2 \end{vmatrix}}=\dfrac{-17\cdot 2-(-5)\cdot(-4)}{54}$

$\quad =\dfrac{-34-20}{54}=\dfrac{-54}{54}=-1$

$y=\dfrac{\begin{vmatrix} 7 & -17 \\ 8 & -4 \end{vmatrix}}{\begin{vmatrix} 7 & -5 \\ 8 & 2 \end{vmatrix}}=\dfrac{7\cdot(-4)-(-17)\cdot 8}{54}=\dfrac{-28+136}{54}$

$\quad =\dfrac{108}{54}=2$

以上より $x=-1$, $y=2$

（7）左辺の係数行列は（2）と同じなので

$x=\dfrac{\begin{vmatrix} \dfrac{5}{4} & 3 \\ 0 & 4 \end{vmatrix}}{\begin{vmatrix} 9 & 3 \\ -3 & 4 \end{vmatrix}}=\dfrac{\dfrac{5}{4}\cdot 4-3\cdot 0}{45}=\dfrac{5}{45}=\dfrac{1}{9}$

$y=\dfrac{\begin{vmatrix} 9 & \dfrac{5}{4} \\ -3 & 0 \end{vmatrix}}{\begin{vmatrix} 9 & 3 \\ -3 & 4 \end{vmatrix}}=\dfrac{9\cdot 0-\dfrac{5}{4}\cdot(-3)}{45}=\dfrac{\dfrac{15}{4}}{45}$

$\quad =\dfrac{15}{4}\times\dfrac{1}{45}=\dfrac{1}{12}$

これより $x=\dfrac{1}{9}$, $y=\dfrac{1}{12}$

(8) 左辺の係数行列は(5)と同じなので

$$a=\dfrac{\begin{vmatrix} 8 & \dfrac{1}{4} \\ -2 & -\dfrac{1}{3} \end{vmatrix}}{|B|}$$

分子 $=8\cdot\left(-\dfrac{1}{3}\right)-\dfrac{1}{4}\cdot(-2)=-\dfrac{8}{3}+\dfrac{1}{2}$

$=-\dfrac{16}{6}+\dfrac{3}{6}=-\dfrac{13}{6}$

∴ $a=\dfrac{-\dfrac{13}{6}}{-\dfrac{13}{60}}=\dfrac{13}{6}\times\dfrac{60}{13}=10$

$$b=\dfrac{\begin{vmatrix} \dfrac{1}{2} & 8 \\ \dfrac{1}{5} & -2 \end{vmatrix}}{|B|}$$

分子 $=\dfrac{1}{2}\cdot(-2)-8\cdot\dfrac{1}{5}=-1-\dfrac{8}{5}$

$=-\dfrac{5}{5}-\dfrac{8}{5}=-\dfrac{13}{5}$

∴ $b=\dfrac{-\dfrac{13}{5}}{-\dfrac{13}{60}}=\dfrac{13}{5}\times\dfrac{60}{13}=12$

これより $a=10$, $b=12$

- $\dfrac{b}{a}=b\div a=b\times\dfrac{1}{a}$
- $\dfrac{\dfrac{b}{a}}{\dfrac{d}{c}}=\dfrac{b}{a}\div\dfrac{d}{c}=\dfrac{b}{a}\times\dfrac{c}{d}$

練習問題 2.2 (p.139)

(1) $|A|=0\cdot 0\cdot 0+3\cdot 3\cdot 3+(-3)\cdot(-3)\cdot(-3)$
$\qquad -3\cdot 0\cdot(-3)-(-3)\cdot 3\cdot 0-0\cdot(-3)\cdot 3$
$=0+27-27-0-0-0=0$

(2) $|B|=3\cdot 2\cdot 3+(-4)\cdot(-1)\cdot 3+3\cdot(-1)\cdot(-5)$
$\qquad -3\cdot 2\cdot 3-(-5)\cdot(-1)\cdot 3$
$\qquad -3\cdot(-1)\cdot(-4)$
$=18+12+15-18-15-12=0$

(3) $|C|=(-4)\cdot(-2)\cdot(-5)+6\cdot 8\cdot(-1)$
$\qquad +(-3)\cdot 9\cdot 7-(-1)\cdot(-2)\cdot(-3)$
$\qquad -7\cdot 8\cdot(-4)-(-5)\cdot 9\cdot 6$
$=-40-48-189+6+224+270=223$

(4) $|D|=x\cdot x\cdot x+3\cdot 6\cdot 1+2\cdot 4\cdot 5$
$\qquad -1\cdot x\cdot 2-5\cdot 6\cdot x-x\cdot 4\cdot 3$
$=x^3+18+40-2x-30x-12x$
$=x^3-44x+58$

(5) $|F|=(2x-1)\cdot x\cdot(2x+1)$
$\qquad +(-1)\cdot(-1)\cdot(-1)+2\cdot 2\cdot 2$
$\qquad -(-1)\cdot x\cdot 2-2\cdot(-1)\cdot(2x-1)$
$\qquad -(2x+1)\cdot 2\cdot(-1)$
$=x\{(2x)^2-1^2\}-1+8+2x+2(2x-1)$
$\qquad +2(2x+1)$
$=x(4x^2-1)+7+2x+4x-2+4x+2$
$=4x^3-x+10x+7=4x^3+9x+7$

練習問題 2.3〜2.5 (p.139)

(1) $|A|$, $|A_x|$, $|A_y|$ を先に求めておきます。

$|A|=\begin{vmatrix} 1 & 1 \\ 3 & 5 \end{vmatrix}=1\cdot 5-1\cdot 3=5-3=2\neq 0$

$|A_x|=\begin{vmatrix} 1 & 1 \\ 8 & 5 \end{vmatrix}=1\cdot 5-1\cdot 8=5-8=-3$

$|A_y|=\begin{vmatrix} 1 & 1 \\ 3 & 8 \end{vmatrix}=1\cdot 8-1\cdot 3=8-3=5$

これらより

$x=\dfrac{|A_x|}{|A|}=\dfrac{-3}{2}=-\dfrac{3}{2}$, $y=\dfrac{|A_y|}{|A|}=\dfrac{5}{2}$

∴ $x=-\dfrac{3}{2}$, $y=\dfrac{5}{2}$

(2) $|A|$, $|A_x|$, $|A_y|$ を先に求めておきます。

$|A|=\begin{vmatrix} \dfrac{1}{2} & -\dfrac{1}{5} \\ \dfrac{7}{6} & -\dfrac{1}{3} \end{vmatrix}=\dfrac{1}{2}\cdot\left(-\dfrac{1}{3}\right)-\left(-\dfrac{1}{5}\right)\cdot\dfrac{7}{6}$

$=-\dfrac{1}{6}+\dfrac{7}{30}=-\dfrac{5}{30}+\dfrac{7}{30}=\dfrac{2}{30}=\dfrac{1}{15}\neq 0$

$|A_x|=\begin{vmatrix} 3 & -\dfrac{1}{5} \\ 9 & -\dfrac{1}{3} \end{vmatrix}=3\cdot\left(-\dfrac{1}{3}\right)-\left(-\dfrac{1}{5}\right)\cdot 9$

$=-1+\dfrac{9}{5}=-\dfrac{5}{5}+\dfrac{9}{5}=\dfrac{4}{5}$

$|A_y|=\begin{vmatrix} \dfrac{1}{2} & 3 \\ \dfrac{7}{6} & 9 \end{vmatrix}=\dfrac{1}{2}\cdot 9-3\cdot\dfrac{7}{6}=\dfrac{9}{2}-\dfrac{7}{2}=\dfrac{2}{2}=1$

(解は次頁へつづきます)

$$\therefore \quad x = \frac{|A_x|}{|A|} = \frac{\frac{4}{5}}{\frac{1}{15}} = \frac{4}{5} \div \frac{1}{15} = \frac{4}{5} \times 15 = 12$$

$$y = \frac{|A_y|}{|A|} = \frac{1}{\frac{1}{15}} = 1 \div \frac{1}{15} = 1 \times 15 = 15$$

以上より $x = 12,\ y = 15$

(3) $|A|,\ |A_x|,\ |A_y|,\ |A_z|$ を先に求めておきます．

$$|A| = \begin{vmatrix} 1 & 1 & -1 \\ 1 & -1 & 1 \\ -1 & 1 & 1 \end{vmatrix}$$
$$= 1 \cdot (-1) \cdot 1 + 1 \cdot 1 \cdot (-1) + (-1) \cdot 1 \cdot 1$$
$$\quad - (-1) \cdot (-1) \cdot (-1) - 1 \cdot 1 \cdot 1 - 1 \cdot 1 \cdot 1$$
$$= -1 - 1 - 1 + 1 - 1 - 1 = -4 \ne 0$$

$$|A_x| = \begin{vmatrix} 0 & 1 & -1 \\ 2 & -1 & 1 \\ 4 & 1 & 1 \end{vmatrix}$$
$$= 0 \cdot (-1) \cdot 1 + 2 \cdot 1 \cdot (-1) + 4 \cdot 1 \cdot 1$$
$$\quad - (-1) \cdot (-1) \cdot 4 - 1 \cdot 1 \cdot 0 - 1 \cdot 1 \cdot 2$$
$$= 0 - 2 + 4 - 4 - 0 - 2 = -4$$

$$|A_y| = \begin{vmatrix} 1 & 0 & -1 \\ 1 & 2 & 1 \\ -1 & 4 & 1 \end{vmatrix}$$
$$= 1 \cdot 2 \cdot 1 + 1 \cdot 4 \cdot (-1) + (-1) \cdot 0 \cdot 1$$
$$\quad - (-1) \cdot 2 \cdot (-1) - 1 \cdot 4 \cdot 1 - 1 \cdot 0 \cdot 1$$
$$= 2 - 4 + 0 - 2 - 4 - 0 = -8$$

$$|A_z| = \begin{vmatrix} 1 & 1 & 0 \\ 1 & -1 & 2 \\ -1 & 1 & 4 \end{vmatrix}$$
$$= 1 \cdot (-1) \cdot 4 + 1 \cdot 1 \cdot 0 + (-1) \cdot 1 \cdot 2$$
$$\quad - 0 \cdot (-1) \cdot (-1) - 2 \cdot 1 \cdot 1 - 4 \cdot 1 \cdot 1$$
$$= -4 + 0 - 2 - 0 - 2 - 4 = -12$$

これらより

$$x = \frac{|A_x|}{|A|} = \frac{-4}{-4} = 1$$
$$y = \frac{|A_y|}{|A|} = \frac{-8}{-4} = 2$$
$$z = \frac{|A_z|}{|A|} = \frac{-12}{-4} = 3$$

$\therefore \quad x = 1,\ y = 2,\ z = 3$

わー！サラスの公式が続きますわ．

(4) $|A|,\ |A_x|,\ |A_y|,\ |A_z|$ を先に求めておきます．

$$|A| = \begin{vmatrix} 2 & -1 & 3 \\ 1 & 2 & -3 \\ -1 & -3 & 2 \end{vmatrix}$$
$$= 2 \cdot 2 \cdot 2 + 1 \cdot (-3) \cdot 3 + (-1) \cdot (-1) \cdot (-3)$$
$$\quad - 3 \cdot 2 \cdot (-1) - (-3) \cdot (-3) \cdot 2 - 2 \cdot (-1) \cdot 1$$
$$= 8 - 9 - 3 + 6 - 18 + 2 = -14 \ne 0$$

$$|A_x| = \begin{vmatrix} 3 & -1 & 3 \\ 0 & 2 & -3 \\ 2 & -3 & 2 \end{vmatrix}$$
$$= 3 \cdot 2 \cdot 2 + 0 \cdot (-3) \cdot 3 + 2 \cdot (-1) \cdot (-3)$$
$$\quad - 3 \cdot 2 \cdot 2 - (-3) \cdot (-3) \cdot 3 - 2 \cdot (-1) \cdot 0$$
$$= 12 + 0 + 6 - 12 - 27 + 0 = -21$$

$$|A_y| = \begin{vmatrix} 2 & 3 & 3 \\ 1 & 0 & -3 \\ -1 & 2 & 2 \end{vmatrix}$$
$$= 2 \cdot 0 \cdot 2 + 1 \cdot 2 \cdot 3 + (-1) \cdot 3 \cdot (-3)$$
$$\quad - 3 \cdot 0 \cdot (-1) - (-3) \cdot 2 \cdot 2 - 2 \cdot 3 \cdot 1$$
$$= 0 + 6 + 9 - 0 + 12 - 6 = 21$$

$$|A_z| = \begin{vmatrix} 2 & -1 & 3 \\ 1 & 2 & 0 \\ -1 & -3 & 2 \end{vmatrix}$$
$$= 2 \cdot 2 \cdot 2 + 1 \cdot (-3) \cdot 3 + (-1) \cdot (-1) \cdot 0$$
$$\quad - 3 \cdot 2 \cdot (-1) - 0 \cdot (-3) \cdot 2 - 2 \cdot (-1) \cdot 1$$
$$= 8 - 9 + 0 + 6 + 0 + 2 = 7$$

ゆえに $x = \dfrac{|A_x|}{|A|} = \dfrac{-21}{-14} = \dfrac{3}{2}$

$y = \dfrac{|A_y|}{|A|} = \dfrac{21}{-14} = -\dfrac{3}{2}$

$z = \dfrac{|A_z|}{|A|} = \dfrac{7}{-14} = -\dfrac{1}{2}$

$\therefore \quad x = \dfrac{3}{2},\ y = -\dfrac{3}{2},\ z = -\dfrac{1}{2}$

(5) $|A|,\ |A_a|,\ |A_b|,\ |A_c|$ を先に求めておきます．

$$|A| = \begin{vmatrix} 2 & 3 & 6 \\ 9 & 6 & -3 \\ 3 & 1 & -7 \end{vmatrix}$$
$$= 2 \cdot 6 \cdot (-7) + 9 \cdot 1 \cdot 6 + 3 \cdot 3 \cdot (-3)$$
$$\quad - 6 \cdot 6 \cdot 3 - (-3) \cdot 1 \cdot 2 - (-7) \cdot 3 \cdot 9$$
$$= -84 + 54 - 27 - 108 + 6 + 189 = 30 \ne 0$$

$$|A_a| = \begin{vmatrix} -1 & 3 & 6 \\ -2 & 6 & -3 \\ 0 & 1 & -7 \end{vmatrix}$$
$$= (-1)\cdot 6 \cdot (-7) + (-2)\cdot 1 \cdot 6 + 0 \cdot 3 \cdot (-3)$$
$$\quad - 6 \cdot 6 \cdot 0 - (-3)\cdot 1 \cdot (-1) - (-7)\cdot 3 \cdot (-2)$$
$$= 42 - 12 - 0 - 0 - 3 - 42 = -15$$

$$|A_b| = \begin{vmatrix} 2 & -1 & 6 \\ 9 & -2 & -3 \\ 3 & 0 & -7 \end{vmatrix}$$
$$= 2 \cdot (-2) \cdot (-7) + 9 \cdot 0 \cdot 6 + 3 \cdot (-1) \cdot (-3)$$
$$\quad - 6 \cdot (-2) \cdot 3 - (-3)\cdot 0 \cdot 2 - (-7)\cdot (-1)\cdot 9$$
$$= 28 + 0 + 9 + 36 + 0 - 63 = 10$$

$$|A_c| = \begin{vmatrix} 2 & 3 & -1 \\ 9 & 6 & -2 \\ 3 & 1 & 0 \end{vmatrix}$$
$$= 2\cdot 6 \cdot 0 + 9 \cdot 1 \cdot (-1) + 3 \cdot 3 \cdot (-2)$$
$$\quad - (-1)\cdot 6 \cdot 3 - (-2)\cdot 1 \cdot 2 - 0 \cdot 3 \cdot 9$$
$$= 0 - 9 - 18 + 18 + 4 - 0 = -5$$

以上より
$$a = \frac{|A_a|}{|A|} = \frac{-15}{30} = -\frac{1}{2},\quad b = \frac{|A_b|}{|A|} = \frac{10}{30} = \frac{1}{3}$$
$$c = \frac{|A_c|}{|A|} = \frac{-5}{30} = -\frac{1}{6}$$
$$\therefore\ a = -\frac{1}{2},\ b = \frac{1}{3},\ c = -\frac{1}{6}$$

練習問題 3.1 (p. 140)

(1) 与式 $= \begin{pmatrix} 2\cdot 4 & 2\cdot(-1) \\ 2\cdot 2 & 2\cdot 0 \end{pmatrix} = \begin{pmatrix} 8 & -2 \\ 4 & 0 \end{pmatrix}$

(2) 与式
$$= \begin{pmatrix} (-3)\cdot(-3) & (-3)\cdot 5 & (-3)\cdot(-2) \\ (-3)\cdot 2 & (-3)\cdot(-3) & (-3)\cdot 1 \end{pmatrix}$$
$$= \begin{pmatrix} 9 & -15 & 6 \\ -6 & 9 & -3 \end{pmatrix}$$

(3) 与式 $= \begin{pmatrix} 1+3 & -2+4 \\ -4-2 & 3+(-1) \end{pmatrix} = \begin{pmatrix} 4 & 2 \\ -6 & 2 \end{pmatrix}$

(4) 与式 $= \begin{pmatrix} -3-6 & 4-(-1) \\ 2-2 & -5-(-5) \\ 1-(-4) & -6-3 \end{pmatrix}$
$$= \begin{pmatrix} -9 & 5 \\ 0 & 0 \\ 5 & -9 \end{pmatrix}$$

(5) 与式 $= \begin{pmatrix} 5\cdot 5 & 5\cdot 2 \\ 5\cdot 2 & 5\cdot(-3) \end{pmatrix} + \begin{pmatrix} 4\cdot(-4) & 4\cdot 0 \\ 4\cdot(-3) & 4\cdot 3 \end{pmatrix}$
$$= \begin{pmatrix} 25 & 10 \\ 10 & -15 \end{pmatrix} + \begin{pmatrix} -16 & 0 \\ -12 & 12 \end{pmatrix}$$
$$= \begin{pmatrix} 25-16 & 10+0 \\ 10-12 & -15+12 \end{pmatrix} = \begin{pmatrix} 9 & 10 \\ -2 & -3 \end{pmatrix}$$

(6) 与式 $= \begin{pmatrix} 3\cdot(-2) & 3\cdot 5 \\ 3\cdot 4 & 3\cdot 10 \\ 3\cdot 9 & 3\cdot 7 \end{pmatrix} - \begin{pmatrix} 7\cdot 1 & 7\cdot(-1) \\ 7\cdot 2 & 7\cdot(-2) \\ 7\cdot 3 & 7\cdot(-3) \end{pmatrix}$
$$= \begin{pmatrix} -6 & 15 \\ 12 & 30 \\ 27 & 21 \end{pmatrix} - \begin{pmatrix} 7 & -7 \\ 14 & -14 \\ 21 & -21 \end{pmatrix}$$
$$= \begin{pmatrix} -6-7 & 15-(-7) \\ 12-14 & 30-(-14) \\ 27-21 & 21-(-21) \end{pmatrix} = \begin{pmatrix} -13 & 22 \\ -2 & 44 \\ 6 & 42 \end{pmatrix}$$

(7) 与式 $= \begin{pmatrix} 2\cdot(-4) \\ 2\cdot(-3) \\ 2\cdot 1 \end{pmatrix} + \begin{pmatrix} 6\cdot 1 \\ 6\cdot 2 \\ 6\cdot(-2) \end{pmatrix} - \begin{pmatrix} 0 \\ 8 \\ -2 \end{pmatrix}$
$$= \begin{pmatrix} -8 \\ -6 \\ 2 \end{pmatrix} + \begin{pmatrix} 6 \\ 12 \\ -12 \end{pmatrix} - \begin{pmatrix} 0 \\ 8 \\ -2 \end{pmatrix}$$
$$= \begin{pmatrix} -8+6-0 \\ -6+12-8 \\ 2-12-(-2) \end{pmatrix} = \begin{pmatrix} -2 \\ -2 \\ -8 \end{pmatrix}$$

(8) 与式 $= (3\ \ 0) - (4\cdot 5\ \ \ 4\cdot(-1)) + (2\cdot 0\ \ \ 2\cdot 7)$
$$= (3\ \ 0) - (20\ \ -4) + (0\ \ 14)$$
$$= (3-20+0\ \ \ 0-(-4)+14) = (-17\ \ \ 18)$$

練習問題 3.2 (p. 140)

(1) 方程式の両辺に左から $(-A)$ を加えると
$$(-A) + (A+X) = -A + B \quad \text{［結合法則］}$$
$$\{(-A)+A\} + X = -A + B \quad \text{［ゼロ行列の性質］}$$
$$O + X = -A + B \quad \text{［ゼロ行列の性質］}$$
$$X = -A + B$$

成分を代入して X を求めると
$$X = -\begin{pmatrix} 8 & -1 \\ 3 & 5 \end{pmatrix} + \begin{pmatrix} -2 & 7 \\ -6 & 4 \end{pmatrix}$$
$$= \begin{pmatrix} -8 & 1 \\ -3 & -5 \end{pmatrix} + \begin{pmatrix} -2 & 7 \\ -6 & 4 \end{pmatrix}$$
$$= \begin{pmatrix} -8-2 & 1+7 \\ -3-6 & -5+4 \end{pmatrix} = \begin{pmatrix} -10 & 8 \\ -9 & -1 \end{pmatrix}$$
$$\therefore\ X = \begin{pmatrix} -10 & 8 \\ -9 & -1 \end{pmatrix}$$

(2) 方程式の両辺に右から $(-2A)$ を加えると
$$(X+2A)+(-2A)=B+(-2A)$$
$$X+\{2A+(-2A)\}=B-2A \quad \text{結合法則}$$
$$X+O=B-2A \quad \text{ゼロ行列の性質}$$
$$X=B-2A \quad \text{ゼロ行列の性質}$$

成分を代入して
$$X=\begin{pmatrix} -2 & 7 \\ -6 & 4 \end{pmatrix}-2\begin{pmatrix} 8 & -1 \\ 3 & 5 \end{pmatrix}$$
$$=\begin{pmatrix} -2 & 7 \\ -6 & 4 \end{pmatrix}-\begin{pmatrix} 16 & -2 \\ 6 & 10 \end{pmatrix}$$
$$=\begin{pmatrix} -2-16 & 7-(-2) \\ -6-6 & 4-10 \end{pmatrix}=\begin{pmatrix} -18 & 9 \\ -12 & -6 \end{pmatrix}$$

$\therefore \quad X=\begin{pmatrix} -18 & 9 \\ -12 & -6 \end{pmatrix}$

(3) 行列の加法や定数倍は実数と同様に計算できるので
$$A+2X=3B$$
$$2X=3B-A$$
$$X=\frac{1}{2}(3B-A)$$

成分を代入して
$$X=\frac{1}{2}\left\{3\begin{pmatrix} -2 & 7 \\ -6 & 4 \end{pmatrix}-\begin{pmatrix} 8 & -1 \\ 3 & 5 \end{pmatrix}\right\}$$
$$=\frac{1}{2}\left\{\begin{pmatrix} -6 & 21 \\ -18 & 12 \end{pmatrix}-\begin{pmatrix} 8 & -1 \\ 3 & 5 \end{pmatrix}\right\}$$
$$=\frac{1}{2}\begin{pmatrix} -6-8 & 21-(-1) \\ -18-3 & 12-5 \end{pmatrix}=\frac{1}{2}\begin{pmatrix} -14 & 22 \\ -21 & 7 \end{pmatrix}$$
$$=\begin{pmatrix} -7 & 11 \\ -\frac{21}{2} & \frac{7}{2} \end{pmatrix} \quad \therefore \quad X=\begin{pmatrix} -7 & 11 \\ -\frac{21}{2} & \frac{7}{2} \end{pmatrix}$$

(4) 実数と同様に計算して
$$B-X=3(A-B)$$
$$B-X=3A-3B$$
$$-X=3A-3B-B$$
$$-X=3A-4B$$
$$X=-3A+4B$$

成分を代入して
$$X=-3\begin{pmatrix} 8 & -1 \\ 3 & 5 \end{pmatrix}+4\begin{pmatrix} -2 & 7 \\ -6 & 4 \end{pmatrix}$$
$$=\begin{pmatrix} (-3)\cdot 8 & (-3)\cdot(-1) \\ (-3)\cdot 3 & (-3)\cdot 5 \end{pmatrix}+\begin{pmatrix} 4\cdot(-2) & 4\cdot 7 \\ 4\cdot(-6) & 4\cdot 4 \end{pmatrix}$$
$$=\begin{pmatrix} -24 & 3 \\ -9 & -15 \end{pmatrix}+\begin{pmatrix} -8 & 28 \\ -24 & 16 \end{pmatrix}$$
$$=\begin{pmatrix} -24-8 & 3+28 \\ -9-24 & -15+16 \end{pmatrix}=\begin{pmatrix} -32 & 31 \\ -33 & 1 \end{pmatrix}$$

$\therefore \quad X=\begin{pmatrix} -32 & 31 \\ -33 & 1 \end{pmatrix}$

練習問題 3.3 (p. 140)

(1)
$$\underbrace{A}_{2\text{行}2\text{列}}\times\underbrace{B}_{2\text{行}3\text{列}}=\underbrace{AB}_{2\text{行}3\text{列}}$$
同じ

A の列数 $= B$ の行数

なので、積 AB は定義され、結果は 2 行 3 列の行列となります。

$$AB=\begin{pmatrix} 3 & -2 \\ 2 & 1 \end{pmatrix}\begin{pmatrix} 1 & 0 & 2 \\ 4 & -1 & 3 \end{pmatrix}=\begin{pmatrix} ⑦ & ⑨ & ⑪ \\ ⑧ & ⑩ & ⑫ \end{pmatrix}$$

⑦ $=(1,1)$ 成分 $=(A$ の第 1 行$)$ と $(B$ の第 1 列$)$ の積和
$=(3 \quad -2)$ と $\begin{pmatrix} 1 \\ 4 \end{pmatrix}$ の積和
$=3\cdot 1+(-2)\cdot 4=3-8=-5$

⑧ $=(2,1)$ 成分 $=(A$ の第 2 行$)$ と $(B$ の第 1 列$)$ の積和
$=(2 \quad 1)$ と $\begin{pmatrix} 1 \\ 4 \end{pmatrix}$ の積和
$=2\cdot 1+1\cdot 4=2+4=6$

⑨ $=(1,2)$ 成分 $=(A$ の第 1 行$)$ と $(B$ の第 2 列$)$ の積和
$=(3 \quad -2)$ と $\begin{pmatrix} 0 \\ -1 \end{pmatrix}$ の積和
$=3\cdot 0+(-2)\cdot(-1)=0+2=2$

エ＝(2,2)成分＝(Aの第2行)と(Bの第2列)の積和
　　＝(2　1)と$\begin{pmatrix}0\\-1\end{pmatrix}$の積和
　　＝2・0＋1・(−1)＝0−1＝−1

オ＝(1,3)成分＝(Aの第1行)と(Bの第3列)の積和
　　＝(3　−2)と$\begin{pmatrix}2\\3\end{pmatrix}$の積和
　　＝3・2＋(−2)・3＝6−6＝0

カ＝(2,3)成分
　　＝(Aの第2行)と
　　　(Bの第3列)の積和
　　＝(2　1)と$\begin{pmatrix}2\\3\end{pmatrix}$の積和
　　＝2・2＋1・3＝4＋3＝7

慣れてきたら
いちいち成分を
取り出さなくても
いいですよ。

これより　$AB=\begin{pmatrix}-5&2&0\\6&-1&7\end{pmatrix}$

(2)　　　　　A　　　C
　　　　　2行2列×3行2列
　　　　　　　　異なる

Aの列数≠Cの行数
なので積ACは定義されません。

(3)　　　　　B　　　C　＝　BC
　　　2行3列×3行2列＝2行2列
　　　　　　同じ

Bの列数＝Cの行数
なので，積BCは定義され，2行2列の行列となります。

$BC=\begin{pmatrix}1&0&2\\4&-1&3\end{pmatrix}\begin{pmatrix}3&-2\\-4&1\\5&-6\end{pmatrix}=\begin{pmatrix}㋐&㋒\\㋑&㋓\end{pmatrix}$

㋐＝(1,1)成分＝(Bの第1行)と(Cの第1列)の積和
　　＝(1　0　2)と$\begin{pmatrix}3\\-4\\5\end{pmatrix}$の積和
　　＝1・3＋0・(−4)＋2・5＝3＋0＋10＝13

㋑＝(2,1)成分＝(Bの第2行)と(Cの第1列)の積和
　　＝(4　−1　3)と$\begin{pmatrix}3\\-4\\5\end{pmatrix}$の積和
　　＝4・3＋(−1)・(−4)＋3・5＝12＋4＋15＝31

㋒＝(1,2)成分＝(Bの第1行)と(Cの第2列)の積和
　　＝(1　0　2)と$\begin{pmatrix}-2\\1\\-6\end{pmatrix}$の積和
　　＝1・(−2)＋0・1＋2・(−6)＝−2＋0−12＝−14

㋓＝(2,2)成分＝(Bの第2行)と(Cの第2列)の積和
　　＝(4　−1　3)と$\begin{pmatrix}-2\\1\\-6\end{pmatrix}$の積和
　　＝4・(−2)＋(−1)・1＋3・(−6)＝−8−1−18＝−27

以上より　$BC=\begin{pmatrix}13&-14\\31&-27\end{pmatrix}$

(4)　　　　　C　　　A　＝　CA
　　　3行2列×2行2列　3行2列
　　　　　　同じ

Cの列数＝Aの行数
より，積CAは定義され，3行2列の行列となります。

$CA=\begin{pmatrix}3&-2\\-4&1\\5&-6\end{pmatrix}\begin{pmatrix}3&-2\\2&1\end{pmatrix}=\begin{pmatrix}㋐&㋓\\㋑&㋔\\㋒&㋕\end{pmatrix}$

㋐＝(1,1)成分＝(Cの第1行)と(Aの第1列)の積和
　　＝(3　−2)と$\begin{pmatrix}3\\2\end{pmatrix}$の積和
　　＝3・3＋(−2)・2＝9−4＝5

㋑＝(2,1)成分＝(Cの第2行)と(Aの第1列)の積和
　　＝(−4　1)と$\begin{pmatrix}3\\2\end{pmatrix}$の積和
　　＝(−4)・3＋1・2＝−12＋2＝−10

㋒＝(3,1)成分＝(Cの第3行)と(Aの第1列)の積和
　　＝(5　−6)と$\begin{pmatrix}3\\2\end{pmatrix}$の積和
　　＝5・3＋(−6)・2＝15−12＝3

㋓＝(1,2)成分＝(Cの第1行)と(Aの第2列)の積和
　　＝(3　−2)と$\begin{pmatrix}-2\\1\end{pmatrix}$の積和
　　＝3・(−2)＋(−2)・1＝−6−2＝−8

㋔＝(2,2)成分＝(Cの第2行)と(Aの第2列)の積和
　　＝(−4　1)と$\begin{pmatrix}-2\\1\end{pmatrix}$の積和
　　＝(−4)・(−2)＋1・1＝8＋1＝9

(解は次頁へつづきます)

㋕ $=(3,2)$ 成分 $=(C$ の第 3 行$)$ と $(A$ の第 2 列$)$ の積和

$\quad =(5 \quad -6)$ と $\begin{pmatrix} -2 \\ 1 \end{pmatrix}$ の積和

$\quad =5\cdot(-2)+(-6)\cdot 1=-10-6=-16$

以上より $\quad CA=\begin{pmatrix} 5 & -8 \\ -10 & 9 \\ 3 & -16 \end{pmatrix}$

（5） $\underbrace{A}_{2\text{行}2\text{列}} \times \underbrace{A}_{2\text{行}2\text{列}} = \underbrace{AA}_{2\text{行}2\text{列}}$

同じ

A の列数 $=A$ の行数

より積 AA は定義され，再び 2 行 2 列の行列です．

$AA=\begin{pmatrix} 3 & -2 \\ 2 & 1 \end{pmatrix}\begin{pmatrix} 3 & -2 \\ 2 & 1 \end{pmatrix}=\begin{pmatrix} ㋐ & ㋒ \\ ㋑ & ㋓ \end{pmatrix}$

㋐ $=(1,1)$ 成分 $=(A$ の第 1 行$)$ と $(A$ の第 1 列$)$ の積和

$\quad =(3 \quad -2)$ と $\begin{pmatrix} 3 \\ 2 \end{pmatrix}$ の積和

$\quad =3\cdot 3+(-2)\cdot 2=9-4=5$

㋑ $=(2,1)$ 成分 $=(A$ の第 2 行$)$ と $(A$ の第 1 列$)$ の積和

$\quad =(2 \quad 1)$ と $\begin{pmatrix} 3 \\ 2 \end{pmatrix}$ の積和

$\quad =2\cdot 3-1\cdot 2=6+2=8$

㋒ $=(1,2)$ 成分 $=(A$ の第 1 行$)$ と $(A$ の第 2 列$)$ の積和

$\quad =(3 \quad -2)$ と $\begin{pmatrix} -2 \\ 1 \end{pmatrix}$ の積和

$\quad =3\cdot(-2)+(-2)\cdot 1=-6-2=-8$

㋓ $=(2,2)$ 成分 $=(A$ の第 2 行$)$ と $(A$ の第 2 列$)$ の積和

$\quad =(2 \quad 1)$ と $\begin{pmatrix} -2 \\ 1 \end{pmatrix}$ の積和

$\quad =2\cdot(-2)+1\cdot 1=-4+1=-3$

以上より $\quad AA=\begin{pmatrix} 5 & -8 \\ 8 & -3 \end{pmatrix}$

（6） $\underbrace{B \qquad B}_{2\text{行}3\text{列}\times 2\text{行}3\text{列}}$

異なる

B の列数 $\neq B$ の行数

より積 BB は定義されません．

（7） $\underbrace{C \qquad C}_{3\text{行}2\text{列}\times 3\text{行}2\text{列}}$

異なる

C の列数 $\neq C$ の行数

より積 CC は定義されません．

練習問題 3.4 （p.140）

はじめに積の結果が何行何列になるかを調べておきます．

（1） 2 行 2 列 $\times 2$ 行 2 列 $=2$ 行 2 列

与式 $=\begin{pmatrix} 2\cdot 4+0\cdot 0 & 2\cdot 0+0\cdot 3 \\ 0\cdot 4+5\cdot 0 & 0\cdot 0+5\cdot 3 \end{pmatrix}=\begin{pmatrix} 8 & 0 \\ 0 & 15 \end{pmatrix}$

（2） 3 行 2 列 $\times 2$ 行 3 列 $=3$ 行 3 列

与式
$=\begin{pmatrix} 3\cdot 2+1\cdot(-1) & 3\cdot 1+1\cdot(-2) & 3\cdot 5+1\cdot 0 \\ 0\cdot 2+4\cdot(-1) & 0\cdot 1+4\cdot(-2) & 0\cdot 5+4\cdot 0 \\ 2\cdot 2+(-1)\cdot(-1) & 2\cdot 1+(-1)\cdot(-2) & 2\cdot 5+(-1)\cdot 0 \end{pmatrix}$

$=\begin{pmatrix} 6-1 & 3-2 & 15+0 \\ 0-4 & 0-8 & 0+0 \\ 4+1 & 2+2 & 10+0 \end{pmatrix}=\begin{pmatrix} 5 & 1 & 15 \\ -4 & -8 & 0 \\ 5 & 4 & 10 \end{pmatrix}$

（3） 2 行 3 列 $\times 3$ 行 1 列 $=2$ 行 1 列

与式 $=\begin{pmatrix} 3\cdot 4+(-2)\cdot(-3)+(-1)\cdot 3 \\ 1\cdot 4+6\cdot(-3)+(-3)\cdot 3 \end{pmatrix}$

$=\begin{pmatrix} 12+6-3 \\ 4-18-9 \end{pmatrix}=\begin{pmatrix} 15 \\ -23 \end{pmatrix}$

（4） 1 行 2 列 $\times 2$ 行 3 列 $=1$ 行 3 列

与式 $=(2\cdot(-1)+3\cdot 4 \quad 2\cdot 2+3\cdot 1 \quad 2\cdot(-3)+3\cdot 5)$

$=(-2+12 \quad 4+3 \quad -6+15)=(10 \quad 7 \quad 9)$

（5） 1 行 3 列 $\times 3$ 行 1 列 $=1$ 行 1 列

与式 $=(1\cdot 4+2\cdot 5+3\cdot 6)$

$=(4+10+18)=(32)$

（6） 3 行 1 列 $\times 1$ 行 3 列 $=3$ 行 3 列

与式 $=\begin{pmatrix} 4\cdot 1 & 4\cdot 2 & 4\cdot 3 \\ 5\cdot 1 & 5\cdot 2 & 5\cdot 3 \\ 6\cdot 1 & 6\cdot 2 & 6\cdot 3 \end{pmatrix}=\begin{pmatrix} 4 & 8 & 12 \\ 5 & 10 & 15 \\ 6 & 12 & 18 \end{pmatrix}$

はじめに行列の型について調べておくと迷いませんわ．

行列の積はマスターできましたか？

練習問題 3.5 (p.141)

(1) A, B ともに 3 行 3 列の行列なので AB, BA とも 3 行 3 列の行列となります。

$$AB = \begin{pmatrix} 1 & 1 & -1 \\ -1 & 1 & 1 \\ 1 & -1 & 1 \end{pmatrix} \begin{pmatrix} 1 & 2 & -1 \\ 2 & -1 & 1 \\ -1 & 1 & 2 \end{pmatrix}$$

$$= \begin{pmatrix} 1 \cdot 1 + 1 \cdot 2 + (-1) \cdot (-1) & 1 \cdot 2 + 1 \cdot (-1) + (-1) \cdot 1 & 1 \cdot (-1) + 1 \cdot 1 + (-1) \cdot 2 \\ (-1) \cdot 1 + 1 \cdot 2 + 1 \cdot (-1) & (-1) \cdot 2 + 1 \cdot (-1) + 1 \cdot 1 & (-1) \cdot (-1) + 1 \cdot 1 + 1 \cdot 2 \\ 1 \cdot 1 + (-1) \cdot 2 + 1 \cdot (-1) & 1 \cdot 2 + (-1) \cdot (-1) + 1 \cdot 1 & 1 \cdot (-1) + (-1) \cdot 1 + 1 \cdot 2 \end{pmatrix}$$

$$= \begin{pmatrix} 1+2+1 & 2-1-1 & -1+1-2 \\ -1+2-1 & -2-1+1 & 1+1+2 \\ 1-2-1 & 2+1+1 & -1-1+2 \end{pmatrix} = \begin{pmatrix} 4 & 0 & -2 \\ 0 & -2 & 4 \\ -2 & 4 & 0 \end{pmatrix}$$

$$BA = \begin{pmatrix} 1 & 2 & -1 \\ 2 & -1 & 1 \\ -1 & 1 & 2 \end{pmatrix} \begin{pmatrix} 1 & 1 & -1 \\ -1 & 1 & 1 \\ 1 & -1 & 1 \end{pmatrix}$$

$$= \begin{pmatrix} 1 \cdot 1 + 2 \cdot (-1) + (-1) \cdot 1 & 1 \cdot 1 + 2 \cdot 1 + (-1) \cdot (-1) & 1 \cdot (-1) + 2 \cdot 1 + (-1) \cdot 1 \\ 2 \cdot 1 + (-1) \cdot (-1) + 1 \cdot 1 & 2 \cdot 1 + (-1) \cdot 1 + 1 \cdot (-1) & 2 \cdot (-1) + (-1) \cdot 1 + 1 \cdot 1 \\ (-1) \cdot 1 + 1 \cdot (-1) + 2 \cdot 1 & (-1) \cdot 1 + 1 \cdot 1 + 2 \cdot (-1) & (-1) \cdot (-1) + 1 \cdot 1 + 2 \cdot 1 \end{pmatrix}$$

$$= \begin{pmatrix} 1-2-1 & 1+2+1 & -1+2-1 \\ 2+1+1 & 2-1-1 & -2-1+1 \\ -1-1+2 & -1+1-2 & 1+1+2 \end{pmatrix} = \begin{pmatrix} -2 & 4 & 0 \\ 4 & 0 & -2 \\ 0 & -2 & 4 \end{pmatrix}$$

以上より $AB \neq BA$

(2) サラスの公式を用いて行列式の値を求めます。

$$|A| = \begin{vmatrix} 1 & 1 & -1 \\ -1 & 1 & 1 \\ 1 & -1 & 1 \end{vmatrix} = 1 \cdot 1 \cdot 1 + (-1) \cdot (-1) \cdot (-1) + 1 \cdot 1 \cdot 1 - (-1) \cdot 1 \cdot 1 - 1 \cdot (-1) \cdot 1 - 1 \cdot 1 \cdot (-1)$$

$$= 1 - 1 + 1 + 1 + 1 + 1 = 4$$

$$|B| = \begin{vmatrix} 1 & 2 & -1 \\ 2 & -1 & 1 \\ -1 & 1 & 2 \end{vmatrix} = 1 \cdot (-1) \cdot 2 + 2 \cdot 1 \cdot (-1) + (-1) \cdot 2 \cdot 1 - (-1) \cdot (-1) \cdot (-1) - 1 \cdot 1 \cdot 1 - 2 \cdot 2 \cdot 2$$

$$= -2 - 2 - 2 + 1 - 1 - 8 = -14$$

(3) (1) と (2) の結果より

$$|AB| = \begin{vmatrix} 4 & 0 & -2 \\ 0 & -2 & 4 \\ -2 & 4 & 0 \end{vmatrix} = 4 \cdot (-2) \cdot 0 + 0 \cdot 4 \cdot (-2) + (-2) \cdot 0 \cdot 4 - (-2) \cdot (-2) \cdot (-2) - 4 \cdot 4 \cdot 4 - 0 \cdot 0 \cdot 0$$

$$= 0 + 0 + 0 + 8 - 64 - 0 = -56$$

$$|BA| = \begin{vmatrix} -2 & 4 & 0 \\ 4 & 0 & -2 \\ 0 & -2 & 4 \end{vmatrix} = (-2) \cdot 0 \cdot 4 + 4 \cdot (-2) \cdot 0 - 0 \cdot 4 \cdot (-2) - 0 \cdot 0 \cdot 0 - (-2) \cdot (-2) \cdot (-2) - 4 \cdot 4 \cdot 4$$

$$= 0 + 0 - 0 - 0 + 8 - 64 = -56$$

$|A||B| = 4 \cdot (-14) = -56$

これより

$|AB| = |BA| = |A||B|$

が確認されました。

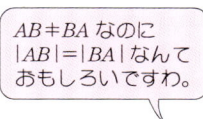

> $AB \neq BA$ なのに $|AB| = |BA|$ なんておもしろいですわ。

練習問題 3.6 (p.141)

はじめに行列式の値を求め，逆行列が存在するかどうかを調べます。

(1) $|A|=5\cdot(-4)-3\cdot(-7)=-20+21=1$

$|A|\neq 0$ より，A^{-1} は存在して

$$A^{-1}=\frac{1}{1}\begin{pmatrix} -4 & -3 \\ -(-7) & 5 \end{pmatrix}=\begin{pmatrix} -4 & -3 \\ 7 & 5 \end{pmatrix}$$

(2) $|B|=8\cdot 3-4\cdot 6=24-24=0$

$|B|=0$ より，B^{-1} は存在しません。

(3) $|C|=\frac{1}{\sqrt{2}}\cdot\frac{1}{\sqrt{2}}-\left(-\frac{1}{2}\right)\cdot(-1)$

$=\frac{1}{2}-\frac{1}{2}=0$

$|C|=0$ より，C^{-1} は存在しません。

(4) $|D|=\frac{\sqrt{3}}{2}\cdot\frac{\sqrt{3}}{2}-\left(-\frac{1}{2}\right)\cdot\frac{1}{2}$

$=\frac{3}{4}+\frac{1}{4}=\frac{4}{4}=1$

$|D|\neq 0$ より，D^{-1} は存在して

$$D^{-1}=\frac{1}{1}\begin{pmatrix} \frac{\sqrt{3}}{2} & -\left(-\frac{1}{2}\right) \\ -\frac{1}{2} & \frac{\sqrt{3}}{2} \end{pmatrix}=\begin{pmatrix} \frac{\sqrt{3}}{2} & \frac{1}{2} \\ -\frac{1}{2} & \frac{\sqrt{3}}{2} \end{pmatrix}$$

練習問題 3.7 (p.141)

表変形で書いておきます。

(1)

A		E		変形
① 3		1	0	
-2	1	0	1	
1	3	1	0	
0	7	2	1	②+①×2
1	3	1	0	
0	①	$\frac{2}{7}$	$\frac{1}{7}$	②×$\frac{1}{7}$
1	0	$\frac{1}{7}$	$-\frac{3}{7}$	①+②×(-3)
0	1	$\frac{2}{7}$	$\frac{1}{7}$	
E		A^{-1}		

上の結果より

$$A^{-1}=\begin{pmatrix} \frac{1}{7} & -\frac{3}{7} \\ \frac{2}{7} & \frac{1}{7} \end{pmatrix}=\frac{1}{7}\begin{pmatrix} 1 & -3 \\ 2 & 1 \end{pmatrix}$$

(2)

B		E		変形
-3	2	1	0	
2	-3	0	1	
①	-4	1	2	①+②×2
2	-3	0	1	
1	-4	1	2	
0	5	-2	-3	②+①×(-2)
1	-4	1	2	
0	①	$-\frac{2}{5}$	$-\frac{3}{5}$	②×$\frac{1}{5}$
1	0	$-\frac{3}{5}$	$-\frac{2}{5}$	①+②×4
0	1	$-\frac{2}{5}$	$-\frac{3}{5}$	
E		B^{-1}		

上の結果より

$$B^{-1}=\begin{pmatrix} -\frac{3}{5} & -\frac{2}{5} \\ -\frac{2}{5} & -\frac{3}{5} \end{pmatrix}=-\frac{1}{5}\begin{pmatrix} 3 & 2 \\ 2 & 3 \end{pmatrix}$$

(3)

C		E		変形
5	3	1	0	
-7	-4	0	1	
5	3	1	0	
-2	-1	1	1	②+①×1
①	1	3	2	①+②×2
-2	-1	1	1	
1	1	3	2	
0	①	7	5	②+①×2
1	0	-4	-3	①×②×(-1)
0	1	7	5	
E		C^{-1}		

上の結果より

$$C^{-1}=\begin{pmatrix} -4 & -3 \\ 7 & 5 \end{pmatrix}$$

㋐に「1」をつくるには工夫が必要です。

─ 掃き出し法 ─

目標　　基本手順

$\begin{pmatrix} 1 & 0 \\ 0 & 1 \end{pmatrix}$ $\begin{pmatrix} ㋐ & ㋒ \\ ㋑ & ㋓ \end{pmatrix}$

(4)

D		E		変形
$\frac{\sqrt{3}}{2}$	$-\frac{1}{2}$	1	0	
$\frac{1}{2}$	$\frac{\sqrt{3}}{2}$	0	1	
$\sqrt{3}$	-1	2	0	①×2
1	$\sqrt{3}$	0	2	②×2
① $\sqrt{3}$	0	2		①↔②
$\sqrt{3}$	-1	2	0	
1	$\sqrt{3}$	0	2	
0	-4	2	$-2\sqrt{3}$	②+①×($-\sqrt{3}$)
1	$\sqrt{3}$	0	2	
0	1	$-\frac{1}{2}$	$\frac{\sqrt{3}}{2}$	②×$\left(-\frac{1}{4}\right)$
1	0	$\frac{\sqrt{3}}{2}$	$\frac{1}{2}$	①+②×($-\sqrt{3}$)
0	1	$-\frac{1}{2}$	$\frac{\sqrt{3}}{2}$	
E		D^{-1}		

上の結果より

$$D^{-1} = \begin{pmatrix} \frac{\sqrt{3}}{2} & \frac{1}{2} \\ -\frac{1}{2} & \frac{\sqrt{3}}{2} \end{pmatrix} = \frac{1}{2}\begin{pmatrix} \sqrt{3} & 1 \\ -1 & \sqrt{3} \end{pmatrix}$$

❀ ❀ **練習問題 3.8** (p.141) ❀ ❀

(1)

A			E			変形
①	1	-1	1	0	0	
-1	0	1	0	1	0	
1	-1	1	0	0	1	
1	1	-1	1	0	0	
0	①	0	1	1	0	②+①×1
0	-2	2	-1	0	1	③+①×(-1)
1	0	-1	0	-1	0	①+②×(-1)
0	1	0	1	1	0	
0	0	2	1	2	1	③+②×2
1	0	-1	0	-1	0	
0	1	0	1	1	0	
0	0	①	1/2	1	1/2	③×1/2
1	0	0	1/2	0	1/2	①+③×1
0	1	0	1	1	0	
0	0	1	1/2	1	1/2	
E			A^{-1}			

上の計算より

$$A^{-1} = \begin{pmatrix} \frac{1}{2} & 0 & \frac{1}{2} \\ 1 & 1 & 0 \\ \frac{1}{2} & 1 & \frac{1}{2} \end{pmatrix} = \frac{1}{2}\begin{pmatrix} 1 & 0 & 1 \\ 2 & 2 & 0 \\ 1 & 2 & 1 \end{pmatrix}$$

(2)

B			E			変形
0	2	-1	1	0	0	
2	-1	0	0	1	0	
-1	0	2	0	0	1	
-1	0	2	0	0	1	①↔③
2	-1	0	0	1	0	
0	2	-1	1	0	0	
①	0	-2	0	0	-1	①×(-1)
2	-1	0	0	1	0	
0	2	-1	1	0	0	
1	0	-2	0	0	-1	
0	-1	4	0	1	2	②+①×(-2)
0	2	-1	1	0	0	
1	0	-2	0	0	-1	
0	①	-4	0	-1	-2	②×(-1)
0	2	-1	1	0	0	
1	0	-2	0	0	-1	
0	1	-4	0	-1	-2	
0	0	7	1	2	4	③+②×(-2)
1	0	-2	0	0	-1	
0	1	-4	0	-1	-2	
0	0	①	1/7	2/7	4/7	③×1/7
1	0	0	2/7	4/7	1/7	①+③×2
0	1	0	4/7	1/7	2/7	②+③×4
0	0	1	1/7	2/7	4/7	
E			B^{-1}			

上の計算より

$$B^{-1} = \begin{pmatrix} \frac{2}{7} & \frac{4}{7} & \frac{1}{7} \\ \frac{4}{7} & \frac{1}{7} & \frac{2}{7} \\ \frac{1}{7} & \frac{2}{7} & \frac{4}{7} \end{pmatrix} = \frac{1}{7}\begin{pmatrix} 2 & 4 & 1 \\ 4 & 1 & 2 \\ 1 & 2 & 4 \end{pmatrix}$$

─ 掃き出し法 ─

目標 $\begin{pmatrix} 1 & 0 & 0 \\ 0 & 1 & 0 \\ 0 & 0 & 1 \end{pmatrix}$

基本手順 $\begin{pmatrix} ⑦ & ⑦ & ⑦ \\ ⑦ & ⑦ & ⑦ \\ ⑦ & ⑦ & ⑦ \end{pmatrix}$

分数計算、間違えそうですわ〜！

(3)

	C			E			変形
	2	2	3	1	0	0	
	3	3	2	0	1	0	
	1	0	2	0	0	1	
	①	0	2	0	0	1	①↔③
	3	3	2	0	1	0	
	2	2	3	1	0	0	
	1	0	2	0	0	1	
	0	3	−4	0	1	−3	②+①×(−3)
	0	2	−1	1	0	−2	③+①×(−2)
	1	0	2	0	0	1	
	0	①	−3	−1	1	−1	②+③×(−1)
	0	2	−1	1	0	−2	
	1	0	2	0	0	1	
	0	1	−3	−1	1	−1	
	0	0	5	3	−2	0	③+②×(−2)
	1	0	2	0	0	1	
	0	1	−3	−1	1	−1	
	0	0	①	3/5	−2/5	0	③×1/5
	1	0	0	−6/5	4/5	1	①+③×(−2)
	0	1	0	4/5	1/5	−1	②+③×3
	0	0	1	3/5	−2/5	0	
	E			C^{-1}			

上の計算より

$$C^{-1} = \begin{pmatrix} -\frac{6}{5} & \frac{4}{5} & 1 \\ \frac{4}{5} & -\frac{1}{5} & -1 \\ \frac{3}{5} & -\frac{2}{5} & 0 \end{pmatrix}$$

$$= \frac{1}{5}\begin{pmatrix} -6 & 4 & 5 \\ 4 & −1 & −5 \\ 3 & −2 & 0 \end{pmatrix}$$

❀ ❀ ❀ ❀ **練習問題 3.9** (p.141) ❀ ❀ ❀ ❀

(1) 連立1次方程式を行列を使って表すと

$$\begin{pmatrix} 1 & 3 \\ -2 & 1 \end{pmatrix}\begin{pmatrix} x \\ y \end{pmatrix} = \begin{pmatrix} 0 \\ -14 \end{pmatrix}$$

これより

$$\begin{pmatrix} x \\ y \end{pmatrix} = \begin{pmatrix} 1 & 3 \\ -2 & 1 \end{pmatrix}^{-1}\begin{pmatrix} 0 \\ -14 \end{pmatrix}$$

練習問題 3.7 の結果を使って

$$\begin{pmatrix} x \\ y \end{pmatrix} = \frac{1}{7}\begin{pmatrix} 1 & -3 \\ 2 & 1 \end{pmatrix}\begin{pmatrix} 0 \\ -14 \end{pmatrix}$$

$$= \frac{1}{7}\begin{pmatrix} 1\cdot 0+(-3)\cdot(-14) \\ 2\cdot 0+1\cdot(-14) \end{pmatrix}$$

$$= \frac{1}{7}\begin{pmatrix} 0+42 \\ 0-14 \end{pmatrix} = \frac{1}{7}\begin{pmatrix} 42 \\ -14 \end{pmatrix} = \begin{pmatrix} 6 \\ -2 \end{pmatrix}$$

∴ $x=6, y=-2$

(2) 連立1次方程式を行列を使って表すと

$$\begin{pmatrix} -3 & 2 \\ 2 & -3 \end{pmatrix}\begin{pmatrix} x \\ y \end{pmatrix} = \begin{pmatrix} 3 \\ 3 \end{pmatrix}$$

これより

$$\begin{pmatrix} x \\ y \end{pmatrix} = \begin{pmatrix} -3 & 2 \\ 2 & -3 \end{pmatrix}^{-1}\begin{pmatrix} 3 \\ 3 \end{pmatrix}$$

練習問題 3.7 の結果を使って

$$\begin{pmatrix} x \\ y \end{pmatrix} = -\frac{1}{5}\begin{pmatrix} 3 & 2 \\ 2 & 3 \end{pmatrix}\begin{pmatrix} 3 \\ 3 \end{pmatrix} = -\frac{1}{5}\begin{pmatrix} 3\cdot 3+2\cdot 3 \\ 2\cdot 3+3\cdot 3 \end{pmatrix}$$

$$= -\frac{1}{5}\begin{pmatrix} 9+6 \\ 6+9 \end{pmatrix} = -\frac{1}{5}\begin{pmatrix} 15 \\ 15 \end{pmatrix} = \begin{pmatrix} -3 \\ -3 \end{pmatrix}$$

∴ $x=-3, y=-3$

(3) 方程式を行列で表すと

$$\begin{pmatrix} 5 & 3 \\ -7 & -4 \end{pmatrix}\begin{pmatrix} x \\ y \end{pmatrix} = \begin{pmatrix} 4 \\ -6 \end{pmatrix}$$

これより

$$\begin{pmatrix} x \\ y \end{pmatrix} = \begin{pmatrix} 5 & 3 \\ -7 & -4 \end{pmatrix}^{-1}\begin{pmatrix} 4 \\ -6 \end{pmatrix}$$

練習問題 3.7 の結果より

$$= \begin{pmatrix} -4 & -3 \\ 7 & 5 \end{pmatrix}\begin{pmatrix} 4 \\ -6 \end{pmatrix} = \begin{pmatrix} -4\cdot 4+(-3)\cdot(-6) \\ 7\cdot 4+5\cdot(-6) \end{pmatrix}$$

$$= \begin{pmatrix} -16+18 \\ 28-30 \end{pmatrix} = \begin{pmatrix} 2 \\ -2 \end{pmatrix}$$

∴ $x=2, y=-2$

> 練習問題 3.9 と 3.10 では
> 連立1次方程式
> $$AX=B$$
> を解く際に、両辺の左側から
> A^{-1} をかけて
> $$X=A^{-1}B$$
> となります。
> A^{-1} をかける方向を間違わない
> ように気をつけましょう。

練習問題 3.10 (p. 142)

（1） 方程式を行列を使って表し，計算していきます．

$$\begin{pmatrix} 1 & 1 & -1 \\ -1 & 0 & 1 \\ 1 & -1 & 1 \end{pmatrix} \begin{pmatrix} x \\ y \\ z \end{pmatrix} = \begin{pmatrix} 6 \\ -5 \\ 0 \end{pmatrix}$$

$$\begin{pmatrix} x \\ y \\ z \end{pmatrix} = \begin{pmatrix} 1 & 1 & -1 \\ -1 & 0 & 1 \\ 1 & -1 & 1 \end{pmatrix}^{-1} \begin{pmatrix} 6 \\ -5 \\ 0 \end{pmatrix}$$

練習問題 3.8 の結果を使って

$$= \frac{1}{2} \begin{pmatrix} 1 & 0 & 1 \\ 2 & 2 & 0 \\ 1 & 2 & 1 \end{pmatrix} \begin{pmatrix} 6 \\ -5 \\ 0 \end{pmatrix}$$

$$= \frac{1}{2} \begin{pmatrix} 1 \cdot 6 + 0 \cdot (-5) + 1 \cdot 0 \\ 2 \cdot 6 + 2 \cdot (-5) + 0 \cdot 0 \\ 1 \cdot 6 + 2 \cdot (-5) + 1 \cdot 0 \end{pmatrix}$$

$$= \frac{1}{2} \begin{pmatrix} 6+0+0 \\ 12-10+0 \\ 6-10+0 \end{pmatrix} = \frac{1}{2} \begin{pmatrix} 6 \\ 2 \\ -4 \end{pmatrix} = \begin{pmatrix} 3 \\ 1 \\ -2 \end{pmatrix}$$

∴ $x=3,\ y=1,\ z=-2$

（2） 方程式を行列を使って表し，計算していきます．

$$\begin{pmatrix} 0 & 2 & -1 \\ 2 & -1 & 0 \\ -1 & 0 & 2 \end{pmatrix} \begin{pmatrix} x \\ y \\ z \end{pmatrix} = \begin{pmatrix} 1 \\ 8 \\ -6 \end{pmatrix}$$

$$\begin{pmatrix} x \\ y \\ z \end{pmatrix} = \begin{pmatrix} 0 & 2 & -1 \\ 2 & -1 & 0 \\ -1 & 0 & 2 \end{pmatrix}^{-1} \begin{pmatrix} 1 \\ 8 \\ -6 \end{pmatrix}$$

練習問題 3.8 の結果を利用して

$$= \frac{1}{7} \begin{pmatrix} 2 & 4 & 1 \\ 4 & 1 & 2 \\ 1 & 2 & 4 \end{pmatrix} \begin{pmatrix} 1 \\ 8 \\ -6 \end{pmatrix}$$

$$= \frac{1}{7} \begin{pmatrix} 2 \cdot 1 + 4 \cdot 8 + 1 \cdot (-6) \\ 4 \cdot 1 + 1 \cdot 8 + 2 \cdot (-6) \\ 1 \cdot 1 + 2 \cdot 8 + 4 \cdot (-6) \end{pmatrix}$$

$$= \frac{1}{7} \begin{pmatrix} 2+32-6 \\ 4+8-12 \\ 1+16-24 \end{pmatrix} = \frac{1}{7} \begin{pmatrix} 28 \\ 0 \\ -7 \end{pmatrix} = \begin{pmatrix} 4 \\ 0 \\ -1 \end{pmatrix}$$

∴ $x=4,\ y=0,\ z=-1$

（3） 方程式を行列を使って表し，計算していきます．

$$\begin{pmatrix} 2 & 2 & 3 \\ 3 & 3 & 2 \\ 1 & 0 & 2 \end{pmatrix} \begin{pmatrix} x \\ y \\ z \end{pmatrix} = \begin{pmatrix} 3 \\ 2 \\ 1 \end{pmatrix}$$

$$\begin{pmatrix} x \\ y \\ z \end{pmatrix} = \begin{pmatrix} 2 & 2 & 3 \\ 3 & 3 & 2 \\ 1 & 0 & 2 \end{pmatrix}^{-1} \begin{pmatrix} 3 \\ 2 \\ 1 \end{pmatrix}$$

練習問題 3.8 の結果を使って

$$= \frac{1}{5} \begin{pmatrix} -6 & 4 & 5 \\ 4 & -1 & -5 \\ 3 & -2 & 0 \end{pmatrix} \begin{pmatrix} 3 \\ 2 \\ 1 \end{pmatrix}$$

$$= \frac{1}{5} \begin{pmatrix} -6 \cdot 3 + 4 \cdot 2 + 5 \cdot 1 \\ 4 \cdot 3 + (-1) \cdot 2 + (-5) \cdot 1 \\ 3 \cdot 3 + (-2) \cdot 2 + 0 \cdot 1 \end{pmatrix}$$

$$= \frac{1}{5} \begin{pmatrix} -18+8+5 \\ 12-2-5 \\ 9-4+0 \end{pmatrix} = \frac{1}{5} \begin{pmatrix} -5 \\ 5 \\ 5 \end{pmatrix} = \begin{pmatrix} -1 \\ 1 \\ 1 \end{pmatrix}$$

∴ $x=-1,\ y=1,\ z=1$

練習問題 3.11 (p. 142)

（1）

$$AB = \begin{pmatrix} 1 & 1 & -1 \\ -1 & 0 & 1 \\ 1 & -1 & 1 \end{pmatrix} \begin{pmatrix} 0 & 2 & -1 \\ 2 & -1 & 0 \\ -1 & 0 & 2 \end{pmatrix}$$

$$= \begin{pmatrix} 1 \cdot 0 + 1 \cdot 2 + (-1) \cdot (-1) & 1 \cdot 2 + 1 \cdot (-1) + (-1) \cdot 0 & 1 \cdot (-1) + 1 \cdot 0 + (-1) \cdot 2 \\ (-1) \cdot 0 + 0 \cdot 2 + 1 \cdot (-1) & (-1) \cdot 2 + 0 \cdot (-1) + 1 \cdot 0 & (-1) \cdot (-1) + 0 \cdot 0 + 1 \cdot 2 \\ 1 \cdot 0 + (-1) \cdot 2 + 1 \cdot (-1) & 1 \cdot 2 + (-1) \cdot (-1) + 1 \cdot 0 & 1 \cdot (-1) + (-1) \cdot 0 + 1 \cdot 2 \end{pmatrix}$$

$$= \begin{pmatrix} 0+2+1 & 2-1+0 & -1+0-2 \\ 0+0-1 & -2+0+0 & 1+0+2 \\ 0-2-1 & 2+1+0 & -1+0+2 \end{pmatrix} = \begin{pmatrix} 3 & 1 & -3 \\ -1 & -2 & 3 \\ -3 & 3 & 1 \end{pmatrix}$$

（解は次頁へつづきます）

$(AB)^{-1}$ を掃き出し法で求めます。

	AB			E		変形
3	1	−3	1	0	0	
−1	−2	3	0	1	0	
−3	3	1	0	0	1	
3	1	−3	1	0	0	
1	2	−3	0	−1	0	②×(−1)
0	4	−2	1	0	1	③+①×1
①	2	−3	0	−1	0	①↔②
3	1	−3	1	0	0	
0	4	−2	1	0	1	
1	2	−3	0	−1	0	
0	−5	6	1	3	0	②+①×(−3)
0	4	−2	1	0	1	
1	2	−3	0	−1	0	
0	−1	4	2	3	0	②+③×1
0	4	−2	1	0	1	
1	2	−3	0	−1	0	
0	①	−4	−2	−3	−1	②×(−1)
0	4	−2	1	0	1	
1	0	5	4	5	2	①+②×(−2)
0	1	−4	−2	−3	−1	
0	0	14	9	12	5	③+②×(−4)

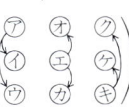

ここで③×$\frac{1}{14}$とするのが普通ですが、後の分数計算が大変なので、異なる方法で計算してみます。

変形をつづけて

14	0	5·14	4·14	5·14	2·14	①×14
0	14	−4·14	−2·14	−3·14	−1·14	②×14
0	0	⑭	9	12	5	

⑦⑦の位置に「0」をつくりやすいように、第1行と第2行を14倍しました。ここではまだ計算しません。

14	0	0	4·14+9·(−5)	5·14+12·(−5)	2·14+5·(−5)	①+③×(−5)
0	14	0	−2·14+9·4	−3·14+12·4	−1·14+5·4	②+③×4
0	0	14	9	12	5	

㋖を使って⑦⑦を「0」にします。計算式のみ書いておきました。

14	0	0	11	10	3	
0	14	0	8	6	6	
0	0	14	9	12	5	

計算します。

1	0	0	11/14	10/14	3/14	①×1/14
0	1	0	8/14	6/14	6/14	②×1/14
0	0	1	9/14	12/14	5/14	③×1/14
	E			$(AB)^{-1}$		

最後に各行を1/14倍します。

上の結果より

$$(AB)^{-1} = \frac{1}{14}\begin{pmatrix} 11 & 10 & 3 \\ 8 & 6 & 6 \\ 9 & 12 & 5 \end{pmatrix}$$

（2） 練習問題 3.8 の結果を使って

$$A^{-1}B^{-1} = \frac{1}{2}\begin{pmatrix} 1 & 0 & 1 \\ 2 & 2 & 0 \\ 1 & 2 & 1 \end{pmatrix}\left\{\frac{1}{7}\begin{pmatrix} 2 & 4 & 1 \\ 4 & 1 & 2 \\ 1 & 2 & 4 \end{pmatrix}\right\} = \frac{1}{14}\begin{pmatrix} 1 & 0 & 1 \\ 2 & 2 & 0 \\ 1 & 2 & 1 \end{pmatrix}\begin{pmatrix} 2 & 4 & 1 \\ 4 & 1 & 2 \\ 1 & 2 & 4 \end{pmatrix}$$

$$= \frac{1}{14}\begin{pmatrix} 1\cdot 2+0\cdot 4+1\cdot 1 & 1\cdot 4+0\cdot 1+1\cdot 2 & 1\cdot 1+0\cdot 2+1\cdot 4 \\ 2\cdot 2+2\cdot 4+0\cdot 1 & 2\cdot 4+2\cdot 1+0\cdot 2 & 2\cdot 1+2\cdot 2+0\cdot 4 \\ 1\cdot 2+2\cdot 4+1\cdot 1 & 1\cdot 4+2\cdot 1+1\cdot 2 & 1\cdot 1+2\cdot 2+1\cdot 4 \end{pmatrix}$$

$$= \frac{1}{14}\begin{pmatrix} 2+0+1 & 4+0+2 & 1+0+4 \\ 4+8+0 & 8+2+0 & 2+4+0 \\ 2+8+1 & 4+2+2 & 1+4+4 \end{pmatrix} = \frac{1}{14}\begin{pmatrix} 3 & 6 & 5 \\ 12 & 10 & 6 \\ 11 & 8 & 9 \end{pmatrix}$$

$$B^{-1}A^{-1} = \frac{1}{7}\begin{pmatrix} 2 & 4 & 1 \\ 4 & 1 & 2 \\ 1 & 2 & 4 \end{pmatrix}\left\{\frac{1}{2}\begin{pmatrix} 1 & 0 & 1 \\ 2 & 2 & 0 \\ 1 & 2 & 1 \end{pmatrix}\right\} = \frac{1}{14}\begin{pmatrix} 2 & 4 & 1 \\ 4 & 1 & 2 \\ 1 & 2 & 4 \end{pmatrix}\begin{pmatrix} 1 & 0 & 1 \\ 2 & 2 & 0 \\ 1 & 2 & 1 \end{pmatrix}$$

$$= \frac{1}{14}\begin{pmatrix} 2\cdot 1+4\cdot 2+1\cdot 1 & 2\cdot 0+4\cdot 2+1\cdot 2 & 2\cdot 1+4\cdot 0+1\cdot 1 \\ 4\cdot 1+1\cdot 2+2\cdot 1 & 4\cdot 0+1\cdot 2+2\cdot 2 & 4\cdot 1+1\cdot 0+2\cdot 1 \\ 1\cdot 1+2\cdot 2+4\cdot 1 & 1\cdot 0+2\cdot 2+4\cdot 2 & 1\cdot 1+2\cdot 0+4\cdot 1 \end{pmatrix}$$

$$= \frac{1}{14}\begin{pmatrix} 2+8+1 & 0+8+2 & 2+0+1 \\ 4+2+2 & 0+2+4 & 4+0+2 \\ 1+4+4 & 0+4+8 & 1+0+4 \end{pmatrix} = \frac{1}{14}\begin{pmatrix} 11 & 10 & 3 \\ 8 & 6 & 6 \\ 9 & 12 & 5 \end{pmatrix}$$

以上より

$$(AB)^{-1} = B^{-1}A^{-1}, \quad (AB)^{-1} \neq A^{-1}B^{-1}$$

が確認できました。

練習問題 4.1 (p.142)

（1） $\overrightarrow{AF}$, $\overrightarrow{BO}$, $\overrightarrow{CD}$

（2） AC と BO との交点を H とおきます。
BH⊥AC, ∠ABH=60° より

$$AB : AH = 2 : \sqrt{3}$$
$$1 : AH = 2 : \sqrt{3}$$
$$AH = \frac{\sqrt{3}}{2}$$
$$|\overrightarrow{AC}| = \frac{\sqrt{3}}{2} \times 2 = \sqrt{3}$$

（3） $\overrightarrow{DC}$, $\overrightarrow{HG}$, $\overrightarrow{EF}$

（4） 四角形 EFGH は正方形なので

$$EG = \sqrt{2}$$

△AEG は直角三角形であることより

$$|\overrightarrow{AG}| = \sqrt{1^2+(\sqrt{2})^2}$$
$$= \sqrt{1+2} = \sqrt{3}$$

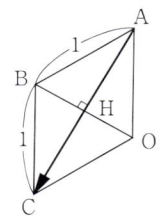

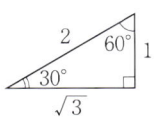

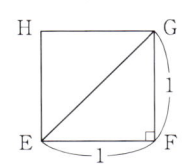

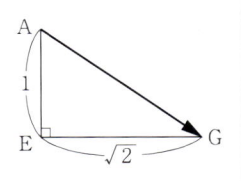

練習問題 4.2 (p.142)

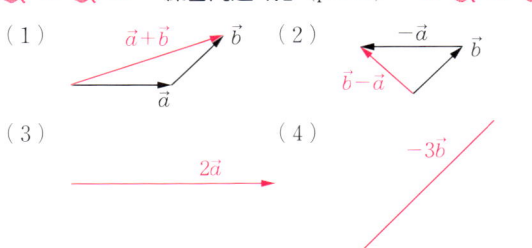

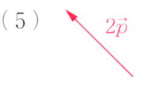

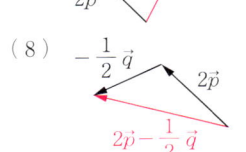

（1） $\vec{a}+\vec{b}$

（2） $\vec{b}-\vec{a}$

（3） $2\vec{a}$

（4） $-3\vec{b}$

（5） $2\vec{p}$

（6） $2\vec{p}+\vec{q}$

（7） $-\frac{1}{2}\vec{q}$

（8） $2\vec{p}-\frac{1}{2}\vec{q}$

練習問題 4.3 (p. 143)

（1） 与式 $= 8\vec{a} - 2\vec{a} - 2\vec{b} - \vec{b} = 6\vec{a} - 3\vec{b}$

（2） 与式 $= 3\vec{a} - 4\vec{a} + 5\vec{b} + \vec{b} = -\vec{a} + 6\vec{b}$

（3） 与式 $= 4\vec{a} - 12\vec{b} - 4\vec{a} + 12\vec{b}$
$= 4\vec{a} - 4\vec{a} - 12\vec{b} + 12\vec{b} = \vec{0} + \vec{0} = \vec{0}$

（4） 与式 $= 10\vec{b} + 5\vec{a} - 15\vec{c} - 2\vec{b} + 6\vec{c} - 3\vec{a}$
$= 5\vec{a} - 3\vec{a} + 10\vec{b} - 2\vec{b} - 15\vec{c} + 6\vec{c}$
$= 2\vec{a} + 8\vec{b} - 9\vec{c}$

練習問題 4.4 (p. 143)

（1） $\overrightarrow{AB} = \begin{pmatrix} 2-1 \\ -2-3 \end{pmatrix} = \begin{pmatrix} 1 \\ -5 \end{pmatrix}$

（2） $\overrightarrow{BC} = \begin{pmatrix} 3-2 \\ -1-(-2) \end{pmatrix} = \begin{pmatrix} 1 \\ 1 \end{pmatrix}$

（3） $\overrightarrow{CA} = \begin{pmatrix} 1-3 \\ 3-(-1) \end{pmatrix} = \begin{pmatrix} -2 \\ 4 \end{pmatrix}$

（4） $-5\overrightarrow{AB} = -5\begin{pmatrix} 1 \\ -5 \end{pmatrix} = \begin{pmatrix} -5 \\ 25 \end{pmatrix}$

（5） $\overrightarrow{AB} + 2\overrightarrow{BC}$
$= \begin{pmatrix} 1 \\ -5 \end{pmatrix} + 2\begin{pmatrix} 1 \\ 1 \end{pmatrix} = \begin{pmatrix} 1 \\ -5 \end{pmatrix} + \begin{pmatrix} 2 \\ 2 \end{pmatrix} = \begin{pmatrix} 1+2 \\ -5+2 \end{pmatrix}$
$= \begin{pmatrix} 3 \\ -3 \end{pmatrix}$

（6） $2\overrightarrow{AB} + \overrightarrow{BC}$
$= 2\begin{pmatrix} 1 \\ -5 \end{pmatrix} + \begin{pmatrix} 1 \\ 1 \end{pmatrix} = \begin{pmatrix} 2 \\ -10 \end{pmatrix} + \begin{pmatrix} 1 \\ 1 \end{pmatrix} = \begin{pmatrix} 2+1 \\ -10+1 \end{pmatrix}$
$= \begin{pmatrix} 3 \\ -9 \end{pmatrix}$

（7） $3\overrightarrow{AB} - 2\overrightarrow{BC}$
$= 3\begin{pmatrix} 1 \\ -5 \end{pmatrix} - 2\begin{pmatrix} 1 \\ 1 \end{pmatrix} = \begin{pmatrix} 3 \\ -15 \end{pmatrix} - \begin{pmatrix} 2 \\ 2 \end{pmatrix} = \begin{pmatrix} 3-2 \\ -15-2 \end{pmatrix}$
$= \begin{pmatrix} 1 \\ -17 \end{pmatrix}$

（8） $\overrightarrow{AB} - 4\overrightarrow{BC} + 3\overrightarrow{CA}$
$= \begin{pmatrix} 1 \\ -5 \end{pmatrix} - 4\begin{pmatrix} 1 \\ 1 \end{pmatrix} + 3\begin{pmatrix} -2 \\ 4 \end{pmatrix} = \begin{pmatrix} 1 \\ -5 \end{pmatrix} - \begin{pmatrix} 4 \\ 4 \end{pmatrix} + \begin{pmatrix} -6 \\ 12 \end{pmatrix}$
$= \begin{pmatrix} 1-4-6 \\ -5-4+12 \end{pmatrix} = \begin{pmatrix} -9 \\ 3 \end{pmatrix}$

練習問題 4.5 (p. 143)

（1） $\overrightarrow{AB} = \begin{pmatrix} 1 \\ -5 \end{pmatrix}$ より
$|\overrightarrow{AB}| = \sqrt{1^2 + (-5)^2} = \sqrt{1+25} = \sqrt{26}$

（2） $-5\overrightarrow{AB} = \begin{pmatrix} -5 \\ 25 \end{pmatrix}$ より
$|-5\overrightarrow{AB}| = \sqrt{(-5)^2 + 25^2} = \sqrt{25+625} = \sqrt{650}$
$= 5\sqrt{26}$
（または，$|-5\overrightarrow{AB}| = 5|\overrightarrow{AB}| = 5\sqrt{26}$）

（3） $\overrightarrow{AB} + 2\overrightarrow{BC} = \begin{pmatrix} 3 \\ -3 \end{pmatrix}$ より
$|\overrightarrow{AB} + 2\overrightarrow{BC}| = \sqrt{3^2 + (-3)^2} = \sqrt{9+9} = \sqrt{18} = 3\sqrt{2}$

（4） $\overrightarrow{AB} - 4\overrightarrow{BC} + 3\overrightarrow{CA} = \begin{pmatrix} -9 \\ 3 \end{pmatrix}$ より
$|\overrightarrow{AB} - 4\overrightarrow{BC} + 3\overrightarrow{CA}|$
$= \sqrt{(-9)^2 + 3^2}$
$= \sqrt{81+9} = \sqrt{90}$
$= 3\sqrt{10}$

警告！
$|\vec{a} + \vec{b}| \neq |\vec{a}| + |\vec{b}|$

練習問題 4.6 (p. 143)

（1） $\vec{a} \cdot \vec{b} = 4 \cdot 1 + 3 \cdot 2 = 4 + 6 = 10$

（2） $\vec{a}, \vec{b}$ の大きさを求めておきます．
$|\vec{a}| = \sqrt{4^2 + 3^2} = \sqrt{16+9} = \sqrt{25} = 5$
$|\vec{b}| = \sqrt{1^2 + 2^2} = \sqrt{1+4} = \sqrt{5}$
これより
$\cos\theta = \frac{\vec{a} \cdot \vec{b}}{|\vec{a}||\vec{b}|} = \frac{10}{5\sqrt{5}} = \frac{2}{\sqrt{5}}$

（3） $\vec{a} \perp \vec{c}$ より $\vec{a} \cdot \vec{c} = 0$
$\vec{a} \cdot \vec{c} = 4 \cdot (-3) + 3t = -12 + 3t = 0$ より $t = 4$

（4） $\vec{b}, \vec{c}$ の大きさと内積を求めておきます．
$|\vec{b}| = \sqrt{1^2 + 2^2} = \sqrt{5}$
$|\vec{c}| = \sqrt{(-3)^2 + t^2} = \sqrt{9 + t^2}$
$\vec{b} \cdot \vec{c} = 1 \cdot (-3) + 2 \cdot t = -3 + 2t$
これらを
$\cos\theta = \frac{\vec{b} \cdot \vec{c}}{|\vec{b}||\vec{c}|}$
の関係に代入して
$\cos 45° = \frac{-3 + 2t}{\sqrt{5}\sqrt{9+t^2}}, \quad \frac{1}{\sqrt{2}} = \frac{2t-3}{\sqrt{5}\sqrt{9+t^2}}$
$\sqrt{5}\sqrt{9+t^2} = \sqrt{2}(2t-3) \quad ①$

両辺を2乗して（ここで同値変形がくずれます！）
$5(9+t^2)=2(2t-3)^2$, $45+5t^2=2(4t^2-12t+9)$
$45+5t^2=8t^2-24t+18$, $3t^2-24t-27=0$
$t^2-8t-9=0$
$(t-9)(t+1)=0$ より $t=9,-1$

①が成立するかどうかを代入して調べます。

$t=9$ のとき　①の左辺 $=\sqrt{5}\sqrt{9+9^2}=\sqrt{5}\sqrt{90}$
$=15\sqrt{2}$
①の右辺 $=\sqrt{2}(2\cdot 9-3)=15\sqrt{2}$
∴　左辺＝右辺

$t=-1$ のとき　①の左辺 $=\sqrt{5}\sqrt{9+(-1)^2}=\sqrt{5}\sqrt{10}$
$=5\sqrt{2}$
①の右辺 $=\sqrt{2}\{2\cdot(-1)-3\}$
$=-5\sqrt{2}$
∴　左辺≠右辺

以上より①の解は $t=9$ だけなので
$t=9$

（5）$\overrightarrow{OP}=\begin{pmatrix}t\\t-1\end{pmatrix}$, $\overrightarrow{AP}=\begin{pmatrix}t-2\\t-1\end{pmatrix}$

$\overrightarrow{OP}\perp\overrightarrow{AP}$ より　$\overrightarrow{OP}\cdot\overrightarrow{AP}=0$
$\overrightarrow{OP}\cdot\overrightarrow{AP}=t(t-2)+(t-1)(t-1)=0$
$t^2-2t+t^2-2t+1=0$
$2t^2-4t+1=0$

解の公式を使って
$t=\dfrac{-(-2)\pm\sqrt{(-2)^2-2\cdot 1}}{2}=\dfrac{2\pm\sqrt{4-2}}{2}=\dfrac{2\pm\sqrt{2}}{2}$
∴　$t=\dfrac{1}{2}(2\pm\sqrt{2})$

（6）$\overrightarrow{OA}=\begin{pmatrix}2\\0\end{pmatrix}$, $\overrightarrow{AP}=\begin{pmatrix}t-2\\t-1\end{pmatrix}$ より

$|\overrightarrow{OA}|=\sqrt{2^2+0^2}=\sqrt{4}=2$
$|\overrightarrow{AP}|=\sqrt{(t-2)^2+(t-1)^2}$
$\overrightarrow{OA}\cdot\overrightarrow{AP}=2\cdot(t-2)+0\cdot(t-1)=2(t-2)$

これらを
$\cos 60°=\dfrac{\overrightarrow{OA}\cdot\overrightarrow{AP}}{|\overrightarrow{OA}||\overrightarrow{AP}|}$
へ代入すると
$\dfrac{1}{2}=\dfrac{2(t-2)}{2\sqrt{(t-2)^2+(t-1)^2}}$
$\sqrt{(t-2)^2+(t-1)^2}=2(t-2)$　②

両辺を2乗して（ここで同値変形がくずれます！）
$(t-2)^2+(t-1)^2=4(t-2)^2$

$(t^2-4t+4)+(t^2-2t+1)=4(t^2-4t+4)$
$2t^2-6t+5=4t^2-16t+16$
$2t^2-10t+11=0$

解の公式より
$t=\dfrac{-(-5)\pm\sqrt{(-5)^2-2\cdot 11}}{2}=\dfrac{5\pm\sqrt{25-22}}{2}$
$=\dfrac{5\pm\sqrt{3}}{2}$

②に代入して，成立するかどうかを調べなければいけませんが，2つある t の値のうち，
$t=\dfrac{5-\sqrt{3}}{2}(\fallingdotseq 1.6)$

の方は右辺＜0となるので，$t=\dfrac{5+\sqrt{3}}{2}$ の1つだけが解です。

∴　$t=\dfrac{1}{2}(5+\sqrt{3})$

> 無理方程式の解には注意が必要でしたわ。

🌸🌸🌸🌸　**練習問題 4.7**（p. 143）　🌸🌸🌸🌸

（1）$|\vec{v_1}|=\sqrt{1^2+1^2}=\sqrt{2}$ より
$\vec{u_1}=\dfrac{1}{|\vec{v_1}|}\vec{v_1}=\dfrac{1}{\sqrt{2}}\begin{pmatrix}1\\1\end{pmatrix}$

（2）$k=\vec{u_1}\cdot\vec{v_2}=\dfrac{1}{\sqrt{2}}\begin{pmatrix}1\\1\end{pmatrix}\cdot\begin{pmatrix}1\\-2\end{pmatrix}$
$=\dfrac{1}{\sqrt{2}}\{1\cdot 1+1\cdot(-2)\}=\dfrac{1}{\sqrt{2}}(1-2)$
$=-\dfrac{1}{\sqrt{2}}$

（3）$\vec{v_2}'=\vec{v_2}-k\vec{u_1}$
$=\begin{pmatrix}1\\-2\end{pmatrix}-\left(-\dfrac{1}{\sqrt{2}}\right)\left\{\dfrac{1}{\sqrt{2}}\begin{pmatrix}1\\1\end{pmatrix}\right\}$
$=\begin{pmatrix}1\\-2\end{pmatrix}+\dfrac{1}{2}\begin{pmatrix}1\\1\end{pmatrix}$
$=\dfrac{1}{2}\left\{2\begin{pmatrix}1\\-2\end{pmatrix}+\begin{pmatrix}1\\1\end{pmatrix}\right\}$　＜分数計算をなるべく避けました。
$=\dfrac{1}{2}\left\{\begin{pmatrix}2\\-4\end{pmatrix}+\begin{pmatrix}1\\1\end{pmatrix}\right\}=\dfrac{1}{2}\begin{pmatrix}2+1\\-4+1\end{pmatrix}$
$=\dfrac{1}{2}\begin{pmatrix}3\\-3\end{pmatrix}=\dfrac{3}{2}\begin{pmatrix}1\\-1\end{pmatrix}$

(4) $|\vec{v_2}'| = \frac{3}{2}\sqrt{1^2+(-1)^2} = \frac{3}{2}\sqrt{2}$

これより

$$\vec{u_2} = \frac{1}{|\vec{v_2}'|}\vec{v_2}' = \frac{1}{\frac{3}{2}\sqrt{2}}\left\{\frac{3}{2}\begin{pmatrix}1\\-1\end{pmatrix}\right\} = \frac{1}{\sqrt{2}}\begin{pmatrix}1\\-1\end{pmatrix}$$

(5) (1)〜(4)より

$$\vec{u_1} = \frac{1}{\sqrt{2}}\begin{pmatrix}1\\1\end{pmatrix},\quad \vec{u_2} = \frac{1}{\sqrt{2}}\begin{pmatrix}1\\-1\end{pmatrix}$$

$$\therefore\ \vec{u_1}\cdot\vec{u_2} = \left\{\frac{1}{\sqrt{2}}\begin{pmatrix}1\\1\end{pmatrix}\right\}\cdot\left\{\frac{1}{\sqrt{2}}\begin{pmatrix}1\\-1\end{pmatrix}\right\}$$
$$= \left(\frac{1}{\sqrt{2}}\ \frac{1}{\sqrt{2}}\right)\begin{pmatrix}1\\1\end{pmatrix}\cdot\begin{pmatrix}1\\-1\end{pmatrix}$$
$$= \frac{1}{2}\{1\cdot 1 + 1\cdot(-1)\}$$
$$= \frac{1}{2}\cdot 0 = 0 \quad \therefore\ \vec{u_1}\cdot\vec{u_2} = 0$$

(6) $|\vec{u_1}| = \frac{1}{\sqrt{2}}\sqrt{1^2+1^2} = \frac{1}{\sqrt{2}}\sqrt{2} = 1$

$|\vec{u_2}| = \frac{1}{\sqrt{2}}\sqrt{1^2+(-1)^2} = \frac{1}{\sqrt{2}}\sqrt{2} = 1$

$\therefore\ |\vec{u_1}| = |\vec{u_2}| = 1$

・ちょっと解説・

練習問題 4.7 はちょっとめんどうなベクトル計算ですが，平行でもなく垂直でもないベクトルの組 $\{\vec{v_1}, \vec{v_2}\}$ から，長さが 1 で互いに垂直になっているベクトルの組 $\{\vec{u_1}, \vec{u_2}\}$ を求める方法で，**シュミットの正規直交化法**とよばれています。

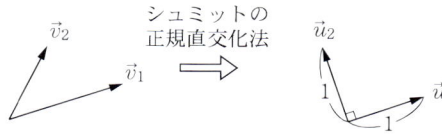

🌸🌸🌸 **練習問題 4.8** (p.144) 🌸🌸🌸

(1) $\vec{a} = \begin{pmatrix}3-0\\-1-2\\2-1\end{pmatrix} = \begin{pmatrix}3\\-3\\1\end{pmatrix}$

$\vec{b} = \begin{pmatrix}-2-3\\2-(-1)\\3-2\end{pmatrix} = \begin{pmatrix}-5\\3\\1\end{pmatrix}$

$\vec{c} = \begin{pmatrix}0-(-2)\\2-2\\1-3\end{pmatrix} = \begin{pmatrix}2\\0\\-2\end{pmatrix}$

(2) $|\vec{a}| = \sqrt{3^2+(-3)^2+1^2} = \sqrt{9+9+1} = \sqrt{19}$

$|\vec{b}| = \sqrt{(-5)^2+3^2+1^2} = \sqrt{25+9+1} = \sqrt{35}$

$|\vec{c}| = \sqrt{2^2+0^2+(-2)^2} = \sqrt{4+0+4} = \sqrt{8} = 2\sqrt{2}$

(3) $\vec{p} = 4\begin{pmatrix}3\\-3\\1\end{pmatrix} + \begin{pmatrix}-5\\3\\1\end{pmatrix} = \begin{pmatrix}12\\-12\\4\end{pmatrix} + \begin{pmatrix}-5\\3\\1\end{pmatrix}$
$= \begin{pmatrix}12-5\\-12+3\\4+1\end{pmatrix} = \begin{pmatrix}7\\-9\\5\end{pmatrix}$

$\vec{q} = \begin{pmatrix}2\\0\\-2\end{pmatrix} + 2\begin{pmatrix}-5\\3\\1\end{pmatrix} = \begin{pmatrix}2\\0\\-2\end{pmatrix} + \begin{pmatrix}-10\\6\\2\end{pmatrix}$
$= \begin{pmatrix}2-10\\0+6\\-2+2\end{pmatrix} = \begin{pmatrix}-8\\6\\0\end{pmatrix}$

$\vec{r} = 3\begin{pmatrix}3\\-3\\1\end{pmatrix} - 5\begin{pmatrix}2\\0\\-2\end{pmatrix} = \begin{pmatrix}9\\-9\\3\end{pmatrix} - \begin{pmatrix}10\\0\\-10\end{pmatrix}$
$= \begin{pmatrix}9-10\\-9-0\\3-(-10)\end{pmatrix} = \begin{pmatrix}-1\\-9\\13\end{pmatrix}$

(4) $\vec{p}+\vec{q}+\vec{r} = \begin{pmatrix}7\\-9\\5\end{pmatrix} + \begin{pmatrix}-8\\6\\0\end{pmatrix} + \begin{pmatrix}-1\\-9\\13\end{pmatrix}$
$= \begin{pmatrix}7-8-1\\-9+6-9\\5+0+13\end{pmatrix} = \begin{pmatrix}-2\\-12\\18\end{pmatrix} = 2\begin{pmatrix}-1\\-6\\9\end{pmatrix}$

$|\vec{p}+\vec{q}+\vec{r}| = 2\sqrt{(-1)^2+(-6)^2+9^2}$
$= 2\sqrt{1+36+81} = 2\sqrt{118}$

練習問題 4.9 (p. 144)

(1) $\vec{a}\cdot\vec{b}=2\cdot3+0\cdot\sqrt{3}+\sqrt{2}\cdot0=6+0+0=6$

(2) $|\vec{a}|=\sqrt{2^2+0^2+(\sqrt{2})^2}=\sqrt{6}$

$|\vec{b}|=\sqrt{3^2+(\sqrt{3})^2+0^2}=\sqrt{12}=2\sqrt{3}$

$\cos\theta=\dfrac{\vec{a}\cdot\vec{b}}{|\vec{a}||\vec{b}|}=\dfrac{6}{\sqrt{6}\cdot2\sqrt{3}}=\dfrac{3}{\sqrt{6}\sqrt{3}}$

$=\dfrac{3}{(\sqrt{2}\sqrt{3})\cdot\sqrt{3}}=\dfrac{3}{\sqrt{2}\cdot3}=\dfrac{1}{\sqrt{2}}$

$\cos\theta=\dfrac{1}{\sqrt{2}}$ ($0\leq\theta\leq180°$) より $\theta=45°$

(3) $\vec{a}\perp\vec{c}$ より $\vec{a}\cdot\vec{c}=0$

$\vec{a}\cdot\vec{c}=2\cdot1+0\cdot t+\sqrt{2}\,t=2+\sqrt{2}\,t=0$ より

$2+\sqrt{2}\,t=0,\ t=-\dfrac{2}{\sqrt{2}}=-\sqrt{2}$ $\therefore\ t=-\sqrt{2}$

(4) $\vec{a}\cdot\vec{c}=2+\sqrt{2}\,t$

$|\vec{a}|=\sqrt{6},\ |\vec{c}|=\sqrt{1^2+t^2+t^2}=\sqrt{1+2t^2}$

これらを $\cos30°=\dfrac{\vec{a}\cdot\vec{c}}{|\vec{a}||\vec{c}|}$ の関係に代入して

$\dfrac{\sqrt{3}}{2}=\dfrac{2+\sqrt{2}\,t}{\sqrt{6}\sqrt{1+2t^2}}$

$\sqrt{18}\sqrt{1+2t^2}=2(2+\sqrt{2}\,t)$

$3\sqrt{2}\sqrt{1+2t^2}=2\sqrt{2}\,(\sqrt{2}+t)$

$3\sqrt{1+2t^2}=2(\sqrt{2}+t)$ ①

両辺を 2 乗します (ここで同値変形がくずれます)。

$9(1+2t^2)=4(\sqrt{2}+t)^2$

$9+18t^2=4(2+2\sqrt{2}\,t+t^2)$

$9+18t^2=8+8\sqrt{2}\,t+4t^2$

$14t^2-8\sqrt{2}\,t+1=0$

解の公式より

$t=\dfrac{-(-4\sqrt{2})\pm\sqrt{(-4\sqrt{2})^2-14\cdot1}}{14}$

$=\dfrac{4\sqrt{2}\pm\sqrt{16\cdot2-14}}{14}=\dfrac{1}{14}(4\sqrt{2}\pm\sqrt{18})$

$=\dfrac{1}{14}(4\sqrt{2}\pm3\sqrt{2})$

$=\begin{cases}\dfrac{1}{14}(4\sqrt{2}+3\sqrt{2})=\dfrac{7}{14}\sqrt{2}=\dfrac{\sqrt{2}}{2}\\\dfrac{1}{14}(4\sqrt{2}-3\sqrt{2})=\dfrac{\sqrt{2}}{14}\end{cases}$

両方の t の値とも①をみたすので解です。

$\therefore\ t=\dfrac{\sqrt{2}}{2},\ \dfrac{\sqrt{2}}{14}$

(5) $\vec{c}=\begin{pmatrix}c_1\\c_2\\c_3\end{pmatrix}$ とおくと

$\vec{a}\cdot\vec{c}=0$ より $2c_1+\sqrt{2}\,c_3=0$ ①

$\vec{b}\cdot\vec{c}=0$ より $3c_1+\sqrt{3}\,c_2=0$ ②

$|\vec{c}|=1$ より $c_1^2+c_2^2+c_3^2=1$ ③

①, ②, ③ より c_1, c_2, c_3 を求めます。

①より $c_3=-\sqrt{2}\,c_1$ ①′

②より $c_2=-\sqrt{3}\,c_1$ ②′

これらを③へ代入して

$c_1^2+(-\sqrt{3}\,c_1)^2+(-\sqrt{2}\,c_1)^2=1$

$6c_1^2=1,\ c_1^2=\dfrac{1}{6},\ c_1=\pm\dfrac{1}{\sqrt{6}}$

①′, ②′ に代入して c_2, c_3 を求めると

$c_2=\mp\dfrac{1}{\sqrt{2}},\ c_3=\mp\dfrac{1}{\sqrt{3}}$ (複号同順)

これらより求めるベクトルは 2 つあり

$\begin{pmatrix}\dfrac{1}{\sqrt{6}}\\-\dfrac{1}{\sqrt{2}}\\-\dfrac{1}{\sqrt{3}}\end{pmatrix},\ \begin{pmatrix}-\dfrac{1}{\sqrt{6}}\\\dfrac{1}{\sqrt{2}}\\\dfrac{1}{\sqrt{3}}\end{pmatrix}$

練習問題 4.10 (p. 144)

(1) $|\vec{v}_1|=\sqrt{0^2+1^2+1^2}=\sqrt{2}$

$\vec{u}_1=\dfrac{1}{|\vec{v}_1|}\vec{v}_1=\dfrac{1}{\sqrt{2}}\begin{pmatrix}0\\1\\1\end{pmatrix}$

(2) $k_1=\vec{u}_1\cdot\vec{v}_2=\dfrac{1}{\sqrt{2}}\begin{pmatrix}0\\1\\1\end{pmatrix}\cdot\begin{pmatrix}1\\0\\1\end{pmatrix}$

$=\dfrac{1}{\sqrt{2}}(0\cdot1+1\cdot0+1\cdot1)=\dfrac{1}{\sqrt{2}}\cdot1=\dfrac{1}{\sqrt{2}}$

(3) $\vec{v}_2{}'=\vec{v}_2-k_1\vec{u}_1$

$=\begin{pmatrix}1\\0\\1\end{pmatrix}-\dfrac{1}{\sqrt{2}}\left\{\dfrac{1}{\sqrt{2}}\begin{pmatrix}0\\1\\1\end{pmatrix}\right\}$ (分数計算を避けました。)

$=\begin{pmatrix}1\\0\\1\end{pmatrix}-\dfrac{1}{2}\begin{pmatrix}0\\1\\1\end{pmatrix}=\dfrac{1}{2}\left\{2\begin{pmatrix}1\\0\\1\end{pmatrix}-\begin{pmatrix}0\\1\\1\end{pmatrix}\right\}$

$=\dfrac{1}{2}\left\{\begin{pmatrix}2\\0\\2\end{pmatrix}-\begin{pmatrix}0\\1\\1\end{pmatrix}\right\}=\dfrac{1}{2}\begin{pmatrix}2-0\\0-1\\2-1\end{pmatrix}=\dfrac{1}{2}\begin{pmatrix}2\\-1\\1\end{pmatrix}$

（4） $|\vec{v_2}'| = \frac{1}{2}\sqrt{2^2+(-1)^2+1^2} = \frac{1}{2}\sqrt{6}$

$\vec{u_2} = \frac{1}{|\vec{v_2}'|}\vec{v_2}' = \frac{1}{\frac{1}{2}\sqrt{6}} \cdot \frac{1}{2}\begin{pmatrix}2\\-1\\1\end{pmatrix} = \frac{1}{\sqrt{6}}\begin{pmatrix}2\\-1\\1\end{pmatrix}$

（5） $k_2 = \vec{u_1}\cdot\vec{v_3} = \frac{1}{\sqrt{2}}\begin{pmatrix}0\\1\\1\end{pmatrix}\cdot\begin{pmatrix}1\\1\\0\end{pmatrix}$

$= \frac{1}{\sqrt{2}}(0\cdot1+1\cdot1+1\cdot0) = \frac{1}{\sqrt{2}}$

（6） $k_3 = \vec{u_2}\cdot\vec{v_3} = \frac{1}{\sqrt{6}}\begin{pmatrix}2\\-1\\1\end{pmatrix}\cdot\begin{pmatrix}1\\1\\0\end{pmatrix}$

$= \frac{1}{\sqrt{6}}\{2\cdot1+(-1)\cdot1+1\cdot0\} = \frac{1}{\sqrt{6}}$

（7） $\vec{v_3}' = \vec{v_3} - k_2\vec{u_1} - k_3\vec{u_2}$

$= \begin{pmatrix}1\\1\\0\end{pmatrix} - \frac{1}{\sqrt{2}}\left\{\frac{1}{\sqrt{2}}\begin{pmatrix}0\\1\\1\end{pmatrix}\right\} - \frac{1}{\sqrt{6}}\left\{\frac{1}{\sqrt{6}}\begin{pmatrix}2\\-1\\1\end{pmatrix}\right\}$

$= \begin{pmatrix}1\\1\\0\end{pmatrix} - \frac{1}{2}\begin{pmatrix}0\\1\\1\end{pmatrix} - \frac{1}{6}\begin{pmatrix}2\\-1\\1\end{pmatrix}$

$= \frac{1}{6}\left\{6\begin{pmatrix}1\\1\\0\end{pmatrix} - 3\begin{pmatrix}0\\1\\1\end{pmatrix} - \begin{pmatrix}2\\-1\\1\end{pmatrix}\right\}$ ← 分数計算を避けました。

$= \frac{1}{6}\left\{\begin{pmatrix}6\\6\\0\end{pmatrix} - \begin{pmatrix}0\\3\\3\end{pmatrix} - \begin{pmatrix}2\\-1\\1\end{pmatrix}\right\}$

$= \frac{1}{6}\begin{pmatrix}6-0-2\\6-3-(-1)\\0-3-1\end{pmatrix} = \frac{1}{6}\begin{pmatrix}4\\4\\-4\end{pmatrix}$

$= \frac{4}{6}\begin{pmatrix}1\\1\\-1\end{pmatrix} = \frac{2}{3}\begin{pmatrix}1\\1\\-1\end{pmatrix}$

（8） $|\vec{v_3}'| = \frac{2}{3}\sqrt{1^2+1^2+(-1)^2} = \frac{2}{3}\sqrt{3}$

$\vec{u_3} = \frac{1}{|\vec{v_3}'|}\vec{v_3}'$

$= \frac{1}{\frac{2}{3}\sqrt{3}} \cdot \frac{2}{3}\begin{pmatrix}1\\1\\-1\end{pmatrix} = \frac{1}{\sqrt{3}}\begin{pmatrix}1\\1\\-1\end{pmatrix}$

わ～，大変なベクトル計算ですわ！

（9）（1）～（8）より

$\vec{u_1} = \frac{1}{\sqrt{2}}\begin{pmatrix}0\\1\\1\end{pmatrix}, \quad \vec{u_2} = \frac{1}{\sqrt{6}}\begin{pmatrix}2\\-1\\1\end{pmatrix},$

$\vec{u_3} = \frac{1}{\sqrt{3}}\begin{pmatrix}1\\1\\-1\end{pmatrix}$

これより

$\vec{u_1}\cdot\vec{u_2} = \left\{\frac{1}{\sqrt{2}}\begin{pmatrix}0\\1\\1\end{pmatrix}\right\}\cdot\left\{\frac{1}{\sqrt{6}}\begin{pmatrix}2\\-1\\1\end{pmatrix}\right\}$

$= \left(\frac{1}{\sqrt{2}}\cdot\frac{1}{\sqrt{6}}\right)\begin{pmatrix}0\\1\\1\end{pmatrix}\cdot\begin{pmatrix}2\\-1\\1\end{pmatrix}$

$= \frac{1}{\sqrt{12}}\{0\cdot2+1\cdot(-1)+1\cdot1\} = \frac{1}{2\sqrt{3}}\cdot0 = 0$

$\vec{u_2}\cdot\vec{u_3} = \left\{\frac{1}{\sqrt{6}}\begin{pmatrix}2\\-1\\1\end{pmatrix}\right\}\cdot\left\{\frac{1}{\sqrt{3}}\begin{pmatrix}1\\1\\-1\end{pmatrix}\right\}$

$= \left(\frac{1}{\sqrt{6}}\cdot\frac{1}{\sqrt{3}}\right)\begin{pmatrix}2\\-1\\1\end{pmatrix}\cdot\begin{pmatrix}1\\1\\-1\end{pmatrix}$

$= \frac{1}{\sqrt{18}}\{2\cdot1+(-1)\cdot1+1\cdot(-1)\}$

$= \frac{1}{3\sqrt{2}}\cdot0 = 0$

$\vec{u_1}\cdot\vec{u_3} = \left\{\frac{1}{\sqrt{2}}\begin{pmatrix}0\\1\\1\end{pmatrix}\right\}\cdot\left\{\frac{1}{\sqrt{3}}\begin{pmatrix}1\\1\\-1\end{pmatrix}\right\}$

$= \left(\frac{1}{\sqrt{2}}\cdot\frac{1}{\sqrt{3}}\right)\begin{pmatrix}0\\1\\1\end{pmatrix}\cdot\begin{pmatrix}1\\1\\-1\end{pmatrix}$

$= \frac{1}{\sqrt{6}}\{0\cdot1+1\cdot1+1\cdot(-1)\} = \frac{1}{\sqrt{6}}\cdot0 = 0$

以上より

$\vec{u_1}\cdot\vec{u_2} = \vec{u_2}\cdot\vec{u_3} = \vec{u_1}\cdot\vec{u_3} = 0$

（10） $|\vec{u_1}| = \frac{1}{\sqrt{2}}\sqrt{0^2+1^2+1^2} = \frac{1}{\sqrt{2}}\sqrt{2} = 1$

$|\vec{u_2}| = \frac{1}{\sqrt{6}}\sqrt{2^2+(-1)^2+1^2} = \frac{1}{\sqrt{6}}\sqrt{4+1+1}$

$= \frac{1}{\sqrt{6}}\sqrt{6} = 1$

$|\vec{u_3}| = \frac{1}{\sqrt{3}}\sqrt{1^2+1^2+(-1)^2} = \frac{1}{\sqrt{3}}\sqrt{3} = 1$

以上より

$|\vec{u_1}| = |\vec{u_2}| = |\vec{u_3}| = 1$

6 練習問題

・ちょっと解説・

練習問題 4.7 でも同じような計算をしましたね。ここでは R^3 のベクトルで，平行移動しても同一平面上にはのらず，互いに垂直でもないベクトルの組 $\{\vec{v}_1, \vec{v}_2, \vec{v}_3\}$ から，大きさが 1 で互いに垂直であるベクトルの組 $\{\vec{u}_1, \vec{u}_2, \vec{u}_3\}$ を**シュミットの正規直交化法**により求めました。

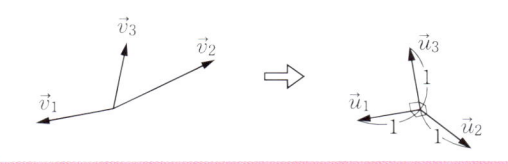

練習問題 4.11 (p. 145)

(1)

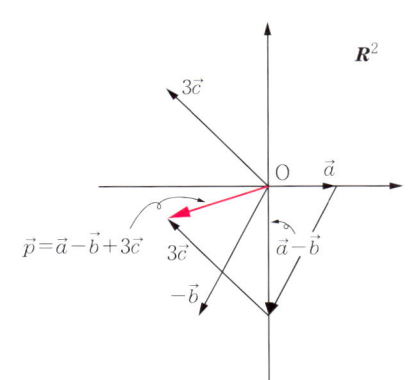

(2)

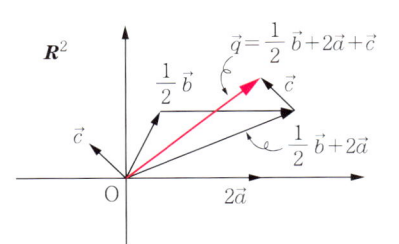

(3)

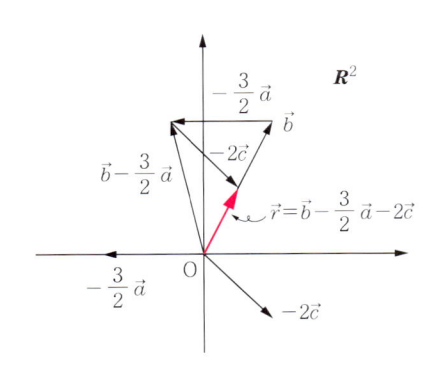

練習問題 4.12 (p. 145)

(1) $\vec{p} = 3\begin{pmatrix}1\\1\end{pmatrix} + 2\begin{pmatrix}-1\\1\end{pmatrix} = \begin{pmatrix}3\\3\end{pmatrix} + \begin{pmatrix}-2\\2\end{pmatrix} = \begin{pmatrix}3-2\\3+2\end{pmatrix}$

$= \begin{pmatrix}1\\5\end{pmatrix}$

(2) $\vec{q} = \dfrac{3}{2}\begin{pmatrix}1\\1\end{pmatrix} - \dfrac{1}{4}\begin{pmatrix}-1\\1\end{pmatrix}$ 　分数計算を避けました。

$= \dfrac{1}{4}\left\{6\begin{pmatrix}1\\1\end{pmatrix} - \begin{pmatrix}-1\\1\end{pmatrix}\right\} = \dfrac{1}{4}\left\{\begin{pmatrix}6\\6\end{pmatrix} - \begin{pmatrix}-1\\1\end{pmatrix}\right\}$

$= \dfrac{1}{4}\begin{pmatrix}6-(-1)\\6-1\end{pmatrix} = \dfrac{1}{4}\begin{pmatrix}7\\5\end{pmatrix} = \begin{pmatrix}\dfrac{7}{4}\\\dfrac{5}{4}\end{pmatrix}$

(3) $\vec{u} = 5\begin{pmatrix}1\\1\\0\end{pmatrix} + 2\begin{pmatrix}1\\0\\1\end{pmatrix} - 4\begin{pmatrix}0\\1\\1\end{pmatrix}$

$= \begin{pmatrix}5\\5\\0\end{pmatrix} + \begin{pmatrix}2\\0\\2\end{pmatrix} - \begin{pmatrix}0\\4\\4\end{pmatrix} = \begin{pmatrix}5+2-0\\5+0-4\\0+2-4\end{pmatrix}$

$= \begin{pmatrix}7\\1\\-2\end{pmatrix}$

(4) $\vec{v} = \dfrac{2}{3}\begin{pmatrix}1\\1\\0\end{pmatrix} - \dfrac{1}{4}\begin{pmatrix}1\\0\\1\end{pmatrix} + \dfrac{5}{6}\begin{pmatrix}0\\1\\1\end{pmatrix}$

$= \dfrac{1}{12}\left\{8\begin{pmatrix}1\\1\\0\end{pmatrix} - 3\begin{pmatrix}1\\0\\1\end{pmatrix} + 10\begin{pmatrix}0\\1\\1\end{pmatrix}\right\}$ 　分数計算を避けました。

$= \dfrac{1}{12}\left\{\begin{pmatrix}8\\8\\0\end{pmatrix} - \begin{pmatrix}3\\0\\3\end{pmatrix} + \begin{pmatrix}0\\10\\10\end{pmatrix}\right\}$

$= \dfrac{1}{12}\begin{pmatrix}8-3+0\\8-0+10\\0-3+10\end{pmatrix} = \dfrac{1}{12}\begin{pmatrix}5\\18\\7\end{pmatrix} = \begin{pmatrix}\dfrac{5}{12}\\\dfrac{18}{12}\\\dfrac{7}{12}\end{pmatrix}$

$= \begin{pmatrix}\dfrac{5}{12}\\\dfrac{3}{2}\\\dfrac{7}{12}\end{pmatrix}$

練習問題 4.13 (p.145)

(1) $\vec{c} = m\vec{a} + n\vec{b}$ とおき，成分を代入すると

$$\begin{pmatrix} 0 \\ -3 \end{pmatrix} = m\begin{pmatrix} 2 \\ 1 \end{pmatrix} + n\begin{pmatrix} 1 \\ -2 \end{pmatrix}$$
$$= \begin{pmatrix} 2m \\ m \end{pmatrix} + \begin{pmatrix} n \\ -2n \end{pmatrix} = \begin{pmatrix} 2m+n \\ m-2n \end{pmatrix}$$

これより

$$\begin{cases} 2m + n = 0 \\ m - 2n = -3 \end{cases}$$

これを解くと，右の変形結果より

$$m = -\frac{3}{5}, \quad n = \frac{6}{5}$$

ゆえに

$$\vec{c} = -\frac{3}{5}\vec{a} + \frac{6}{5}\vec{b}$$

A		B	変形
2	1	0	
1	−2	−3	
① −2	−3	①↔②	
② 1	0		
1	−2	−3	
0	5	6	②+①×(−2)
1	−2	−3	
0	①	6/5	②×1/5
1	0	−3/5	①+②×2
0	1	6/5	

(2) $\vec{c} = m\vec{a} + n\vec{b}$ とおいて，成分を代入すると

$$\begin{pmatrix} 4 \\ 1 \end{pmatrix} = m\begin{pmatrix} -1 \\ 2 \end{pmatrix} + n\begin{pmatrix} 3 \\ 2 \end{pmatrix}$$
$$= \begin{pmatrix} -m \\ 2m \end{pmatrix} + \begin{pmatrix} 3n \\ 2n \end{pmatrix} = \begin{pmatrix} -m+3n \\ 2m+2n \end{pmatrix}$$

これより

$$\begin{cases} -m + 3n = 4 \\ 2m + 2n = 1 \end{cases}$$

これを解くと，右の変形結果より

$$m = -\frac{5}{8}, \quad n = \frac{9}{8}$$

ゆえに

$$\vec{c} = -\frac{5}{8}\vec{a} + \frac{9}{8}\vec{b}$$

A		B	変形
−1	3	4	
2	2	1	
① −3	−4	①×(−1)	
② 2	1		
1	−3	−4	
0	8	9	②+①×(−2)
1	−3	−4	
0	①	9/8	②×1/8
1	0	−5/8	①+②×3
0	1	9/8	

線形結合

ベクトル $\vec{a}_1, \cdots, \vec{a}_r$ に対して実数 $k_1, \cdots, k_r$ を使って
$$k_1\vec{a}_1 + \cdots + k_r\vec{a}_r$$
の形に表されるベクトルを $\vec{a}_1, \cdots, \vec{a}_r$ の線形結合または1次結合という。

練習問題 4.14 (p.145)

(1) $\vec{r} = m\vec{p} + n\vec{q}$ と表せるとします。成分を代入して

$$\begin{pmatrix} 1 \\ 1 \end{pmatrix} = m\begin{pmatrix} 1 \\ -1 \end{pmatrix} + n\begin{pmatrix} -1 \\ 1 \end{pmatrix}$$
$$= \begin{pmatrix} m \\ -m \end{pmatrix} + \begin{pmatrix} -n \\ n \end{pmatrix} = \begin{pmatrix} m-n \\ -m+n \end{pmatrix}$$

これより

$$\begin{cases} m - n = 1 \\ -m + n = 1 \end{cases}$$

右の変形結果より

rank $A = 1$

rank $(A|B) = 2$

A		B	変形
1	−1	1	
−1	1	1	
① −1	1		
0	0	2	②+①×1

となり，上記連立1次方程式をみたす解は存在しないので，$\vec{r}$ は $\vec{p}$ と $\vec{q}$ の線形結合では表せません。

(2) $\vec{r} = m\vec{p} + n\vec{q}$ と表せるとします。成分を代入して

$$\begin{pmatrix} 2 \\ \sqrt{3} \end{pmatrix} = m\begin{pmatrix} 1 \\ \sqrt{2} \end{pmatrix} + n\begin{pmatrix} \sqrt{2} \\ 2 \end{pmatrix}$$
$$= \begin{pmatrix} m \\ \sqrt{2}\,m \end{pmatrix} + \begin{pmatrix} \sqrt{2}\,n \\ 2n \end{pmatrix} = \begin{pmatrix} m+\sqrt{2}\,n \\ \sqrt{2}\,m+2n \end{pmatrix}$$

これより

$$\begin{cases} m + \sqrt{2}\,n = 2 \\ \sqrt{2}\,m + 2n = \sqrt{3} \end{cases}$$

これを解きます。

A		B	変形
①	$\sqrt{2}$	2	
$\sqrt{2}$	2	$\sqrt{3}$	
1	$\sqrt{2}$	2	
0	0	$\sqrt{3}-2\sqrt{2}$	②×①×(−$\sqrt{2}$)

上の変形結果より

rank $A = 1$

rank $(A|B) = 2$

となり，上記連立1次方程式をみたす解は存在しないので，$\vec{r}$ は $\vec{p}$ と $\vec{q}$ の線形結合では表せません。

rank $A \neq$ rank $(A|B)$ のときは，矛盾した式が出てくるのでしたわ。

6 練習問題　213

練習問題 4.15 (p. 145)

（1）$\vec{p} = l\vec{a} + m\vec{b} + n\vec{c}$
とおき，成分を代入します．

$$\begin{pmatrix} 1 \\ 2 \\ 3 \end{pmatrix} = l\begin{pmatrix} 1 \\ 1 \\ -1 \end{pmatrix} + m\begin{pmatrix} 1 \\ -1 \\ 1 \end{pmatrix} + n\begin{pmatrix} -1 \\ 1 \\ 1 \end{pmatrix}$$

$$= \begin{pmatrix} l+m-n \\ l-m+n \\ -l+m+n \end{pmatrix} \quad \therefore \begin{cases} l+m-n = 1 \\ l-m+n = 2 \\ -l+m+n = 3 \end{cases}$$

A			B	変形
1	1	−1	1	
1	−1	1	2	
−1	1	1	3	
1	1	−1	1	
0	−2	2	1	②+①×(−1)
0	2	0	4	③+①×1
1	1	−1	1	
0	−2	2	1	
0	1	0	2	③×1/2
1	1	−1	1	
0	1	0	2	②↔③
0	−2	2	1	
1	0	−1	−1	①+②×(−1)
0	1	0	2	
0	0	2	5	③+②×2
1	0	−1	−1	
0	1	0	2	
0	0	1	5/2	③×1/2
1	0	0	3/2	①+③×1
0	1	0	2	
0	0	1	5/2	

右の変形結果より
$$\begin{cases} l = \dfrac{3}{2} \\ m = 2 \\ n = \dfrac{5}{2} \end{cases}$$

$$\therefore \vec{p} = \frac{3}{2}\vec{a} + 2\vec{b} + \frac{5}{2}\vec{c}$$

（2）$\vec{p} = l\vec{a} + m\vec{b} + n\vec{c}$
とおき，成分を代入します．

$$\begin{pmatrix} 3 \\ 2 \\ 1 \end{pmatrix} = l\begin{pmatrix} 1 \\ 2 \\ -2 \end{pmatrix} + m\begin{pmatrix} -2 \\ 1 \\ 0 \end{pmatrix} + n\begin{pmatrix} 2 \\ 0 \\ 1 \end{pmatrix}$$

$$= \begin{pmatrix} l-2m+2n \\ 2l+m \\ -2l+n \end{pmatrix}$$

$$\therefore \begin{cases} l-2m+2n = 3 \\ 2l+m = 2 \\ -2l+n = 1 \end{cases}$$

A			B	変形
1	−2	2	3	
2	1	0	2	
−2	0	1	1	
1	−2	2	3	
2	1	0	2	
0	1	1	3	③+②×1
1	−2	2	3	
0	5	−4	−4	②+①×(−2)
0	1	1	3	
1	−2	2	3	
0	1	1	3	②↔③
0	5	−4	−4	
1	0	4	9	①+②×2
0	1	1	3	
0	0	−9	−19	③+②×(−5)
1	0	4	9	
0	1	1	3	
0	0	1	19/9	③×(−1/9)
1	0	0	5/9	①+③×(−4)
0	1	0	8/9	②+③×(−1)
0	0	1	19/9	

右の変形結果より
$$\begin{cases} l = \dfrac{5}{9} \\ m = \dfrac{8}{9} \\ n = \dfrac{19}{9} \end{cases}$$

$$\therefore \vec{p} = \frac{5}{9}\vec{a} + \frac{8}{9}\vec{b} + \frac{19}{9}\vec{c}$$

練習問題 4.16 (p. 146)

（1）$\vec{p} = l\vec{a} + m\vec{b} + n\vec{c}$
と表せるとして，成分を代入すると

$$\begin{pmatrix} 1 \\ 2 \\ 3 \end{pmatrix} = l\begin{pmatrix} 1 \\ 1 \\ -1 \end{pmatrix} + m\begin{pmatrix} 1 \\ -1 \\ 1 \end{pmatrix} + n\begin{pmatrix} -1 \\ 0 \\ 0 \end{pmatrix}$$

$$= \begin{pmatrix} l+m-n \\ l-m \\ -l+m \end{pmatrix} \quad \therefore \begin{cases} l+m-n = 1 \\ l-m = 2 \\ -l+m = 3 \end{cases}$$

A			B	変形
1	1	−1	1	
1	−1	0	2	
−1	1	0	3	
1	1	−1	1	
1	−1	0	2	
0	0	0	5	③+②×1
1	1	−1	1	
0	−2	1	1	②+①×(−1)
0	0	0	5	

右の変形結果より
　rank $A = 2$
　rank $(A \mid B) = 3$
となり，解は存在しません．
ゆえに，$\vec{p}$ は $\vec{a}, \vec{b}, \vec{c}$ の線形結合で表せません．

(2) $\vec{p} = l\vec{a} + m\vec{b} + n\vec{c}$

と表せたとすると，成分を代入して

$$\begin{pmatrix} 0 \\ 1 \\ 0 \end{pmatrix} = l\begin{pmatrix} 1 \\ 3 \\ 2 \end{pmatrix} + m\begin{pmatrix} 3 \\ 7 \\ 4 \end{pmatrix} + n\begin{pmatrix} 2 \\ 5 \\ 3 \end{pmatrix}$$

$$= \begin{pmatrix} l+3m+2n \\ 3l+7m+5n \\ 2l+4m+3n \end{pmatrix} \therefore \begin{cases} l+3m+2n=0 \\ 3l+7m+5n=1 \\ 2l+4m+3n=0 \end{cases}$$

右の変形結果より

　rank $A = 2$

　rank $(A|B) = 3$

となり，解は存在しません。

	A		B	変形
①	3	2	0	
3	7	5	1	
2	4	3	0	
1	3	2	0	
0	-2	-1	1	②+①×(-3)
0	-2	-1	0	③+①×(-2)
1	3	2	0	
0	-2	-1	1	
0	0	0	-1	③+②×(-1)

ゆえに，$\vec{p}$ は $\vec{a}, \vec{b}, \vec{c}$ の線形結合で表せません。

練習問題 4.17 (p. 146)

(1) $k_1 \vec{a}_1 + k_2 \vec{a}_2 = \vec{0}$

とおいて，成分を代入すると

$$k_1 \begin{pmatrix} 3 \\ -2 \end{pmatrix} + k_2 \begin{pmatrix} 5 \\ 1 \end{pmatrix} = \begin{pmatrix} 0 \\ 0 \end{pmatrix}, \quad \begin{pmatrix} 3k_1+5k_2 \\ -2k_1+k_2 \end{pmatrix} = \begin{pmatrix} 0 \\ 0 \end{pmatrix}$$

$$\therefore \begin{cases} 3k_1+5k_2=0 \\ -2k_1+k_2=0 \end{cases}$$

右の変形結果より

解は

　$k_1 = 0, \ k_2 = 0$

のみ。ゆえに $\vec{a}_1, \vec{a}_2$ は

　線形独立

A		B	変形
3	5	0	
-2	1	0	
①	6	0	①+②×1
-2	1	0	
1	6	0	
0	13	0	②+①×2
1	6	0	
0	①	0	②×1/13
1	0	0	①+②×(-6)
0	1	0	

(2) $k_1 \vec{b}_1 + k_2 \vec{b}_2 + k_3 \vec{b}_3 = \vec{0}$

とおいて，成分を代入すると

$$k_1 \begin{pmatrix} 1 \\ 2 \end{pmatrix} + k_2 \begin{pmatrix} -1 \\ 1 \end{pmatrix} + k_3 \begin{pmatrix} -1 \\ 7 \end{pmatrix} = \begin{pmatrix} 0 \\ 0 \end{pmatrix}$$

$$\begin{pmatrix} k_1 - k_2 - k_3 \\ 2k_1 + k_2 + 7k_3 \end{pmatrix} = \begin{pmatrix} 0 \\ 0 \end{pmatrix} \therefore \begin{cases} k_1 - k_2 - k_3 = 0 \\ 2k_1 + k_2 + 7k_3 = 0 \end{cases}$$

右の変形結果より

　rank $A = 2$

　rank $(A|B) = 2$

なので解が存在します。

　自由度 $= 3 - 2 = 1$

変形の最終結果より

$$\begin{cases} k_1 \quad + 2k_3 = 0 \\ \quad k_2 + 3k_3 = 0 \end{cases}$$

$k_3 = t$ とおくと $k_1 = -2t, \ k_2 = -3t$．

$$\therefore \begin{cases} k_1 = -2t \\ k_2 = -3t \quad (t \text{ は任意実数}) \\ k_3 = \quad t \end{cases}$$

	A		B	変形
①	-1	-1	0	
2	1	7	0	
1	-1	-1	0	
0	3	9	0	②+①×(-2)
1	-1	-1	0	
0	①	3	0	②×1/3
1	0	2	0	①+②×1
0	1	3	0	

ここで，$t = -1$ とおくと $k_1 = 2, k_2 = 3, k_3 = -1$．これらをはじめの式に入れると $2\vec{b}_1 + 3\vec{b}_2 - \vec{b}_3 = \vec{0}$ という自明でない線形関係式が得られるので $\vec{b}_1, \vec{b}_2, \vec{b}_3$ は

　線形従属

練習問題 4.18 (p. 146)

(1) $k_1 \vec{a}_1 + k_2 \vec{a}_2 + k_3 \vec{a}_3 = \vec{0}$

とおいて，成分を代入します。

$$k_1 \begin{pmatrix} 1 \\ 0 \\ 1 \end{pmatrix} + k_2 \begin{pmatrix} 1 \\ -1 \\ 0 \end{pmatrix} + k_3 \begin{pmatrix} 0 \\ 1 \\ 1 \end{pmatrix} = \begin{pmatrix} 0 \\ 0 \\ 0 \end{pmatrix}$$

$$\begin{pmatrix} k_1 + k_2 \\ -k_2 + k_3 \\ k_1 \quad + k_3 \end{pmatrix} = \begin{pmatrix} 0 \\ 0 \\ 0 \end{pmatrix}$$

これより

$$\begin{cases} k_1 + k_2 \quad = 0 \\ \quad -k_2 + k_3 = 0 \\ k_1 \quad + k_3 = 0 \end{cases}$$

右の変形結果より

$$\begin{cases} k_1 = 0 \\ k_2 = 0 \\ k_3 = 0 \end{cases}$$

のただ1組の解をもつので，$\vec{a}_1, \vec{a}_2, \vec{a}_3$ は

　線形独立

	A		B	変形
①	1	0	0	
0	-1	1	0	
1	0	1	0	
1	1	0	0	
0	①	-1	0	
0	-1	1	0	③+①×(-1)
1	0	-1	0	①+②×(-1)
0	1	1	0	
0	0	2	0	③+②×1
1	0	-1	0	
0	1	1	0	
0	0	①	0	③×1/2
1	0	0	0	①+③×1
0	1	0	0	②+③×(-1)
0	0	1	0	

(2) $k_1\vec{b}_1+k_2\vec{b}_2+k_3\vec{b}_3=\vec{0}$
とおいて，成分を代入します．

$$k_1\begin{pmatrix}1\\3\\2\end{pmatrix}+k_2\begin{pmatrix}3\\5\\3\end{pmatrix}+k_3\begin{pmatrix}2\\2\\1\end{pmatrix}=\begin{pmatrix}0\\0\\0\end{pmatrix}$$

$$\begin{pmatrix}k_1+3k_2+2k_3\\3k_1+5k_2+2k_3\\2k_1+3k_2+k_3\end{pmatrix}=\begin{pmatrix}0\\0\\0\end{pmatrix} \therefore \begin{cases}k_1+3k_2+2k_3=0\\3k_1+5k_2+2k_3=0\\2k_1+3k_2+k_3=0\end{cases}$$

右の変形結果より
 rank $A=2$
 rank $(A|B)=2$
なので解が存在します．
 自由度 $=3-2=1$
変形の最終結果より
$\begin{cases}k_1\quad -k_3=0\\ \quad k_2+k_3=0\end{cases}$
$k_3=t$ とおくと
$k_1=t,\ k_2=-t$．

$\therefore \begin{cases}k_1=\ \ t\\k_2=-t\quad (t\text{ は任意実数})\\k_3=\ \ t\end{cases}$

	A		B	変形
①	3	2	0	
3	5	2	0	
2	3	1	0	
1	3	2	0	
0	−4	−4	0	②+①×(−3)
0	−3	−3	0	③+①×(−2)
1	3	2	0	
0	①	1	0	②×(−1/4)
0	1	1	0	③×(−1/3)
1	0	−1	0	①+②×(−3)
0	1	1	0	
0	0	0	0	③+②×(−1)

ここで，$t=1$ とおくと $k_1=1,\ k_2=-1,\ k_3=1$．
これらをはじめの式に入れると
$\vec{b}_1-\vec{b}_2+\vec{b}_3=\vec{0}$
という自明でない線形関係式が得られるので，$\vec{b}_1,\vec{b}_2,\vec{b}_3$ は

線形従属

$\vec{a}_1,\cdots,\vec{a}_r$：線形独立
$\Leftrightarrow k_1\vec{a}_1+\cdots+k_r\vec{a}_r=\vec{0}$
 ならば $k_1=\cdots=k_r=0$

$\vec{a}_1,\cdots,\vec{a}_r$：線形従属
$\Leftrightarrow k_1\vec{a}_1+\cdots+k_r\vec{a}_r=\vec{0}$
 (少なくとも1つは
 $k_i\ne 0$) が成立．

練習問題 5.1 (p. 146)

$\vec{e}_1$ と $\vec{e}_2$ の写像先をそれぞれ $\vec{e}_1',\vec{e}_2'$ とします．

(1) $\vec{e}_1'=f_1(\vec{e}_1)=-3\vec{e}_1$
$=-3\begin{pmatrix}1\\0\end{pmatrix}=\begin{pmatrix}-3\\0\end{pmatrix}$

$\vec{e}_2'=f_1(\vec{e}_2)=-3\vec{e}_2$
$=-3\begin{pmatrix}0\\1\end{pmatrix}=\begin{pmatrix}0\\-3\end{pmatrix}$

(2) $\vec{e}_1'=f_2(\vec{e}_1)=2\vec{e}_1+\vec{a}$
$=2\begin{pmatrix}1\\0\end{pmatrix}+\begin{pmatrix}1\\1\end{pmatrix}=\begin{pmatrix}2\\0\end{pmatrix}+\begin{pmatrix}1\\1\end{pmatrix}=\begin{pmatrix}2+1\\0+1\end{pmatrix}=\begin{pmatrix}3\\1\end{pmatrix}$

$\vec{e}_2'=f_2(\vec{e}_2)=2\vec{e}_2+\vec{a}$
$=2\begin{pmatrix}0\\1\end{pmatrix}+\begin{pmatrix}1\\1\end{pmatrix}$
$=\begin{pmatrix}0\\2\end{pmatrix}+\begin{pmatrix}1\\1\end{pmatrix}$
$=\begin{pmatrix}0+1\\2+1\end{pmatrix}=\begin{pmatrix}1\\3\end{pmatrix}$

(3) $\vec{e}_1'=f_3(\vec{e}_1)=A\vec{e}_1$
$=\begin{pmatrix}0&0\\1&0\end{pmatrix}\begin{pmatrix}1\\0\end{pmatrix}=\begin{pmatrix}0\cdot1+0\cdot0\\1\cdot1+0\cdot0\end{pmatrix}=\begin{pmatrix}0\\1\end{pmatrix}$

$\vec{e}_2'=f_3(\vec{e}_2)=A\vec{e}_2$
$=\begin{pmatrix}0&0\\1&0\end{pmatrix}\begin{pmatrix}0\\1\end{pmatrix}$
$=\begin{pmatrix}0\cdot0+0\cdot1\\1\cdot0+0\cdot1\end{pmatrix}=\begin{pmatrix}0\\0\end{pmatrix}$

(4) $\vec{e}_1'=f_4(\vec{e}_1)=B\vec{e}_1+\vec{b}$
$=\begin{pmatrix}2&0\\0&2\end{pmatrix}\begin{pmatrix}1\\0\end{pmatrix}+\begin{pmatrix}-1\\2\end{pmatrix}$
$=\begin{pmatrix}2\cdot1+0\cdot0\\0\cdot1+2\cdot0\end{pmatrix}+\begin{pmatrix}-1\\2\end{pmatrix}=\begin{pmatrix}2\\0\end{pmatrix}+\begin{pmatrix}-1\\2\end{pmatrix}$
$=\begin{pmatrix}2-1\\0+2\end{pmatrix}=\begin{pmatrix}1\\2\end{pmatrix}$

$\vec{e}_2'=f_4(\vec{e}_2)=B\vec{e}_2+\vec{b}$
$=\begin{pmatrix}2&0\\0&2\end{pmatrix}\begin{pmatrix}0\\1\end{pmatrix}+\begin{pmatrix}-1\\2\end{pmatrix}$
$=\begin{pmatrix}2\cdot0+0\cdot1\\0\cdot0+2\cdot1\end{pmatrix}+\begin{pmatrix}-1\\2\end{pmatrix}$
$=\begin{pmatrix}0\\2\end{pmatrix}+\begin{pmatrix}-1\\2\end{pmatrix}$
$=\begin{pmatrix}0-1\\2+2\end{pmatrix}=\begin{pmatrix}-1\\4\end{pmatrix}$

練習問題 5.2 (p.147)

$\vec{e}_1, \vec{e}_2, \vec{e}_3$ の写像先をそれぞれ $\vec{e}_1{}', \vec{e}_2{}', \vec{e}_3{}'$ とします。

(1) $\vec{e}_1{}' = f_1(\vec{e}_1) = 2\vec{e}_1 + \vec{a}$

$$= 2\begin{pmatrix}1\\0\\0\end{pmatrix} + \begin{pmatrix}1\\1\\0\end{pmatrix} = \begin{pmatrix}2\\0\\0\end{pmatrix} + \begin{pmatrix}1\\1\\0\end{pmatrix} = \begin{pmatrix}3\\1\\0\end{pmatrix}$$

$\vec{e}_2{}' = f_1(\vec{e}_2) = 2\vec{e}_2 + \vec{a}$

$$= 2\begin{pmatrix}0\\1\\0\end{pmatrix} + \begin{pmatrix}1\\1\\0\end{pmatrix} = \begin{pmatrix}0\\2\\0\end{pmatrix} + \begin{pmatrix}1\\1\\0\end{pmatrix} = \begin{pmatrix}1\\3\\0\end{pmatrix}$$

$\vec{e}_3{}' = f_1(\vec{e}_3) = 2\vec{e}_3 + \vec{a}$

$$= 2\begin{pmatrix}0\\0\\1\end{pmatrix} + \begin{pmatrix}1\\1\\0\end{pmatrix} = \begin{pmatrix}0\\0\\2\end{pmatrix} + \begin{pmatrix}1\\1\\0\end{pmatrix} = \begin{pmatrix}1\\1\\2\end{pmatrix}$$

(2) $\vec{e}_1{}' = f_2(\vec{e}_1) = A\vec{e}_1$

$$= \begin{pmatrix}0 & 0 & 2\\ 0 & -2 & 0\\ 2 & 0 & 0\end{pmatrix}\begin{pmatrix}1\\0\\0\end{pmatrix} = \begin{pmatrix}0\\0\\2\end{pmatrix}$$

$\vec{e}_2{}' = f_2(\vec{e}_2) = A\vec{e}_2$

$$= \begin{pmatrix}0 & 0 & 2\\ 0 & -2 & 0\\ 2 & 0 & 0\end{pmatrix}\begin{pmatrix}0\\1\\0\end{pmatrix} = \begin{pmatrix}0\\-2\\0\end{pmatrix}$$

$\vec{e}_3{}' = f_2(\vec{e}_3) = A\vec{e}_3$

$$= \begin{pmatrix}0 & 0 & 2\\ 0 & -2 & 0\\ 2 & 0 & 0\end{pmatrix}\begin{pmatrix}0\\0\\1\end{pmatrix} = \begin{pmatrix}2\\0\\0\end{pmatrix}$$

(3) $\vec{e}_1{}' = f_3(\vec{e}_1) = B\vec{e}_1$

$$= \begin{pmatrix}1 & 2 & 3\\ 2 & 1 & -3\\ 3 & -3 & 1\end{pmatrix}\begin{pmatrix}1\\0\\0\end{pmatrix} = \begin{pmatrix}1\\2\\3\end{pmatrix}$$

$\vec{e}_2{}' = f_3(\vec{e}_2) = B\vec{e}_2$

$$= \begin{pmatrix}1 & 2 & 3\\ 2 & 1 & -3\\ 3 & -3 & 1\end{pmatrix}\begin{pmatrix}0\\1\\0\end{pmatrix} = \begin{pmatrix}2\\1\\-3\end{pmatrix}$$

$\vec{e}_3{}' = f_3(\vec{e}_3) = B\vec{e}_3$

$$= \begin{pmatrix}1 & 2 & 3\\ 2 & 1 & -3\\ 3 & -3 & 1\end{pmatrix}\begin{pmatrix}0\\0\\1\end{pmatrix} = \begin{pmatrix}3\\-3\\1\end{pmatrix}$$

練習問題 5.3〜5.4 (p.147)

(1) $\vec{x} + \vec{y} = \begin{pmatrix}x_1\\x_2\end{pmatrix} + \begin{pmatrix}y_1\\y_2\end{pmatrix} = \begin{pmatrix}x_1+y_1\\x_2+y_2\end{pmatrix}$

$$f(\vec{x}+\vec{y}) = A(\vec{x}+\vec{y}) = \begin{pmatrix}a & b\\ c & d\end{pmatrix}\begin{pmatrix}x_1+y_1\\x_2+y_2\end{pmatrix}$$

$$= \begin{pmatrix}a(x_1+y_1) + b(x_2+y_2)\\ c(x_1+y_1) + d(x_2+y_2)\end{pmatrix}$$

$$= \begin{pmatrix}ax_1 + ay_1 + bx_2 + by_2\\ cx_1 + cy_1 + dx_2 + dy_2\end{pmatrix}$$

一方,

$$f(\vec{x}) + f(\vec{y}) = A\vec{x} + A\vec{y}$$

$$= \begin{pmatrix}a & b\\ c & d\end{pmatrix}\begin{pmatrix}x_1\\x_2\end{pmatrix} + \begin{pmatrix}a & b\\ c & d\end{pmatrix}\begin{pmatrix}y_1\\y_2\end{pmatrix}$$

$$= \begin{pmatrix}ax_1 + bx_2\\ cx_1 + dx_2\end{pmatrix} + \begin{pmatrix}ay_1 + by_2\\ cy_1 + dy_2\end{pmatrix}$$

$$= \begin{pmatrix}ax_1 + bx_2 + ay_1 + by_2\\ cx_1 + dx_2 + cy_1 + dy_2\end{pmatrix} = \begin{pmatrix}ax_1 + ay_1 + bx_2 + by_2\\ cx_1 + cy_1 + dx_2 + dy_2\end{pmatrix}$$

∴ $f(\vec{x}+\vec{y}) = f(\vec{x}) + f(\vec{y})$

(2) $k\vec{x} = k\begin{pmatrix}x_1\\x_2\end{pmatrix} = \begin{pmatrix}kx_1\\kx_2\end{pmatrix}$

$$f(k\vec{x}) = A(k\vec{x})$$

$$= \begin{pmatrix}a & b\\ c & d\end{pmatrix}\begin{pmatrix}kx_1\\kx_2\end{pmatrix} = \begin{pmatrix}akx_1 + bkx_2\\ ckx_1 + dkx_2\end{pmatrix} = \begin{pmatrix}kax_1 + kbx_2\\ kcx_1 + kdx_2\end{pmatrix}$$

一方,

$$f(\vec{x}) = A\vec{x}$$

$$= \begin{pmatrix}a & b\\ c & d\end{pmatrix}\begin{pmatrix}x_1\\x_2\end{pmatrix} = \begin{pmatrix}ax_1 + bx_2\\ cx_1 + dx_2\end{pmatrix}$$

∴ $kf(\vec{x}) = k\begin{pmatrix}ax_1 + bx_2\\ cx_1 + dx_2\end{pmatrix} = \begin{pmatrix}k(ax_1+bx_2)\\ k(cx_1+dx_2)\end{pmatrix}$

$$= \begin{pmatrix}kax_1 + kbx_2\\ kcx_1 + kdx_2\end{pmatrix}$$

∴ $f(k\vec{x}) = kf(\vec{x})$

練習問題 5.5〜5.6 (p.147)

(1) $\vec{x} + \vec{y} = \begin{pmatrix}x_1\\x_2\\x_3\end{pmatrix} + \begin{pmatrix}y_1\\y_2\\y_3\end{pmatrix} = \begin{pmatrix}x_1+y_1\\x_2+y_2\\x_3+y_3\end{pmatrix}$

$$f(\vec{x}+\vec{y}) = A(\vec{x}+\vec{y})$$

$$= \begin{pmatrix}a_1 & b_1 & c_1\\ a_2 & b_2 & c_2\\ a_3 & b_3 & c_3\end{pmatrix}\begin{pmatrix}x_1+y_1\\x_2+y_2\\x_3+y_3\end{pmatrix}$$

$$= \begin{pmatrix}a_1(x_1+y_1) + b_1(x_2+y_2) + c_1(x_3+y_3)\\ a_2(x_1+y_1) + b_2(x_2+y_2) + c_2(x_3+y_3)\\ a_3(x_1+y_1) + b_3(x_2+y_2) + c_3(x_3+y_3)\end{pmatrix}$$

$$\begin{aligned}
&= \begin{pmatrix} a_1x_1 + a_1y_1 + b_1x_2 + b_1y_2 + c_1x_3 + c_1y_3 \\ a_2x_1 + a_2y_1 + b_2x_2 + b_2y_2 + c_2x_3 + c_2y_3 \\ a_3x_1 + a_3y_1 + b_3x_2 + b_3y_2 + c_3x_3 + c_3y_3 \end{pmatrix}
\end{aligned}$$

一方，
$$f(\vec{x}) + f(\vec{y}) = A\vec{x} + A\vec{y}$$
$$= \begin{pmatrix} a_1 & b_1 & c_1 \\ a_2 & b_2 & c_2 \\ a_3 & b_3 & c_3 \end{pmatrix} \begin{pmatrix} x_1 \\ x_2 \\ x_3 \end{pmatrix} + \begin{pmatrix} a_1 & b_1 & c_1 \\ a_2 & b_2 & c_2 \\ a_3 & b_3 & c_3 \end{pmatrix} \begin{pmatrix} y_1 \\ y_2 \\ y_3 \end{pmatrix}$$
$$= \begin{pmatrix} a_1x_1 + b_1x_2 + c_1x_3 \\ a_2x_1 + b_2x_2 + c_2x_3 \\ a_3x_1 + b_3x_2 + c_3x_3 \end{pmatrix} + \begin{pmatrix} a_1y_1 + b_1y_2 + c_1y_3 \\ a_2y_1 + b_2y_2 + c_2y_3 \\ a_3y_1 + b_3y_2 + c_3y_3 \end{pmatrix}$$
$$= \begin{pmatrix} (a_1x_1 + b_1x_2 + c_1x_3) + (a_1y_1 + b_1y_2 + c_1y_3) \\ (a_2x_1 + b_2x_2 + c_2x_3) + (a_2y_1 + b_2y_2 + c_2y_3) \\ (a_3x_1 + b_3x_2 + c_3x_3) + (a_3y_1 + b_3y_2 + c_3y_3) \end{pmatrix}$$
$$= \begin{pmatrix} a_1x_1 + a_1y_1 + b_1x_2 + b_1y_2 + c_1x_3 + c_1y_3 \\ a_2x_1 + a_2y_1 + b_2x_2 + b_2y_2 + c_2x_3 + c_2y_3 \\ a_3x_1 + a_3y_1 + b_3x_2 + b_3y_2 + c_3x_3 + c_3y_3 \end{pmatrix}$$

$\therefore \quad f(\vec{x} + \vec{y}) = f(\vec{x}) + f(\vec{y})$

（2） $k\vec{x} = k \begin{pmatrix} x_1 \\ x_2 \\ x_3 \end{pmatrix} = \begin{pmatrix} kx_1 \\ kx_2 \\ kx_3 \end{pmatrix}$

$$f(k\vec{x}) = A(k\vec{x}) = \begin{pmatrix} a_1 & b_1 & c_1 \\ a_2 & b_2 & c_2 \\ a_3 & b_3 & c_3 \end{pmatrix} \begin{pmatrix} kx_1 \\ kx_2 \\ kx_3 \end{pmatrix}$$
$$= \begin{pmatrix} a_1kx_1 + b_1kx_2 + c_1kx_3 \\ a_2kx_1 + b_2kx_2 + c_2kx_3 \\ a_3kx_1 + b_3kx_2 + c_3kx_3 \end{pmatrix}$$
$$= \begin{pmatrix} ka_1x_1 + kb_1x_2 + kc_1x_3 \\ ka_2x_1 + kb_2x_2 + kc_2x_3 \\ ka_3x_1 + kb_3x_2 + kc_3x_3 \end{pmatrix}$$

一方，
$$f(\vec{x}) = A\vec{x}$$
$$= \begin{pmatrix} a_1 & b_1 & c_1 \\ a_2 & b_2 & c_2 \\ a_3 & b_3 & c_3 \end{pmatrix} \begin{pmatrix} x_1 \\ x_2 \\ x_3 \end{pmatrix} = \begin{pmatrix} a_1x_1 + b_1x_2 + c_1x_3 \\ a_2x_1 + b_2x_2 + c_2x_3 \\ a_3x_1 + b_3x_2 + c_3x_3 \end{pmatrix}$$
$$kf(\vec{x}) = k \begin{pmatrix} a_1x_1 + b_1x_2 + c_1x_3 \\ a_2x_1 + b_2x_2 + c_2x_3 \\ a_3x_1 + b_3x_2 + c_3x_3 \end{pmatrix}$$
$$= \begin{pmatrix} k(a_1x_1 + b_1x_2 + c_1x_3) \\ k(a_2x_1 + b_2x_2 + c_2x_3) \\ k(a_3x_1 + b_3x_2 + c_3x_3) \end{pmatrix}$$
$$= \begin{pmatrix} ka_1x_1 + kb_1x_2 + kc_1x_3 \\ ka_2x_1 + kb_2x_2 + kc_2x_3 \\ ka_3x_1 + kb_3x_2 + kc_3x_3 \end{pmatrix}$$

$\therefore \quad f(k\vec{x}) = kf(\vec{x})$

> 一般的に証明するって，大変なのですね〜。

練習問題 5.7 (p. 148)

$\vec{x} = \begin{pmatrix} x_1 \\ x_2 \end{pmatrix}$, $f(\vec{x}) = \vec{x}' = \begin{pmatrix} x_1' \\ x_2' \end{pmatrix}$ とおいて調べます。

（1） 写像の式へ成分を代入して
$$\begin{pmatrix} x_1' \\ x_2' \end{pmatrix} = \begin{pmatrix} -2 & 0 \\ 0 & -2 \end{pmatrix} \begin{pmatrix} x_1 \\ x_2 \end{pmatrix} = \begin{pmatrix} -2 \cdot x_1 + 0 \cdot x_2 \\ 0 \cdot x_1 - 2 \cdot x_2 \end{pmatrix}$$
$$= \begin{pmatrix} -2x_1 \\ -2x_2 \end{pmatrix} \quad \therefore \quad \begin{cases} x_1' = -2x_1 \\ x_2' = -2x_2 \end{cases}$$

これより点の移動は
$$\mathrm{P}(x_1, x_2) \xrightarrow{f} \mathrm{P}'(-2x_1, -2x_2)$$
となるので，f は原点からの距離を2倍にしてから，原点について点対称に移動する写像です。

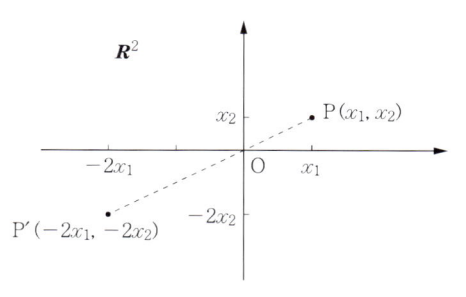

（2） 写像の式へ成分を代入して
$$\begin{pmatrix} x_1' \\ x_2' \end{pmatrix} = \begin{pmatrix} 0 & -1 \\ -1 & 0 \end{pmatrix} \begin{pmatrix} x_1 \\ x_2 \end{pmatrix} = \begin{pmatrix} 0 \cdot x_1 + (-1) \cdot x_2 \\ (-1) \cdot x_1 + 0 \cdot x_2 \end{pmatrix}$$
$$= \begin{pmatrix} -x_2 \\ -x_1 \end{pmatrix} \quad \therefore \quad \begin{cases} x_1' = -x_2 \\ x_2' = -x_1 \end{cases}$$

これより点の移動は
$$\mathrm{P}(x_1, x_2) \xrightarrow{f} \mathrm{P}'(-x_2, -x_1)$$
となるので，f は $y = -x$ について線対称に移動する写像です。

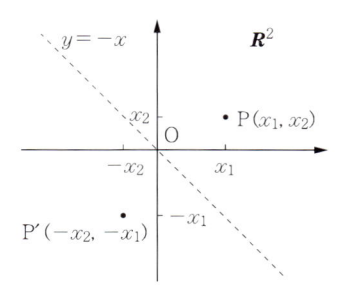

練習問題 5.8 (p.148)

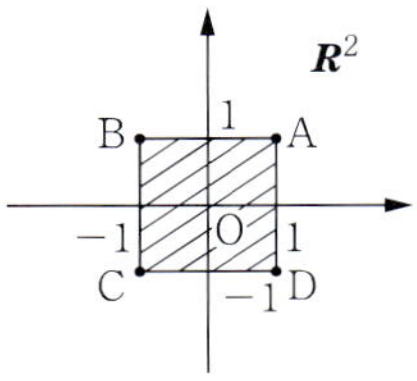

正方形の頂点を
A(1,1)，B(−1,1)
C(−1,−1)，D(1,−1)
とし，4点のそれぞれの写像先
A′，B′，C′，D′
の座標を求めます。

$f(\overrightarrow{OA}) = A\overrightarrow{OA}$

$= \begin{pmatrix} \frac{1}{\sqrt{2}} & -\frac{1}{\sqrt{2}} \\ \frac{1}{\sqrt{2}} & \frac{1}{\sqrt{2}} \end{pmatrix} \begin{pmatrix} 1 \\ 1 \end{pmatrix} = \begin{pmatrix} \frac{1}{\sqrt{2}} \cdot 1 - \frac{1}{\sqrt{2}} \cdot 1 \\ \frac{1}{\sqrt{2}} \cdot 1 + \frac{1}{\sqrt{2}} \cdot 1 \end{pmatrix}$

$= \begin{pmatrix} 0 \\ \frac{2}{\sqrt{2}} \end{pmatrix} = \begin{pmatrix} 0 \\ \sqrt{2} \end{pmatrix}$

$f(\overrightarrow{OB}) = A\overrightarrow{OB}$

$= \begin{pmatrix} \frac{1}{\sqrt{2}} & -\frac{1}{\sqrt{2}} \\ \frac{1}{\sqrt{2}} & \frac{1}{\sqrt{2}} \end{pmatrix} \begin{pmatrix} -1 \\ 1 \end{pmatrix}$

$= \begin{pmatrix} \frac{1}{\sqrt{2}} \cdot (-1) + \left(-\frac{1}{\sqrt{2}}\right) \cdot 1 \\ \frac{1}{\sqrt{2}} \cdot (-1) + \frac{1}{\sqrt{2}} \cdot 1 \end{pmatrix}$

$= \begin{pmatrix} -\frac{2}{\sqrt{2}} \\ 0 \end{pmatrix} = \begin{pmatrix} -\sqrt{2} \\ 0 \end{pmatrix}$

$f(\overrightarrow{OC}) = A\overrightarrow{OC}$

$= \begin{pmatrix} \frac{1}{\sqrt{2}} & -\frac{1}{\sqrt{2}} \\ \frac{1}{\sqrt{2}} & \frac{1}{\sqrt{2}} \end{pmatrix} \begin{pmatrix} -1 \\ -1 \end{pmatrix}$

$= \begin{pmatrix} -\frac{1}{\sqrt{2}} + \frac{1}{\sqrt{2}} \\ -\frac{1}{\sqrt{2}} - \frac{1}{\sqrt{2}} \end{pmatrix} = \begin{pmatrix} 0 \\ -\frac{2}{\sqrt{2}} \end{pmatrix} = \begin{pmatrix} 0 \\ -\sqrt{2} \end{pmatrix}$

$f(\overrightarrow{OD}) = A\overrightarrow{OD}$

$= \begin{pmatrix} \frac{1}{\sqrt{2}} & -\frac{1}{\sqrt{2}} \\ \frac{1}{\sqrt{2}} & \frac{1}{\sqrt{2}} \end{pmatrix} \begin{pmatrix} 1 \\ -1 \end{pmatrix}$

$= \begin{pmatrix} \frac{1}{\sqrt{2}} + \frac{1}{\sqrt{2}} \\ \frac{1}{\sqrt{2}} - \frac{1}{\sqrt{2}} \end{pmatrix} = \begin{pmatrix} \frac{2}{\sqrt{2}} \\ 0 \end{pmatrix} = \begin{pmatrix} \sqrt{2} \\ 0 \end{pmatrix}$

これらより
A′$(0, \sqrt{2})$，B′$(-\sqrt{2}, 0)$
C′$(0, -\sqrt{2})$，D′$(\sqrt{2}, 0)$
となり，下図のような四角形に移されます。

> もとの正方形を反時計回わりに45°回転させる写像ですね。

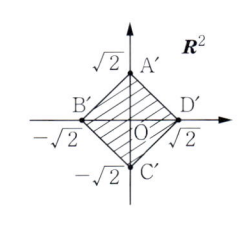

練習問題 5.9 (p.148)

（1） 回転移動の行列に $\theta = 60°$ を代入すると

$A = \begin{pmatrix} \cos 60° & -\sin 60° \\ \sin 60° & \cos 60° \end{pmatrix} = \begin{pmatrix} \frac{1}{2} & -\frac{\sqrt{3}}{2} \\ \frac{\sqrt{3}}{2} & \frac{1}{2} \end{pmatrix}$

$\vec{e_1} = \overrightarrow{OA} = \begin{pmatrix} 1 \\ 0 \end{pmatrix}$, $\vec{e_2} = \overrightarrow{OB} = \begin{pmatrix} 0 \\ 1 \end{pmatrix}$ とすると

$\vec{e_1}' = f(\vec{e_1}) = A\vec{e_1}$

$= \begin{pmatrix} \frac{1}{2} & -\frac{\sqrt{3}}{2} \\ \frac{\sqrt{3}}{2} & \frac{1}{2} \end{pmatrix} \begin{pmatrix} 1 \\ 0 \end{pmatrix} = \begin{pmatrix} \frac{1}{2} \\ \frac{\sqrt{3}}{2} \end{pmatrix}$

$\vec{e_2}' = f(\vec{e_2}) = A\vec{e_2}$

$= \begin{pmatrix} \frac{1}{2} & -\frac{\sqrt{3}}{2} \\ \frac{\sqrt{3}}{2} & \frac{1}{2} \end{pmatrix} \begin{pmatrix} 0 \\ 1 \end{pmatrix} = \begin{pmatrix} -\frac{\sqrt{3}}{2} \\ \frac{1}{2} \end{pmatrix}$

これらより，A, B の
写像先を A′, B′ とすると

A′$\left(\frac{1}{2}, \frac{\sqrt{3}}{2}\right)$,
B′$\left(-\frac{\sqrt{3}}{2}, \frac{1}{2}\right)$

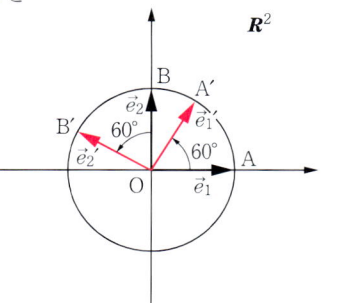

（2）回転移動の行列に $\theta=135°$ を代入すると

$$A=\begin{pmatrix}\cos 135° & -\sin 135° \\ \sin 135° & \cos 135°\end{pmatrix}$$
$$=\begin{pmatrix}-\dfrac{1}{\sqrt{2}} & -\dfrac{1}{\sqrt{2}} \\ \dfrac{1}{\sqrt{2}} & -\dfrac{1}{\sqrt{2}}\end{pmatrix}$$

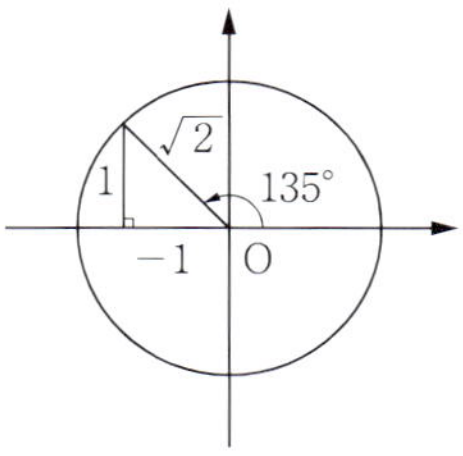

$\vec{e_1}=\overrightarrow{OA}=\begin{pmatrix}1\\0\end{pmatrix}$, $\vec{e_2}=\overrightarrow{OB}=\begin{pmatrix}0\\1\end{pmatrix}$

とすると

$\vec{e_1}'=f(\vec{e_1})=A\vec{e_1}$
$$=\begin{pmatrix}-\dfrac{1}{\sqrt{2}} & -\dfrac{1}{\sqrt{2}} \\ \dfrac{1}{\sqrt{2}} & -\dfrac{1}{\sqrt{2}}\end{pmatrix}\begin{pmatrix}1\\0\end{pmatrix}=\begin{pmatrix}-\dfrac{1}{\sqrt{2}} \\ \dfrac{1}{\sqrt{2}}\end{pmatrix}$$

$\vec{e_2}'=f(\vec{e_2})=A\vec{e_2}$
$$=\begin{pmatrix}-\dfrac{1}{\sqrt{2}} & -\dfrac{1}{\sqrt{2}} \\ \dfrac{1}{\sqrt{2}} & -\dfrac{1}{\sqrt{2}}\end{pmatrix}\begin{pmatrix}0\\1\end{pmatrix}=\begin{pmatrix}-\dfrac{1}{\sqrt{2}} \\ -\dfrac{1}{\sqrt{2}}\end{pmatrix}$$

これらより A, B の写像先を A′, B′ とすると

$A'\left(-\dfrac{1}{\sqrt{2}},\dfrac{1}{\sqrt{2}}\right)$, $B'\left(-\dfrac{1}{\sqrt{2}},-\dfrac{1}{\sqrt{2}}\right)$

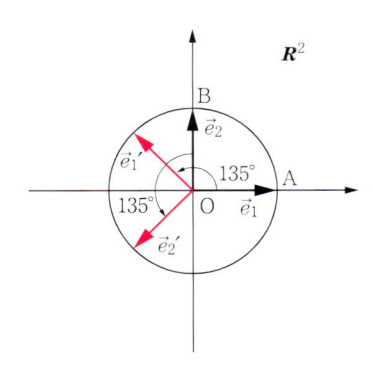

（3）回転移動の行列に $\theta=-150°$ を代入すると

$$A=\begin{pmatrix}\cos(-150°) & -\sin(-150°) \\ \sin(-150°) & \cos(-150°)\end{pmatrix}$$
$$=\begin{pmatrix}-\dfrac{\sqrt{3}}{2} & -\left(-\dfrac{1}{2}\right) \\ -\dfrac{1}{2} & -\dfrac{\sqrt{3}}{2}\end{pmatrix}$$
$$=\begin{pmatrix}-\dfrac{\sqrt{3}}{2} & \dfrac{1}{2} \\ -\dfrac{1}{2} & -\dfrac{\sqrt{3}}{2}\end{pmatrix}$$

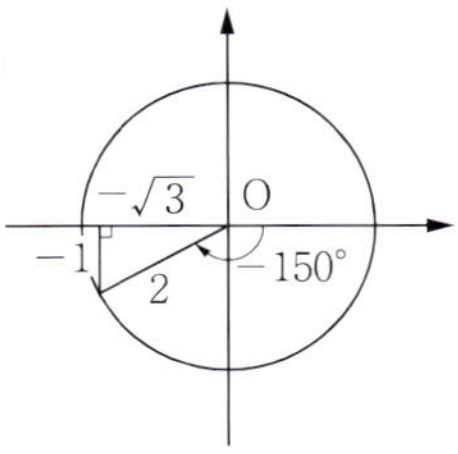

$\vec{e_1}=\overrightarrow{OA}=\begin{pmatrix}1\\0\end{pmatrix}$, $\vec{e_2}=\overrightarrow{OB}=\begin{pmatrix}0\\1\end{pmatrix}$ とすると

$\vec{e_1}'=f(\vec{e_1})=A\vec{e_1}$
$$=\begin{pmatrix}-\dfrac{\sqrt{3}}{2} & \dfrac{1}{2} \\ -\dfrac{1}{2} & -\dfrac{\sqrt{3}}{2}\end{pmatrix}\begin{pmatrix}1\\0\end{pmatrix}=\begin{pmatrix}-\dfrac{\sqrt{3}}{2} \\ -\dfrac{1}{2}\end{pmatrix}$$

$\vec{e_2}'=f(\vec{e_2})=A\vec{e_2}$
$$=\begin{pmatrix}-\dfrac{\sqrt{3}}{2} & \dfrac{1}{2} \\ -\dfrac{1}{2} & -\dfrac{\sqrt{3}}{2}\end{pmatrix}\begin{pmatrix}0\\1\end{pmatrix}=\begin{pmatrix}\dfrac{1}{2} \\ -\dfrac{\sqrt{3}}{2}\end{pmatrix}$$

これより A, B の写像先を A′, B′ とすると

$A'\left(-\dfrac{\sqrt{3}}{2},-\dfrac{1}{2}\right)$, $B'\left(\dfrac{1}{2},-\dfrac{\sqrt{3}}{2}\right)$

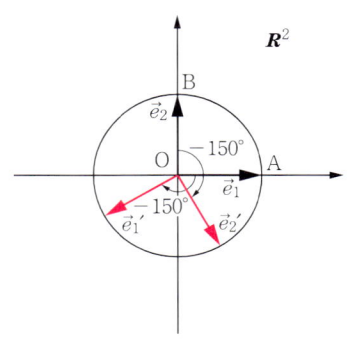

練習問題 5.10 （p. 148）

（1）$\vec{p}'=f(\vec{p})=A\vec{p}$
$$=\begin{pmatrix}0 & 1 \\ 1 & 0\end{pmatrix}\begin{pmatrix}3\\2\end{pmatrix}=\begin{pmatrix}0+2\\3+0\end{pmatrix}=\begin{pmatrix}2\\3\end{pmatrix}$$

（2）$\vec{p}''=g(\vec{p}')=B\vec{p}'$
$$=\dfrac{1}{\sqrt{2}}\begin{pmatrix}1 & -1 \\ 1 & 1\end{pmatrix}\begin{pmatrix}2\\3\end{pmatrix}=\dfrac{1}{\sqrt{2}}\begin{pmatrix}2-3\\2+3\end{pmatrix}$$
$$=\dfrac{1}{\sqrt{2}}\begin{pmatrix}-1\\5\end{pmatrix}=\begin{pmatrix}-\dfrac{1}{\sqrt{2}}\\ \dfrac{5}{\sqrt{2}}\end{pmatrix}$$

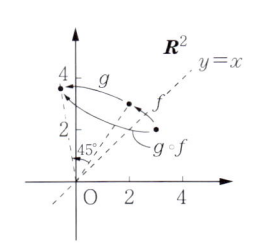

（3） $(f \circ g)(\vec{p}) = f(g(\vec{p}))$

なので $g(\vec{p})$ を求めておくと

$$g(\vec{p}) = B\vec{p}$$
$$= \frac{1}{\sqrt{2}}\begin{pmatrix} 1 & -1 \\ 1 & 1 \end{pmatrix}\begin{pmatrix} 3 \\ 2 \end{pmatrix} = \frac{1}{\sqrt{2}}\begin{pmatrix} 3-2 \\ 3+2 \end{pmatrix} = \frac{1}{\sqrt{2}}\begin{pmatrix} 1 \\ 5 \end{pmatrix}$$

これより

$$(f \circ g)(\vec{p}) = f(g(\vec{p})) = Ag(\vec{p})$$
$$= \begin{pmatrix} 0 & 1 \\ 1 & 0 \end{pmatrix}\left\{\frac{1}{\sqrt{2}}\begin{pmatrix} 1 \\ 5 \end{pmatrix}\right\}$$
$$= \frac{1}{\sqrt{2}}\begin{pmatrix} 0 & 1 \\ 1 & 0 \end{pmatrix}\begin{pmatrix} 1 \\ 5 \end{pmatrix}$$
$$= \frac{1}{\sqrt{2}}\begin{pmatrix} 0+5 \\ 1+0 \end{pmatrix} = \frac{1}{\sqrt{2}}\begin{pmatrix} 5 \\ 1 \end{pmatrix}$$
$$= \begin{pmatrix} \frac{5}{\sqrt{2}} \\ \frac{1}{\sqrt{2}} \end{pmatrix}$$

（4） $(f \circ f)(\vec{p}) = f(f(\vec{p})) = Af(\vec{p})$

（1）の結果を使って

$$= \begin{pmatrix} 0 & 1 \\ 1 & 0 \end{pmatrix}\begin{pmatrix} 2 \\ 3 \end{pmatrix}$$
$$= \begin{pmatrix} 0+3 \\ 2+0 \end{pmatrix} = \begin{pmatrix} 3 \\ 2 \end{pmatrix}$$

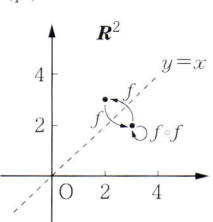

（5） $(g \circ g)(\vec{p}) = g(g(\vec{p})) = Bg(\vec{p})$

$$= \frac{1}{\sqrt{2}}\begin{pmatrix} 1 & -1 \\ 1 & 1 \end{pmatrix}\left\{\frac{1}{\sqrt{2}}\begin{pmatrix} 1 \\ 5 \end{pmatrix}\right\}$$
$$= \frac{1}{\sqrt{2}}\frac{1}{\sqrt{2}}\begin{pmatrix} 1 & -1 \\ 1 & 1 \end{pmatrix}\begin{pmatrix} 1 \\ 5 \end{pmatrix}$$
$$= \frac{1}{2}\begin{pmatrix} 1-5 \\ 1+5 \end{pmatrix}$$
$$= \frac{1}{2}\begin{pmatrix} -4 \\ 6 \end{pmatrix} = \begin{pmatrix} -2 \\ 3 \end{pmatrix}$$

> f は線対称の移動なので，$f \circ f$ はもとにもどってしまう恒等写像ですわね。

練習問題 5.11 (p.149)

（1） $g \circ f$ の行列は BA なので

$$BA = \begin{pmatrix} 1 & 0 \\ 0 & -1 \end{pmatrix}\begin{pmatrix} 0 & 1 \\ -1 & 0 \end{pmatrix} = \begin{pmatrix} 0 & 1 \\ 1 & 0 \end{pmatrix} \quad \text{直線 } y=x \text{ に関する対称移動}$$

・ちょっと解説・

写像の行列を見ることにより
 f は原点のまわり $-90°$ の回転移動
 g は x 軸に関する対称移動
 $g \circ f$ は $y=x$ に関する対称移動
であることがわかります。

$f \circ g$ の行列は AB なので

$$AB = \begin{pmatrix} 0 & 1 \\ -1 & 0 \end{pmatrix}\begin{pmatrix} 1 & 0 \\ 0 & -1 \end{pmatrix} = \begin{pmatrix} 0 & -1 \\ -1 & 0 \end{pmatrix} \quad \text{直線 } y=-x \text{ に関する対称移動}$$

（2） $h \circ g$ の行列は CB なので

$$CB = \begin{pmatrix} 0 & -1 \\ -1 & 0 \end{pmatrix}\begin{pmatrix} 1 & 0 \\ 0 & -1 \end{pmatrix} = \begin{pmatrix} 0 & 1 \\ -1 & 0 \end{pmatrix} \quad \text{原点のまわり} -90° \text{の回転移動}$$

$g \circ h$ の行列は BC なので

$$BC = \begin{pmatrix} 1 & 0 \\ 0 & -1 \end{pmatrix}\begin{pmatrix} 0 & -1 \\ -1 & 0 \end{pmatrix} = \begin{pmatrix} 0 & -1 \\ 1 & 0 \end{pmatrix} \quad \text{原点のまわり} 90° \text{の回転移動}$$

（3） 写像の行列より各写像は次のような移動です。

$f : A = 3\begin{pmatrix} 1 & 0 \\ 0 & 1 \end{pmatrix}$ より原点からの距離を 3 倍に拡大する写像

$g : B = \begin{pmatrix} \frac{\sqrt{3}}{2} & -\frac{1}{2} \\ \frac{1}{2} & \frac{\sqrt{3}}{2} \end{pmatrix} = \begin{pmatrix} \cos 30° & -\sin 30° \\ \sin 30° & \cos 30° \end{pmatrix}$

なので，原点のまわり $30°$ の回転移動

$h : C = \begin{pmatrix} \frac{1}{2} & -\frac{\sqrt{3}}{2} \\ \frac{\sqrt{3}}{2} & \frac{1}{2} \end{pmatrix} = \begin{pmatrix} \cos 60° & -\sin 60° \\ \sin 60° & \cos 60° \end{pmatrix}$

なので，原点のまわり $60°$ の回転移動

（4） $g \circ f$ の行列は BA なので

$$BA = \left\{\frac{1}{2}\begin{pmatrix} \sqrt{3} & -1 \\ 1 & \sqrt{3} \end{pmatrix}\right\}\left\{3\begin{pmatrix} 1 & 0 \\ 0 & 1 \end{pmatrix}\right\}$$
$$= \frac{3}{2}\begin{pmatrix} \sqrt{3} & -1 \\ 1 & \sqrt{3} \end{pmatrix}\begin{pmatrix} 1 & 0 \\ 0 & 1 \end{pmatrix} = \frac{3}{2}\begin{pmatrix} \sqrt{3} & -1 \\ 1 & \sqrt{3} \end{pmatrix}$$

f と g の合成写像なので，原点からの距離を 3 倍にしてから原点のまわりに 30°回転させる移動．

(5) $h \circ g$ の行列は CB なので
$$CB = \left\{\frac{1}{2}\begin{pmatrix} 1 & -\sqrt{3} \\ \sqrt{3} & 1 \end{pmatrix}\right\}\left\{\frac{1}{2}\begin{pmatrix} \sqrt{3} & -1 \\ 1 & \sqrt{3} \end{pmatrix}\right\}$$
$$= \frac{1}{2}\frac{1}{2}\begin{pmatrix} 1 & -\sqrt{3} \\ \sqrt{3} & 1 \end{pmatrix}\begin{pmatrix} \sqrt{3} & -1 \\ 1 & \sqrt{3} \end{pmatrix}$$
$$= \frac{1}{4}\begin{pmatrix} \sqrt{3}-\sqrt{3} & -1-3 \\ 3+1 & -\sqrt{3}+\sqrt{3} \end{pmatrix} = \frac{1}{4}\begin{pmatrix} 0 & -4 \\ 4 & 0 \end{pmatrix}$$
$$= \begin{pmatrix} 0 & -1 \\ 1 & 0 \end{pmatrix}$$

原点のまわり 60°の回転移動をしてから，30°の回転移動をするので，原点のまわり 90°の回転移動．

練習問題 5.12 (p. 150)

(1) $|A| = \begin{vmatrix} 3 & 5 \\ 1 & 3 \end{vmatrix} = 3 \cdot 3 - 5 \cdot 1 = 9 - 5 = 4 \neq 0$

$$A^{-1} = \frac{1}{4}\begin{pmatrix} 3 & -5 \\ -1 & 3 \end{pmatrix}$$

(2) f^{-1} の行列は A^{-1} なので
$$f^{-1}(\vec{x}) = A^{-1}\vec{x}, \quad A^{-1} = \frac{1}{4}\begin{pmatrix} 3 & -5 \\ -1 & 3 \end{pmatrix}$$

(3) $\vec{p}' = f(\vec{p}) = A\vec{p}$
$$= \begin{pmatrix} 3 & 5 \\ 1 & 3 \end{pmatrix}\begin{pmatrix} 1 \\ 0 \end{pmatrix} = \begin{pmatrix} 3+0 \\ 1+0 \end{pmatrix} = \begin{pmatrix} 3 \\ 1 \end{pmatrix}$$
$$f^{-1}(\vec{p}') = A^{-1}\vec{p}'$$
$$= \frac{1}{4}\begin{pmatrix} 3 & -5 \\ -1 & 3 \end{pmatrix}\begin{pmatrix} 3 \\ 1 \end{pmatrix} = \frac{1}{4}\begin{pmatrix} 9-5 \\ -3+3 \end{pmatrix}$$
$$= \frac{1}{4}\begin{pmatrix} 4 \\ 0 \end{pmatrix} = \begin{pmatrix} 1 \\ 0 \end{pmatrix}$$
$\therefore \quad f^{-1}(\vec{p}') = \vec{p}$

(4) $\vec{q}' = f^{-1}(\vec{q}) = A^{-1}\vec{q}$
$$= \frac{1}{4}\begin{pmatrix} 3 & -5 \\ -1 & 3 \end{pmatrix}\begin{pmatrix} 0 \\ 1 \end{pmatrix} = \frac{1}{4}\begin{pmatrix} 0-5 \\ 0+3 \end{pmatrix} = \frac{1}{4}\begin{pmatrix} -5 \\ 3 \end{pmatrix}$$
$f(\vec{q}') = A\vec{q}'$
$$= \begin{pmatrix} 3 & 5 \\ 1 & 3 \end{pmatrix}\left\{\frac{1}{4}\begin{pmatrix} -5 \\ 3 \end{pmatrix}\right\} = \frac{1}{4}\begin{pmatrix} 3 & 5 \\ 1 & 3 \end{pmatrix}\begin{pmatrix} -5 \\ 3 \end{pmatrix}$$
$$= \frac{1}{4}\begin{pmatrix} -15+15 \\ -5+9 \end{pmatrix} = \frac{1}{4}\begin{pmatrix} 0 \\ 4 \end{pmatrix} = \begin{pmatrix} 0 \\ 1 \end{pmatrix} = \vec{q}$$
$\therefore \quad f(\vec{q}') = \vec{q}$

練習問題 5.13 (p. 150)

三角形の頂点を
A$'(2,0)$, B$'(0,1)$, C$'(0,-1)$
とし，写像される前の点をそれぞれ A, B, C とします．

$$|A| = \begin{vmatrix} 4 & 6 \\ 1 & 2 \end{vmatrix} = 4 \cdot 2 - 6 \cdot 1 = 8 - 6 = 2 \neq 0$$

より A^{-1} が存在し，f の逆写像は
$$f^{-1}(\vec{x}) = A^{-1}\vec{x}, \quad A^{-1} = \frac{1}{2}\begin{pmatrix} 2 & -6 \\ -1 & 4 \end{pmatrix}$$

となります．$\overrightarrow{OA'}, \overrightarrow{OB'}, \overrightarrow{OC'}$ のもとのベクトルを求めると
$$\overrightarrow{OA} = f^{-1}(\overrightarrow{OA'}) = A^{-1}\overrightarrow{OA'}$$
$$= \frac{1}{2}\begin{pmatrix} 2 & -6 \\ -1 & 4 \end{pmatrix}\begin{pmatrix} 2 \\ 0 \end{pmatrix} = \frac{1}{2}\begin{pmatrix} 2 & -6 \\ -1 & 4 \end{pmatrix}2\begin{pmatrix} 1 \\ 0 \end{pmatrix}$$
$$= \frac{1}{2} \cdot 2\begin{pmatrix} 2 & -6 \\ -1 & 4 \end{pmatrix}\begin{pmatrix} 1 \\ 0 \end{pmatrix} = 1 \cdot \begin{pmatrix} 2+0 \\ -1+0 \end{pmatrix} = \begin{pmatrix} 2 \\ -1 \end{pmatrix}$$
$$\overrightarrow{OB} = f^{-1}(\overrightarrow{OB'}) = A^{-1}\overrightarrow{OB'}$$
$$= \frac{1}{2}\begin{pmatrix} 2 & -6 \\ -1 & 4 \end{pmatrix}\begin{pmatrix} 0 \\ 1 \end{pmatrix} = \frac{1}{2}\begin{pmatrix} 0-6 \\ 0+4 \end{pmatrix}$$
$$= \frac{1}{2}\begin{pmatrix} -6 \\ 4 \end{pmatrix} = \begin{pmatrix} -3 \\ 2 \end{pmatrix}$$
$$\overrightarrow{OC} = f^{-1}(\overrightarrow{OC'}) = A^{-1}\overrightarrow{OC'}$$
$$= \frac{1}{2}\begin{pmatrix} 2 & -6 \\ -1 & 4 \end{pmatrix}\begin{pmatrix} 0 \\ -1 \end{pmatrix} = \frac{1}{2}\begin{pmatrix} 0+6 \\ 0-4 \end{pmatrix}$$
$$= \frac{1}{2}\begin{pmatrix} 6 \\ -4 \end{pmatrix} = \begin{pmatrix} 3 \\ -2 \end{pmatrix}$$

以上より
A$(2,-1)$, B$(-3,2)$, C$(3,-2)$
となり，もとの図形は下の三角形です．

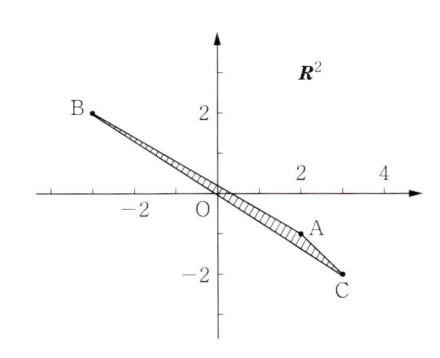

練習問題 5.14〜5.17 (p.150)

■ $A = \begin{pmatrix} 1 & -2 \\ 3 & -4 \end{pmatrix}$ について

(1) $|xE - A| = \begin{vmatrix} x-1 & -(-2) \\ -3 & x-(-4) \end{vmatrix} = \begin{vmatrix} x-1 & 2 \\ -3 & x+4 \end{vmatrix}$

$= (x-1)(x+4) - 2 \cdot (-3)$

$= (x^2 + 3x - 4) + 6 = x^2 + 3x + 2 = (x+1)(x+2)$

これより固有値は $\lambda_1 = -1, \lambda_2 = -2$

(2) $\lambda_1 = -1$ のとき

固有ベクトルを $\vec{v} = \begin{pmatrix} v_1 \\ v_2 \end{pmatrix}$ とおくと

$A\vec{v} = -1\vec{v}$ より

$\begin{pmatrix} 1 & -2 \\ 3 & -4 \end{pmatrix} \begin{pmatrix} v_1 \\ v_2 \end{pmatrix} = -1 \begin{pmatrix} v_1 \\ v_2 \end{pmatrix}$

$\begin{cases} v_1 - 2v_2 = -v_1 \\ 3v_1 - 4v_2 = -v_2 \end{cases} \rightarrow \begin{cases} 2v_1 - 2v_2 = 0 \\ 3v_1 - 3v_2 = 0 \end{cases}$

これを解くと右下の変形結果より

rank $A = 1$

rank $(A|B) = 1$

となり解が存在します。

自由度 $= 2 - 1 = 1$

変形の最終結果より

$v_1 - v_2 = 0$

A		B	変形
2	-2	0	
3	-3	0	
1	-1	0	①×1/2
1	-1	0	②×1/3
1	-1	0	
0	0	0	②+①×(-1)

$v_2 = t_1$ とおくと $v_1 = t_1$

ゆえに

$\vec{v} = \begin{pmatrix} t_1 \\ t_1 \end{pmatrix} = t_1 \begin{pmatrix} 1 \\ 1 \end{pmatrix}$ $(t_1 \neq 0)$

$\underline{\lambda_2 = -2 \text{ のとき}}$

固有ベクトルを $\vec{w} = \begin{pmatrix} w_1 \\ w_2 \end{pmatrix}$ とおくと

$A\vec{w} = -2\vec{w}$ より

$\begin{pmatrix} 1 & -2 \\ 3 & -4 \end{pmatrix} \begin{pmatrix} w_1 \\ w_2 \end{pmatrix} = -2 \begin{pmatrix} w_1 \\ w_2 \end{pmatrix}$

$\begin{cases} w_1 - 2w_2 = -2w_1 \\ 3w_1 - 4w_2 = -2w_2 \end{cases} \rightarrow \begin{cases} 3w_1 - 2w_2 = 0 \\ 3w_1 - 2w_2 = 0 \end{cases}$

右の変形結果より

rank $A = 1$

rank $(A\ B) = 1$

自由度 $= 2 - 1 = 1$

変形の最終結果より

$3w_1 - 2w_2 = 0$

A		B	変形
3	-2	0	
3	-2	0	
3	-2	0	
0	0	0	②+①×(-1)

$w_1 = t_2$ とおくと $w_2 = \dfrac{3}{2} t_2$

∴ $\vec{w} = \begin{pmatrix} t_2 \\ \frac{3}{2} t_2 \end{pmatrix} = \dfrac{1}{2} t_2 \begin{pmatrix} 2 \\ 3 \end{pmatrix}$ $(t_2 \neq 0)$

(3) $t_1 = 1, t_2 = 2$ とおき,あらためて

$\vec{v} = \begin{pmatrix} 1 \\ 1 \end{pmatrix}, \vec{w} = \begin{pmatrix} 2 \\ 3 \end{pmatrix}$ とおきます。

これを並べて

$P = (\vec{v}\ \vec{w}) = \begin{pmatrix} 1 & 2 \\ 1 & 3 \end{pmatrix}$

とおくと

$P^{-1}AP = \begin{pmatrix} -1 & 0 \\ 0 & -2 \end{pmatrix}$

と対角化されます。

(1)	固有値	$\lambda_1 = -1$	$\lambda_2 = -2$
(2)	固有ベクトル	$t_1 \begin{pmatrix} 1 \\ 1 \end{pmatrix}$	$\frac{1}{2} t_2 \begin{pmatrix} 2 \\ 3 \end{pmatrix}$
	正則行列 P	$t_1 = 1$	$t_2 = 2$
(3)		$\begin{pmatrix} 1 & 2 \\ 1 & 3 \end{pmatrix}$	
	対角化 $P^{-1}AP$	$\begin{pmatrix} -1 & 0 \\ 0 & -2 \end{pmatrix}$	

■ $B = \begin{pmatrix} 2 & 2 \\ 2 & -1 \end{pmatrix}$ について

(1) $|xE - B| = \begin{vmatrix} x-2 & -2 \\ -2 & x-(-1) \end{vmatrix} = \begin{vmatrix} x-2 & -2 \\ -2 & x+1 \end{vmatrix}$

$= (x-2)(x+1) - (-2) \cdot (-2)$

$= (x^2 - x - 2) - 4 = x^2 - x - 6 = (x+2)(x-3) = 0$

これより固有値は $\lambda_1 = -2, \lambda_2 = 3$

(2) $\underline{\lambda_1 = -2 \text{ のとき}}$

固有ベクトルを $\vec{v} = \begin{pmatrix} v_1 \\ v_2 \end{pmatrix}$ とおくと

$A\vec{v} = -2\vec{v}$ より

$\begin{pmatrix} 2 & 2 \\ 2 & -1 \end{pmatrix} \begin{pmatrix} v_1 \\ v_2 \end{pmatrix} = -2 \begin{pmatrix} v_1 \\ v_2 \end{pmatrix}$

$\begin{cases} 2v_1 + 2v_2 = -2v_1 \\ 2v_1 - v_2 = -2v_2 \end{cases} \rightarrow \begin{cases} 4v_1 + 2v_2 = 0 \\ 2v_1 + v_2 = 0 \end{cases}$

これを解くと右の変形結果より

rank $A = 1$

rank $(A|B) = 1$

自由度 $= 2 - 1 = 1$

変形の最終結果より

$2v_1 + v_2 = 0$

A		B	変形
4	2	0	
2	1	0	
2	1	0	①×1/2
2	1	0	
2	1	0	
0	0	0	②+①×(-1)

$v_1 = t_1$ とおくと $v_2 = -2t_1$

∴ $\vec{v} = \begin{pmatrix} t_1 \\ -2t_1 \end{pmatrix} = t_1 \begin{pmatrix} 1 \\ -2 \end{pmatrix}$ $(t_1 \neq 0)$

$\lambda_2 = 3$ のとき

固有ベクトルを $\vec{w} = \begin{pmatrix} w_1 \\ w_2 \end{pmatrix}$ とおくと

$A\vec{w} = 3\vec{w}$ より

$\begin{pmatrix} 2 & 2 \\ 2 & -1 \end{pmatrix} \begin{pmatrix} w_1 \\ w_2 \end{pmatrix} = 3 \begin{pmatrix} w_1 \\ w_2 \end{pmatrix}$

$\begin{cases} 2w_1 + 2w_2 = 3w_1 \\ 2w_1 - w_2 = 3w_2 \end{cases} \rightarrow \begin{cases} -w_1 + 2w_2 = 0 \\ 2w_1 - 4w_2 = 0 \end{cases}$

右の変形結果より
 rank $A = 1$
 rank $(A\,|\,B) = 1$
 自由度 $= 2 - 1 = 1$

A		B	変形
-1	2	0	
2	-4	0	
-1	2	0	
0	0	0	②+①×2

変形の最終結果より
$-w_1 + 2w_2 = 0$
$w_2 = t_2$ とおくと $w_1 = 2t_2$

$\therefore \vec{w} = \begin{pmatrix} 2t_2 \\ t_2 \end{pmatrix} = t_2 \begin{pmatrix} 2 \\ 1 \end{pmatrix}$ $(t_2 \neq 0)$

(3) $t_1 = t_2 = 1$ とおき,あらためて

$\vec{v} = \begin{pmatrix} 1 \\ -2 \end{pmatrix}$

$\vec{w} = \begin{pmatrix} 2 \\ 1 \end{pmatrix}$

として,
$P = (\vec{v}\ \vec{w})$
$= \begin{pmatrix} 1 & 2 \\ -2 & 1 \end{pmatrix}$

		(1)	固有値	$\lambda_1 = -2$	$\lambda_2 = 3$
		(2)	固有ベクトル	$t_1 \begin{pmatrix} 1 \\ -2 \end{pmatrix}$	$t_2 \begin{pmatrix} 2 \\ 1 \end{pmatrix}$
		(3)	正則行列 P	$t_1 = 1$	$t_2 = 1$
				$\begin{pmatrix} 1 & 2 \\ -2 & 1 \end{pmatrix}$	
			対角化 $P^{-1}BP$	$\begin{pmatrix} -2 & 0 \\ 0 & 3 \end{pmatrix}$	

とおくと

$P^{-1}BP = \begin{pmatrix} -2 & 0 \\ 0 & 3 \end{pmatrix}$ と対角化されます。

■ $C = \begin{pmatrix} 5 & -3 \\ -3 & 5 \end{pmatrix}$ について

(1) $|xE - C| = \begin{vmatrix} x-5 & -(-3) \\ -(-3) & x-5 \end{vmatrix} = \begin{vmatrix} x-5 & 3 \\ 3 & x-5 \end{vmatrix}$

$= (x-5)(x-5) - 3 \cdot 3 = (x^2 - 10x + 25) - 9$
$= x^2 - 10x + 16 = (x-2)(x-8) = 0$

これより固有値は $\lambda_1 = 2,\ \lambda_2 = 8$

(2) $\lambda_1 = 2$ のとき

固有ベクトルを $\vec{v} = \begin{pmatrix} v_1 \\ v_2 \end{pmatrix}$ とおくと

$C\vec{v} = 2\vec{v}$ より

$\begin{pmatrix} 5 & -3 \\ -3 & 5 \end{pmatrix} \begin{pmatrix} v_1 \\ v_2 \end{pmatrix} = 2 \begin{pmatrix} v_1 \\ v_2 \end{pmatrix}$

$\begin{cases} 5v_1 - 3v_2 = 2v_1 \\ -3v_1 + 5v_2 = 2v_2 \end{cases} \rightarrow \begin{cases} 3v_1 - 3v_2 = 0 \\ -3v_1 + 3v_2 = 0 \end{cases}$

右の変形結果より
 rank $A = 1$
 rank $(A\,|\,B) = 1$
 自由度 $= 2 - 1 = 1$

A		B	変形
3	-3	0	
-3	3	0	
3	-3	0	
0	0	0	②+①×1
1	-1	0	①×1/3
0	0	0	

変形の最終結果より
$v_1 - v_2 = 0$
$v_2 = t_1$ とおくと $v_1 = t_1$

$\therefore \vec{v} = \begin{pmatrix} t_1 \\ t_1 \end{pmatrix} = t_1 \begin{pmatrix} 1 \\ 1 \end{pmatrix}$ $(t_1 \neq 0)$

長〜い計算ですわ！

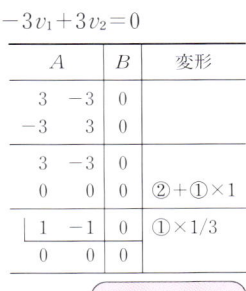

$\lambda_2 = 8$ のとき

固有ベクトルを $\vec{w} = \begin{pmatrix} w_1 \\ w_2 \end{pmatrix}$ とおくと

$C\vec{w} = 8\vec{w}$ より

$\begin{pmatrix} 5 & -3 \\ -3 & 5 \end{pmatrix} \begin{pmatrix} w_1 \\ w_2 \end{pmatrix} = 8 \begin{pmatrix} w_1 \\ w_2 \end{pmatrix}$

$\begin{cases} 5w_1 - 3w_2 = 8w_1 \\ -3w_1 + 5w_2 = 8w_2 \end{cases} \rightarrow \begin{cases} -3w_1 - 3w_2 = 0 \\ -3w_1 - 3w_2 = 0 \end{cases}$

右の変形結果より
 rank $A = 1$
 rank $(A\,|\,B) = 1$
 自由度 $= 2 - 1 = 1$

A		B	変形
-3	-3	0	
-3	-3	0	
-3	-3	0	
0	0	0	②+①×(-1)
1	1	0	①×(-1/3)

変形の最終結果より
$w_1 + w_2 = 0$
$w_2 = t_2$ とおくと $w_1 = -t_2$

$\therefore \vec{w} = \begin{pmatrix} -t_2 \\ t_2 \end{pmatrix} = t_2 \begin{pmatrix} -1 \\ 1 \end{pmatrix}$ $(t_2 \neq 0)$

(3) $t_1 = t_2 = 1$ とおき,あらためて

$\vec{v} = \begin{pmatrix} 1 \\ 1 \end{pmatrix}$

$\vec{w} = \begin{pmatrix} -1 \\ 1 \end{pmatrix}$

として,
$P = (\vec{v}\ \vec{w})$
$= \begin{pmatrix} 1 & -1 \\ 1 & 1 \end{pmatrix}$

		(1)	固有値	$\lambda_1 = 2$	$\lambda_2 = 8$
		(2)	固有ベクトル	$t_1 \begin{pmatrix} 1 \\ 1 \end{pmatrix}$	$t_2 \begin{pmatrix} -1 \\ 1 \end{pmatrix}$
		(3)	正則行列 P	$t_1 = 1$	$t_2 = 1$
				$\begin{pmatrix} 1 & -1 \\ 1 & 1 \end{pmatrix}$	
			対角化 $P^{-1}CP$	$\begin{pmatrix} 2 & 0 \\ 0 & 8 \end{pmatrix}$	

とすると,次のように対角化されます。

$P^{-1}CP = \begin{pmatrix} 2 & 0 \\ 0 & 8 \end{pmatrix}$

練習問題 5.18 (p. 151)

（1） 前問の結果

$\lambda_1 = -2$ に属する固有ベクトル $\vec{v} = t_1 \begin{pmatrix} 1 \\ -2 \end{pmatrix}$ $(t_1 \neq 0)$

$\lambda_2 = 3$ に属する固有ベクトル $\vec{w} = t_2 \begin{pmatrix} 2 \\ 1 \end{pmatrix}$ $(t_2 \neq 0)$

でした。この中から

$|\vec{v}| = 1$, $|\vec{w}| = 1$

となるように t_1, t_2 を選びます。

$|\vec{v}| = |t_1|\sqrt{1^2+(-2)^2} = |t_1|\sqrt{1+4} = |t_1|\sqrt{5} = 1$

$\therefore \quad |t_1| = \dfrac{1}{\sqrt{5}}, \quad t_1 = \pm \dfrac{1}{\sqrt{5}}$

$|\vec{w}| = |t_2|\sqrt{2^2+1^2} = |t_2|\sqrt{4+1} = |t_2|\sqrt{5} = 1$

$\therefore \quad |t_2| = \dfrac{1}{\sqrt{5}}, \quad t_2 = \pm \dfrac{1}{\sqrt{5}}$

$t_1 = \dfrac{1}{\sqrt{5}}$, $t_2 = \dfrac{1}{\sqrt{5}}$ として，あらためて

$\vec{v} = \dfrac{1}{\sqrt{5}} \begin{pmatrix} 1 \\ -2 \end{pmatrix} = \begin{pmatrix} \dfrac{1}{\sqrt{5}} \\ -\dfrac{2}{\sqrt{5}} \end{pmatrix}$

$\vec{w} = \dfrac{1}{\sqrt{5}} \begin{pmatrix} 2 \\ 1 \end{pmatrix} = \begin{pmatrix} \dfrac{2}{\sqrt{5}} \\ \dfrac{1}{\sqrt{5}} \end{pmatrix}$

とおき，並べて U をつくると

$U = (\vec{v} \quad \vec{w})$

$= \begin{pmatrix} \dfrac{1}{\sqrt{5}} & \dfrac{2}{\sqrt{5}} \\ -\dfrac{2}{\sqrt{5}} & \dfrac{1}{\sqrt{5}} \end{pmatrix} = \dfrac{1}{\sqrt{5}} \begin{pmatrix} 1 & 2 \\ -2 & 1 \end{pmatrix}$

この U を使うと

$U^{-1}BU = \begin{pmatrix} -2 & 0 \\ 0 & 3 \end{pmatrix}$

と対角化されます。

（2） 前問の結果

$\lambda_1 = 2$ に属する固有ベクトル $\vec{v} = t_1 \begin{pmatrix} 1 \\ 1 \end{pmatrix}$ $(t_1 \neq 0)$

$\lambda_2 = 8$ に属する固有ベクトル $\vec{w} = t_2 \begin{pmatrix} -1 \\ 1 \end{pmatrix}$ $(t_2 \neq 0)$

でした。この中から

$|\vec{v}| = 1$, $|\vec{w}| = 1$

となるように t_1, t_2 を選びます。

$|\vec{v}| = |t_1|\sqrt{1^2+1^2} = |t_1|\sqrt{2} = 1$

$\therefore \quad |t_1| = \dfrac{1}{\sqrt{2}}, \quad t_1 = \pm \dfrac{1}{\sqrt{2}}$

$|\vec{w}| = |t_2|\sqrt{(-1)^2+1^2} = |t_2|\sqrt{1+1} = |t_2|\sqrt{2} = 1$

$\therefore \quad |t_2| = \dfrac{1}{\sqrt{2}}, \quad t_2 = \pm \dfrac{1}{\sqrt{2}}$

$t_1 = \dfrac{1}{\sqrt{2}}$, $t_2 = \dfrac{1}{\sqrt{2}}$ として，あらためて

$\vec{v} = \dfrac{1}{\sqrt{2}} \begin{pmatrix} 1 \\ 1 \end{pmatrix} = \begin{pmatrix} \dfrac{1}{\sqrt{2}} \\ \dfrac{1}{\sqrt{2}} \end{pmatrix}$

$\vec{w} = \dfrac{1}{\sqrt{2}} \begin{pmatrix} -1 \\ 1 \end{pmatrix} = \begin{pmatrix} -\dfrac{1}{\sqrt{2}} \\ \dfrac{1}{\sqrt{2}} \end{pmatrix}$

とおき，並べて U をつくると

$U = (\vec{v} \quad \vec{w}) = \begin{pmatrix} \dfrac{1}{\sqrt{2}} & -\dfrac{1}{\sqrt{2}} \\ \dfrac{1}{\sqrt{2}} & \dfrac{1}{\sqrt{2}} \end{pmatrix} = \dfrac{1}{\sqrt{2}} \begin{pmatrix} 1 & -1 \\ 1 & 1 \end{pmatrix}$

この U を使うと

$U^{-1}CU = \begin{pmatrix} 2 & 0 \\ 0 & 8 \end{pmatrix}$

と対角化されます。

・ちょっと解説・

練習問題 5.18 で求めた正則行列 U を**直交行列**といいます。
直交行列を使った線形写像は，写像により

・ベクトルの長さを変えない
・2つのベクトルのなす角を変えない

などの性質をもっているので，形をくずすことなく図形をそのままの形で移動することができます。

練習問題 5.19 (p. 151)

練習問題 5.14〜5.17 において
$$P=\begin{pmatrix} 1 & 2 \\ 1 & 3 \end{pmatrix}$$
とおくと，次のように対角化されました。
$$P^{-1}AP=\begin{pmatrix} -1 & 0 \\ 0 & -2 \end{pmatrix}$$
これより
$$(P^{-1}AP)^n=\begin{pmatrix} (-1)^n & 0 \\ 0 & (-2)^n \end{pmatrix} \quad (n=1,2,3,\cdots)$$
一方，
$$(P^{-1}AP)^n = \overbrace{(P^{-1}AP)(P^{-1}AP)\cdots(P^{-1}AP)}^{n 個}$$
$$= P^{-1}A^n P$$
$$\therefore \quad P^{-1}A^n P = \begin{pmatrix} (-1)^n & 0 \\ 0 & (-2)^n \end{pmatrix}$$
この両辺に左より P，右より P^{-1} をかけると
$$P(P^{-1}A^nP)P^{-1} = P\begin{pmatrix} (-1)^n & 0 \\ 0 & (-2)^n \end{pmatrix} P^{-1}$$
左辺 $= (PP^{-1})A^n(PP^{-1}) = EA^n E = A^n$
$$\therefore \quad A^n = P\begin{pmatrix} (-1)^n & 0 \\ 0 & (-2)^n \end{pmatrix} P^{-1}$$
ここで
$$P\begin{pmatrix} (-1)^n & 0 \\ 0 & (-2)^n \end{pmatrix} = \begin{pmatrix} 1 & 2 \\ 1 & 3 \end{pmatrix}\begin{pmatrix} (-1)^n & 0 \\ 0 & (-2)^n \end{pmatrix}$$
$$=\begin{pmatrix} 1\cdot(-1)^n+2\cdot 0 & 1\cdot 0+2\cdot(-2)^n \\ 1\cdot(-1)^n+3\cdot 0 & 1\cdot 0+3\cdot(-2)^n \end{pmatrix}$$
$$=\begin{pmatrix} (-1)^n & 2(-2)^n \\ (-1)^n & 3(-2)^n \end{pmatrix}$$
また
$$|P|=\begin{vmatrix} 1 & 2 \\ 1 & 3 \end{vmatrix}=1\cdot 3-2\cdot 1=3-2=1$$
より
$$P^{-1}=\frac{1}{1}\begin{pmatrix} 3 & -2 \\ -1 & 1 \end{pmatrix}=\begin{pmatrix} 3 & -2 \\ -1 & 1 \end{pmatrix}$$
$$\therefore \quad A^n = \left\{P\begin{pmatrix} (-1)^n & 0 \\ 0 & (-2)^n \end{pmatrix}\right\}P^{-1}$$
$$=\begin{pmatrix} (-1)^n & 2(-2)^n \\ (-1)^n & 3(-2)^n \end{pmatrix}\begin{pmatrix} 3 & -2 \\ -1 & 1 \end{pmatrix}$$
$$=\begin{pmatrix} (-1)^n\cdot 3+2(-2)^n\cdot(-1) & (-1)^n\cdot(-2)+2(-2)^n\cdot 1 \\ (-1)^n\cdot 3+3(-2)^n\cdot(-1) & (-1)^n\cdot(-2)+3(-2)^n\cdot 1 \end{pmatrix}$$
$(-2)^n=(-1)^n 2^n$ より
$$=\begin{pmatrix} (-1)^n\cdot 3+(-1)^n\cdot(-2)\cdot 2^n & (-1)^n\cdot(-2)+(-1)^n\cdot 2\cdot 2^n \\ (-1)^n\cdot 3+(-1)^n\cdot(-3)\cdot 2^n & (-1)^n\cdot(-2)+(-1)^n\cdot 3\cdot 2^n \end{pmatrix}$$

$(-1)^n$ を全成分からくくり出すと
$$=(-1)^n\begin{pmatrix} 3-2\cdot 2^n & -2+2\cdot 2^n \\ 3-3\cdot 2^n & -2+3\cdot 2^n \end{pmatrix}$$
$$\therefore \quad A^n=(-1)^n\begin{pmatrix} 3-2\cdot 2^n & -2+2\cdot 2^n \\ 3-3\cdot 2^n & -2+3\cdot 2^n \end{pmatrix}$$
$$(n=1,2,3,\cdots)$$

> n 乗が出てくると計算がむずかしくなりますわ。

練習問題 5.20 (p. 151)

練習問題 5.18 の結果
$$C=\begin{pmatrix} 5 & -3 \\ -3 & 5 \end{pmatrix}, \quad U=\begin{pmatrix} \frac{1}{\sqrt{2}} & -\frac{1}{\sqrt{2}} \\ \frac{1}{\sqrt{2}} & \frac{1}{\sqrt{2}} \end{pmatrix}$$
$$U^{-1}CU=\begin{pmatrix} 2 & 0 \\ 0 & 8 \end{pmatrix}$$
となりました。
$$|U|=\begin{vmatrix} \frac{1}{\sqrt{2}} & -\frac{1}{\sqrt{2}} \\ \frac{1}{\sqrt{2}} & \frac{1}{\sqrt{2}} \end{vmatrix}$$
$$=\frac{1}{\sqrt{2}}\cdot\frac{1}{\sqrt{2}}-\left(-\frac{1}{\sqrt{2}}\right)\cdot\frac{1}{\sqrt{2}}$$
$$=\frac{1}{2}+\frac{1}{2}=1$$
これより
$$U^{-1}=\frac{1}{1}\begin{pmatrix} \frac{1}{\sqrt{2}} & -\left(-\frac{1}{\sqrt{2}}\right) \\ -\frac{1}{\sqrt{2}} & \frac{1}{\sqrt{2}} \end{pmatrix}$$
$$=\begin{pmatrix} \frac{1}{\sqrt{2}} & \frac{1}{\sqrt{2}} \\ -\frac{1}{\sqrt{2}} & \frac{1}{\sqrt{2}} \end{pmatrix}$$

(解は次頁へつづきます)

226   7. 問題の解答

（1）$\vec{x}' = U^{-1}\vec{x}$ より $U\vec{x}' = \vec{x}$
$\vec{x} = U\vec{x}'$ に成分を代入して

$$\begin{pmatrix} x \\ y \end{pmatrix} = \begin{pmatrix} \dfrac{1}{\sqrt{2}} & -\dfrac{1}{\sqrt{2}} \\ \dfrac{1}{\sqrt{2}} & \dfrac{1}{\sqrt{2}} \end{pmatrix} \begin{pmatrix} x' \\ y' \end{pmatrix}$$

$$= \begin{pmatrix} \dfrac{1}{\sqrt{2}}x' - \dfrac{1}{\sqrt{2}}y' \\ \dfrac{1}{\sqrt{2}}x' + \dfrac{1}{\sqrt{2}}y' \end{pmatrix} = \begin{pmatrix} \dfrac{1}{\sqrt{2}}(x' - y') \\ \dfrac{1}{\sqrt{2}}(x' + y') \end{pmatrix}$$

$\therefore \begin{cases} x = \dfrac{1}{\sqrt{2}}(x' - y') \\ y = \dfrac{1}{\sqrt{2}}(x' + y') \end{cases}$

（2）（1）で求めた x, y を
$5x^2 - 6xy + 5y^2 = 2$
へ代入して

$$5\left\{\dfrac{1}{\sqrt{2}}(x'-y')\right\}^2 - 6\left\{\dfrac{1}{\sqrt{2}}(x'-y')\right\}\left\{\dfrac{1}{\sqrt{2}}(x'+y')\right\} + 5\left\{\dfrac{1}{\sqrt{2}}(x'+y')\right\}^2 = 2$$

$$\dfrac{5}{2}(x'-y')^2 - \dfrac{6}{2}(x'-y')(x'+y') + \dfrac{5}{2}(x'+y')^2 = 2$$

$5(x'-y')^2 - 6(x'^2 - y'^2) + 5(x'+y')^2 = 4$
$5\{(x'-y')^2 + (x'+y')^2\} - 6(x'^2 - y'^2) = 4$
$5\{(x'^2 - 2x'y' + y'^2) + (x'^2 + 2x'y' + y'^2)\}$
$\qquad - 6(x'^2 - y'^2) = 4$
$5(2x'^2 + 2y'^2) - 6(x'^2 - y'^2) = 4$
$4x'^2 + 16y'^2 = 4$ $\therefore$ $x'^2 + 4y'^2 = 1$

（3）（2）で得られた方程式の x', y' を x, y にかえて，変形します．

$$x^2 + 4y^2 = 1, \quad x^2 + \dfrac{y^2}{\left(\dfrac{1}{2}\right)^2} = 1$$

これは楕円の方程式です．
つまり線形写像 f により

$$\boxed{\begin{array}{c} 曲線 \\ 5x^2 - 6xy + 5y^2 = 2 \end{array}} \xrightarrow[f(\vec{x}) = U^{-1}\vec{x}]{f} \boxed{\begin{array}{c} 楕円 \\ x^2 + \dfrac{y^2}{\left(\dfrac{1}{2}\right)^2} = 1 \end{array}}$$

となりました．
　ここで f の行列 U^{-1} を調べると例題 5.20（p.132）と同様に

原点のまわり $-45°$ の回転移動

となっているので，もとのグラフは次の色のついた楕円です．

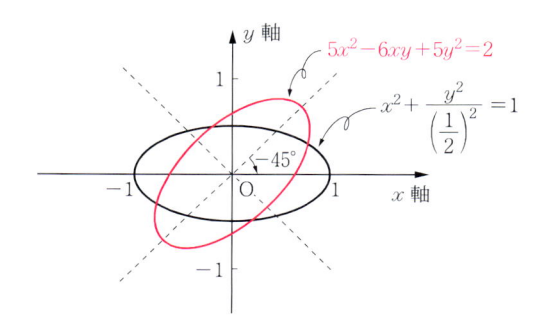

さくいん

【英字】

(i,j) 成分　5
Determinant　31
matrix　4
rank A　23

【あ行】

アイゼンシュタイン　32

1 次関係式　89
1 次結合　82
1 次従属　89
1 次独立　89

【か行】

階数　23
階段行列　22
回転移動　106
ガウス　36
ガウスの消去法　16, 18

基本ベクトル　82
逆行列　57, 62
逆写像　111
逆ベクトル　70, 72
行　4
行ベクトル　73
行列　4, 32
行列式　31, 35, 36
行列の行基本変形　9
行列の相等　5

クラメール　36

クラメールの公式（2 元連立 1 次方程式の場合）　32, 40
クラメールの公式（3 元連立 1 次方程式の場合）　40
係数行列　5
ケイリー　32

合成写像　108
恒等写像　96
コーシー　36
固有値　114
固有ベクトル　114
固有方程式　115

【さ行】

差　46
サラスの公式　35, 36
3 次の行列式　35
3 次の正方行列　35

始点　71
自明な 1 次関係式　89
自明な解　94
自明な線形関係式　89
写像　96
終点　71
自由度　24
シュミットの正規直交化法　208, 211
シルヴェスター　32

垂直条件　75
正則行列　57, 62
成分　4

正方行列　56
積　50
関孝和　36
積和　51
絶対値　70
ゼロ因子　54
ゼロ行列　47
ゼロベクトル　72
線形関係式　89
線形空間　81
線形結合　82
線形写像　99
線形写像 f の行列　99
線形従属　89
線形性　99
線形独立　89
双曲線　134

【た行】

第 i 行　5
第 j 列　5
対角行列　119
対称行列　128
楕円　134
単位行列　13
直交行列　129, 224
定数倍　46
定数倍の法則　80
同次連立 1 次方程式　94
同値な式の変形　8

【な行】

内積　75, 78
長さ　70
なす角　75, 78
2 次形式　119
2 次の行列式　31
2 次の正方行列　31

【は行】

掃き出し法　16, 18
ハミルトン　32
標準形　119
ベクトル空間　81
変換　96

【ま行】

マクローリン　36
未知数　2

【ら行】

ライプニッツ　36
列　4
列ベクトル　73
ロピタル　36

【わ行】

和　46
和の法則　80

Memorandum

Memorandum

著者略歴

石村 園子（いしむら　そのこ）
1973 年　東京理科大学理学部数学科卒業
1975 年　津田塾大学大学院理学研究科修士課程修了
現　在　元 千葉工業大学教授
　　　　元 東京理科大学非常勤講師
著　書　『やさしく学べる微分積分』（共立出版）
　　　　『やさしく学べる線形代数』（共立出版）
　　　　『やさしく学べる基礎数学―線形代数・微分積分―』（共立出版）
　　　　『やさしく学べる微分方程式』（共立出版）
　　　　『やさしく学べる統計学』（共立出版）
　　　　『やさしく学べる離散数学』（共立出版）
　　　　『やさしく学べるラプラス変換・フーリエ解析（増補版）』（共立出版）
　　　　『大学新入生のための数学入門―増補版―』（共立出版）
　　　　『大学新入生のための微分積分入門』（共立出版）
　　　　ほか

大学新入生のための線形代数入門
Introduction to Linear Algebra

2014 年 10 月 15 日　初版 1 刷発行

著　者　石村園子 © 2014
発行者　南條光章
発　行　共立出版株式会社
　　　　東京都文京区小日向 4 丁目 6 番 19 号
　　　　電話 東京 (03) 3947-2511 番（代表）
　　　　〒112-8700/振替口座 00110-2-57035 番
　　　　URL http://www.kyoritsu-pub.co.jp/

印　刷　中央印刷株式会社
製　本　協栄製本

検印廃止
NDC 413.3
ISBN 978-4-320-11092-2

一般社団法人
自然科学書協会
会員

Printed in Japan

JCOPY <(社)出版者著作権管理機構委託出版物>
本書の無断複写は著作権法上での例外を除き禁じられています．複写される場合は，そのつど事前に，(社)出版者著作権管理機構（電話 03-3513-6969，FAX 03-3513-6979，e-mail: info@jcopy.or.jp）の許諾を得てください．

◆ 色彩効果の図解と本文の簡潔な解説により数学の諸概念を一目瞭然化！

ドイツ Deutscher Taschenbuch Verlag 社の『dtv-Atlas事典シリーズ』は，見開き2ページで1つのテーマが完結するように構成されている。右ページに本文の簡潔で分り易い解説を記載し，かつ左ページにそのテーマの中心的な話題を図像化して表現し，本文と図解の相乗効果で理解をより深められるように工夫されている。これは，他の類書には見られない『dtv-Atlas 事典シリーズ』に共通する最大の特徴と言える。本書は，このシリーズの『dtv-Atlas Mathematik』と『dtv-Atlas Schulmathematik』の日本語翻訳版である。

カラー図解 数学事典

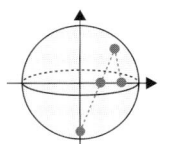

Fritz Reinhardt・Heinrich Soeder [著]
Gerd Falk [図作]
浪川幸彦・成木勇夫・長岡昇勇・林 芳樹 [訳]

数学の最も重要な分野の諸概念を網羅的に収録し，その概観を分り易く提供。数学を理解するためには，繰り返し熟考し，計算し，図を書く必要があるが，本書のカラー図解ページはその助けとなる。

【主要目次】 まえがき／記号の索引／序章／数理論理学／集合論／関係と構造／数系の構成／代数学／数論／幾何学／解析幾何学／位相空間論／代数的位相幾何学／グラフ理論／実解析学の基礎／微分法／積分法／関数解析学／微分方程式論／微分幾何学／複素関数論／組合せ論／確率論と統計学／線形計画法／参考文献／索引／著者紹介／訳者あとがき／訳者紹介

■菊判・ソフト上製本・508頁・定価(本体5,500円＋税)■

カラー図解 学校数学事典

Fritz Reinhardt [著]
Carsten Reinhardt・Ingo Reinhardt [図作]
長岡昇勇・長岡由美子 [訳]

『カラー図解 数学事典』の姉妹編として，日本の中学・高校・大学初年級に相当するドイツ・ギムナジウム第5学年から13学年で学ぶ学校数学の基礎概念を1冊に編纂。定義は青で印刷し，定理や重要な結果は緑色で網掛けし，幾何学では彩色がより効果を上げている。

【主要目次】 まえがき／記号一覧／図表頁凡例／短縮形一覧／学校数学の単元分野／集合論の表現／数集合／方程式と不等式／対応と関数／極限値概念／微分計算と積分計算／平面幾何学／空間幾何学／解析幾何学とベクトル計算／推測統計学／論理学／公式集／参考文献／索引／著者紹介／訳者あとがき／訳者紹介

■菊判・ソフト上製本・296頁・定価(本体4,000円＋税)■

http://www.kyoritsu-pub.co.jp/　共立出版　(価格は変更される場合がございます)

https://www.facebook.com/kyoritsu.pub

❹ ベクトル空間

ベクトル

始点 → 終点 $\vec{a}$, $|\vec{a}|$：大きさ

―単位ベクトル―
$|\vec{a}|=1$

平面ベクトル全体の集合

$$\boldsymbol{R}^2 = \left\{ \begin{pmatrix} a_1 \\ a_2 \end{pmatrix} \middle| a_1, a_2 \in \boldsymbol{R} \right\} \quad (\boldsymbol{R}：実数全体)$$

―平面ベクトルの和，差，定数倍―

$\vec{a} = \begin{pmatrix} a_1 \\ a_2 \end{pmatrix}$, $\vec{b} = \begin{pmatrix} b_1 \\ b_2 \end{pmatrix}$ のとき

$$\vec{a} \pm \vec{b} = \begin{pmatrix} a_1 \pm b_1 \\ a_2 \pm b_2 \end{pmatrix}, \quad k\vec{a} = \begin{pmatrix} ka_1 \\ ka_2 \end{pmatrix}$$

（複号同順）

―ベクトルの大きさ―
$\vec{a} = \begin{pmatrix} a_1 \\ a_2 \end{pmatrix}$ のとき
$|\vec{a}| = \sqrt{a_1^2 + a_2^2}$

―内積―
$\vec{a} \cdot \vec{b} = a_1 b_1 + a_2 b_2$

空間ベクトル全体の集合

$$\boldsymbol{R}^3 = \left\{ \begin{pmatrix} a_1 \\ a_2 \\ a_3 \end{pmatrix} \middle| a_1, a_2, a_3 \in \boldsymbol{R} \right\} \quad (\boldsymbol{R}：実数全体)$$

―空間ベクトルの和，差，定数倍―

$\vec{a} = \begin{pmatrix} a_1 \\ a_2 \\ a_3 \end{pmatrix}$, $\vec{b} = \begin{pmatrix} b_1 \\ b_2 \\ b_3 \end{pmatrix}$ のとき

$$\vec{a} \pm \vec{b} = \begin{pmatrix} a_1 \pm b_1 \\ a_2 \pm b_2 \\ a_3 \pm b_3 \end{pmatrix}, \quad k\vec{a} = \begin{pmatrix} ka_1 \\ ka_2 \\ ka_3 \end{pmatrix}$$

（複号同順）

―ベクトルの大きさ―
$\vec{a} = \begin{pmatrix} a_1 \\ a_2 \\ a_3 \end{pmatrix}$ のとき
$|\vec{a}| = \sqrt{a_1^2 + a_2^2 + a_3^2}$

―内積―
$\vec{a} \cdot \vec{b} = a_1 b_1 + a_2 b_2 + a_3 b_3$

―なす角 θ―
$\cos\theta = \dfrac{\vec{a} \cdot \vec{b}}{|\vec{a}||\vec{b}|}$

―垂直条件―
$\vec{a} \neq \vec{0}$, $\vec{b} \neq \vec{0}$ のとき
$\vec{a} \perp \vec{b} \Leftrightarrow \vec{a} \cdot \vec{b} = 0$

［和の法則］

- $\vec{a} + \vec{b} = \vec{b} + \vec{a}$ （交換法則）
- $(\vec{a} + \vec{b}) + \vec{c} = \vec{a} + (\vec{b} + \vec{c})$ （結合法則）
- どんなベクトル $\vec{a}$ をとっても
  $\vec{a} + \vec{0} = \vec{0} + \vec{a} = \vec{a}$
  が成り立つゼロベクトル $\vec{0}$ が存在する。
  （ゼロベクトルの存在）
- どのベクトル $\vec{a}$ についても
  $\vec{a} + \vec{x} = \vec{x} + \vec{a} = \vec{0}$
  となる $\vec{a}$ の逆ベクトル $\vec{x}$ が存在する。
  （逆ベクトルの存在）

［定数倍の法則］

- $k(\vec{a} + \vec{b}) = k\vec{a} + k\vec{b}$ （分配法則）
- $(k + l)\vec{a} = k\vec{a} + l\vec{a}$ （分配法則）
- $(kl)\vec{a} = k(l\vec{a})$ （結合法則）
- $1\vec{a} = \vec{a}$ （k, l は実数）

―ベクトル空間（線形空間）―

加法 $\vec{a} + \vec{b}$，定数倍 $k\vec{a}$
が定義され，
［和の法則］，［定数倍の法則］
が成り立っている集合のこと。

―線形結合―

ベクトル $\vec{a}_1, \cdots, \vec{a}_r$ に対して
実数 $k_1, \cdots, k_r$ を使って
$k_1 \vec{a}_1 + \cdots + k_r \vec{a}_r$
の形に表されるベクトルを
$\vec{a}_1, \cdots, \vec{a}_r$ の線形結合または
1次結合という。

―線形関係式―
$k_1 \vec{a}_1 + k_2 \vec{a}_2 + \cdots + k_r \vec{a}_r = \vec{0}$

―自明な線形関係式―
$0\vec{a}_1 + 0\vec{a}_2 + \cdots + 0\vec{a}_r = \vec{0}$

―線形従属―

$\vec{a}_1, \cdots, \vec{a}_r$：線形従属
$\Leftrightarrow k_1 \vec{a}_1 + \cdots + k_r \vec{a}_r = \vec{0}$
　（少なくとも1つは
　　$k_i \neq 0$）が成立。

―線形独立―

$\vec{a}_1, \cdots, \vec{a}_r$：線形独立
$\Leftrightarrow k_1 \vec{a}_1 + \cdots + k_r \vec{a}_r = \vec{0}$
　ならば $k_1 = \cdots = k_r = 0$